거울에 비친 한옥

전종우 정태도 공저

기문당

머리말

한옥은 아리랑이다. 아리랑은 지방마다 곡조가 조금씩 다르지만 처음 한 소절만 들어도 금방 알아차릴 수 있으며 듣고 있으면 어느새 심장을 뛰게 하는 어떠한 동질감이 샘솟는다. 한옥과 마찬가지로 아리랑은 시원이 어디에서 왔는지 알 수 없지만 아주 오래전부터 늘 곁에 있어왔던 것 같은 익숙함에 나도 모르게 따라 부르게 되는 노래이다. 아마도 이러한 자연스러운 끌림이 젊은 시절 나로 하여금 한옥을 짓는 목수의 길로 들어서게 하였고 지금 컴퓨터 프로그램인 오토캐드를 이용하여 한옥의 구조를 이해하는데 도움이 되는 일을 할 수 있게 된 것이 아닌가 생각한다.

각 시대에 살았던 사람들의 꿈과 삶의 애환들이 녹아들어 아리랑이 만들어졌듯이 한옥 또한 여러 세대를 거치면서 수많은 목수들의 미적·기술적 요소들이 반영되어 오늘에 이르게 된 것이다. 각 지방마다 다양하고 뛰어난 솜씨로 지어진 한옥들이 많이 있지만 조선 후기 궁궐을 건축했던 장인의 손으로 지어진 창덕궁 낙선재는 실제로 왕들이 거주하였던 곳으로 당대 최고의 살림집 형태를 하고 있다. 이 집은 처음 지어진 이후 지금까지 줄곧 살아 있는 한옥의 교과서로써 현장에서 종사하는 목수뿐만 아니라 다른 분야의 시공이나 설계에 종사하는 사람에 이르기까지 모범이 되고 있다. 1990년대 지붕의 일부와 주변의 보수가 있었으며 얼마 전 실측 설계가 이루어져 대강의 면모는 알 수 있지만 실제로 낙선재가 지니고 있는 한옥으로써의 기술적 가치를 알기에는 충분하지 않다. 평면의 구성이나 각 부재의 크기를 단순하게 재는 것만으로는 올바른 이해를 하지 못하는 것이다. 문제는 "왜 그렇게 하였는가?"이다. 오토캐드의 명령어들 중 하나인 '거울(MIRROR)'은 대상을 단순히 복사해 주는 'COPY' 명령과는 달리 대칭으로 복사해준다. 사물을 고정된 어떠한 틀에 바라보는 시각을 COPY라고 한다면 거울에 비친 모습을 통한 관점도 생길 수 있다는 것이다. 마치 거울 속의 내 왼손이 실제로는 나의 오른손인 것처럼 말이다. 이러한 관점은 '반성'이라는 추상적 개념과는 다른 것이다. 이 책은 처음 이 집을 지었을 당시의 목수 입장에서 또 다른 낙선재를 생각하며 최대한 그 물음에 어느 정도 가깝게 접근하려고 하였다.

집을 지을 때 목수들은 크게 세 가지 과정을 거친다. 먼저 부재에 먹을 놓고 그 선에 맞게 깎고 다듬는 과정이 첫 번째이고, 우기를 피하여 좋은 때를 만나 기둥 세우기에서부터 목기연 개판 붙이는 작업까지의 실제 각종 부재를 조립하는 것이 두 번째 과정이다. 마지막으로 흙과 기와를 올리고 지붕에 무게가 실려 집이 자리를 잡은 뒤 각종 창이나 문을 달기 위한 수장이나 대청 등에 마루를 놓는 과정이 있다. 이 책은 이 세 과정 중에서 마지막 과정을 제외한 구조재의 치목과 조립을 다루었다.

PART 1에서는 필자들이 오래전부터 생각해온 목수가 짚고 넘어가야 할 문제를 간단하게 다루었으며, PART 2에서는 기단에서부터 기와를 얹기 전까지의 각 공정들을 모두 18장으로 나누어 여기에 들어가는 부재들을 실물에 가깝게 하나하나 만들어 차례대로 조립하는 일련의 과정을 다루었다. PART 3은 오토캐드 프로그램의 명령어들 중 이 책에서 주로 사용되는 것들을 간단하게 설명하였다.

실제로 집 짓는 전 과정을 개괄적으로 다룬 것을 비롯하여 살림집 한옥을 다룬 책들은 이미 여러 가지 주제로 출판되었다. 그러나 목구조에 특히 관심을 가지고 그것을 이해하려고 하는 이들에게까지 충분한 정보를 제공하는 책들은 많지 않은 것이 현실이다. 만일 오토캐드 프로그램을 조금이라도 다룰 수 있다면 독자들은 그 도구를 이용하여 모든 부재들을 직접 만들어보고 조립하는 목수가 되어 한옥의 민낯을 낱낱이 볼 수 있을 것이다.

목수라는 직업은 원래 싱어송라이터이다. 작곡만 하는 작곡가도 아니고 노래만 부르는 가수도 아니었다. 작사·작곡에 노래까지 부르는 만능엔터테이너였던 것이다. 요즘에는 이 직업이 세분화되어 공사 전반에 걸쳐 관리만을(작사가) 하거나 설계만(작곡가) 하는 전문직종이 따로 생겨났고 노래만 부르는 목수들도 생겨났다. 더러 이름난 도편수들은 모든 작업을 소화할 수 있는 능력을 갖고 있지만 대개의 경우 설계하는 업체나 시공하는 업체에 종속되어 작업을 진행하는 것이 현실이기도 하다. 이러한 대세를 거스를 수는 없는 것이다. 다만, 지금을 거울삼아 조금이라도 목수들이 자신들의 재능을 기술로 승화시켜 자부심을 갖고 일하게 되기를 바라면서 이 책이 조금이라도 보탬이 되기를 바란다. 일부 내용들은 편협한 사고에서 비롯된 것일 수도 있다. 이 분야에 종사하시는 많은 분들이 넓은 아량으로 이해해주시기를 부탁드린다.

2014년 5월　저자일동

차례

P A R T

2

낙선재 그리기

PART

3

낙선재를 위한 오토캐드 명령어

PART 1
한옥에 대하여

'한옥'이란 글자의 첫 등장은 1908년의 정부 문서에서인데 '양옥'의 상대 개념으로 사용되었다.

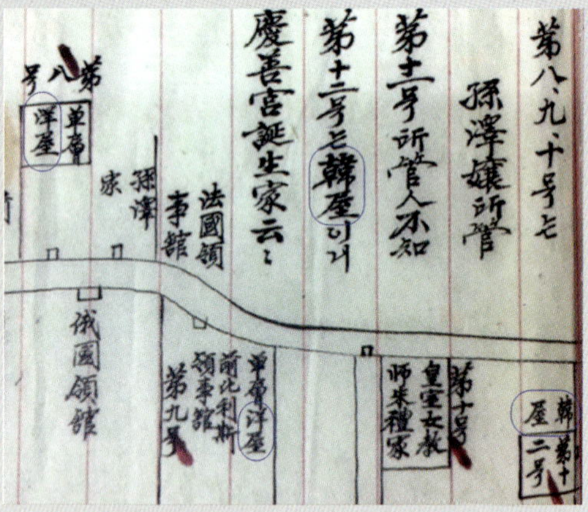

[가사에 관한 조복문서], 궁내부제실재산정리국, 1908년

그로부터 67년 후 '우리말'로써 사전에 첫 등장하였다.

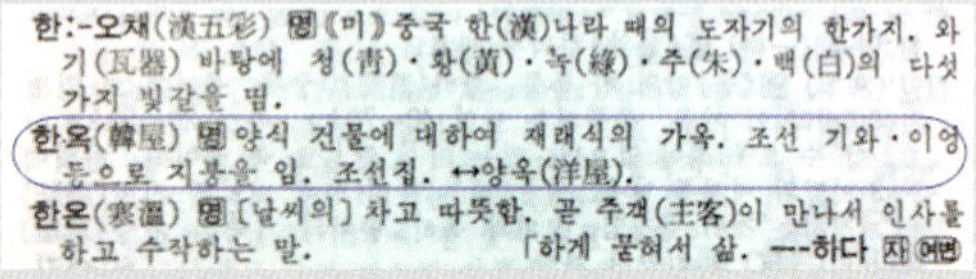
한:-오채(漢五彩) 명《미》중국 한(漢)나라 때의 도자기의 한가지. 와기(瓦器) 바탕에 청(靑)·황(黃)·녹(綠)·주(朱)·백(白)의 다섯 가지 빛깔을 띰.

한옥(韓屋) 명 양식 건물에 대하여 재래식의 가옥. 조선 기와·이엉 등으로 지붕을 임. 조선집. ↔양옥(洋屋).

한온(寒溫) 명 [날씨의] 차고 따뜻함. 곧 주객(主客)이 만나서 인사를 하고 수작하는 말. 「하게 풀혀서 삶. —-하다 자 여변

새 우리말 큰사전, 서울신문사, 1974년

Chapter

01 한옥이란

한옥은 우리 민족이 살아온 고유의 주거 공간이다. 처음에는 땅을 파고 그 주위에 기둥만으로 서로 기대어 만든 움집에서 시작하여 흙 속에 박아 세운 기둥에 도리를 사방으로 엮고 서까래를 바닥까지 내려서 만든 움집으로 발전하였을 것이다.

톱이나 끌이 주요 연장으로 사용된 후부터는 기둥을 다듬어 보와 도리를 연결하고 그 위에 동자주와 종도리를 걸어 서까래를 걸친 뒤 짚을 얹은 지금의 초가집 형태까지 진화하였다.

민족 고유의 목조 건축술은 4세기 이후에 불교와 함께 들어온 중국이나 인도의 건축술을 만나 초석을 사용하거나 첨차와 추녀를 걸어 지붕을 만든 뒤 기와를 얹은 기술로까지 발전하게 되었으며 6세기경에 들어서 독자적으로 형식적인 완성을 이룬 것으로 보인다.

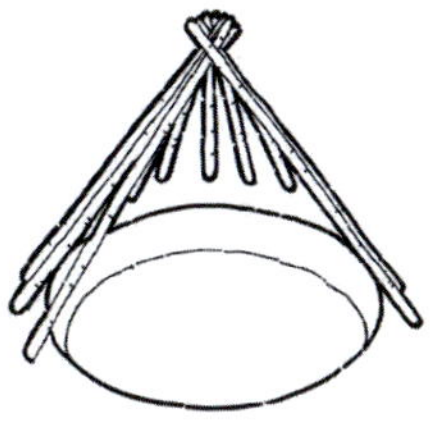

움집의 서로 기댄 기둥

공간 확보를 위한 선 기둥

※ 기둥은 '기대다'에서 온 말로 여겨진다.

안동민속박물관 초가집

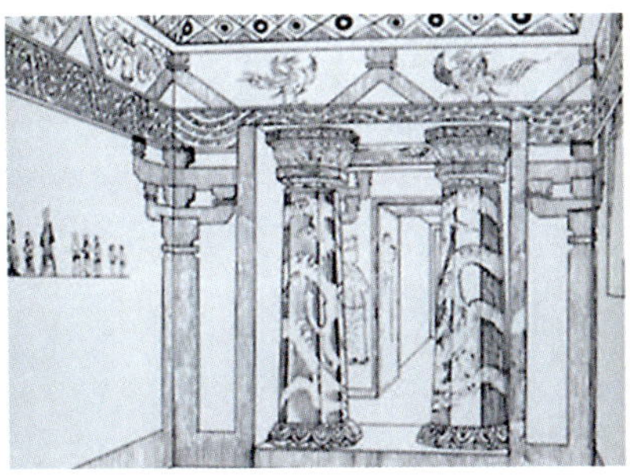

고구려 무덤 쌍영총 내부

부여에서 출토된 청동소탑편(6세기)

체계화된 건축 기술을 갖게 된 고구려나 백제는 일본의 최초 가람인 비조사(596년 완성)를 비롯하여 사천왕사나 법륭사 등의 각종 조영에 장인들을 파견하여 금당이나 탑을 짓는 일을 지도하였다.

이러한 탑이나 금당들을 세운 목수 장인들은 같은 방식으로 살림집도 지었을 것으로 여겨진다. 삼국 시대의 주택은 신라나 가야 지역에서 발견된 가형토기나 고구려의 고분벽화, 그리고 당대에 지어진 일본의 사원 건

법기사와 법륭사의 목탑(日)

축에서 그 모습을 유추할 수 있으며 현재 우리나라에 남아 있는 가장 오래된 살림집으로는 고려 시대에 지어졌을 것으로 보여지는 아산의 맹씨행단이 있다.

맹씨행단(고려말)

한옥은 서양과는 물론이고 중국과 일본등 이웃나라와도 구별되는 고유한 건축형태를 갖는다. 한옥이 세부적으로 지금의 모습을 하게 된 시기는 방 전체에 온돌이 깔려지게 되고 신발을 벗는 전이 공간으로써 툇마루가 생기는 조선시대 이후로 볼 수 있다. 그러나 입면상으로 삼국이나 고려시대의 모습과 큰 변화는 없었을 것으로 여겨진다.

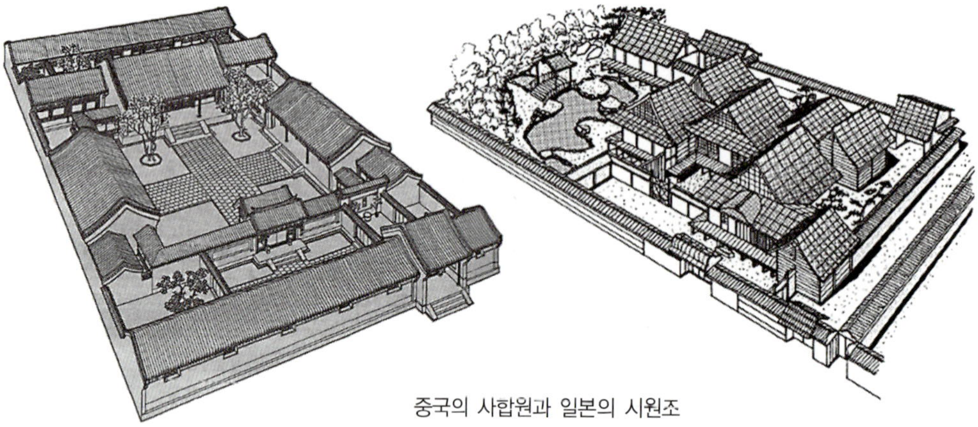
중국의 사합원과 일본의 시원조

중국의 대표적 주거형식인 사합원의 경우 한 가운데 중정을 두고 좌우 대칭으로 실이 나뉘는데 이러한 배치는 입식 생활이기 때문에 가능한 것이다. 또한 일본의 전통주택인 서원조의 경우 우리나라와 같이 좌식 생활을 기반으로 하지만 우리와 달리 실과 실들은 내부 칸막이로 복잡하게 나눠진다. 비슷한 것 같으면서도 확연히 다른 세 나라의 주택 중에서 중정이 있으면서 좌식 생활을 하는 한옥은 두 나라가 갖지 못하는 소박하고 절제된 아름다움이 있고 주변의 자연환경과 어우러져 배치되는 것이 가장 큰 특징이다.

한국의 전통주택 (하회마을 양진당)

02 한옥의 평면

2-1 평면의 변화

한옥의 평면은 '一'자형, 'ㄱ'자형, 'ㄷ'자형, 'ㅁ'자형 등으로 다양하다. 평면의 유형은 시대나 지역에 따라 조금씩 다르지만 한옥이 지어지기 시작한 초기에는 일자형 평면을 기본으로 하였을 것으로 여겨진다. 집의 규모가 커지면서 기능별로 일자형 평면의 건물을 하나씩 더 짓거나 좀 더 효율적인 공간 활용을 위하여 기존의 평면을 꺾어 ㄱ자형이나 ㄷ자형을 만들게 되었다.

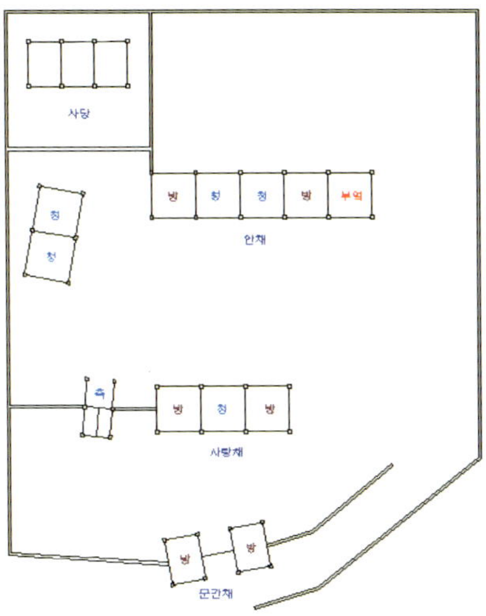

거창 김씨고가

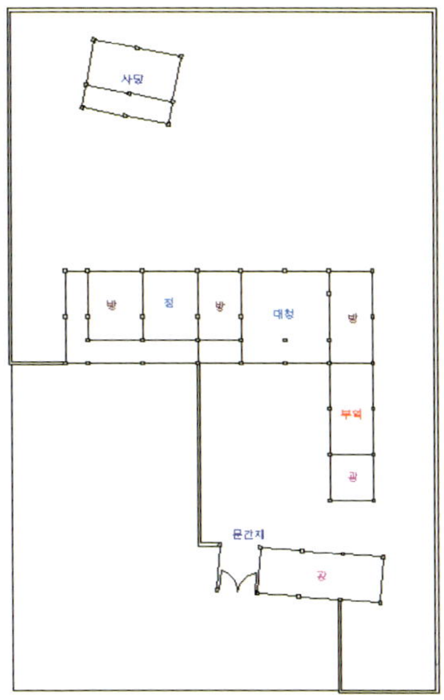

안성 오씨가옥

특히 'ㅁ'자형 평면은 독립된 마당을 갖는 장점이 있는데 가운데 대청이 있는 '一'자형 본채 주위를 'ㄷ'자로 감싸거나 'ㄱ'자와 'ㄴ'자형을 연결하여 내부 공간이 만들어지게 된다. 대청에서는 주로 제례가 행해지므로 엄숙한 분위기가 요구되기도 한다.

양동 서백당(1458년)

조선 시대 이후 유교적 생활 방식이 정착된 이후에는 남성들이 생활하는 공간으로 사랑방이 마련되거나 아예 사랑채가 돌출되어 건축되기도 하였다.

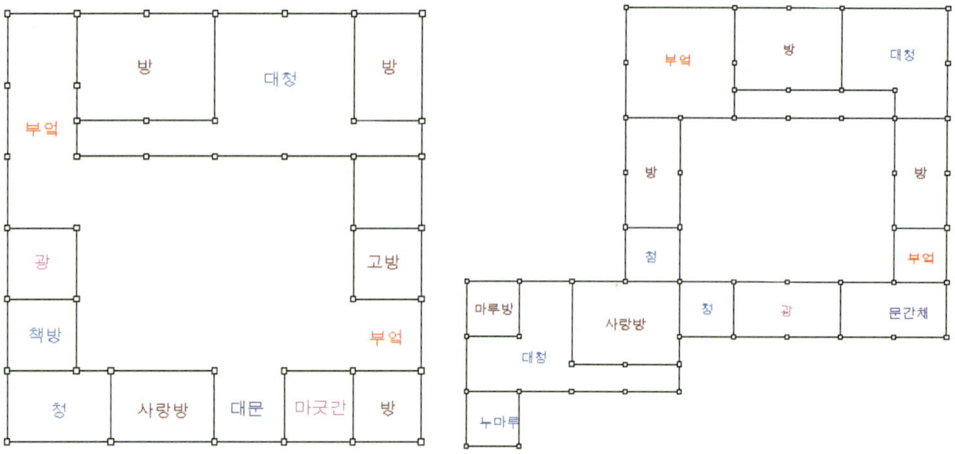

안동 충효당(1650년경)과 남양주 궁집(1765년경)

※ 사랑채에서 '사랑'은 '서랑'이라는 말에서 온 것으로 보고 있는데 이때 '서'는 사위(壻)나 서쪽(西)을 의미한다고 한다.

집의 규모가 커지면서 본채에 사랑채를 하나 더 연결하거나 아예 별동으로 짓기도 하여 마당을 갖춘 영역이 늘어났다.

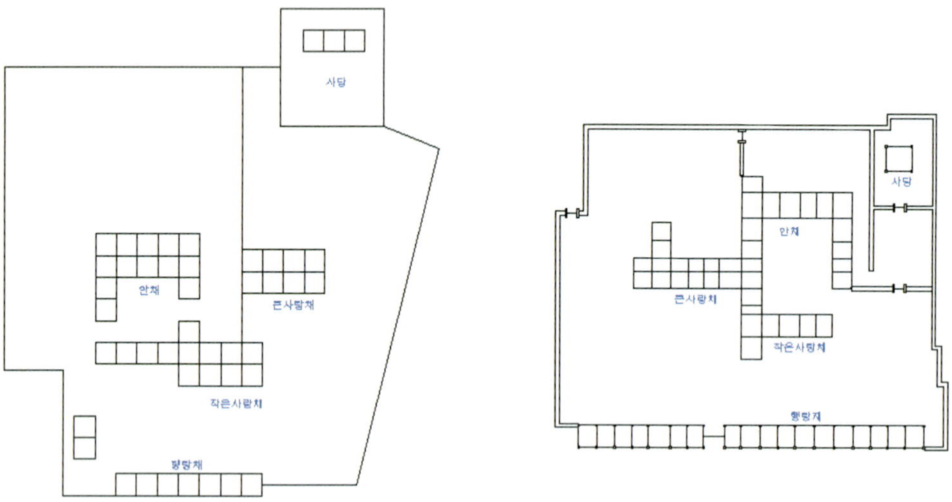

봉화 쌍벽당(1566년경)과 구례 운조루(1776년경)

※ 집의 이름이 '~루' 또는 '~당'이라 하는 것은 주로 바깥 주인이 거처하는 사랑채의 당호가 그 집의 문패와 같이 사용되었기 때문이다.

온돌을 대체하는 난방 시설이 가능해지고 생활의 편리를 위해 부엌과 화장실이 실내로 들어오는 근대에 이르러 한옥의 평면에는 많은 변화가 일어났다. 현관이 따로 설치되어 툇마루를 통하여 실내로 들어오던 진입방식이 바뀌기 시작하였으며 화장실에 이르는 복도가 마련되었다. 또한 대청의 기능이 축소되고 안방 건너편에 사랑채 역할을 하는 방과 응접실을 두었다.

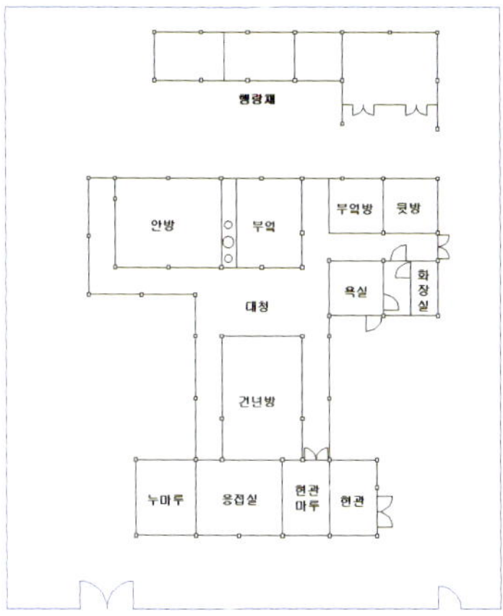

월계동 각심재(舊민병완 가옥, 1938년)

※ 이 집은 친일파 민영휘의 아들 민대식이 두 아들(민병완, 민병옥)에게 똑같이 지어준 쌍둥이 주택이다. 민병완 가옥은 현재 월계동의 한 문중에서 제실로 사용하고 있다.

이러한 배경을 바탕으로 최근에 지어진 건축의 예를 보면 제한된 대지에서 허용된 건축면적을 확보하기 위하여 불가피하게 복잡한 평면을 가지게 되었지만 그럼에도 모든 室들은 전통성을 잃지 않고 기둥을 기준으로 구획되었다.

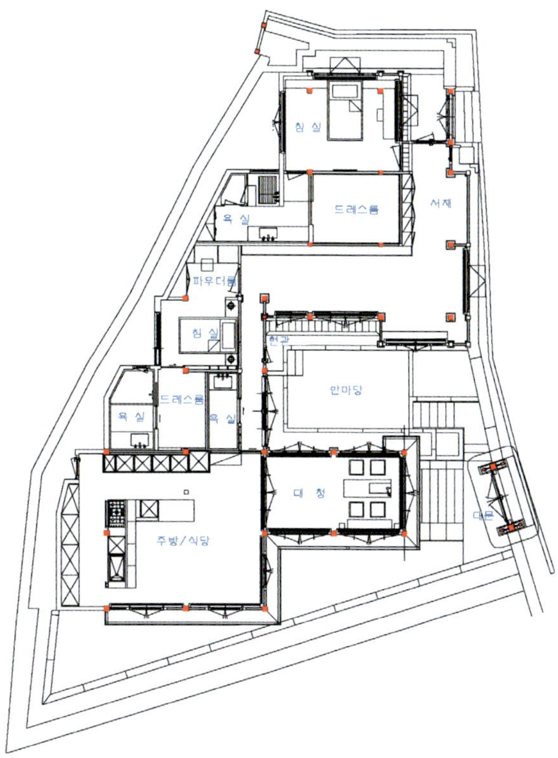

가회동 디자인하우스(2012)

또한 현대생활에 필요한 설비공간들이 복잡하게 배치되지만 가운데 대청을 중심으로 여성과 남성 공간을 분리하고 툇마루의 한쪽에 현관을 만들어 한옥의 전통성을 최대한 살렸다.

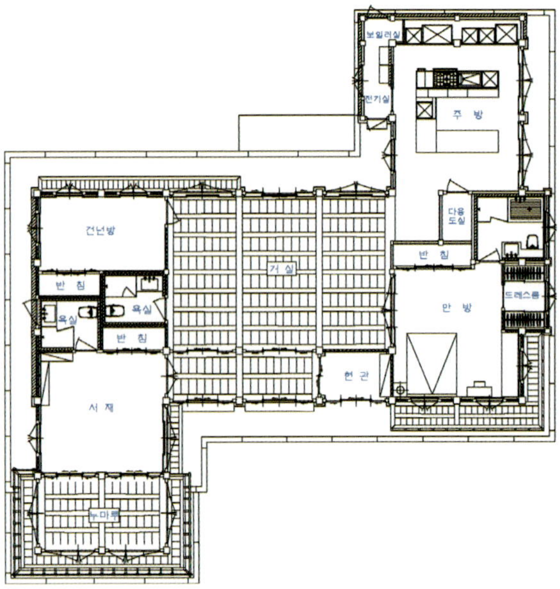

강릉 한옥(2013)

2-2 칸의 개념

낙선재는 석복헌과 함께 궁궐 안에 지어진 집으로 사랑채와 안채, 그리고 행랑채로 되어 있는 살림집을 구성하고 있다. '궁궐지'에 의하면 다음과 같이 낙선재의 규모를 칸수로 기록하고 있는데 이는 비슷한 시기에 작성된 '동궐도형'과 비교할 수 있다. 여기서는 네 개의 기둥으로 이루어지는 공간을 칸(間)이라 하였고 건물은 이러한 칸을 기본 단위로 실을 구획하였다. 또한 '칸'은 두 개의 기둥 사이를 의미하는 길이의 단위로 쓰이기도 한다.

[1]樂善齋 十七間半 二間五樑 [2]有懸寶蘇 柱長八尺三寸 樑通二間八尺式 道里通六間八尺式
前退四間
南行閣 十二間 内有長樂門
西行閣 十五間
外行閣 十五間 内有重華門 以東小金馬門 以
[3]北邊有六隅亭 卽平遠樓.....
[4]錫福軒 十六間半 二間五樑 柱長八尺二寸 樑通十兩尺 前退四尺 道里通六間八尺式 後退四尺
東行閣 七間
西行閣 五間
南行閣 七間半
中行閣 十三間
外行閣 十一間 以東有

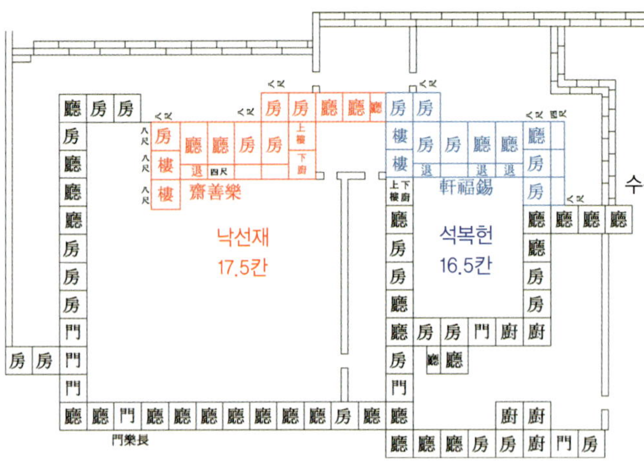

낙선재와 그 주변의 칸 나누기(궁궐지와 동궐도형 참고)

'궁궐지'는 낙선재가 조영된 후 구 한말에 궁궐내 각 전각의 위치와 명칭, 크기 등을 기록한 책이며 '동궐도형'은 창덕궁과 창경궁의 건물과 대문의 배치 등을 그린 평면도이다. 조선시대에는 사회적 신분에 따라 칸수를 통하여 대지면적과 건축면적을 법적으로 제한하여 대부분의 사람들은 9尺 이하로 기둥간격을 정하여 주어진 면적에 맞도록 집을 지었는데 낙선재와 그 일곽은 누마루와 툇간을 제외한 모든 곳에서 기둥간격을 8자로 하고 있다.

1) 樂善齋 十七間半 : 낙선재는 15칸이다. 궁궐지에 보이는 17.5칸은 낙선재와 석복헌을 연결하는 복도 2.5칸이 포함되었기 때문이다. 1990년 이전에는 앞의 기록에 나오는 대로 두 건물을 연결하는 복도가 있었으나 보수 時 철거되었다.

2) 有懸寶蘇 : 보소당이라는 현판이 아직도 걸려 있다.

3) 北邊有六隅亭 卽平遠樓 : 낙선재 북쪽에 육우정(육각정) 평원루(지금의 상량정)가 있다.

4) 錫福軒 十六間半 : 안채인 석복헌은 '궁궐지'의 기록과 달리 20칸으로 여겨진다.

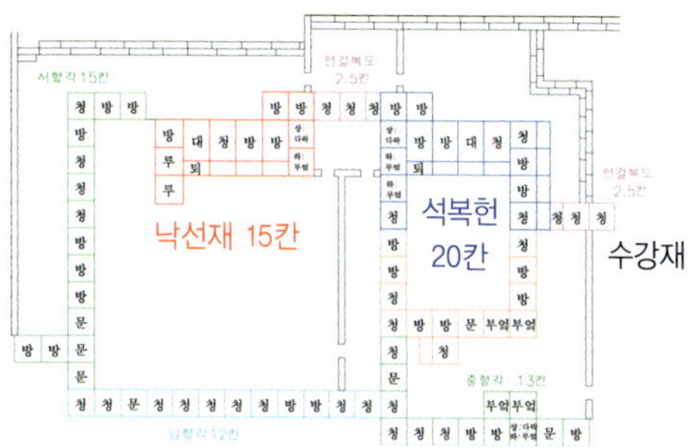

낙선재 15칸 · 석복헌 20칸

낙선재를 지은 기술자들은 어쩌면 고려의 개경을 넘어 신라의 경주에까지 계보가 닿을 수 있는 사람들이었을지 모른다. 낙선재가 새롭게 지어진 지 150년이 조금 넘었지만 세부적으로 어떤 부분에서는 천오백년 전의 모습과 별반 다르지 않을 수도 있다. 적어도 궁궐 안에 지어진 건물들은 원형을 추구하며 규범을 지키려고 노력하기 때문이다. 이러한 전통을 이어 내려온 한옥의 모범으로서 낙선재는 좋은 모델이다.

Chapter

03 용척과 문양

3-1 용척

尺이라는 漢字는 한 뼘으로 길이를 재는 모양을 본떠서 만든 글자이다. 여기서 유래된 周尺은 조선시대 말까지 논밭의 크기를 재거나 거리를 잴 때 사용되었다.

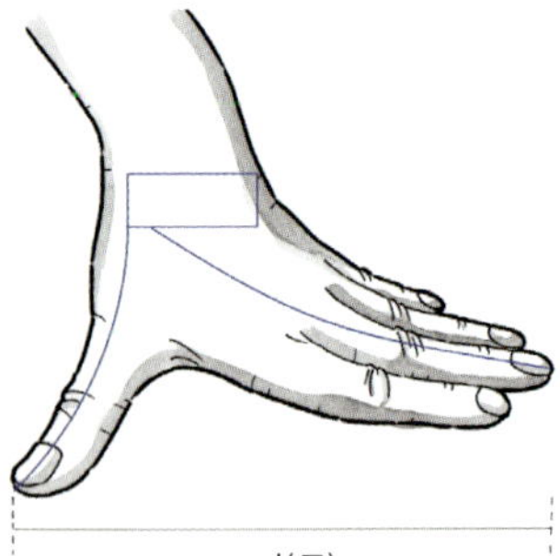

자(尺)

예로부터 새 왕조가 들어서면 도량형을 정비하여 세금징수나 경제활동의 기준을 마련하였다. 度量衡의 度는 길이를, 量은 부피를, 衡은 무게를 의미한다.

건물을 짓는데 사용되는 길이 단위인 營造尺은 통일신라 이후 지금까지 300㎜를 전후로 거의 변화가 없었다.

	통일신라	고 려	조 선 초	화성	경복궁	광무6년	현대
영조척(㎜)	297	308~310	312	310	307	303	303

※ 경복궁의 경우 복원 공사시 기준 척도이다.
근정전(1867년)은 305로 지어졌다.

조선시대에는 음악의 기준음을 정하기 위하여 管을 만들었는데 소리의 기준음인 '황종음'을 내는 길이를 '황종지장'이라 하였다. 이 관의 길이는 기장이라는 곡식을 90알 늘여 놓은 길이로 하였으며, 이 황종지장에 1寸을 더한 길이를 '황종척'이라 하여 모든 척도의 기준으로 삼았다. 건물을 지을 때 사용되는 '영조척 1尺'은 여기서 1寸을 뺀 길이이다.

현재 여러 개의 자(尺)들이 유물로 전해지는데 여기에서 황종척의 길이는 336㎜~344㎜ 정도이다. 이것을 영조척으로 환산하면(영조척=황종척×0.9 : 경국대전) 한 자의 길이는 303~309㎜가 된다.

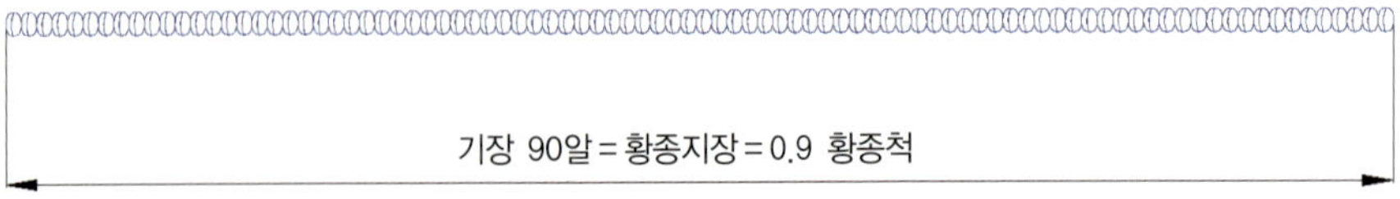

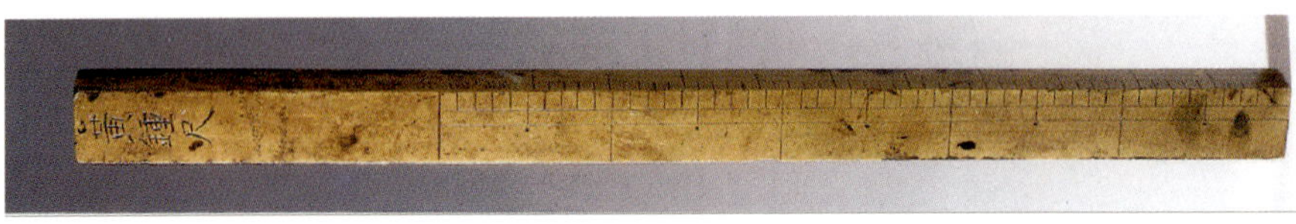

황종척 5寸(창덕궁 소장 유척)

조선시대에 지어진 건물들은 시대나 지역에 따라 조금씩 영조척이 다른 것으로 나타나는데, 이는 필요할 때마다 새로 만들어졌던 황종척이 시대에 따라 차이를 보이기 때문이며, 또한 목수들이 사용한 尺의 길이도 서로 달랐기 때문인 것으로 여겨진다.

실측 도면에 따르면 1847년 중건된 낙선재는 한 자의 길이가 306㎜ 정도이고, 1863년에 지어진 운현궁은 308㎜ 내외로 동시대의 궁궐 목수들에 의해 지어진 건물들에도 한 자의 길이에 차이가 있는 것은 그 목수들의 기문이 다르기 때문인 것으로 여겨진다.

1902년 일본의 영향으로 1자의 길이가 대략 303.03㎜(1891년 1M를 3.3자로 정한 일본의 도량형법 개정에 따른 것)로 바뀌어 지금까지 한옥을 짓는 현장에서 사용하고 있다.

3-2 초각

목재 부재에 사용되는 초각은 식물의 줄기에서 모티브를 가져와 정형화시킨 문양을 주로 사용하였는데 이것은 집을 한층 생동감 있고 화려하게 꾸며주며 심미적으로도 안정감을 준다.

1. 초각의 유래

한옥에서 목부재 등에 새기는 문양들 중에 덩굴문(쌍S자무늬, 卷草紋)은 식물의 줄기가 싹이 터서 계속하여 뻗어 나가는 모양을 형상화한 것이다. 이집트와 그리스를 거쳐 중국이나 우리나라에 들어온 이 문양의 변화 과정을 간단히 살펴보면 다음과 같다.

1) 중국의 덩굴문

동주(東周)시대 기와문양

한대(漢代)의 덩굴문

남북조(南北朝)시대의 덩굴문

※ 중국에서는 이러한 덩굴문을 권초문(卷草紋)이라고도 한다.

2) 우리나라의 덩굴문

고구려의 덩굴문(강서대묘)

백제의 덩굴문(제석사지 암막새)

통일신라의 덩굴문(경주출토 암막새)

덩굴문은 가장 널리 사용되는 문양으로 완만한 부드러운 곡선이 리드미컬하게 서로 교차하여 아름다운 조화와 균형미를 보여준다. 장식적인 기능 외에 오래도록 끊이지 않고 이어간다는 길상적인 의미도 지니고 있다.

2. 초각의 전개과정

❶ 영기문에서 비롯된 것으로 보이는 초각은 테두리나 표면에 간단한 곡선으로 시작되다가 점점 확장되었다.

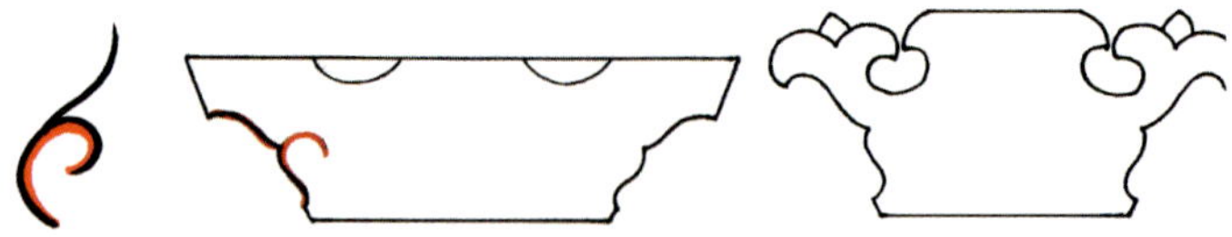

❷ 부재의 표면에도 적극적으로 문양을 넣어 새김을 하게 되었다.

❸ 여러 겹으로 연속된 무늬를 만들어 문양이 화려하게 되었다.

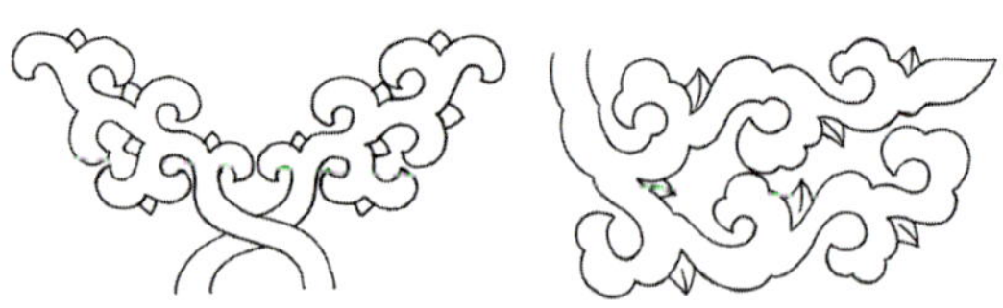

※ 영기문이란 '신령스러운 기운을 상징하는 무늬'로 고사리 같은 작은 선에서 시작하여 여기서 다시 새싹이 나오면서 생명의 탄생과정이 반복되는 것을 의미한다.(강우방)

3. 초각의 종류

❶ 익공 초각 : 익공 초각은 쇠서가 있는 익공과 쇠서가 없는 물익공으로 나뉘는데 기본적인 모양은 물익공의 초각이며 쇠서익공은 여기에 쇠서를 더한 것으로 여겨진다.

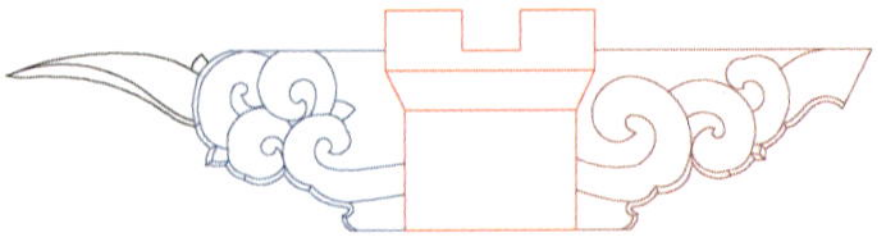

청평사 회전문

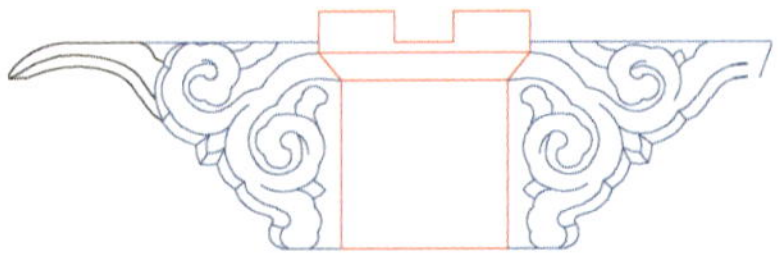

창경궁 양화당

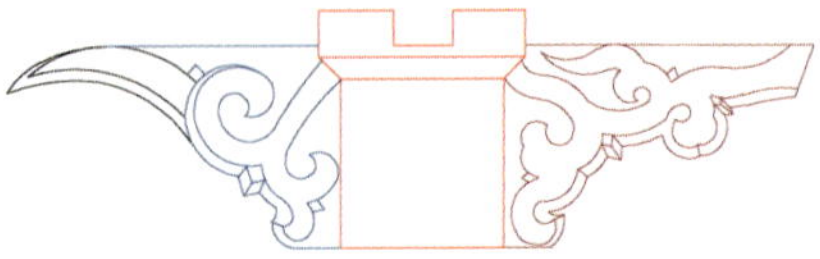

창덕궁 인정문행각

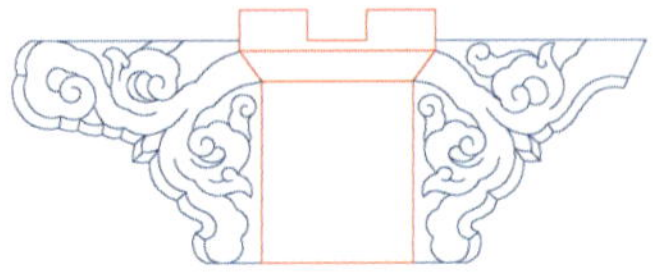

창덕궁 낙선재

익공과 물익공

물익공의 초각은 덩굴문의 단순한 형태에서 점점 복잡하고 화려하게 변화되었는데 처음에는 물익공의 모습이었다가 나중에 쇠서를 내밀게 된 것으로 여겨진다. 익공의 안쪽에서는 마구리를 사절하여 보아지 역할을 한다. 초각은 아래쪽에서 시작되었다가 시대가 흐르면서 점점 위로 올라가 나중에는 주두굽에서 나온 것으로 여겨진다. 또한 양끝을 제외한 초각의 모양을 안과 밖이 대칭되도록 한 것도 나중에 이루어진 일일 것이다.

물익공(勿翼工, 無里工)은 낙선재에서처럼 보머리와 하나의 초각으로 연결되기도 하지만 게눈각 보머리와도 함께 쓰이기도 하는데 특히 지방에서의 익공은 초각 없이 직절하여 사용되는 것이 일반적이다.

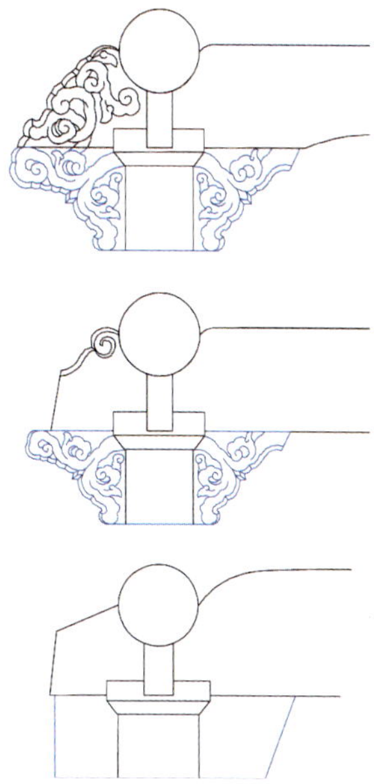

초각익공과 초각 없는 직절익공

※ 여기서 익공은 쇠서의 유무와 상관없이 기둥에 끼워진 부재를 말하며 기능적으로는 익공의 역할을 하므로 마구리를 직절하였어도 익공이라 부르는 것이다.

낙선재의 물익공 초각을 덩굴문의 간단한 곡선으로 표현하면 우측의 그림과 같이 그릴 수 있다.

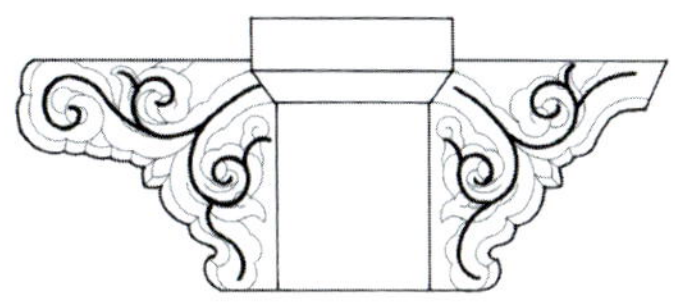

❷ 보머리 초각 : 일반적으로 많이 새기는 게눈각 보머리 초각은 박공이나 추녀에서도 사용되는데 이 보머리의 모양은 초각이 간단히 새겨진 첨차에서 유래된 것으로 보인다. 고려시대의 부재로 보이는 이 첨차를 뒤집으면 보머리의 초각과 유사함을 알 수 있다.

봉정사 대웅전에서 받침재로 사용된 주두와 첨차

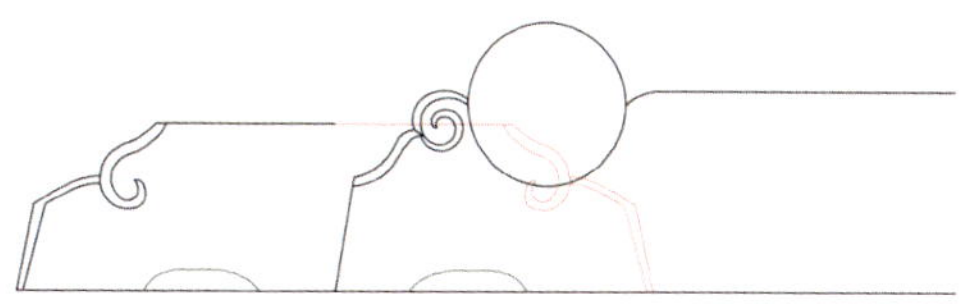

첨차의 초각과 보머리의 초각

보머리의 초각은 게눈이 돌아가는 정도가 조금 다를 뿐 전체적인 모양은 비슷한데 말려 돌아간 끝을 덩굴이 두 갈래로 갈라지는 부분에서 멈추는 것이 적당히 보기 좋다. 도편수의 개성이 발휘되는 초각은 보머리의 크기를 기둥폭 정도로 하여 보기 좋게 그리는데 반드시 정해진 식이 있는 것은 아니다.

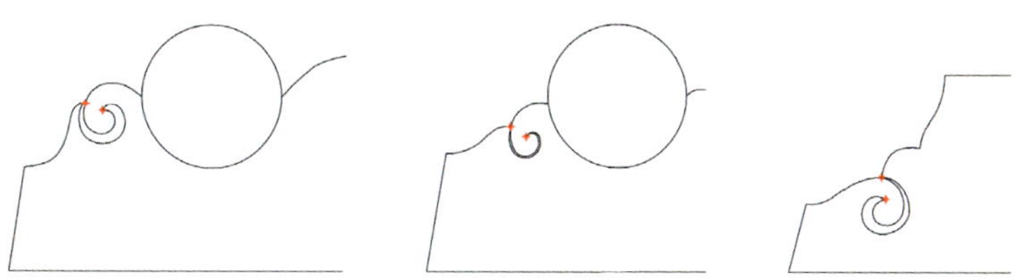

❸ 보아지의 초각 : 대량의 보아지 초각은 대부분 익공의 뒷부분 초각과 같다. 다만, 퇴량 보아지를 작게 만드는 경우 초각의 모양이 달라지는데 이것은 퇴량의 춤에 비례하여 문양을 조정한 것이다.

퇴량과 대량 보아지(낙선재)

※ 퇴량 보아지 초각의 사례

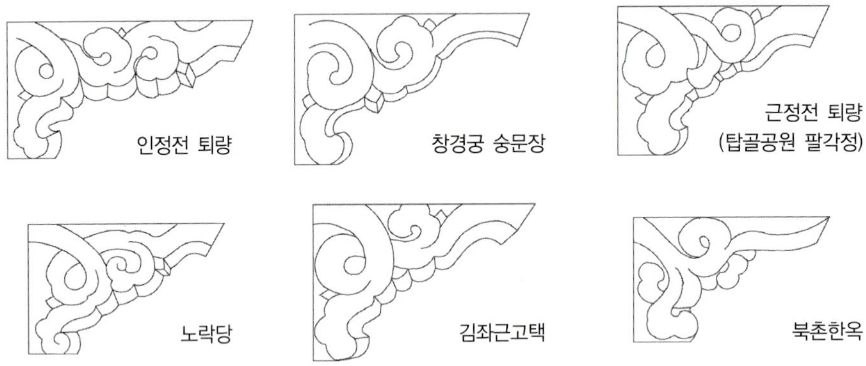

인정전 퇴량 / 창경궁 숭문장 / 근정전 퇴량 (탑골공원 팔각정) / 노락당 / 김좌근고택 / 북촌한옥

덩굴문 초각은 시대에 따라 또는 기문에 따라 조금씩 차이가 있으며 같은 집이더라도 후대에 보수 시에 초각의 모양이 달라질 수도 있다.

❹ 대공 초각(파련) : 대청이나 누마루 상부에 노출되는 대공은 화려하게 초각을 새겨 장식하는 파련대공을 세운다. 파련대공이라 부르는 것은 연꽃무늬 초각이 들어가기 때문인데 요즘에는 연꽃무늬 없이 덩굴문만으로 초각하는 경우가 많다.

※ 낙선재에서 대청(中)과 누마루의 대공은 익공이나 보머리의 초각과 조금 다른데 이것은 후대에 보수에 따른 변형으로 볼 수도 있다.

누마루 대공의 순(두 갈래 사이에서 트는 삼각형의 싹)은 일반적으로 많이 쓰는 삼각형 모양의 순인데 반해 익공이나 보머리의 순은 싹이 터서 진행중인 생동감 있는 모양이다. 또한 문양이 말리는 끝부분에서는 돌아간 정도가 달라 확연히 구별된다. 일반적으로 도편수들은 스승에게 배운 것이든 자기만의 것이든 저마다 초에 대한 자부심이 있다.

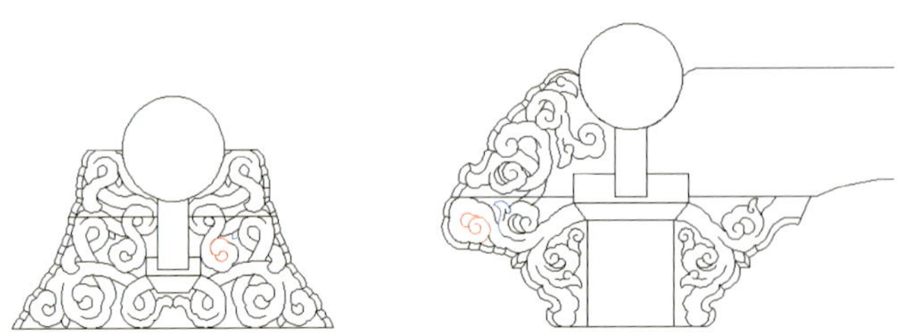

누마루 대공과 익공의 초각

❺ 기타 낙선재에 사용된 초각들

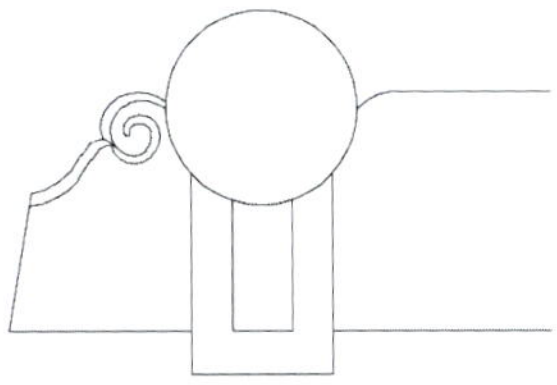

종량 머리

대청 고주 안초공

장여와 창방 빼목

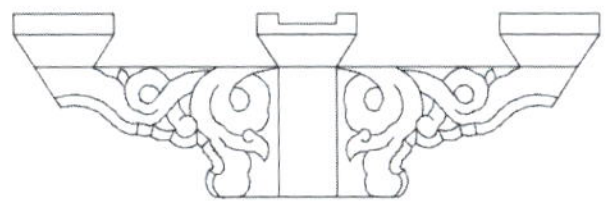

대공 뜬창방 첨차

낙선재에 사용된 초각들은 여느 궁궐의 초각보다 개성 있는 모양을 하고 있는데 경복궁의 집옥재에서도 비슷한 초각을 볼 수 있다.

집옥재 팔우정 계자각

※ 원래 집옥재 일원은 창덕궁 함녕전의 별당이었는데 1891년 현재의 위치로 이전되었다.

Chapter

04 목재와 하중

나무는 섬유질로 된 천연재료이다. 나무의 성질은 그 나무가 자란 환경에 영향을 받아 원산지가 더운 지방의 나무는 건조한 지역보다 습기를 많이 흡수하며, 강원도의 높은 산에서 바닷바람을 맞고 자란 나무가 내륙에서 자란 나무보다 결이 촘촘하고 재질이 단단하다. 보통 기둥이나 보의 재료로 사용되기 위해서는 수령이 백년은 넘어야 한다.

4-1 함수율

나무의 구조적 성질을 알기 위해서는 나무가 수분을 머금은 정도, 즉 함수율에 대한 이해가 선행되어야 한다. 왜냐하면 함수율이 목재의 무게, 치수, 강도에 많은 영향을 미치기 때문이다.

$$\text{함수율}(\%) = \frac{\text{목재중량}-\text{전건시 중량}}{\text{전건시 중량}} \times 100$$

[전건時 중량]=물기가 전혀 없는 상태의 목재 무게
(100°C의 오븐에 48시간 말려서 측정함)

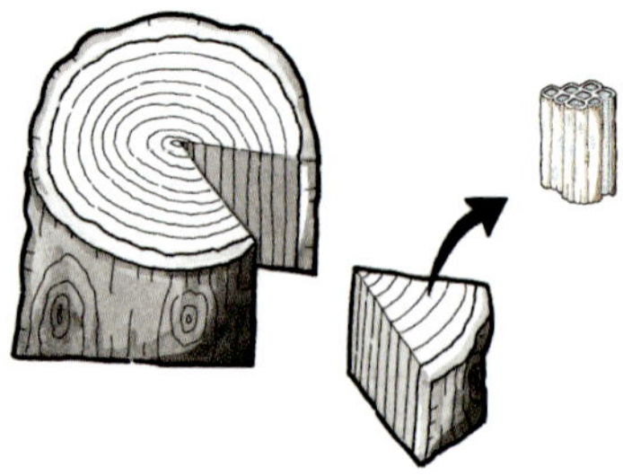

함수율은 나무에서 물기를 완전히 뺀 상태를 기준으로 물을 함유하고 있는 정도를 말한다. 함수율은 0%에서 최대한 200%(생나무일 때)까지의 범위 안에 있는데 소나무의 생재 함수율은 94% 정도이다.

4-2 자유수와 결합수

나무가 머금고 있는 물기는 섬유질 사이에 있는 자유수와 섬유질 자체에 있는 결합수로 나누어진다. 자유수가 모두 건조되었을 때 남은 결합수는 목재 중량의 28%~30%(함수율)이다.

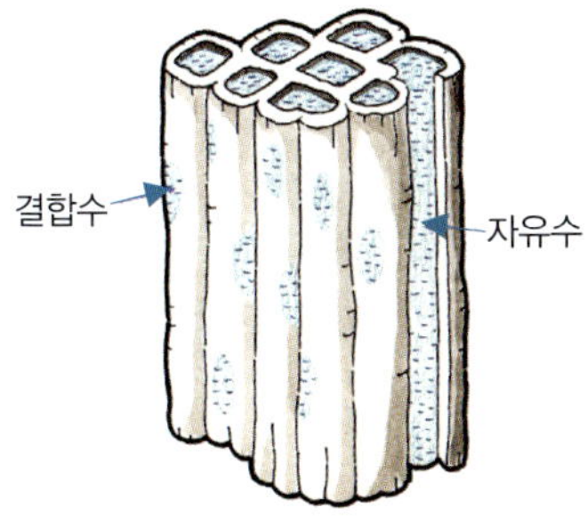

※ 자유수가 모두 없어지고 나면 결합수가 감소하기 시작한다. 이때에 나무는 자기 본연의 성질대로 변형이 이루어진다. 충분한 변형이 이루어져 재목으로 이용될 때까지의 건조기간은 3년 정도가 적당하다.

4-3 섬유 포화점과 건조 수축

1. 섬유 포화점

자유수는 쉽게 마르며 자연 건조시 모두 없어지는데 이때를 섬유 포화점이라 한다. 이 섬유 포화점을 기점으로 나무는 수축이 생기며 강도가 급격히 강해지기 시작한다.

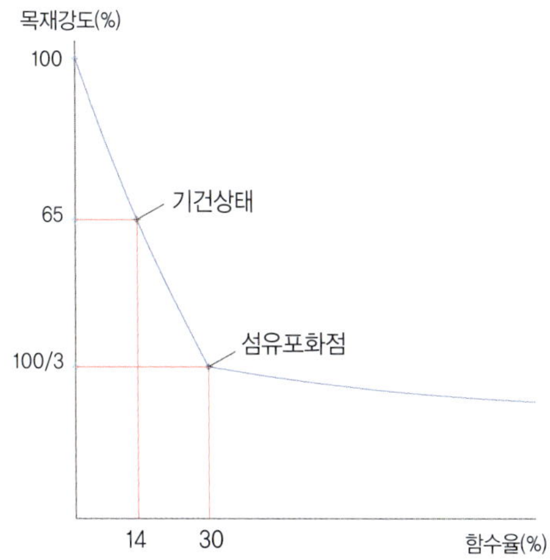

목재의 함수율과 강도의 관계
(수치는 대략적인 값이다)

2. 평형 함수율

목재를 장시간 자연 건조시키면 주변의 공기와 평형을 이루게 되는데 이때의 함수율을 평형 함수율 또는 기건 함수율이라 한다. 평형 함수율인 14%를 기준으로 함수율이 1%씩 줄어들면 강도는 3~5% 증가한다. 건축법에서는 재료로 사용할 수 있는 목재의 함수율을 24%로 명시하고 있다. 기건 함수율일 때의 나무, 즉 기건재의 강도는 생나무일 때보다 1.5배 증가하며 함수율이 0%인 전건재의 강도는 생나무일 때의 3배에 이른다.

기건재의 강도 = 생나무의 강도 × 1.5
(기건재 : 평형 함수율[함수율 14%]일 때의 목재)

전건재의 강도 = 생나무의 강도 × 3
(전건재 : 함수율이 0%일 때의 목재)

3. 목재의 건조 수축

목재의 건조 수축에는 방향성이 있다. 나무가 자란 방향으로의 수축은 거의 일어나지 않으며 나무의 방사방향 수축이 접선방향 수축보다 적게 일어난다.

자연 상태에서 충분히 건조가 이루어진 목재는 자기가 가지고 있던 성질대로 변형되는데 이것은 재목으로 사용되기 전에 반드시 필요한 과정이다. 나무에서 강제로 수분을 제거한다고 그 성질까지 없어지는 것은 아니기 때문이다.

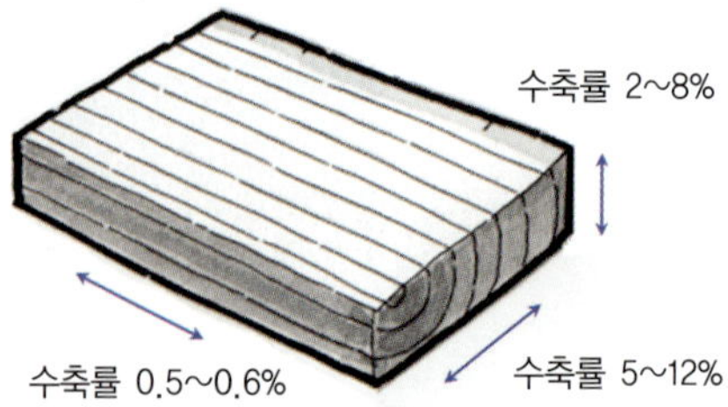

4. 심재와 변재

목재는 변재, 심재, 수심으로 세분되는데 변재는 생리적 기능이 이루어지고 물기가 많으며, 심재는 죽은 세포로 재질이 단단하고 수분이 적다. 또한 수심은 한 가운데 처음 10~15년간 자란 부분으로 연약하여 균이나 벌레에 의한 피해를 종종 받는다. 나무는 자라면서 방위에 따라 나이테의 두께가 달라지는데 주로 북쪽이 나이테 간격이 넓으며 특히 강원도 나무들은 동북 방향이 넓다.

원목을 제재하여 목재로 사용할 때는 가급적 심재를 많이 활용해야 충분한 강도를 발휘할 수 있다. 건조되는 나무는 변재의 물기부터 빠져나간다. 따라서 햇볕에 노출시키면 급격한 표면 수축이 일어나 건조변형이 심하게 일어나므로 통풍이 잘 되는 그늘에 말리도록 해야 하며 마구리에 한지 등을 붙여서 빠른 표면건조를 막는 것이 좋다.

5. 목재의 강도

느티나무는 소나무에 비하여 인장이나 휨강도에 있어서 월등히 뛰어나다. 국립산림과학원의 조사에 따르면 목조 건축물에 사용된 목재의 종류는 시대에 따라 변하는데 고려시대에는 느티나무가 소나무 사용 비율보다 높았으나 조선시대에 이르러 점점 소나무 사용의 비중이 높아졌다고 한다. 이는 느티나무가 기후나 환경적 영향으로 감소한 것도 원인일 수 있지만 무엇보다도 재목으로써 선호하였기 때문에 먼저 벌목되었기 때문일 것이다.

수종별 강도 비교표("문화재수리표준시방서", "산림과 임업기술"에서 참고)

	비중 (4℃ 물이 1)	압축강도 (kg/cm^2)	인장강도 (kg/cm^2)	휨강도 (kg/cm^2)	전단강도(방사) (kg/cm^2)
소나무	0.47	430	885	747	97
전나무	0.4	371	570	520	113
낙엽송	0.61	532	700	986	113
잣나무	0.45	425	740	772	95
밤나무	0.57	339	590	852	124
느티나무	0.69	382	1123	959	158
오동나무	0.24	156	600	446	50
단풍나무	0.72	560	820	910	115
참나무	0.88	626	1371	1270	214

4-4 기둥의 크기

기둥의 단면 크기를 결정하기 위해서는 기둥에 전달되는 지붕의 하중과 그 응력을 알아야 한다.

※ 응력이란 외부의 어떤 힘이 작용했을 때 그 힘에 저항하려는 자기 자신의 내력을 말한다.

1. 기둥이 받는 하중 계산

1) 단위면적(1M²)당 지붕의 하중

일반적인 한옥의 지붕하중(단위 kgf/㎡)

고정하중	한식토기와	160	기와는 중와 3겹잇기일 때, 강회다짐(비중 2.0), 보토(비중 1.7)는 각각 100㎜, 적심(비중 0.63)은 두께 300㎜일 때의 하중이다.
	강회다짐	200	
	보토	170	
	적심	220	
활하중		30	
지붕 총하중		780	

※ 기호 kg과 kgf는 질량과 무게의 개념으로 여기서는 그 차이를 무시하기로 한다.

2) 기둥이 받는 지붕 면적

❶ 바닥 면적 : 기둥 간격이 약 2.4M(8尺)일 때의 기둥이 부담하는 지붕의 수평 면적은 5.76M²이다.

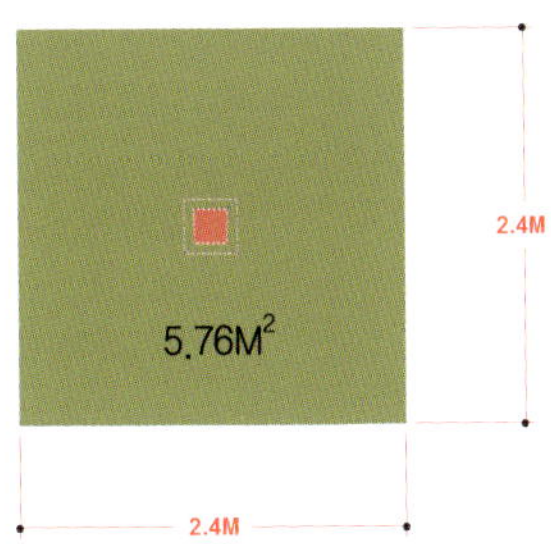

❷ 지붕 면적 : 지붕의 물매가 5치일 때 3DPOLY 명령으로 경사면을 그리고 영역으로 만들면 면적을 알 수 있다.

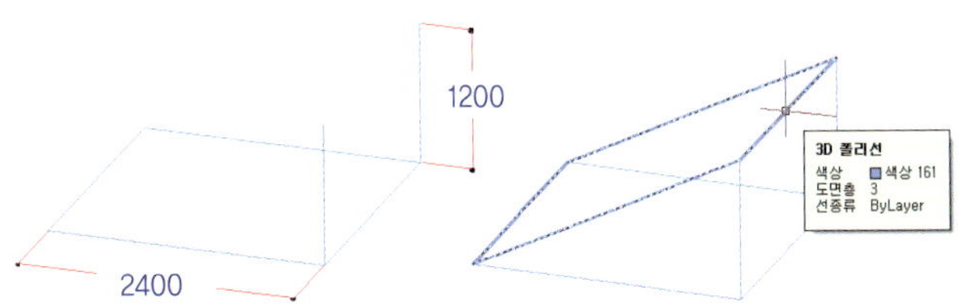

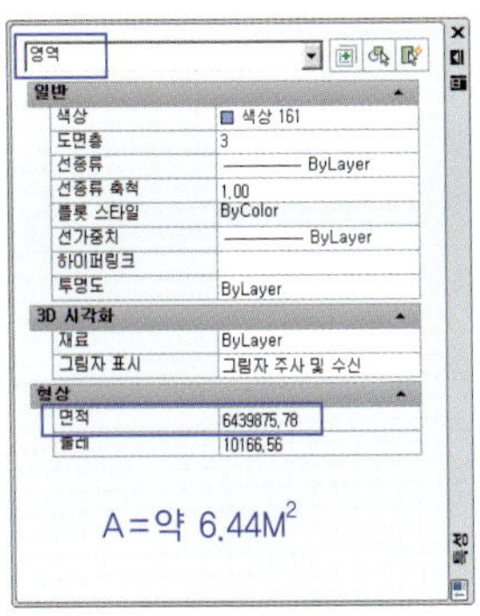

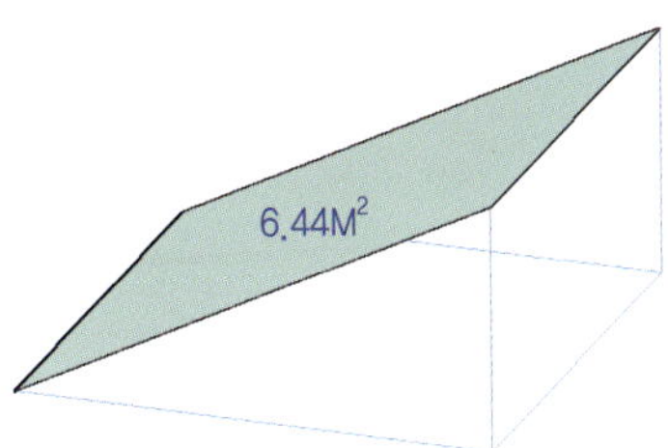

명령: 3DPOLY

폴리선의 시작점 지정:
선의 끝점 지정 또는 [명령 취소(U)]:
선의 끝점 지정 또는 [명령 취소(U)]:
선의 끝점 지정 또는 [닫기(C)/명령 취소(U)]:
선의 끝점 지정 또는 [닫기(C)/명령 취소(U)]: C
명령: 반대 구석 지정 또는 [울타리(F)/윈도우다각형(WP)/걸침다각형(CP)]:

명령: REGION

객체 선택: 1개를 찾음
1 루프이(가) 추출됨.
1 영역이(가) 작성됨.

3) 목재의 자중(自重)

목재의 자중은 완성된 낙선재 3D에서 기둥 상부에 있는 솔리드들의 체적을 구한다.

```
명령: MASSPROP
객체 선택: 반대 구석 지정: 1505개를 찾음
---------- 솔리드 ------------------
체적:                1398310093(分³)-------- ⇨ 이것을 환산하면 38.9(M³)이 된다.
```

소나무 비중을 0.53으로 하였을 때 목재의 총중량은
38.9×0.53=20.622 (Ton)이고 20622kg이다.

낙선재의 지붕 면적을 180M²으로 할 때 단위면적(M²)당 목재의 자중은 약 115kg이 된다. 대략 8자 칸의 기둥 하나가 받는 지붕 하중은 5.8ton이 된다.

4) 지붕의 하중 계산

지붕의 하중 =지붕 면적×(단위면적당 지붕의 무게+ 목재의 자중)=6.44×(780+115)
= 5763.8kg이다.

2. 목재의 허용응력

소나무 2등급의 허용압축응력은 45kgf/cm^2이다.

구조재의 기준 허용응력

수종	등급	기준 허용응력(kgf/cm^2)			
		휨응력	인장응력	압축응력	전단응력
낙엽송류	1등급	85	55	90	6.5
소나무류	1등급	75	50	75	5
	2등급	60	35	**45**	5
잣나무류	2등급	50	35	45	4.5

(출처 : 건축구조기준 2009)

※ 허용응력이란 재료가 견디는 힘을 말하는데 설계상 적용되는 값이다.

3. 기둥의 최소 단면적

지붕 하중이 5.8Ton이고 압축응력이 45kgf/cm^2일 때 기둥의 최소 단면적을 A라 하면

$$A = \frac{\text{지붕 하중}}{\text{기둥의 압축응력}}$$

$$A = \frac{5800}{45} = 129\text{cm}^2$$

단면적 129cm^2일 때 정방형 기둥 한 변의 길이는 약 11.4cm가 된다.

4. 사각 기둥이 받는 최대 지붕 총하중

일정한 단면의 사각기둥이 지탱할 수 있는 최대의 지붕 총하중을 계산하면 다음과 같다.

최대 지붕 총하중=허용압축응력×기둥 단면적(45kgf/cm^2)

단면 크기에 따른 최대 지붕 하중(단주일 때)

단면 크기(cm)	단면 크기(分)	최대 지붕하중(kg)
15×15	50×50	10,125
18×18	60×60	14,580
21×21	70×70	19,845
24×24	80×80	25,920
27×27	90×90	32,805

5. 좌굴응력

기둥이 가늘거나 길이가 긴 경우, 예를 들어 기둥의 단면과 길이비가 1 : 6(원기둥은 1 : 5) 이상인 경우에는 장주라고 하며 이 때에는 기둥에 좌굴응력이 발생한다. 한옥에서는 장초석 위에 놓이는 짧은 기둥을 제외한 모든 기둥이 장주의 범위에 속하므로 좌굴응력을 고려하여야 한다.

기둥이 길면 길수록 단면은 작을수록 좌굴에 의한 영향은 커진다. 한옥에서 기둥의 크기는 대체적으로 여유가 많아 이러한 영향을 고려하지 않아도 된다. 그러나 고주의 경우 화통에서의 연결이 긴밀하지 않거나 과도한 편심하중을 받게 된다면 결코 안전한 기둥이라 할 수 없을 것이다.

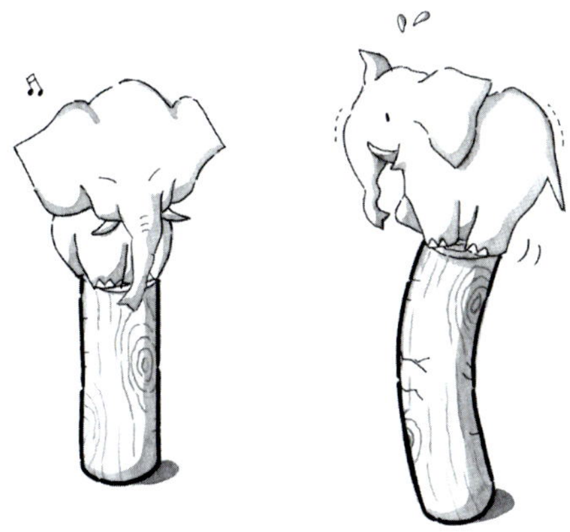

단주, 세장비(λ)가 20 이하인 기둥

장주, 세장비(λ)가 20 이상인 기둥

주고/주경	세장비 λ	좌굴응력비	주고/주경	세장비 λ	좌굴응력비
5 미만	17.3	100.0%	13	45.0	68.5%
6	20.8	85.5%	14	48.4	66.1%
7	24.2	83.0%	15	51.9	63.7%
8	27.7	80.6%	16	55.4	61.2%
9	31.1	78.2%	17	58.8	58.8%
10	34.6	75.8%	18	62.3	56.4%
11	38.1	73.4%	19	65.7	54.0%
12	41.5	70.9%	20	69.2	51.6%

※ 위의 표는 기둥 단면이 사각일 때 기둥의 좌굴응력을 나타낸 것이다. 기둥이 길어질수록 원래 가지고 있던 허용응력이 점점 낮아져 [주고/주경]비가 20인 경우 기둥이 부담할 수 있는 허용응력은 절반으로까지 줄어든다.

$\lambda = L/i$

(λ는 세장비, L은 기둥길이, i는 단면2차반경)

$i = \sqrt{IA}$

(i는 단면2차모멘트, A는 기둥의 단면적)

$I = bh^3/12,\ A = bh$

단면이 사각일 때 $\lambda = 3.46L/h$,

원형일 때 $\lambda = 4L/D$

$\lambda \leqq 20$일 때는 좌굴의 영향을 받지 않으며

$20 < \lambda \leqq 100$일 때는

좌굴응력$= (1 - 0.007\lambda)$ 압축응력

예를 들어 낙선재 기둥은 [주고/주경]比가 '11'[845/75] 정도이며 이때의 [세장비] '38.1'를 적용하면 좌굴응력은 압축응력의 73.4%이 되어 원래의 23톤(=기둥단면적×45)보다 줄어들어 16.88톤(=23×0.734)이 된다.

지붕 하중이 기둥 중심을 타고 내려오는 축압축력만 작용하고 단면의 손실이 없다면 현재 지어지고 있는 일반적인 한옥의 기둥 단면은 여유가 상당히 많은 셈이다. 이러한 이유로 효율성을 강조한 근대 한옥에서는 기둥의 굵기를 적게 하여 적용한 사례가 많다. 그러나 한옥이 풍기는 고유한 멋을 위해서는 적당한 굵기의 기둥을 사용해야 한다.

6. 단면성능

❶ 단면계수 : 단면계수는 단면 형상에 대한 단면의 저항 능력을 나타내는데 예를 들어 사각 기둥과 원기둥의 단면적이 같을 때의 직경과 단면성능(단면계수)의 비는 다음과 같다.

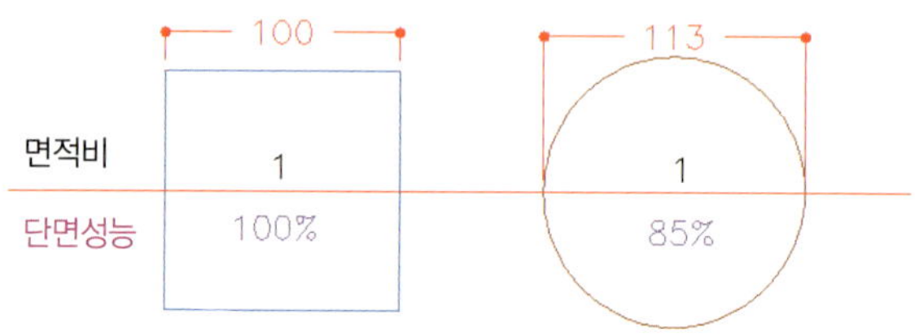

❷ 최대 단면성능을 갖는 단면비

폭과 춤의 비율이 $1 : \sqrt{2}$일 때 단면은 최대의 성능을 발휘할 수 있다.

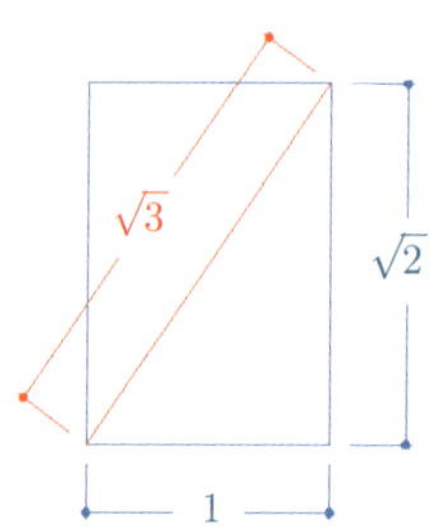

❸ 단면2차모멘트 : 장방형의 사각형이 세워 있을 때와 누워 있을 때의 휨에 대한 저항 성능인 단면2차모멘트는 다음과 같다.

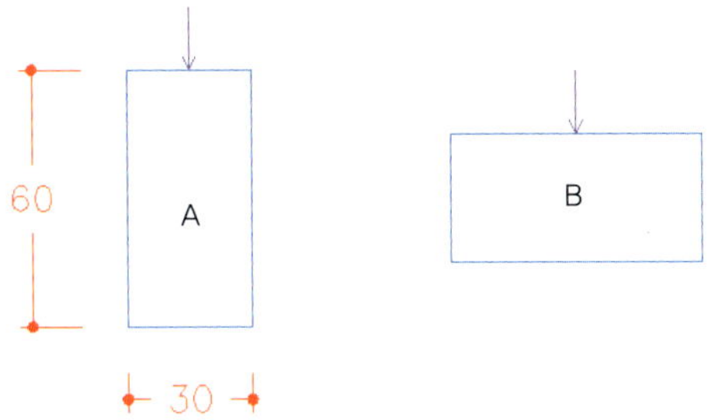


```
명령: MASSPROP
------------------ 영역 A ------------------
중심에 관하여 주 모멘트
                    I: 540000.0000  (단면2차모멘트)

------------------ 영역 B ------------------
중심에 관하여 주 모멘트
                    I: 135000.0000  (단면2차모멘트)
```

Chapter

05 한옥 용어에 대하여

: 특히 익공 관련 용어에 대하여

낙선재는 물익공(무릿공)집이다. 이러한 종류의 집을 다루는 글을 쓰기 위해서는 먼저 목수의 입장에서 익공이나 이와 관련된 용어에 대한 정의를 내릴 필요가 있다고 생각한다.

우리나라의 고건축 용어들은 모두 현장에서 기술자(대목, 소목, 석공, 화공, 미장 등등)들이 사용하는 실용 용어들이다. 수 천년간 입에서 입으로 전해져 내려오던 것들 중 일부의 용어들은 '옥사조'(통일신라시대의 가사규제)를 비롯하여 '의궤'나 기타 문헌 등에 전해져 온다. 그렇지만 이러한 문헌들 중에 용어에 대해 직접 설명한(그림으로) 것으로는 「화성성역의궤」가 유일하다.

1950년대에 이르러 설명과 그림을 곁들인 전문 용어집으로 정리되기 시작했는데 이것은 직접 현장에서 채집하거나 일제강점기의 일본 학자들이 기록한 내용을 바탕으로 하고 있다. 그런데 아쉽게도 일본 학자들이 주장한 용어는 물론이고 우리말로 바꾸는 과정에서 전혀 새로운 용어도 등장하게 되었다. 그 대표적인 것이 주심포와 다포, 헛첨차이다. 필자들도 역시 목수 입문 시에는 맹목적으로 남들이 말하는 대로 아무 거리낌 없이 사용하였다.

어느 정도 경험이 쌓이고 기술을 넘어 자신이 하고 있는 일의 '원리'에 대해 궁금해 할 무렵 우리의 선배 목수들은 그러한 구분을 한 적이 없었으며 이러한 용어의 사용이 잘못이라는 결론을 내렸다. 현장에서 직접 몸으로 그 부재를 만들고 조립하는 경험 많은 목수들과 함께 이러한 원리에 대한 이해를 위해 다음 용어들에 대한 유래와 전파과정을 생각해보고자 한다. 자신만의 자유스러운 스타일이 만들어지기 위해서라도 이러한 과정은 필요하다고 생각한다.

5-1 주심포와 다포

주심포와 다포라는 용어는 1955년 임천 씨가 쓴 것으로 알려진 「미술. 고고학 용어집 건축편」에 처음 등장한다. 이는 일본인 학자가 구분한 소조('포가 드문드문 있다'라는 뜻)와 힐조('포가 촘촘히 있다'라는 뜻)라는 단어에서 유래된 것으로 당시 목수들에게는 생소한 용어였다. 그러나 지금은 목수들 자신들이 아주 오래전부터 사용해왔던 것처럼 아무 거리낌 없이 쓰고 있으며 이제는 그것을 바로 잡으려 해도 의식에서부터 이미 굳어져 버리고 말았는데 이러한 상황은 마치 '빠루'라는 말이 일제강점기에 일본인들에 의해 널리 퍼진 이후로 이 용어가 영어 단어 'BAR(바-바르-빠르)'에서 온 비정상적인 외래어인 것을 알면서도 목수들 사이에선 이미 전문용어가 되어버려 쉽게 바꿀 수 없게 된 것과 마찬가지이다.

선배 목수들은 집의 종류를 말할 때 기둥에 보와 도리를 직접 끼우는 방식, 기둥에 익공과 창방을 끼우는 방식, 그리고 기둥에는 창방을 끼우고 주두 위에 첨차와 소로로 포를 짜는 방식으로 나누었으며 각각 도릿집, 익공집, 폿집으로 구분하였다. 주심포니 다포니 하는 용어들은 예전의 목수들이 사용한 용어가 아니다. 더군다나 주심포집은 익공집과 구분이 모호하여 주심포라는 용어는 그 범위를 정하기가 어렵다고 생각된다.

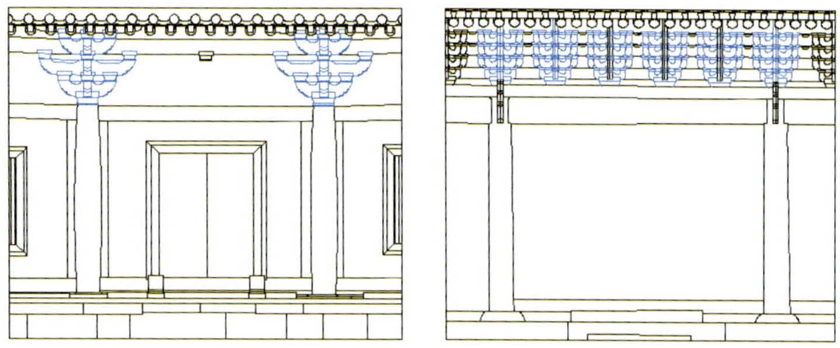

부석사 무량수전과 근정전

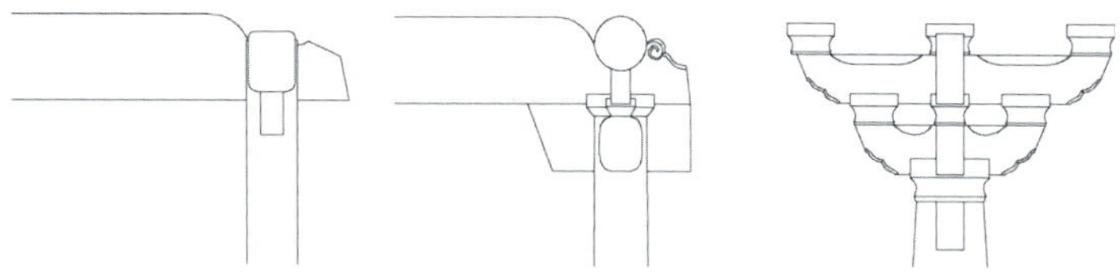

도릿집 익공집 폿집

집의 종류

5-2 헛첨차

이 부재를 따로 익공에서 떼어내어 새롭게 이름을 붙인 사람은 일제강점기 일본 학자 스기야마(杉山信三)이다. 이는 1966~69년 사이에 출판된 「한국건축용어집」(장기인)에서 처음으로 헛첨차라는 용어가 등장하는데, 즉 '기둥머리를 뚫고 내밀어 소로를 얹은 위에 초제공을 받는 주심포계의 공포재'(한국건축사전 1985), 또는 '주심포작에서 기둥머리에 끼워 출첨차(살미첨차, 내민첨차) 밑을 받치며 그 처짐을 보강하고 주두의 이동을 방지하는 것'(목조, 1991 이상 장기인), 또는 '기둥머리 부분에 창방과 십자방향으로 짜여져 건물의 내외방향으로 돌출되어 있는 부재'(익공계 공포의 발생 및 변천과정 연구, 1989, 이달훈)로 설명하고 있다. 다시 말하면 기둥에 꽂아 창방과 직교하여 바깥은 출목된 부재를 받고 안으로는 보의 하중을 기둥에 전달하는 부재를 말하는 것인데 오래전부터 목수들은 이 부재를 익공의 일종으로 보아왔다. 그래서 달리 용어가 없는 것인데 이것이 고려시대 중국 송나라의 영향을 받았다는 일본 학자의 주장을 그대로 수용하여 이제는 정설이 되어버렸고 목수들 또한 무비판적으로 받아들이게 되었다. 중국이나 일본에서는 이렇게 기둥에 끼워지는 부재를 삽공(插栱) 또는 삽주목(插肘木)이라 부르는데 여기서 '插'은 '끼우다'라는 뜻으로 쓰인 것이다. 이 부재는 기둥에 반만 끼워져 바깥으로 내미는 출목을 지지하는 부재이며 비슷한 것이 우리나라에는 부석사 무량수전에 처음 등장하는데 그것도 출목을 받는 것이 아니라 보아지의 기능으로 나오는 것이다. 순수한 의미에서 삽공이나 삽주목에 해당하는 부재는 아니며 굳이 비슷한 것을 찾는다면 개목사 원통전에서도 볼 수 있다. 이렇게 잘못 해석된 헛첨차 용어의 사용을 우리 목수들은 재고해야 된다고 생각한다.

그림에서 오른쪽 두 건물에서 창방과 직교하는 부재는 각각 헛첨차와 초익공으로 불린다. 기능적으로 어떠한 차이도 없는데도 불구하고 단지 외부로 나온 부분에서 상부 부재와 닿는 부분이 첨차처럼 비워 있느냐 아니냐의 차이에 따라 다르게 해석되는 것이다. 즉 수덕사 대웅전은 주심포집으로 개목사 원통전은 이익공집으로 분류하게 되는 오류가 생기는 것이다. 중국이나 일본에서는 이렇게 기둥 안팎으로 돌출되는 익공집이 거의 없는데도 불구하고 우리나라 고유의 익공양식을 중국이나 일본의 영향을 받은 것처럼 하기 위하여 일제강점기 일본 학자가 억지로 지어낸 용어를 그대로 받아들이는 것은 그 부재를 직접 만드는 목수로서 부끄러운 일이다.

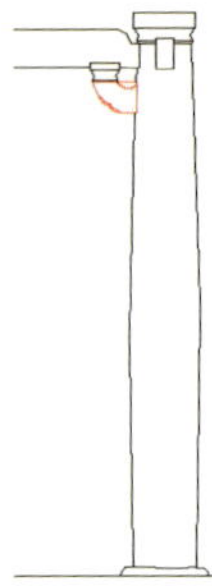

부석사 무량수전의 첨차형 보아지

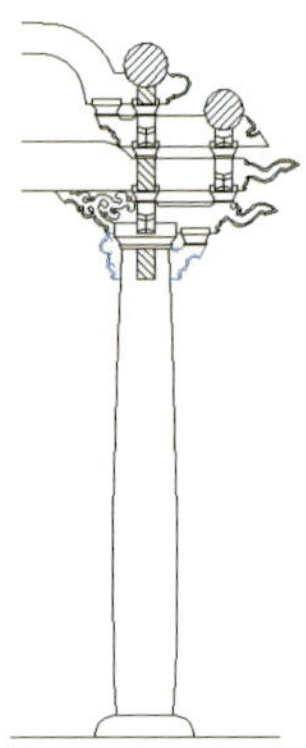

수덕사 대웅전의 익공

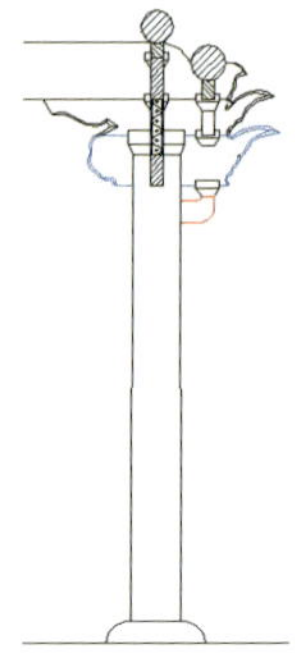

개목사 원통전의 익공과 삽공

5-3 익공

익공을 나타내는 표기로 '立工'은 1647년 「창덕궁수리도감의궤」 이후 150년 정도 쓰이다가 차츰 자취를 감추고 1776년 「경모궁개건도감의궤」에서 처음으로 지금의 '翼工'이라는 표현이 등장하여 오늘에 이르고 있으며 立工 이전의 건축에 해당하는 의궤는 더 이상 발견된 것이 없기 때문에 그 이전에는 어떻게 표기했는지 알 수 없다. 여기서 '立'은 '入'(들어간다)에서 왔거나 또는 立(입)이나 翼(익)은 '기둥에 끼워진 뒤 돌출된 어떤 모양'을 나타내는 말의 발음일 개연성도 있다. 그런데 그 이전 150년 동안 불린 이름은 무시하고 翼이라는 글자의 뜻을 취하여 익공이 새의 날개모양이라고 주장하는 데는 무리가 있다. 실제로 쇠서의 모양이 새의 날개처럼 보이지도 않는 경우가 대부분이며 쇠서가 없는 익공을 無里工이나 無立工으로 표현한 여러 기록에 대하여 어떠한 설명도 되지 않기 때문이다.

익공 비교 1

창방과 직교하여 보를 받는 부재는 기능상 모두 익공으로 볼 수 있는데 특히 외부로 돌출되는 익공머리는 간단하게 직절되는 경우가 많다.

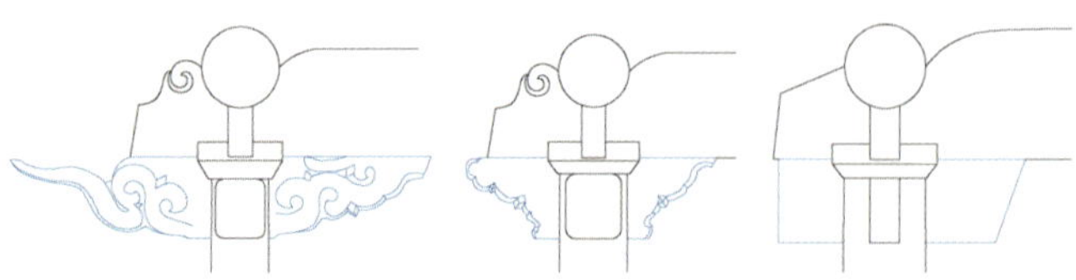

익공 비교 2

또한 출목이 없는 초익공집에서 돌출된 익공머리가 보머리에 직접 닿지 않아도 내부에서 보아지의 기능을 하기 때문에 익공이라고 볼 수 있다.

해인사 장경판전과 맹씨행단의 익공

삼국의 용어 비교

한국	중국(청)	일본	기타
기둥(柱)	檐柱(평주)	柱	
평방(平枋)	平板枋		
창방(昌枋)	闌額	頭貫(柱貫)	
주두(柱頭)	大斗	大斗	청, 櫨斗(송)에서 大斗로 바뀜.
소로(小累)	散枓(벌소로)	卷斗(벌소로)	
첨차(簷遮)	栱	肘木	청, 도리방향 첨차는 栱이라 함.
살미첨차	頭翹	枠肘木(화주목)	청, 보방향 첨차는 翹라함
소두공(小頭工)	正心瓜栱	枠肘木(화주목)	청, 소첨차는 瓜栱라 함.
대두공(大頭工)	正心萬栱		청, 대첨차는 萬栱이라 함.
출목소첨차	單材瓜栱	秤肘木	청, 출목은 이름 뒤에 번호를 붙임.
익공(잇공, 입공)	–	–	
(일명) 헛첨차	插栱, 丁頭栱	插肘木	
주심도리	正心桁	桁	
외목도리	桃檐桁	出桁(丸桁)	
평연(장연)	檐椽	(地)垂木	地垂木은 부연이 있을 때임.
부연	飛檐椽	飛檐垂木	'옥사조'의 飛簷을 부연으로 해석함.

5-4 공아

'옥사조'(통일신라)는 주택의 치장을 규제하기 위한 법령으로 내용 중에는 몇몇 건축부재와 관련된 용어가 포함되었다. 현어, 비첨, 중복공아, 중복화두아, 공아 등은 실제로 보이는 것이고 문맥을 유추하여 보면 화두아라는 용어도 존재했을 것으로 보인다. 신분에 따라서 사용할 수 있는 장식을 제한하기 위한 것으로 이것을 정리하면 다음과 같다.

'옥사조' 건축부재 관련 내용 정리 (O: 할 수 있다)

	중복공아	중복화두아	공아	화두아
성골	O	O	O	O
진골	O	O	O	O
6두품	X	O	O	O
5두품	X	X	O	O
4두품	X	X	X	O

이 부재들의 정확한 사용처는 아직 알 수 없으며 다만, 일부 학자들 사이에서 공아가 지금의 출목첨차일 것으로 추측하고 있을 뿐이다. 그런데 이러한 학설을 바탕으로 얼마 전 새로 건축된 '경주 밀레니엄파크'에는 신라시대 귀족집으로 2출목 첨차를 사용하여 지어졌다. 오랜 씨족 전통을 가진 우리나라에는 아직도 몇 백 년이나 되는 그들의 종가집이 남아 있는데 만약 출목첨차를 가진 살림집이 중급관리인 5두품 이상의 신분에 허용되었다면 그 흔적이 어디엔가 남아 있어야 한다. 그러나 현재 남아 있는 사람이 거주하는 집으로 최상의 신분인 왕이 살았던 곳도 출목 없는 2익공집이며, 또한 제일 오래된 상류주택이라는 맹씨행단 역시 출목첨차 없이 익공부재와 직교하는 첨차가 있을 뿐이다. 이러한 근거 없이 추측으로만 된 해석을 바탕으로 '공아'라는 글자를 첨차로만 이해하는 데에는 무리가 있다고 생각된다.

순조 때 완성된 「화성성역의궤」에는 익공을 비롯하여 두공, 운공, 행공, 안초공 등의 '工'자가 들어가는 부재가 그려져 있다. 생김새와 부재의 이름이 같이 등장하는 이 의궤는 목수들의 진술을 바탕으로 만들어진 것으로 여겨지는데 「화성성역의궤」를 만들 때의 목수들과 '옥사조'를 만들 때의 목수들 사이에 커다란 의식 차이가 없었다면 두 시대에 살았던 목수들이 사용하는 용어에는 어떠한 일관성이 있었다고 여겨진다. 예를 들어 창방, 평방, 인방 등에 사용되는 '枋'은 '네모난 부재'를 뜻하며 단혀(장혀), 춘혀 등에 사용되는 '혀'에는 '내미는 부재'라는 뜻을 담고 있다. 또한 의궤에 나오는 두공, 운공, 익공, 행공, 제공 등의 용어에 공통으로 들어가는 '工'자에는 '긴 부재들의 결속을 도와주는 짧은 부재'라는 기능이 들어 있다. 그러므로 옥사조에 나오는 공아나 화두아에서는 '공'이나 '화두'라는 글자보다 뒤에 나오는 '아'자에 더 큰 의미를 두어야 한다. 이러한 입장에서 보면 공아의 '牙'자는 장혀나 춘혀(物譜, 1770년경)의 '혀'를 '舌'자로 적은 것처럼 '이'를 나타내려고 적은 글자일 것으로 보이며 '이(牙 : 특히 동물의 송곳니)'는 '혀(舌)'와 마찬가지로 바깥으로 내민(보방향으로) 어떤 부재를 나타낸 것으로 볼 수도 있을 것이다.

잘못 사용되고 있는 현장용어

변용된 일본용어(한자, 일본어)·········· 바꿔 써야 하는 우리말

ㄱ

가네, 矩(かね) ························ 직각
가네자꾸(矩尺, 曲尺), 사시가네(差し金)·· 기역자
가다, 型(かた)··························· 틀, 거푸집
가다와꾸, 型(かた)枠(わく)·············· 형틀
가도(角)································· 모서리
가베, 壁(かべ) ························ 벽
가이단(階段)···························· 층계, 계단
간나(鉋)································· 대패
간조(勘定)······························· 셈, (노임) 계산, 품삯
갑빠, 合羽(カッパ), Capa/포르투갈어·· 천막
게비끼(罫引き)·························· 금쇠, 금긋개, 그무개
겐노(玄能)······························ 쇠메
겐승, 原(げん)寸(すん), Full-Scale····· 원척도
고구찌, 小(こ)口(ぐち) ················· 마구리, 그루방향의 절단면
고데, 鏝(ごて)·························· 흙손
고바이, 勾(こう)配(ばい)················ 물매, 경사
고야, 小屋(こや)························ 임시창고, 가설극장
구리스, 栗(くり)石(いし) ··············· 호박돌(잡석)
구배(勾配)······························ 물매, 기울기
구사비(楔)······························ 쐐기
기레빠시(切れっ端)····················· 동강(나무), 자투리
기리(錐)································· 송곳, 드릴날
기리까이(切り替え)····················· 바꾸기, 교체
기리바리, 切(き)り張(ば)り·············· 버팀대
기소(基礎)······························ 기초, 밑바탕
기즈리, 木(き)摺(ず)り·················· 졸대

ㄴ

나나메, 斜(なな)め ····················· 경사, 사선
나라시, 均(なら)し ····················· 고르기
나오시(直し)···························· 바로 고침
나와바리(縄張り)······················· 줄치기, 줄쳐보기
네지마시(螺子廻し)····················· 드라이버
넨가(煉瓦)······························ 벽돌
노가다, 土(ど)方(かた) ················· 막일꾼, 인부
노기스 ································· 버니어캘리퍼스
노꼬(鋸)································· 톱
노리, 法(のり) ························· 비탈, 경사
노리비끼, 野(の)呂(ろ)引(び)き ········ 시멘트풀칠
노미, 鑿(のみ) ························· 끌, 정
노보리, 登(のぼ)り ····················· 비계다리
노부치(野縁)···························· 반자틀

ㄷ

다데(縱)································· 세로
다데구, 建(た)て具(ぐ) ················· 창호
다루끼, 垂木(たるき) ··················· 작은 각재
단도리, 段(だん)取(ど)り ················ 준비, 마련
데꼬(鋌子)······························ 지렛대
데꼬보꼬, 凸凹(でこぼこ)··············· 요철
데나오시, 手(て)直(なお)し ············· 재손질
데마찌, 手(て)待(ま)ち ················· 일없어 대기함
데모도, 手(て)元(もと) ················· 보조일꾼
데스라, 出(で)面(づら) ················· 작업인원
데스리, 手(て)摺(す)り ················· 난간
덴조, 天(てん)井(じょう) ··············· 천장
도란스, トランス ······················ 변압기
도메, 留(と)め ························· 맞춤, 연귀
도비, 鳶(とび) ························· 비계공

ㄹ

루베(立方米)···························· 세제곱미터(㎥)

ㅁ

마끼, 巻(まき) ························· 두루마리
마끼자 ································· 줄자, 두루말린 자
마루, 丸(まる)··························· 둥근
마루노꼬······························· 둥근톱
마지끼리, 間(ま)仕(じ)切(き)り ········· 칸막이벽
마키(巻)································ 두루마리
말구(末口)······························ 끝마구리
메다데(目立)···························· 날세우기
메지, 目(め)地(じ) ····················· 줄눈
멘도리, 面(めん)取(と)り ················ 모접기
모찌꼬미, 持(も)ち込(こ)み ············ 가지고 들어옴
미스무리, 水(みず)盛(も)り ············ 물수평

ㅂ

바라시(ばらし)·························· 뜯기, 헐기, 해체
반네루, パネル, panel·················· 널빤지, 판자
반도 ··································· 띠, 밴드
반셍(番線)······························ 결속(철)선, (굵은)철선
보루방, Bohrbank(독)·················· 드릴선반
빠데, パテ, putty······················ 땜풀, 퍼티
빠루, パール, crowbar················· 배척, 쇠지레, 배지레

ㅅ

사게부리, 下(さ)げ振(ふ)り ············ 다림추
사시가네(差し金)······················· 미레자, 기역자
사시꼬미, 差(さ)し込(こ)み ············ 콘센트
사이(才)································ 재
산승각, 三(さん)寸(すん)角(かく) ······· 세치각재
삿보도, support······················· 받침기둥, 서포트
사쿠리(さくり, 決り, 刳り)············· 홈파기 대패
세끼이다, 堰(せき)板(いた) ············ 형틀, 거푸집널
세와(야쿠), 世話(役)··················· 부편수
스기, 杉(すぎ) ························ 삼나무

스뎅공구리, 捨てコンクリート………… 밑창콘크리트, 버림콘크리트
스미, 墨(すみ) ………………………… 먹줄
스미키리(隅切り)……………………… 모따기, 모접기, 면접기
스카시, 透(す)かし, scrollsaw………… 오려내기톱
시다, 下(した)…………………………… 보조원
시로토(素人)…………………………… 신출내기, 풋내기, 초보자
시마이, 仕舞う · 終う(しまう)………… 끝냄, 끝남, 마감, 끝(마침)
시아게, 仕上げ ………………………… 마감
신마이, 新米 (しんまい)……………… 신출내기
싱(芯)…………………………………… 중심선
싱싱, 芯(しん)芯(しん) ………………… 중심간 거리
쓰라, 面(つら) ………………………… 면

ㅇ

아나방, 穴(あな)板(ばん) …………… 구멍 철판
아시바, 足(あし)場(ば) ……………… 비계
야리가다, 遣(や)り形(かた)…………… 규준틀
야리끼리, 遣(や)り切(き)り ………… 떼내어줌, 도급주기
야스리 …………………………………… 줄
오가네, 大(おお)矩(がね) …………… 큰 직각자
오도리바, 踊(おど)り場(ば) ………… 계단참
오비끼, 大(おお)引(び)き …………… 큰 각재
오비노꼬, 帯鋸(おびのこ)…………… 띠톱
오사마리, 納(おさ)まり ……………… 마무리
오야가다, 親(おや)方(かた) ………… 우두머리, 책임자
오야지(親父)…………………………… 우두머리
와리, 割(わり)………………………… 나누기
요꼬, 横(よこ)………………………… 가로
우께도리, 受取り,請取り(うけとり)…… 하도급
우마, 馬(うま) ………………………… 발돋움대
이다(板)………………………………… 널(빤지)

ㅈ

자바라, 蛇(じゃ)腹(ばら) …………… 주름진 물건
죠기(대), 定(じょう)規(ぎ) ………… 잣대, 규준대
죠오나(手斧)…………………………… 손도끼, 자귀

ㅊ

칭하(沈下)……………………………… 침하, 가라앉음

ㅋ

쿠사비, 楔(くさび) …………………… 쐐기

ㅎ

하가네(鋼)……………………………… 강철
하도메 ………………………………… 굄
하리, 梁(はり) ………………………… 보
하바(幅)………………………………… 폭, 나비, 너비
하바끼, 幅(はば)木(き) ……………… 걸레받이
하시라, 柱(はしら) …………………… 기둥
함바, 飯(はん)場(ば) ………………… 현장 식당
헤라 …………………………………… 주걱
헤베, 平(へい)米(べい) ……………… 제곱미터(㎡)
호로(幌)………………………………… 덮개, 씌우개
호소……………………………………… 장부
홍아시바, 本(ほん)足(あし)場(ば) …… 쌍줄비계
후끼 …………………………………… 뿜칠
히사시, 庇(ひさし)…………………… 차양

※ 국립국어연구원 일본어투 용어 순화자료집에서 일부 참고

PART 2
낙선재 그리기

낙선재는 1847년 헌종이 석복헌과 함께 계획하여 지은 집이다. 원래 이곳은 1782년 중건된 동궁이 있었으나 여러 전각들이 불에 타고 빈터로 있다가 임금의 연침으로 새롭게 조성되었다.
낙선재는 초익공, 겹처마집으로 전면 6칸 중에서 누마루로 좌측 한 칸이 돌출되었고 우측의 후면에는 두 칸의 방이 돌출되어 전체적으로 꺾인 ㄱ字 평면을 하고 있다.

낙선재의 각 부재 치수와 수정된 치수(단위는 分)

		현황 크기	수정된 크기
평면		乙字형	ㄱ字형
초석	상부 크기	160×160	120×120
	하부 크기	170×170	145×145
	노출 높이	130	130
기둥(평주)	상부 크기	73×73	75×75
	하부 크기	80×80	80×80
	높이	850	845
장여폭		25	28
익공폭		26.5	28
대공폭		25	30
추녀폭		63	60
보받이	퇴량	26.5×60	28×60
	대량	26.5×110	28×110
주두	상부 크기	103×103	100×100
	하부 크기	80×80	77×77
	굽	20	20
대량		100×140	100×140
창방		60×90	60×90
도리(직경)		90	90
연목직경(부리)		50(45)	50(45)
부연		25×33	28×32
전돌		90×90×13	90×90×10

※ PART2에서 단위 없이 나오는 숫자는 모두 分을 생략한 것이다.

※ 여기서 언급되는 내용의 일부는 어떤 한 기문의 특수성에서 비롯된 것일 수 있다.

※ 낙선재는 서울의 상류 주택을 기본으로 하여 지어진 집으로 지리적 한계를 지닌다. 예를 들어 다듬은 기단석과 다듬은 초석이나 기단 마감, 고막이석, 익공과 보아지 등 여러 가지 초각들, 창방폭 등은 지방과의 많은 차이를 보인다.

※ 편의상 낙선재의 누마루는 날개채로, 대청칸은 본채로 불렀다.

Chapter

01 초석

초석은 기둥이 지탱하는 지붕의 하중을 조금 더 넓은 면적으로 분산시켜 기초로 전달한다. 또한 기단과 하방 사이에 적당한 거리를 둠으로써 땅에서 올라오는 습기가 목재에 직접 닿는 것을 차단하는 기능을 한다. 초석의 모양은 크게 원형과 다각형(사각, 육각, 팔각)이 있으며 대부분의 경우 기둥의 생김새에 따라 모양을 같이 한다. 자연석 초석을 주로 사용했던 일반 민간에서도 요즘에는 다듬은 초석을 사용한다.

석복헌의 사각 흘림 초석

서울문묘의 자연석 주초

1-1 초석의 생김새

1. 초석의 상부 크기

초석은 기둥보다 크게 하여야 하는데, 얼마나 크게 해야 하는지는 상황에 따라 다르다. 규모가 큰 집에서는 기둥의 크기가 크며 초석의 여유도 다른 곳에 비해 조금 크게 하여야 건물이 왜소해 보이지 않는다. 사각 기둥은 건조 과정에서 변형이 생기는데 이것을 감안하면 최소한 한 치 이상 여유가 있어야 한다.

적당한 여유를 갖은 초석

돌아간 기둥(적당한 여유가 없다면 기둥이 밖으로 돌출될 수도 있다)

2. 초석의 높이

입식 생활이 아닌 한옥에서는 초석이 어느 정도 돌출되어야 지면에서 올라오는 습한 기운을 막을 수 있다. 특히 장초석이 놓이는 공간은 마루가 되어 여름에 시원하게 지낼 수 있도록 해준다. 초석과 초석 사이를 벽돌로 마감하는 경우에는 벽돌 쌓는 단의 수에 맞게 초석 높이를 정하여야 하는데 3켜 쌓기인 경우 초석의 높이는 7치 정도가 적당하다.

초석 사이에 벽돌 5켜를 쌓았다(연경당)

3. 초석의 경사

초석은 아래와 위를 다르게 약간의 경사를 주어 안정적인 효과를 준다. 높이 1자 내외인 초석의 경우 흘림 경사각은 3~4° 정도가 적당하며 흘림이 적거나 너무 많으면 보기 나쁘다.

1-2 낙선재 초석 그리기

1. 초석 그리기

1) 초석의 크기

낙선재의 초석은 기둥과 같이 정사각형의 사다리꼴 모양으로 일반적인 모습이다. 그러나 초석 상부면의 크기가 기둥의 폭이나 집의 규모에 비하여 크게 되어 있어 이를 적당한 크기로 조정하기로 한다.

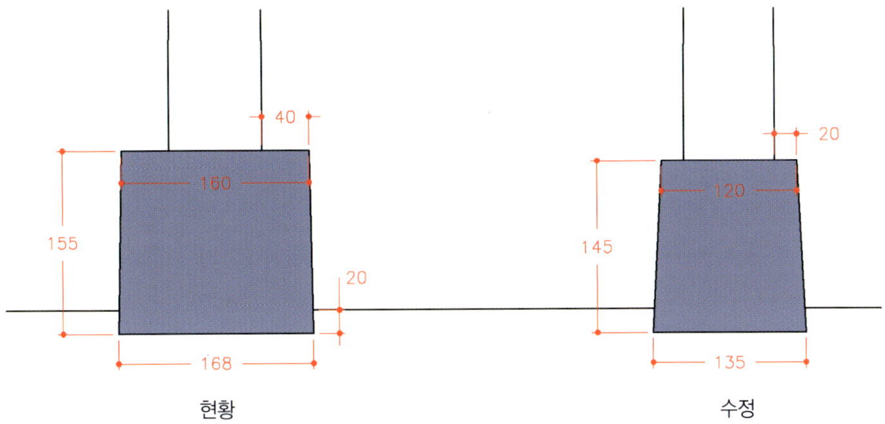

※ 참고로 경복궁 동궁인 자선당의 기둥 크기는 90이고, 초석 상부의 크기는 130이다.

2) 초석 그리기

❶ 2D 평면에서 두 개의 정사각형을 그리고 꼭짓점을 연결한다.

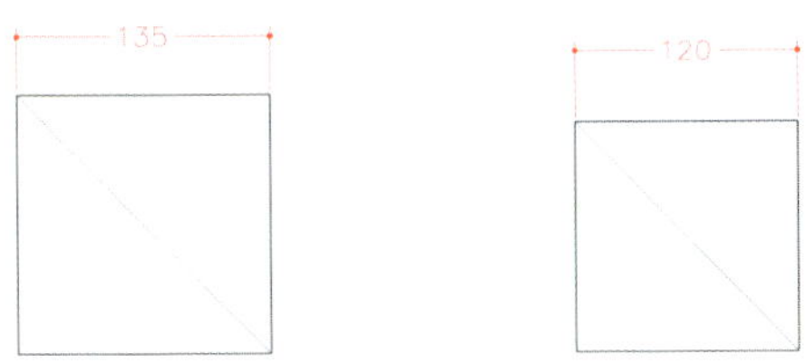

명령: RECTANG
첫 번째 구석점 지정 또는 [모따기(C)/고도(E)/모깎기(F)/두께(T)/폭(W)]:
다른 구석점 지정 또는 [영역(A)/치수(D)/회전(R)]: @135, 135

명령: LINE 첫 번째 점 지정:
다음 점 지정 또는 [명령 취소(U)]:(대각선을 그린다.)

명령: RECTANG
첫 번째 구석점 지정 또는 [모따기(C)/고도(E)/모깎기(F)/두께(T)/폭(W)]:
다른 구석점 지정 또는 [영역(A)/치수(D)/회전(R)]: @120, 120

명령: LINE 첫 번째 점 지정:
다음 점 지정 또는 [명령 취소(U)]:(대각선을 그린다.)

❷ 관측점을 3D 화면으로 변경하고 길이 145인 수선을 그린다.

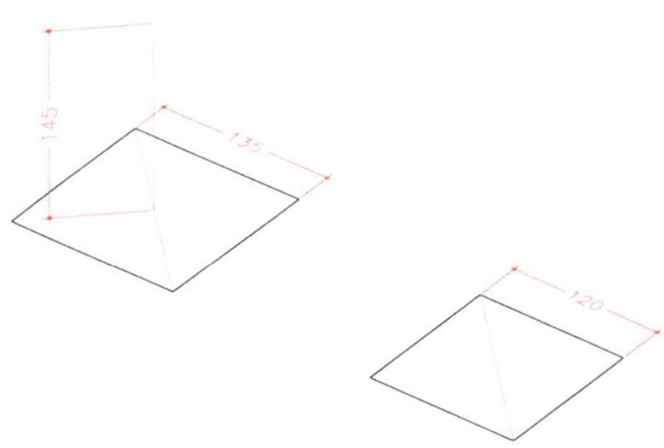

※ 관측점을 3D로 변경하려면
- 사용자 뷰를 이용한다.
- 탐색 막대의 궤도 아이콘을 이용한다.
- VPOINT를 이용하여 적당한 좌표를 입력한다.
- DDVPOINT로 관측점을 설정한다.

❸ 초석의 윗면을 수선의 끝점으로 이동하고 두 사각형을 연결하여 초석을 그린다.

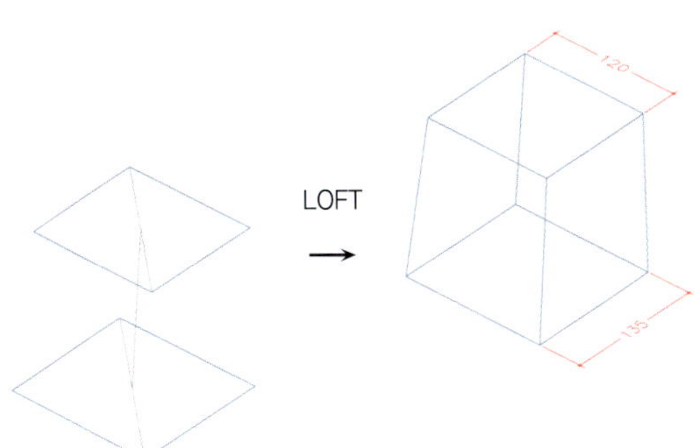

명령: MOVE
객체 선택: 반대 구석 지정: 2개를 찾음(작은 사각형 선택)
기준점 지정 또는 [변위(D)] 〈변위〉: (새로 그린 선 위로 올림)

명령: LOFT
올림 순서로 횡단 선택: 1개를 찾음(아래 사각형 선택)
올림 순서로 횡단 선택: 1개를 찾음(위 사각형 선택)
옵션 입력 [안내(G)/경로(P)/횡단만(C)] 〈횡단만(C)〉: 클릭

❹ 장초석은 전면 누마루 칸의 것과 다락이 있는 우측면의 것 두 가지가 있는데 누마루 장초석의 전체 높이는 380이고, 상부 폭은 짧은 초석과 같으며 하부 폭은 150으로 하였다. 우측면 다락칸의 장초석은 높이 265(노출은 250), 하부 폭은 140으로 하였다.

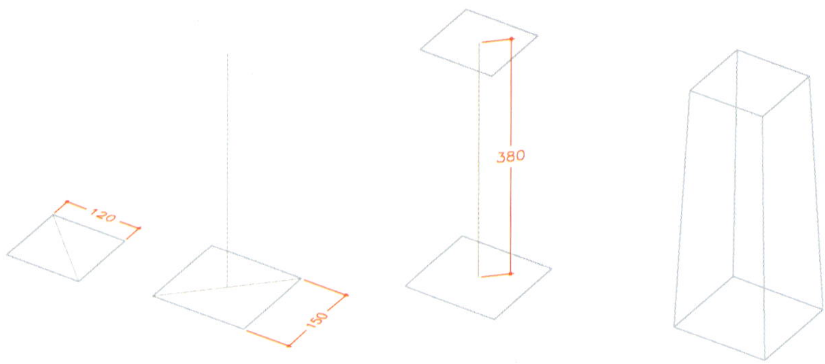

2. 초석 중심선 그리기

낙선재는 전면에 좌측 한 칸이 누마루로 돌출되었고 후면에도 우측 두 칸이 돌출되어 전체적으로는 乙(을)자형 평면이다. 작업의 편의상 후면에 돌출된 두 칸을 없애서 ㄱ자 평면으로 단순화시켜서 그리기로 한다.

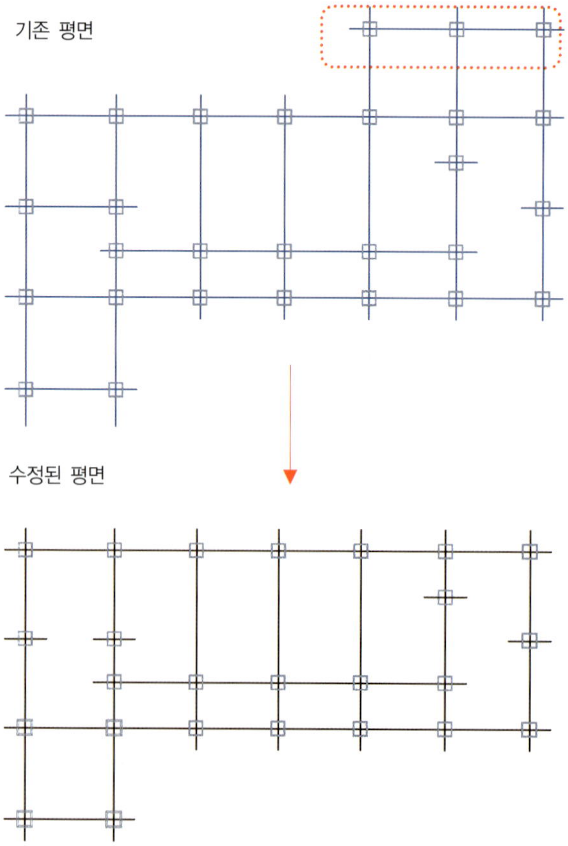

❶ 외곽선을 그린다. 낙선재의 기둥 중심선을 그리기 위해 정면 4850이고, 측면 2500인 직사각형을 그리고 양 끝을 200씩 늘린다.

명령: RECTANG
첫 번째 구석점 지정 또는 [모따기(C)/고도(E)/모깎기(F)/두께(T)/폭(W)]:
다른 구석점 지정 또는 [영역(A)/치수(D)/회전(R)]: **@4850, 2500**

명령: EXPLODE (객체를 분해한다)
객체 선택: 1개를 찾음

명령: LENGTHEN
객체 선택 또는 [**증분(DE)**/퍼센트(P)/합계(T)/동적(DY)]: **de**
증분 길이 또는 [각도(A)] 입력 〈0.0〉: **200**
변경할 객체 선택 또는 [명령 취소(U)]: (코너의 한 변을 선택)
변경할 객체 선택 또는 [명령 취소(U)]: (코너의 다른 한 변을 선택)

❷ 선을 복사(OFFSET)하고 잘라낸다(TRIM).

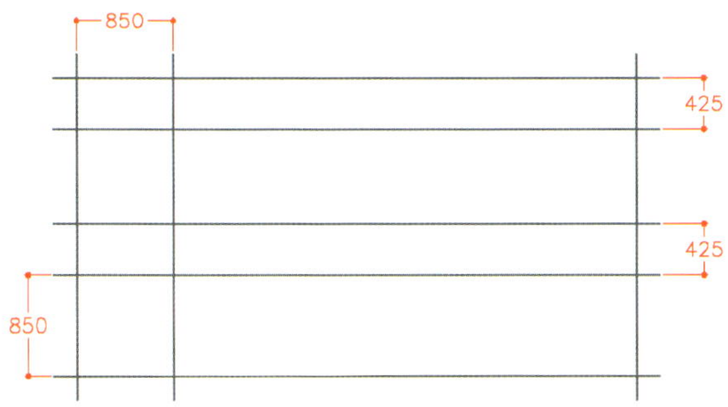

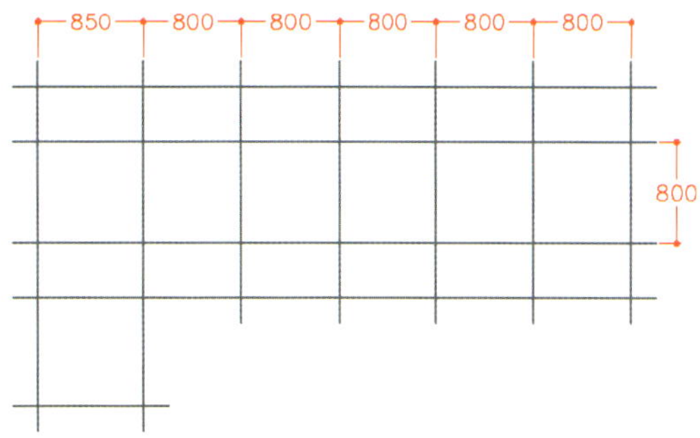

❸ 선을 정리하여 초석 중심선을 완성한다.

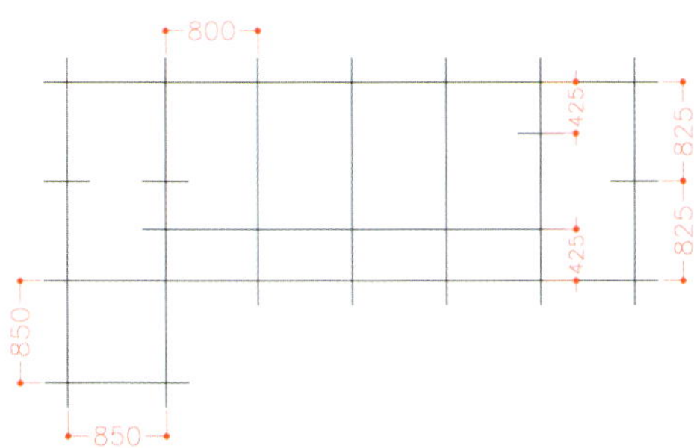

명령: OFFSET

현재 설정: 원본 지우기=아니오 도면층=원본 OFFSETGAPTYPE=0
간격띄우기 거리 지정 또는 [통과점(T)/지우기(E)/도면층(L)] 〈0.0〉: **800**

명령: TRIM

현재 설정: 투영=뷰 모서리=없음
절단 모서리 선택 ...

3. 초석 놓기

초석의 상부에 중심선을 그리고 초석 중심선의 교차점에 장초석과 일반 초석들을 놓는다.(MOVE)

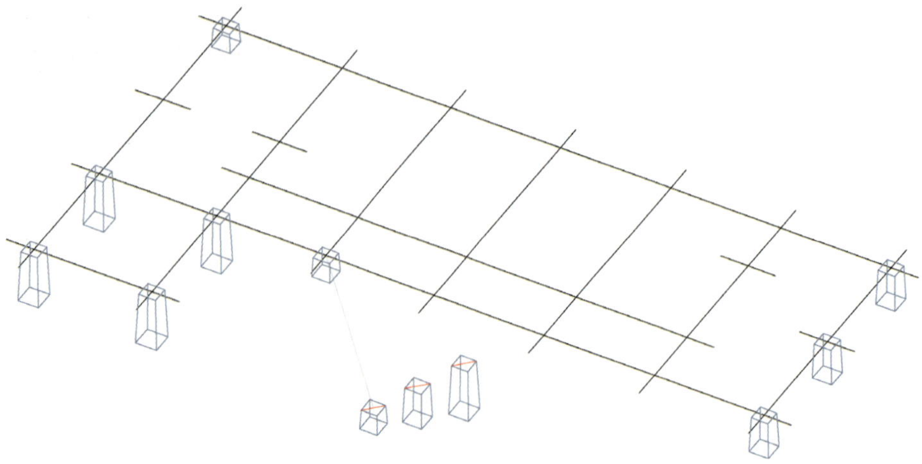

초석 놓기가 완성되었다.

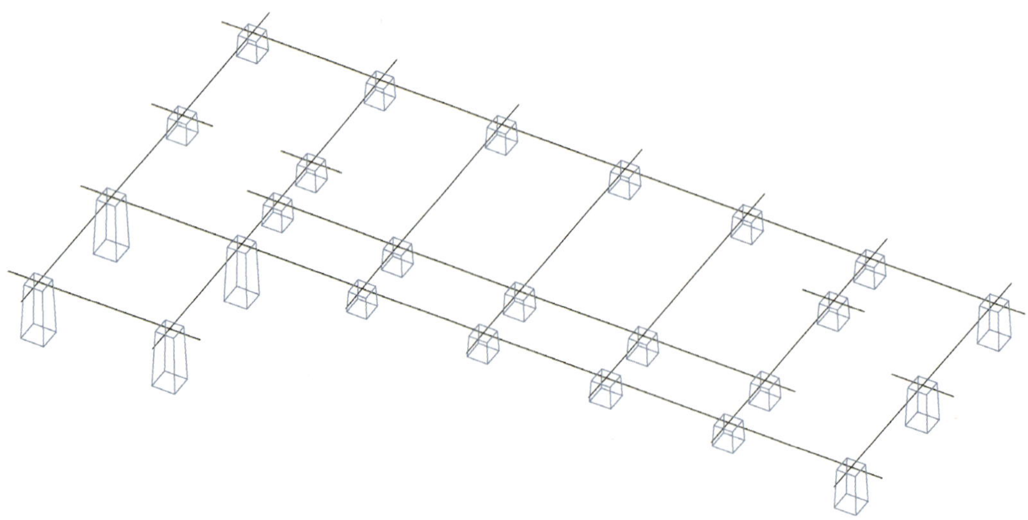

Chapter

02 기단

2-1 낙선재 기단 그리기

낙선재 기단은 기본적으로 전면 세벌대 후면과 측면은 외벌대로 구성되었다. 편의상 장대석의 단면 크기는 70×120으로 통일하였고, 후면에도 전면과 같게 세벌대로 하였다. 기단 내밀기는 기둥 중심에서부터 통행이 잦은 전면과 후면은 각각 450과 400, 그 외에 측면과 누마루는 300으로 하였다. 일반적으로 기단을 쌓을 때는 퇴물림을 주는데 여기에서는 생략하였다.

낙선재 정면 기단

기단의 내밀기와 높이는 다음과 같다.

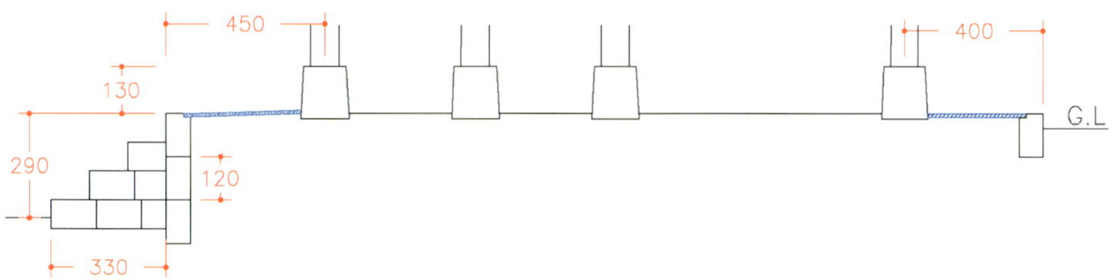

기단 현황도

1. 초벌대 그리기

❶ 외곽선 그리기 : 기둥 중심선을 기준으로 내민 기단 외곽선을 그린다.

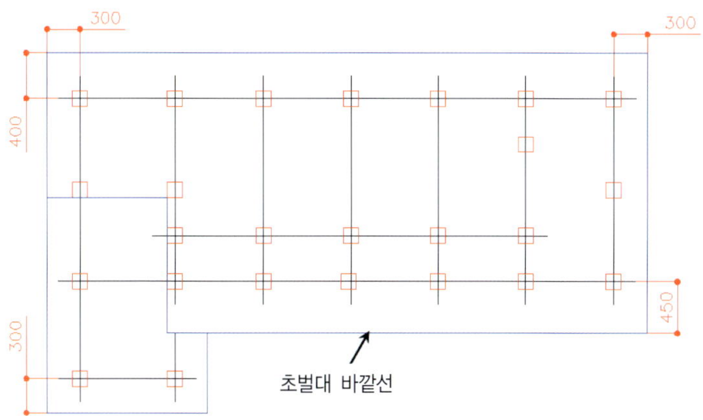

❷ 초벌대 솔리드 만들기 : 외곽선을 복사(OFFSET)하여 기단 테두리선을 그린다.

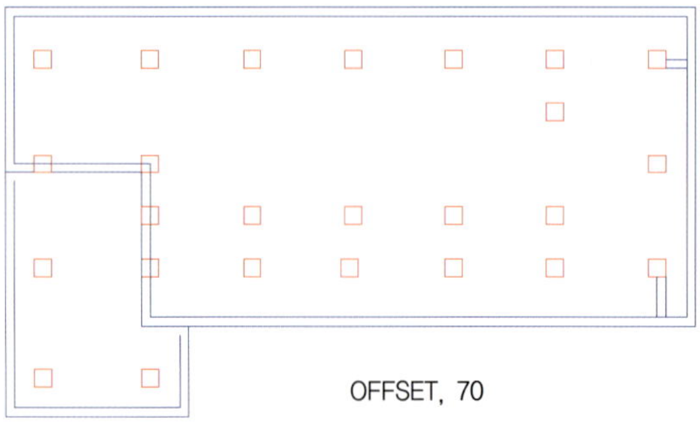

❸ 뷰 포인트를 3D로 바꾸고 벽체 세우는 명령으로 기단 첫째 단(초벌대)을 그린다.

명령: POLYSOLID

높이=120.00, 폭=70.00, 자리맞추기=오른쪽
시작점 지정 또는 [객체(O)/높이(H)/폭(W)/자리맞추기(J)] 〈객체〉:
(높이와 폭 자리를 설정한 뒤 객체를 선택한다.)

객체 선택: **(두 번에 나눠서 안쪽 선을 선택한다)**

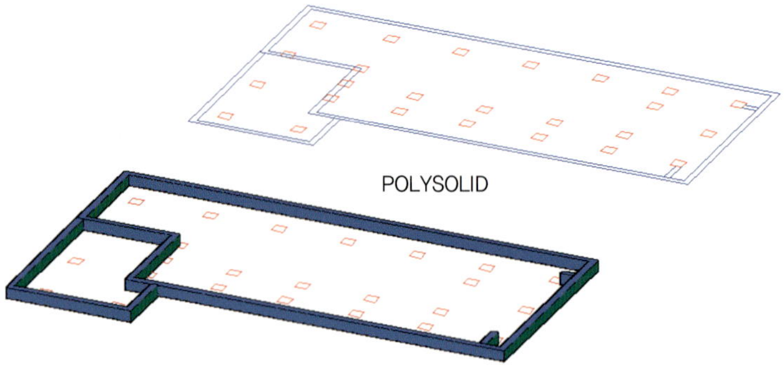

2. 2단 쌓기(두벌대) 그리기

초벌대의 우측 솔리드를 복사하여 위로 올린다.

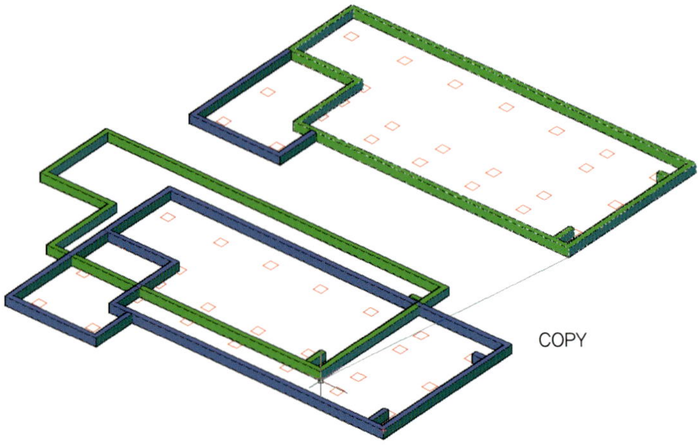

3. 3단 쌓기(세벌대) 그리기

❶ 세벌대로 마감되는 기준선을 우측과 같이 그린다.(PLINE, OFFSET)

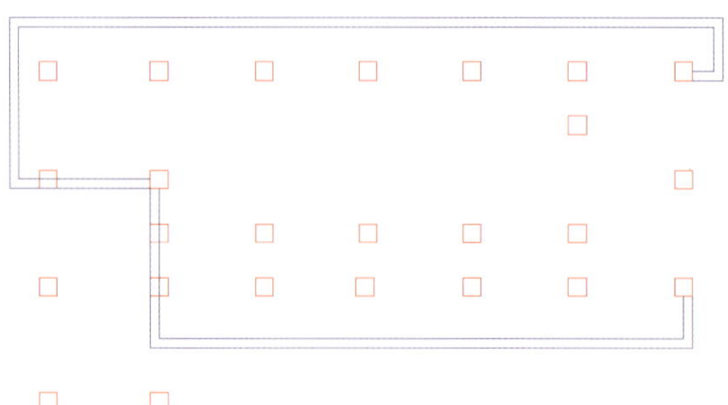

❷ 초벌대와 같은 방법으로 솔리드를 만들어(POLYSOLID), 두벌대 위에 올린다.(MOVE)

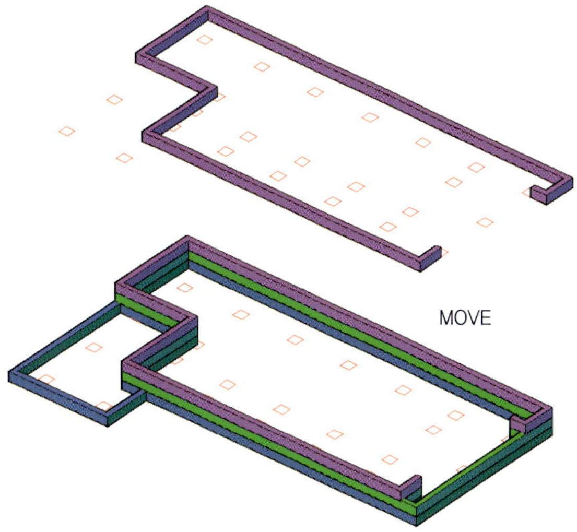

4. 초석 놓기

앞 장에서 그린 초석을 가져와 기단 밑면에서 초석 상부까지의 높이를 495로 하여 옮긴다.

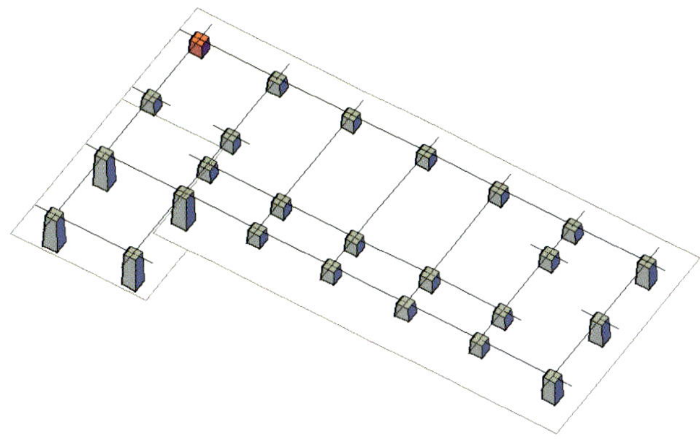

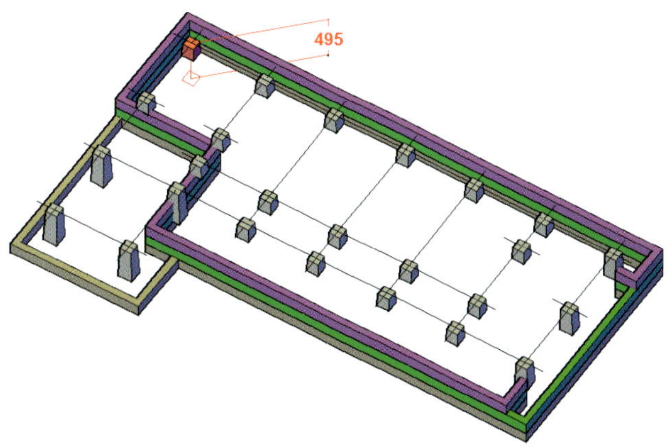

5. 고막이석 놓기

초석과 초석 사이의 공간을 막는 것을 고막이라고 하는데 최근에 지어지는 집들은 고막이의 재료로 벽돌(또는 전돌)이나 다듬은 돌을 주로 사용한다. 낙선재에서는 고막이로 돌과 전돌을 혼용했으나 여기서는 주재료인 돌로 모두 단일화시켰다. 고막이석은 외부 수장면으로부터 5푼 내밀어 설치하였으며, 특히 툇마루가 있는 가운데 세 칸의 경우 고막이석은 댓돌을 겸하였다.

1) 고막이석 그리기

초석의 간격이 800인 경우

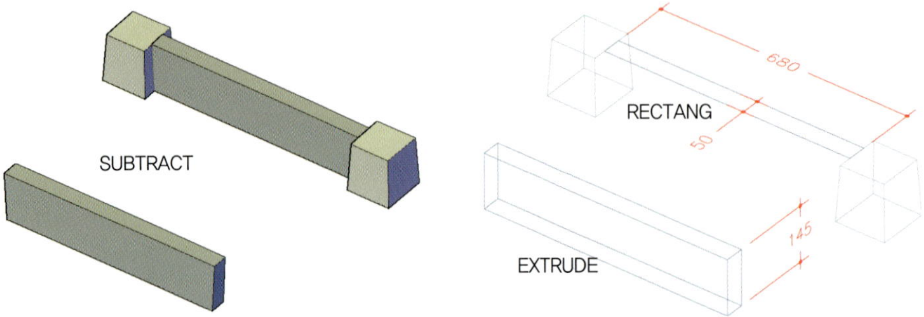


```
명령: EXTRUDE

현재 와이어프레임 밀도:  ISOLINES=4, 닫힌 윤곽 작성 모드=솔리드
돌출할 객체 선택 또는 [모드(MO)]: 1개를 찾음
돌출 높이 지정 또는 [방향(D)/경로(P)/테이퍼 각도(T)/표현식(E)] <145.00>: 145
```

2) 댓돌 그리기

❶ 초석과 초석 사이에 맞닿아 있는 댓돌의 단면 크기는 145×120으로 한다. 사각형을 그려 단면을 회전시킨다.

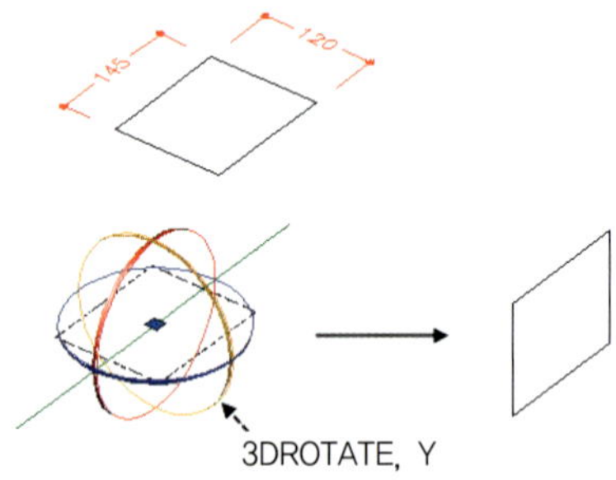


```
명령: RECTANG

첫 번째 구석점 지정 또는 [모따기(C)/고도(E)/모깎기(F)/두께(T)/폭(W)]:
다른 구석점 지정 또는 [영역(A)/치수(D)/회전(R)]: @120,145

명령: 3DROTATE

현재 UCS에서 양의 각도:  측정 방향=시계 반대 방향 기준 방향=0.0
객체 선택: 반대 구석 지정: 1개를 찾음
                    (Y축에 해당하는 원을 클릭)
회전 각도 지정: 90
```

❷ 단면으로 솔리드를 만들고 댓돌 밑면의 중심을 기준으로 옮긴다.

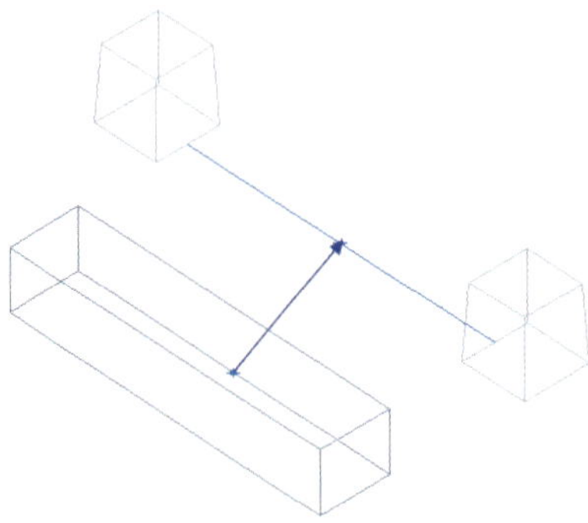

❸ 댓돌과 초석이 겹치는 부분을 빼주면(SUBTRACT) 다음과 같이 고막이를 겸한 댓돌이 완성된다.

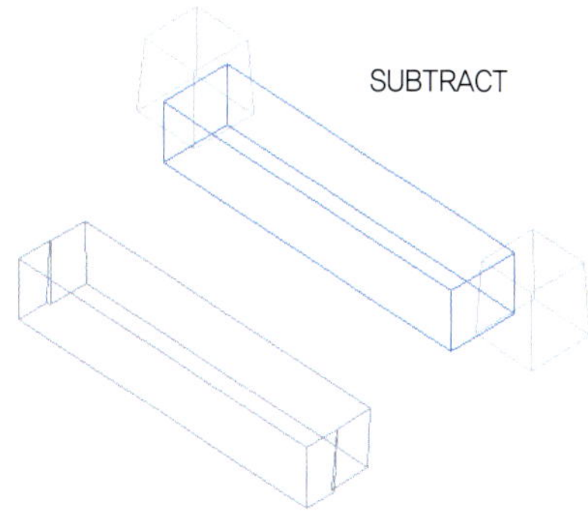

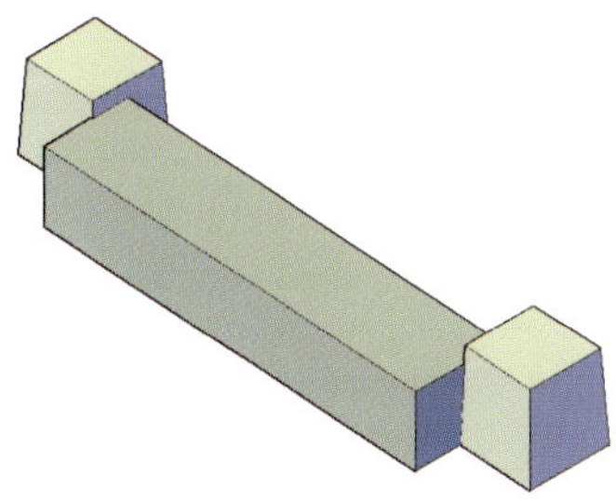

3) 고막이석 놓기

기둥 간격이 850인 누마루 칸의 고막이석 길이는 730, 좌측면의 짧은 고막이석 길이는 280으로 하여 나머지 고막이석을 모두 그린다.

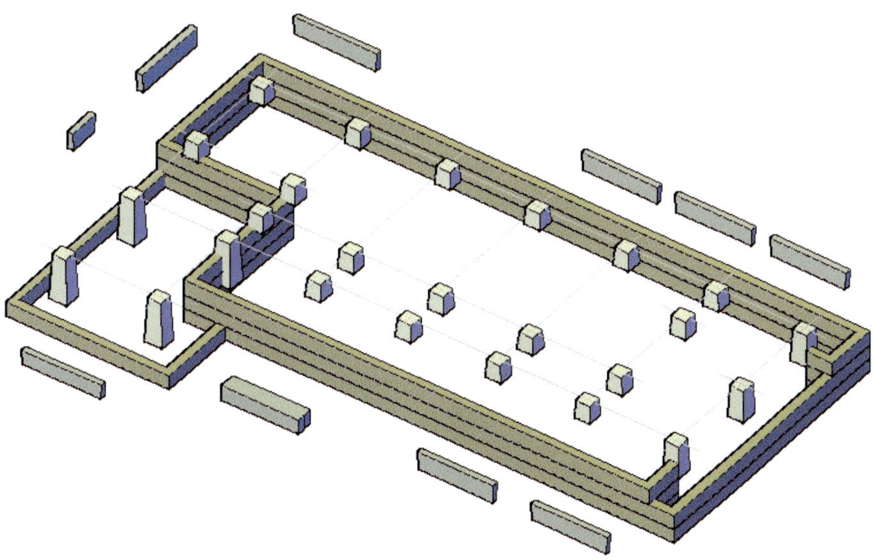

완성된 고막이석을 하방보다 5푼 내밀어 초석 사이에 배치하여 놓는다.

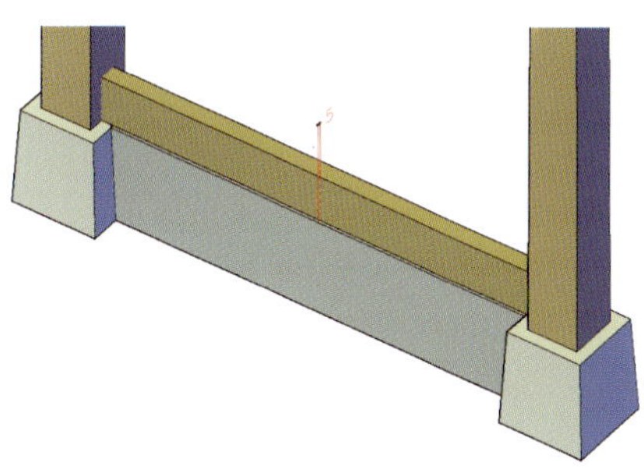

낙선재에서는 초석 사이를 모두 고막이석으로 막지 않았다. 통풍을 위해서 배면에는 아주 낮게 설치되었으며 문이 달리는 측면의 경우 문지방(하방)의 받침돌로 사용되었다.

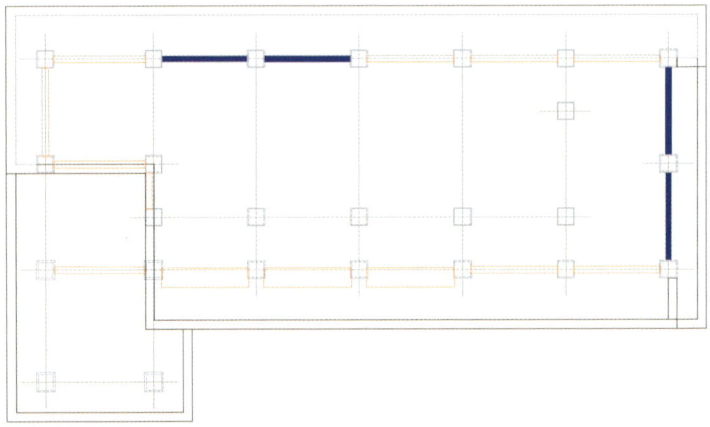

후면과 우측면의 고막이석

6. 전돌 깔기

낙선재의 기단 상면에는 전돌을 돌렸다. 모두 4구획으로 나누어 만들기로 한다. 전돌의 크기는 90×90이고 두께는 10으로 하였다.

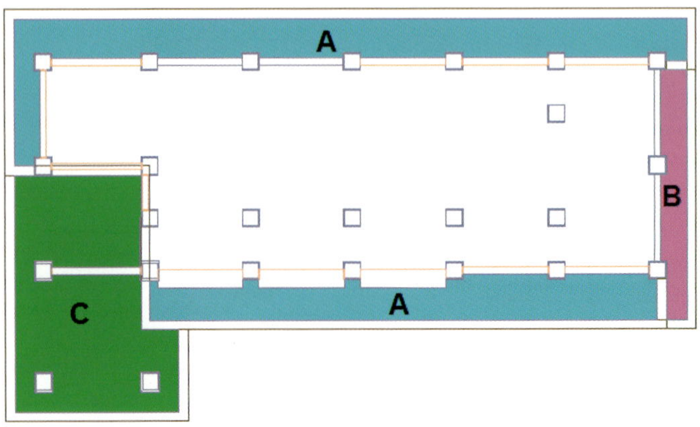

전돌은 기단에 폭 20 정도 물려 있어 갑석이 외부에 노출되는 폭은 50이다. 또한 전돌 바닥은 빗물이 잘 흐르도록 5푼에서 1치 정도 경사를 주었다.

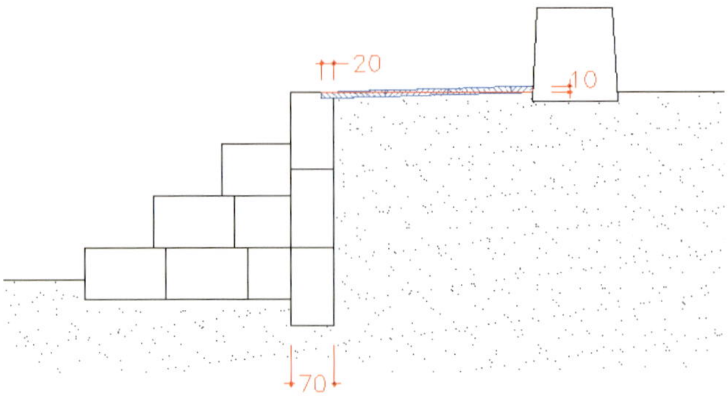

❶ 기단 갑석에 물리는 폭을 고려하고 앞의 단면 그림을 참고하여 A영역을 새로 그리면 다음과 같다.

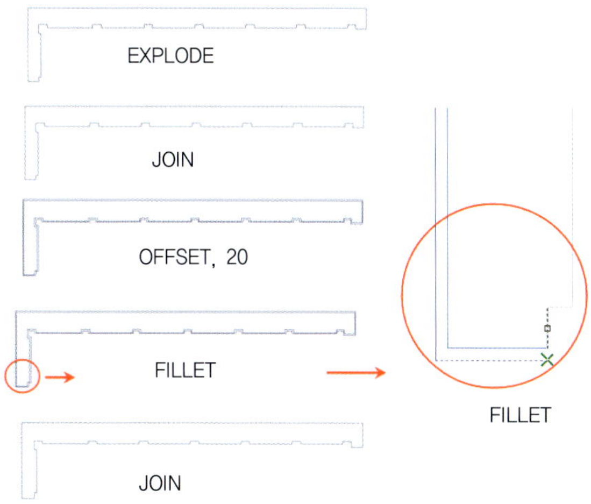

- 영역선을 분해한다.(EXPLODE)
- 기단 갑석의 외곽선을 연결한다.(JOIN)
- 연결된 선을 옵셋한다.(OFFSET/20)
- 떨어진 선을 잇는다.(FILLET)
- 새 영역을 만든다.(JOIN 또는 BPOLY)

❷ 전돌의 크기로 영역을 나눈다.

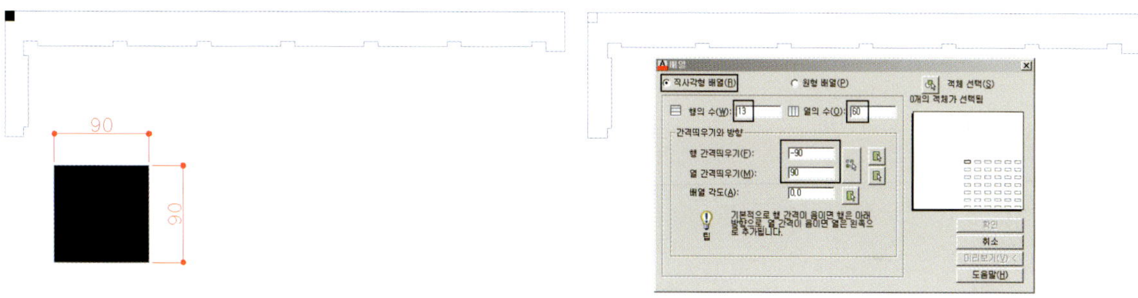

명령: ARRAY 또는 ARRAYCLASSIC(2013부터)

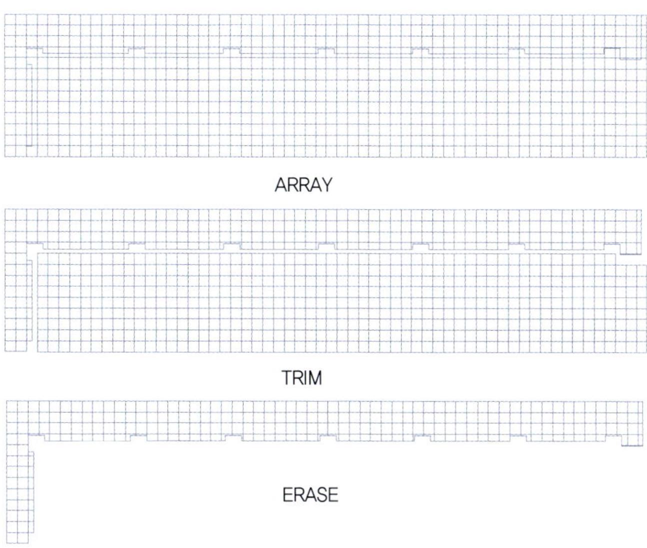

❸ 나누어진 영역에 두께를 주어 솔리드를 만든다.

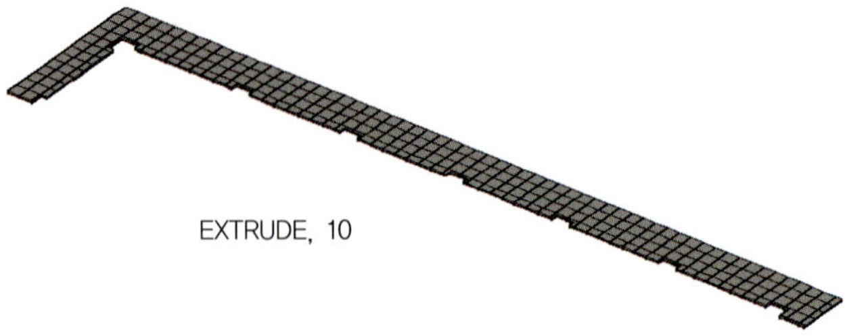

같은 방법으로 나머지 세 곳에서도 전돌을 깔아 기단을 완성한다.

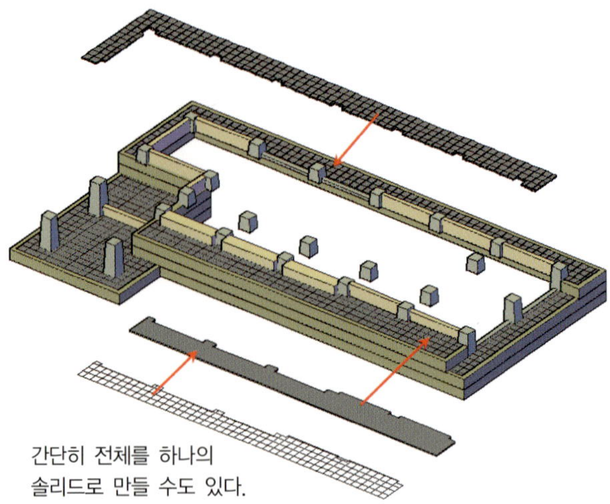

7. 지면

낙선재는 경사면에 지은 건물이다. 이러한 자연 환경을 그대로 살렸기 때문에 뒷마당과 앞마당 사이에는 두 단의 넓은 계단이 형성된다.

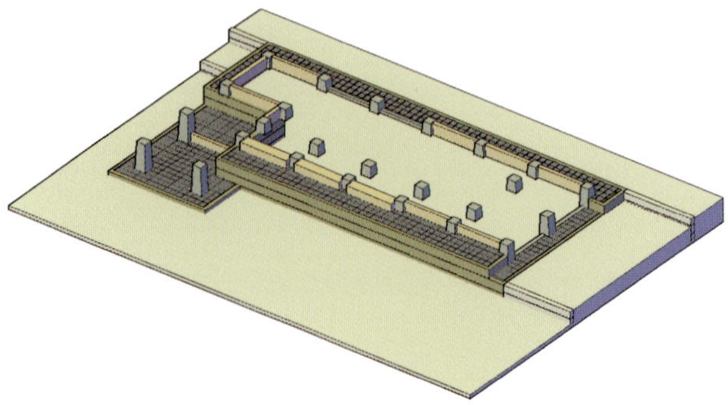

8. 계단석 놓기

낙선재 계단은 전면 가운데 세 곳에 설치되어 있는데 길이는 가운데 것이 600이고 나머지 두 곳은 500이다.

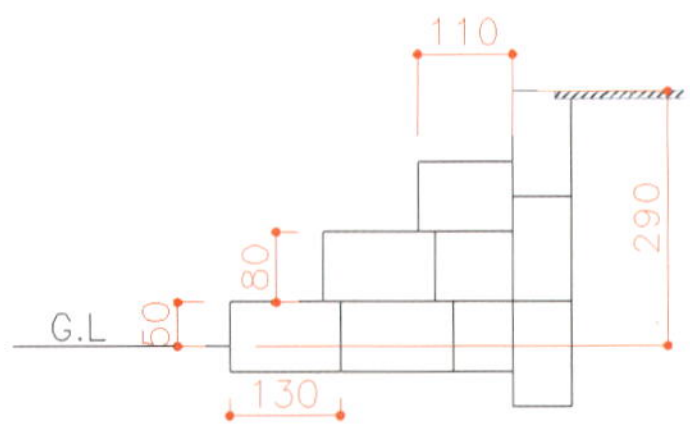

계단 단면도

JOIN된 계단 단면을 회전한 뒤, 돌출시켜 솔리드를 만든다.

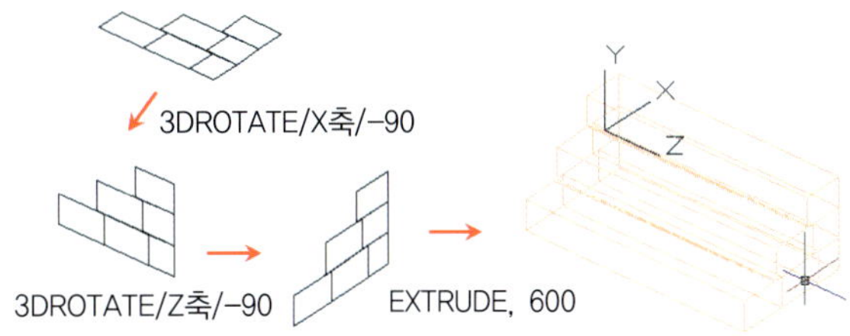

좌우측에 있는 계단은 가운데 것보다 길이가 조금 짧다. 만들어진 계단은 기단 갑석을 기준으로 80 내려 설치한다.

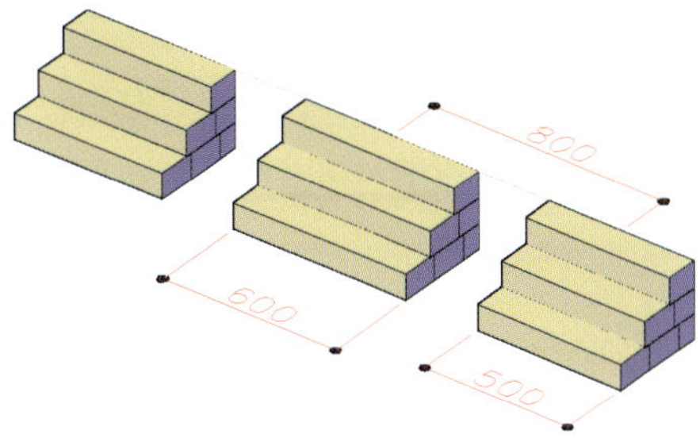

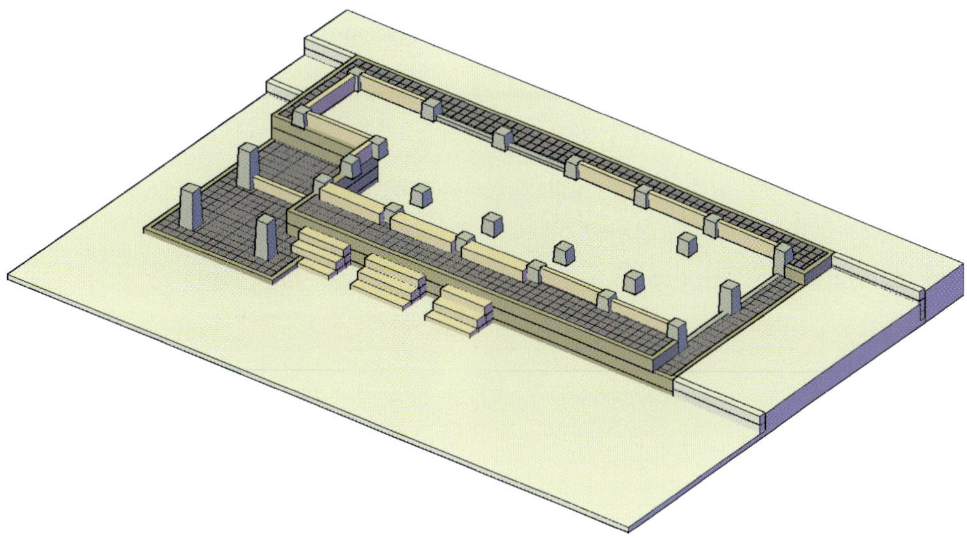

"때론 애인같이 ......"

Chapter

03 기둥

기둥은 초석 위에서 지붕에 실리는 모든 하중을 지탱한다. 따라서 기둥은 수직으로 전달되는 압축하중에 견딜 수 있을 정도의 크기가 확보되어야 한다.

기둥은 단면의 모양에 따라 사각 및 다각 기둥과 원형 기둥이 있으며 다음은 모양에 따라 흘림이 없는 기둥, 배흘림기둥, 민흘림기둥으로 나뉜다.

민흘림기둥은 보통 단면 크기에 따라 다르지만 5%~10% 정도 아래를 크게 하는 것으로 목재의 자연목 상태를 최대한 이용하면서 안정감을 갖게 한다. 또한 기둥의 높이 차이가 있는 경우 상부 치수를 통일시키기 위해 적용되기도 한다. 보통 단면의 크기가 작을 때는 흘림을 두지 않으며, 한 변이 7치인 기둥에서 5푼 정도 하는 것이 적당하다.

배흘림기둥은 좌굴(휘어서 부러지는 힘)에 저항할 수 있는 안정된 단면을 가지면서 가장 날렵한 모양을 갖는다. 이 방법은 원기둥일 때 적용되며 흘림으로 인한 측면의 곡선이 아름답게 보일 수 있도록 하는 것이 중요하다.

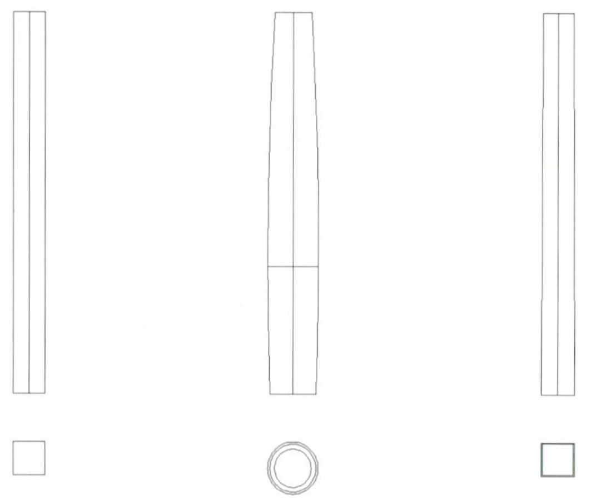

일자 기둥　　배흘림기둥　　민흘림기둥

오른쪽 그림에서 좌측의 그림은 가장 멋있기로 유명한 강릉 객사문의 기둥이고, 가운데는 일본인 건축가 다츠노가 디자인한 한국은행 입구에 있는 기둥이다. 우측의 그림은 배흘림의 중심이 가운데로 몰린 서울의 어느 중학교 정문 기둥이다. 혹자들은 배흘림 수법이 착시현상을 보정한다고 하지만 사람이 인식할 정도로 착시가 생기려면 그 기둥은 아주 길어야 한다. 건축에서 모든 선들은 아름다워야 한다는 명제는 아무리 강조하여도 지나치지 않는다.

강릉 객사문, 한국은행 입구, 중학교 정문

3-1 기둥의 크기

기둥의 크기는 주칸과 대량의 길이에 따라 정해진다. 일반적으로 정면과 측면의 주칸은 일정한 간격을 유지하지만 넓은 공간을 필요로 하는 마루에서는 가운데 기둥을 생략하고 대들보를 걸기 때문에 주칸이 두 배 이상 늘어날 수도 있다. 따라서 정면의 주칸과 함께 측면의 대들보 길이를 고려하여 기둥의 크기를 정해야 한다.

보칸의 길이가 정면 주칸의 2배인 경우

기둥 크기에 따른 주칸과 보칸(단위 : 分)

	기둥 크기(下)	주칸	툇간	측면 길이
연경당(홑처마)	70×70	800	400	1600
민씨가옥	70×70	800	450(양퇴)	2500
낙선재	80×80	800	425	1600
노락당	83×83	800	500(양퇴)	2600
우이동한옥	90×90	900	500	2200
자경전	95×95	900	500(양퇴)	2800

일반적으로 기둥 한 변의 길이는 70~80 사이에서 정해지며 삼량가구이거나 처마가 짧은 경우 이보다 더 작아도 된다. 그러나 무엇보다 중요한 것은 기둥과 연결되는 다른 부재를 고려하여 전체적으로 왜소하거나 둔해 보이지 않아야 한다는 것이다.

3-2 기둥 상부, 화통

기둥머리에 장여나 보를, 또는 창방이나 익공을 끼우기 위해 홈을 파는데 이러한 머리 모양을 사개(사괘) 또는 화통(가지)이라 한다.

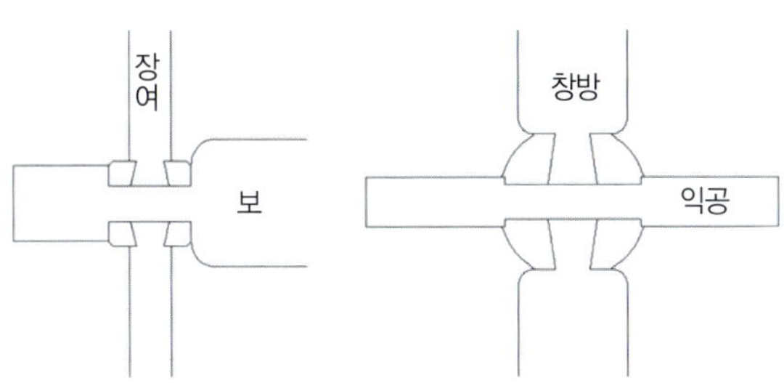

도릿집과 익공집의 기둥 화통

1. 곧은장의 폭

보나 익공이 먼저 곧은장으로 끼워지고 장여나 창방은 나중에 주먹장으로 조립되는데 보인 경우 곧은장의 폭은 수장폭으로 하는 것이 일반적이며 보 대신 익공이 끼워지는 경우에는 폭을 조금 줄인다.

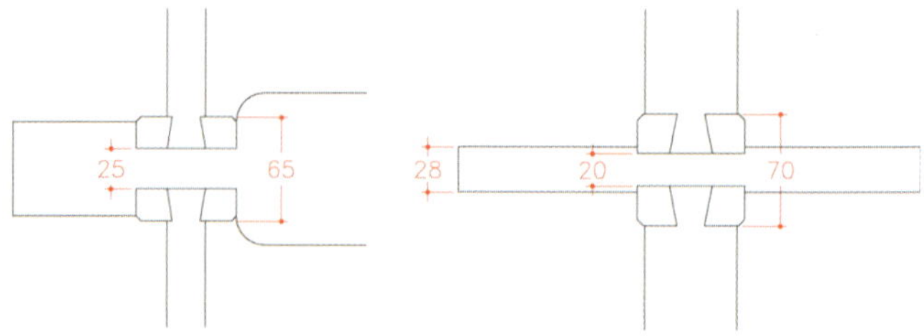

보와 익공의 곧은장

2. 주먹장의 크기

보목과 장여폭이 결정되면 기둥에 끼워지는 장여 주먹장의 목의 크기를 정해야 하는데 일반적으로 주먹장 목의 폭은 머리의 2/3 정도로 한다.

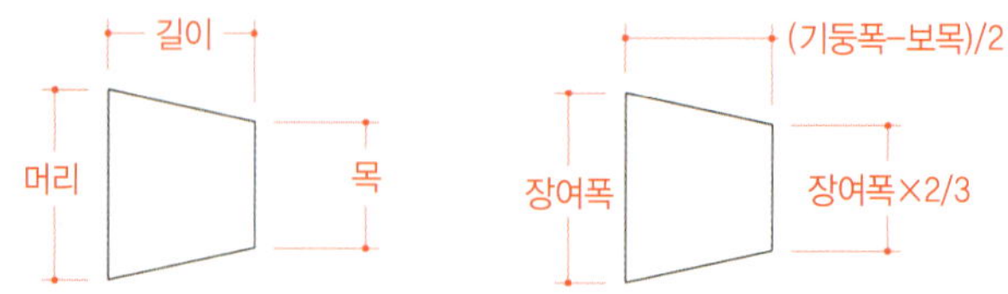

3-3 낙선재 기둥 그리기

1. 기둥의 크기

낙선재 기둥은 사각 단면으로 기둥 하부는 80, 상부는 75인 민흘림기둥으로 하였고 평주의 길이는 845, 고주는 1105로 하였다.

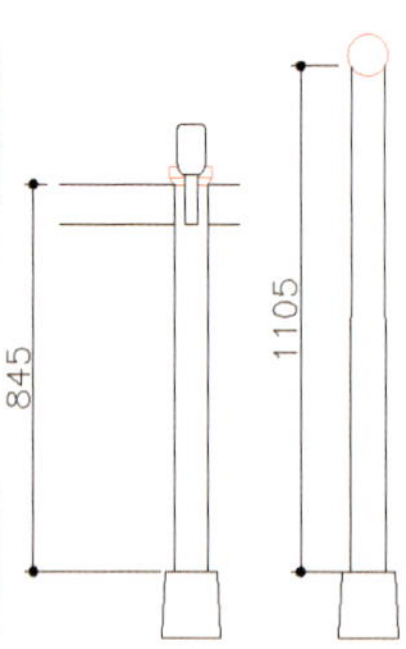

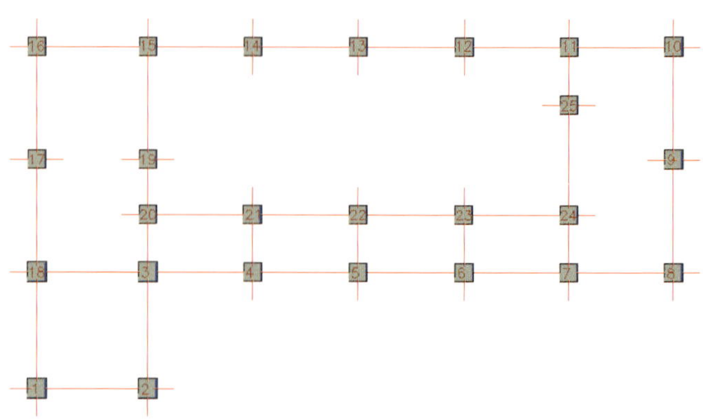

평주는 ①~⑱, 고주는 ⑳~㉕이고 기둥 ⑲는 고주보다 1자 정도 짧다.

| ※ 낙선재의 영조척 1尺을 307.5m/m로 할 때 하부폭은 78, 흘림은 6分 정도 주었다.

2. 기둥 그리기

❶ 초석 그리기와 같은 방법으로 윗면과 아랫면 사각형을 그리고 연결한다.

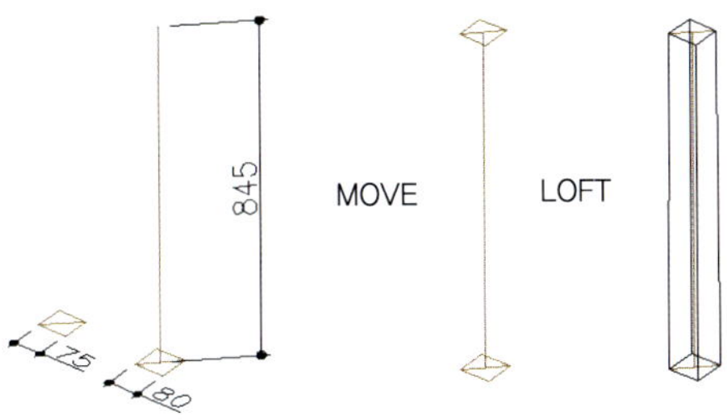

명령: RECTANG

첫 번째 구석점 지정
다른 구석점 지정 또는 [영역(A)/치수(D)/회전(R)]: @80,80(@75,75)

명령: LINE
첫 번째 점 지정:
다음 점 지정 또는 [명령 취소(U)]: 〈직교 켜기〉 845

명령: MOVE

명령: LOFT
현재 와이어프레임 밀도: ISOLINES=8, 닫힌 윤곽 작성 모드=솔리드
올림 순서로 횡단 선택 또는 [점(PO)/다중 모서리 결합(J)/모드(MO)]: 1개를 찾음
올림 순서로 횡단 선택 또는 [점(PO)/다중 모서리 결합(J)/모드(MO)]: 1개를 찾음, 총 2개
올림 순서로 횡단 선택 또는 [점(PO)/다중 모서리 결합(J)/모드(MO)]:
2개의 횡단이 선택됨

❷ 고주도 같은 방법으로 그린다. (상하부의 기둥 폭은 평주와 같다.)

3. 기둥 세우기

기둥 밑면에 대각선을 그리고 초석 윗면에 있는 중심선 교차점으로 기둥을 세운다.

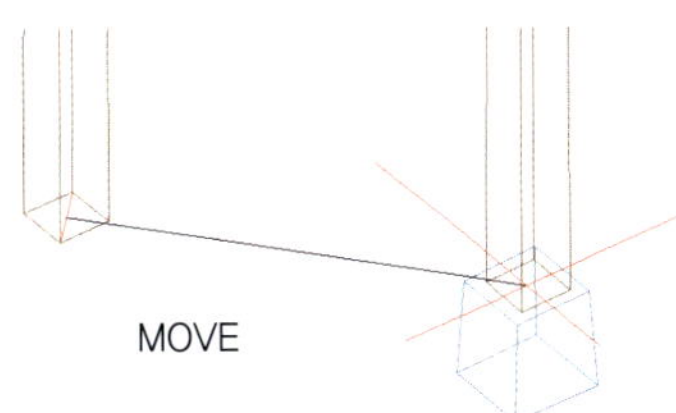

같은 방법으로 ⑳번을 제외한 나머지 기둥을 모두 세운다.

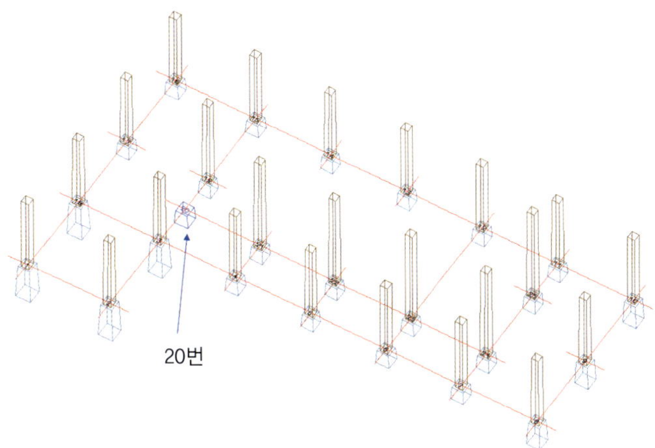

4. ⑳번 기둥 그리기

대청과 누마루의 중간에 세워지는 ⑳번 기둥은 실내에서는 바깥으로 노출되지 않도록 벽속에 묻힌다. 이 기둥은 툇간에서 고주의 역할을 하기 위한 폭만을 갖는다.

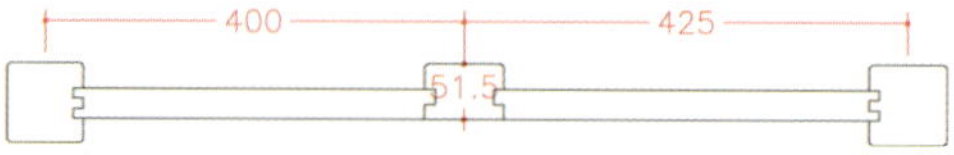

두 보아지는 하나의 판재로 되어 있으며 고주에 외촉으로 끼워지도록 하였다. 퇴량은 기둥을 감싸 ⑲번 기둥까지 연결된다.

⑳번 고주는 수장재 외측선을 기준선으로 SLICE한다.

기둥이 모두 만들어지고 입주가 완료되었다.

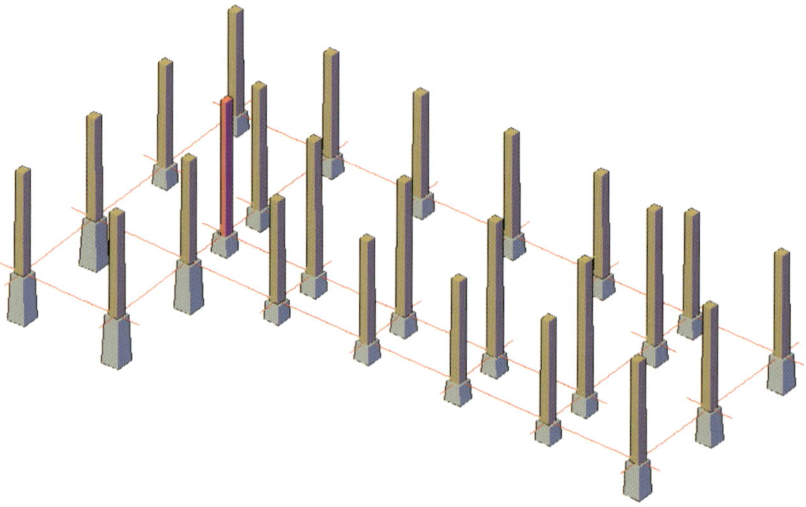

※ 기둥의 화통은 상부에 연결되는 부재들을 끼우면서 만들기로 한다.

Chapter

04 창방

익공집의 창방은 기둥 위에서 익공과 교차하여 조립돼 기둥과 기둥 사이를 연결한다.

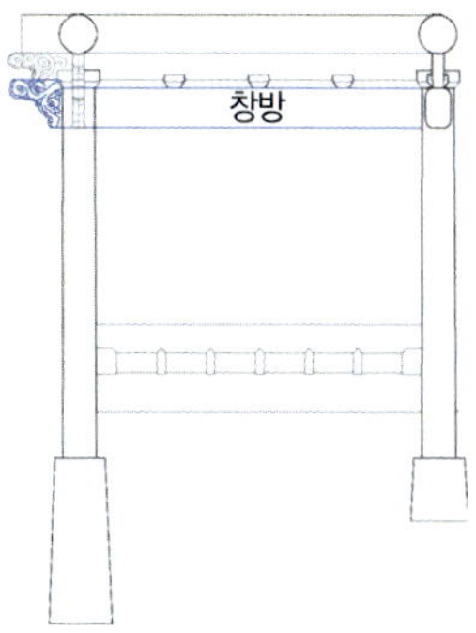

창방은 기둥의 사개(사괘)에 주먹장으로 끼워지는데 실제 주먹장 홈보다 조금 크게 다듬는다. 이것을 불림이라고 하는데 불리는 정도는 창방과 주먹장의 크기에 따라 정한다. 또한 익공을 먼저 조립하여 기둥의 사개(사괘)가 벌어지지 않도록 한다.

캐드 그리기에서는 편의상 불림을 고려하지 않는다.

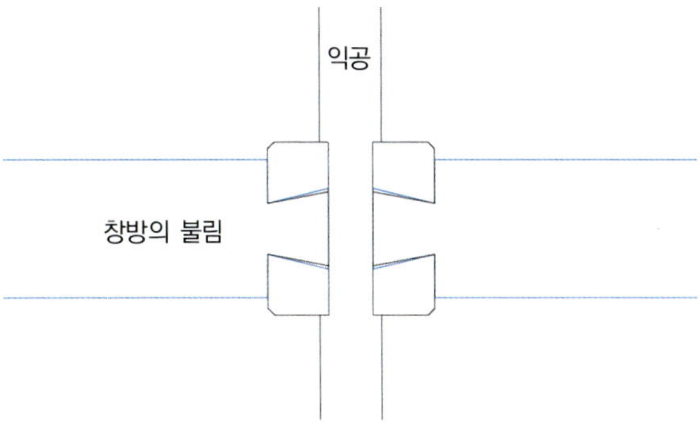

4-1 창방의 크기와 반깎기

1. 창방의 크기

창방의 크기는 기둥의 폭에 어울리도록 정한다. 보통 창방의 폭은 사각 기둥의 한 변보다 10~20푼 적게 한다. 또한 창방의 높이는 도리의 직경과 비슷하게 하여 직사각형 단면의 비율이 $\sqrt{2}$ 비가 되도록 하는 것이 좋다. 그러나 오래된 한옥에서는 창방폭을 장여폭과 같게 하는 경우도 많이 있다.

기둥 크기에 따른 창방 크기(단위 : 分)

건물 이름	기둥 상부 크기	창방 크기
노락당	78	60×90
우이동한옥	85	70×90
낙선재	73	60×90
장인기법(9자 주칸일 때)*	80	60×80
예천권씨 종가별당	75	50×70

* '전통 한옥계획에 나타는 장인 건축기법 연구'에서 참고

2. 반깎기

반깎기는 부재의 모서리가 곡선이 되도록 굴리는 것이다. 일반적으로 위, 아랫면의 길이에서 장여폭을 남기고 모두 굴리는 방법을 사용하지만 때에 따라서는 굴리는 정도를 조절하여 변화를 주기도 한다.

❶ 가로와 세로에 모두 장여폭을 남기고 모서리를 굴린다.

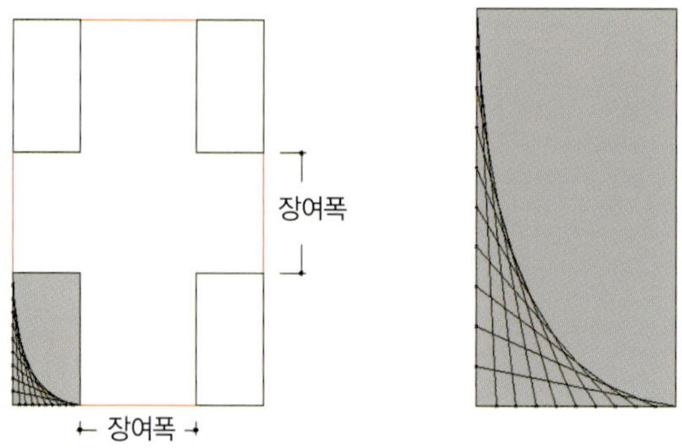

❷ 단면의 비율대로 세로 길이(b)를 정하여 모서리를 굴린다.

a와 b를 각각 n등분한 등분점을 연결하고 여기서 얻은 교차점을 이용하여 PLINE을 그리면 반깎기 곡선이 된다.

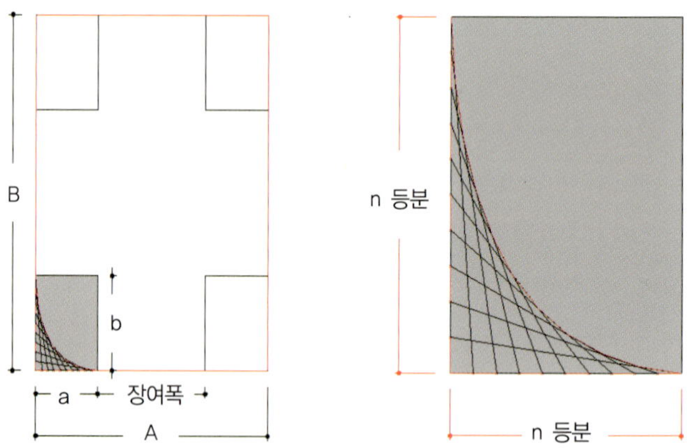

❸ 창방의 측면 세로선을 모두 굴린다. 이 반깎기는 작업량이 증가하지만 집의 외관이 한결 부드러워지며 古式의 느낌이 난다.

낙선재의 창방에서는 ❸으로, 대공을 연결하는 뜬창방에서는 ❶로 그린다.

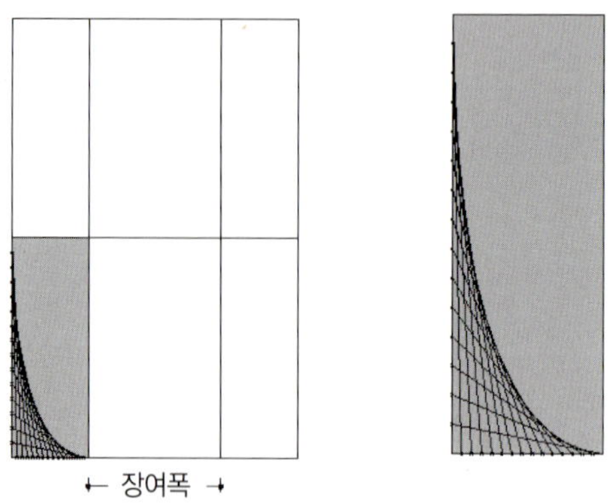

반깎기의 종류에 따른 창방 단면의 비교

4-2 낙선재 창방 그리기

1. 가운데 칸 창방 만들기

창방의 단면은 60×90으로 그린다.

기둥 중심 거리가 800인 주칸에서의 창방 길이는 780이고, 주먹장의 길이를 빼면 반깎기로 굴리는 창방 몸체의 길이는 725가 된다.

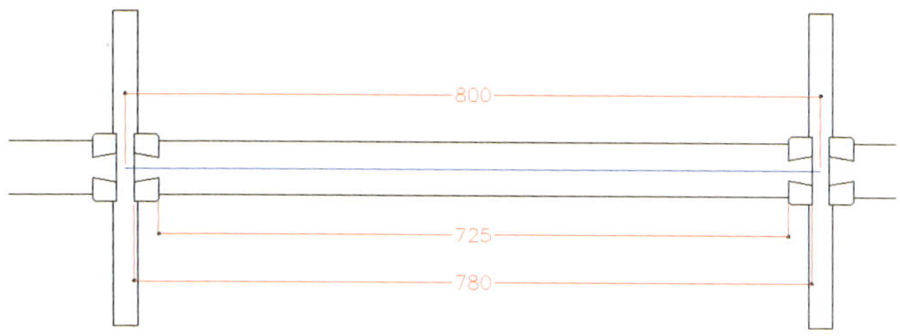

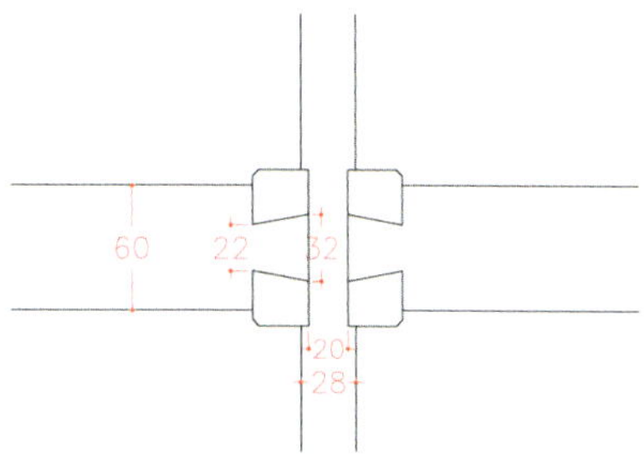

❶ 사각 단면에 반깎기 곡선을 그리고 대칭복사하여 창방 단면을 완성한다.

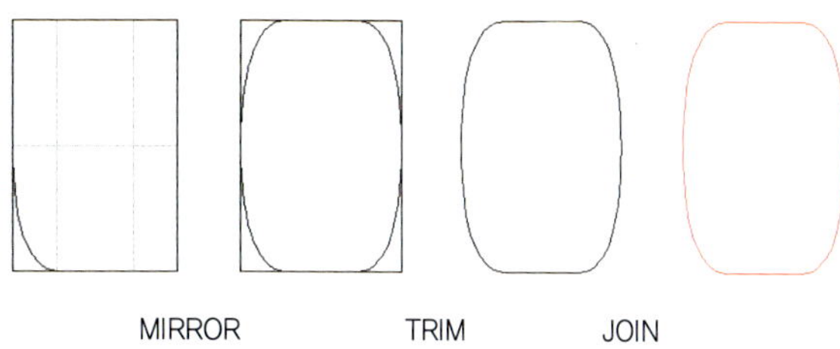

❷ 몸통 단면을 X축으로 90° 회전시키고, 다시 Y축으로 90° 회전시킨다.

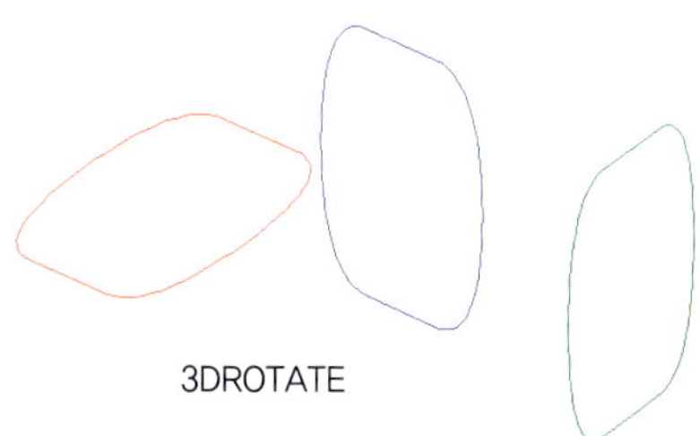

❸ 주먹장 단면을 만든다.

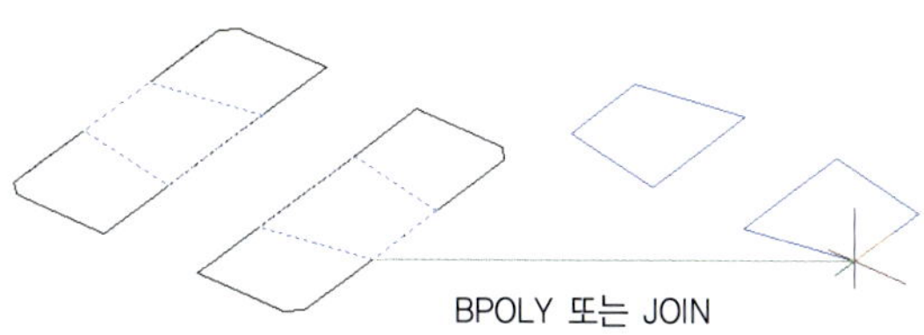

❹ 앞에서 만든 두 단면을 이용하여 솔리드를 만든다.

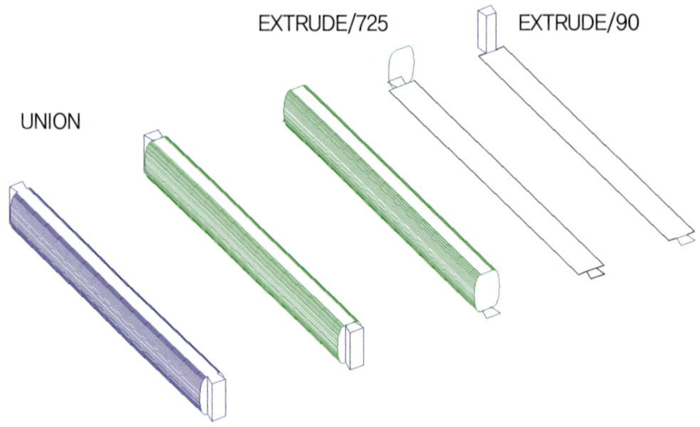

2. 뺄목 있는 창방 만들기

1) 우측 정면 창방(받을장)

귀창방은 귓기둥 밖으로 창방 머리가 돌출되며 뺄목은 위에 오는 장여와 같이 폭을 28푼으로 하였다. 실제로 이 창방은 뺄목의 높이(110)대로 부재를 마련하여야 한다.

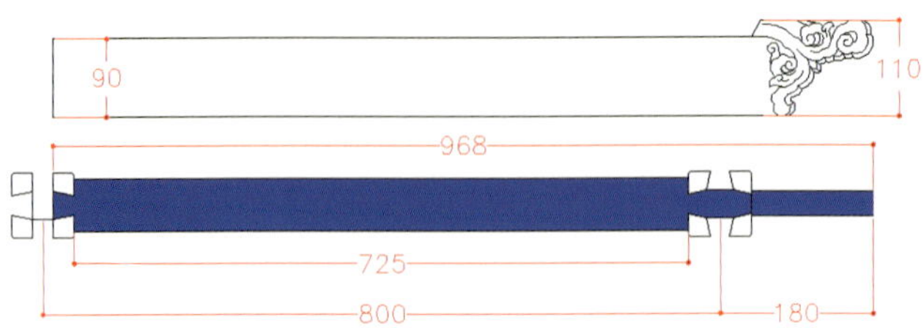

❶ 창방이 교차하는 부분에서 반턱을 만든다.

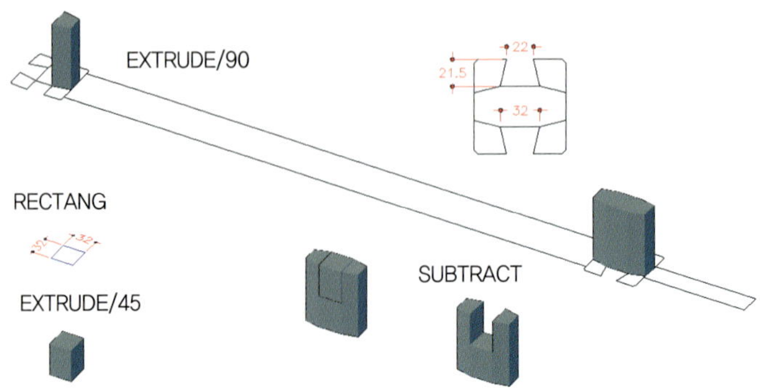

❷ 창방 뺄목이 주두와 만나는 경사를 그린다.

창방 뺄목이 주두에 끼워지도록 윗면 7푼 밑면에서 1푼 들어가 따낸다. 실제에서는 조금 여유를 두어야 하지만 여기서는 딱 맞게 만들기로 한다.(주두는 80쪽 참고)

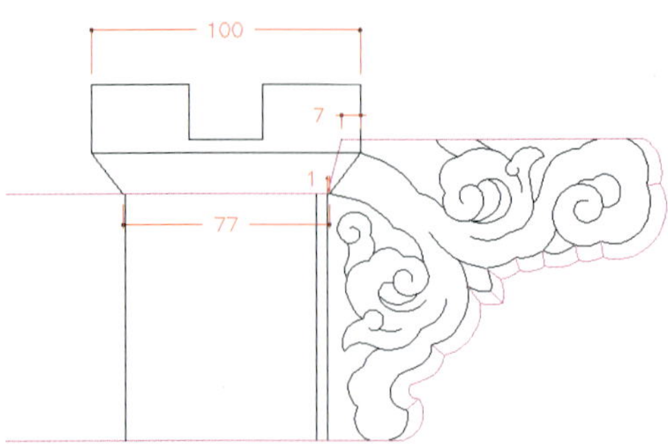

※ 익공과 기둥의 맞닿는 부분이 나중에 뜨는 것을 방지하기 위하여 익공 몸을 기둥에서 5푼 정도로 파 숨기는 경우도 있다.

❸ 뺄목 솔리드를 만든다.
테두리선을 연결하여 측면과 가운데 외곽선을 만든다.(BPOLY 또는 JOIN)

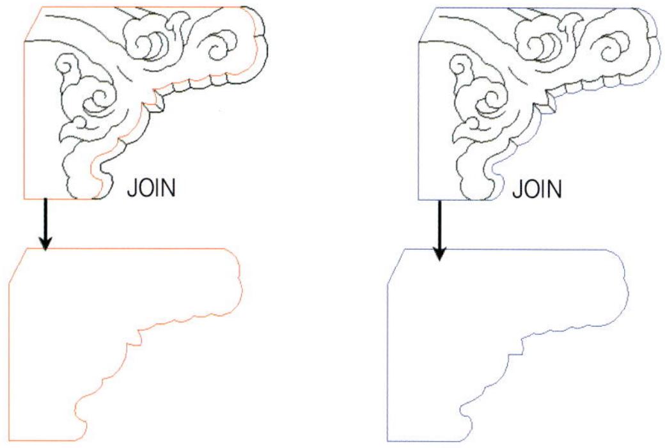

외곽선을 세워서 솔리드를 만든다.

- 외곽선을 회전시켜 세운다.(3DROTATE)
- 부재의 반폭만큼 폴리선을 벌린다.(MOVE/직교 40)
- 두 폴리선을 연결하여 솔리드를 만든다.(LOFT)
- 대칭복사하여 두 솔리드를 합친다.(MIRROR3D,UNION)

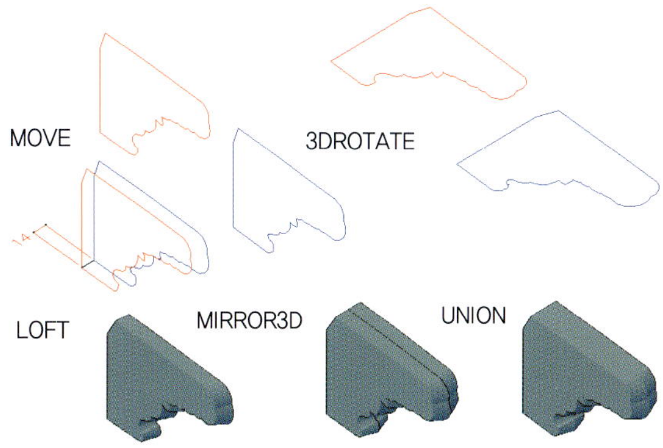

❹ 앞에서 만든 몸통과 뺄목을 합쳐 정면의 받을장을 완성한다.

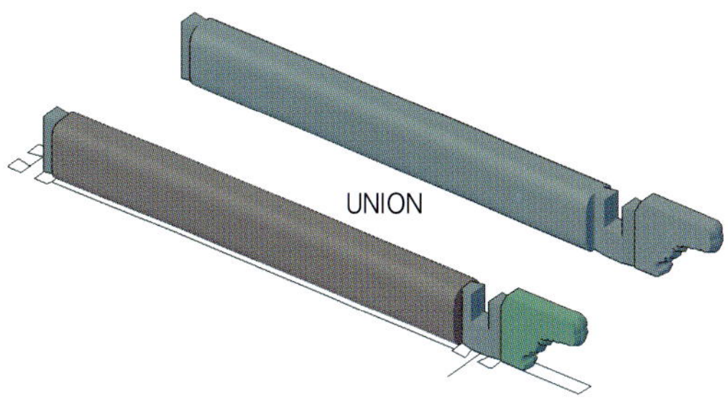

2) 누마루 정면 창방

누마루 정면(기둥칸 850)에서는 앞서 만든 뺄목을 대칭복사한다.

창방의 몸통길이는 775이고, 양쪽 모두 받을장으로 한다.

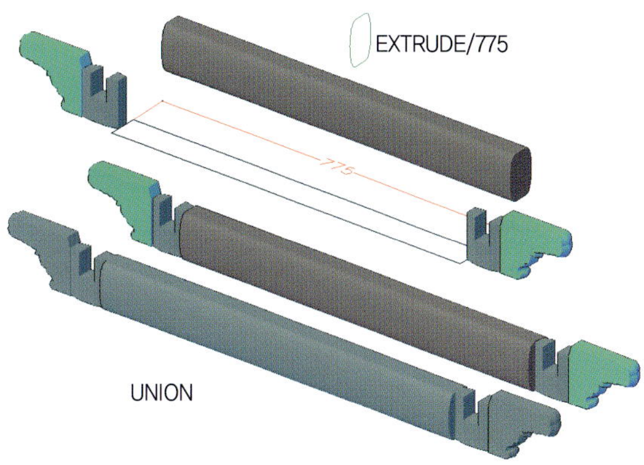

3) 업을장 창방

❶ 우측면의 창방(기둥칸 825)

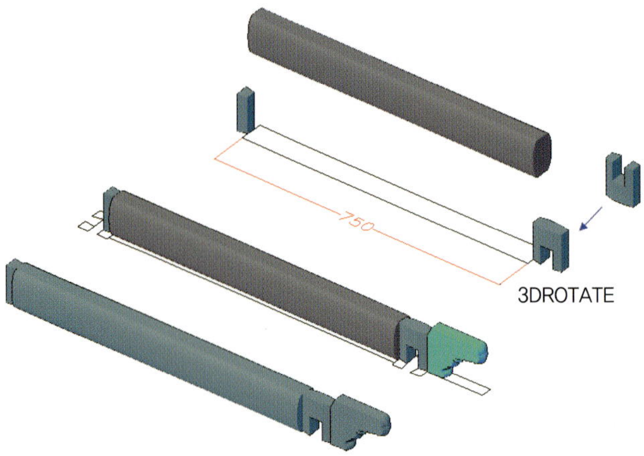

❷ 누마루의 좌우창방(기둥칸 850)

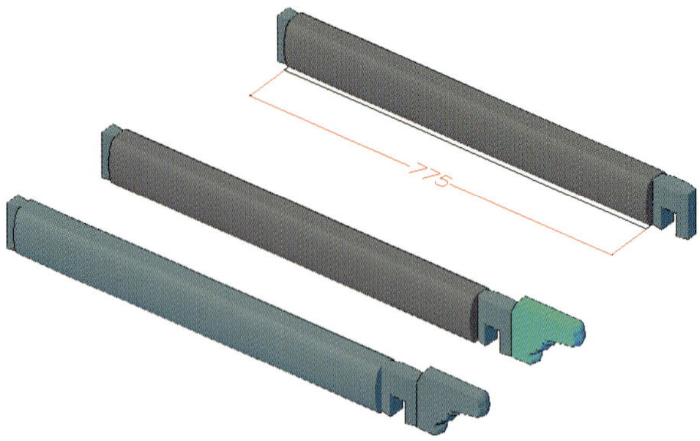

3. 회첨에서 만나는 창방

회첨(③번 기둥)에서는 창방과 보아지가 각각 직교하여 연결된다.

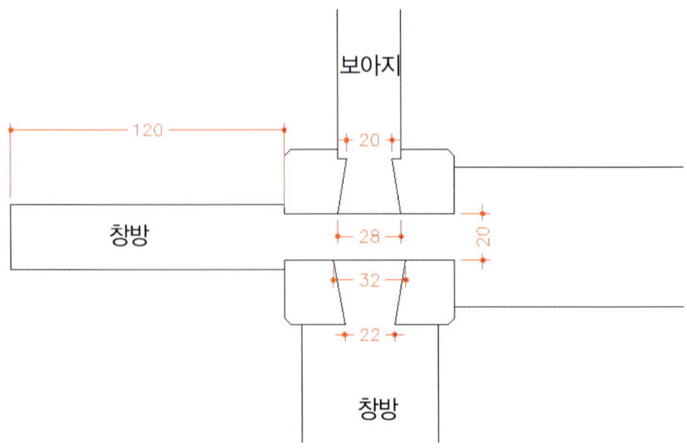

회첨 정면의 창방 빼목은 기둥에 곧은장으로 끼워지며 빼목은 누마루 대량의 보아지가 된다.

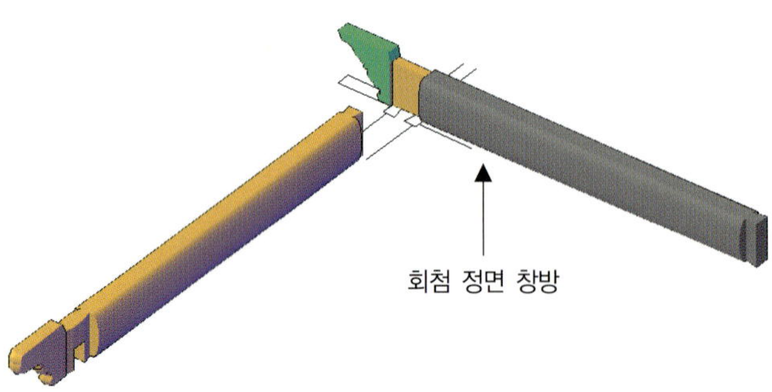

낙선재에서 사용되는 창방을 길이, 모양별로 나누면 다음과 같다.

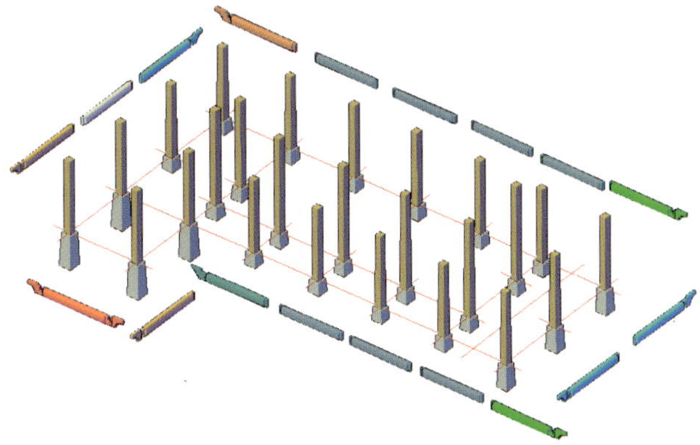

기둥의 상부 중심점을 기준으로 창방을 옮기면 다음과 같다.

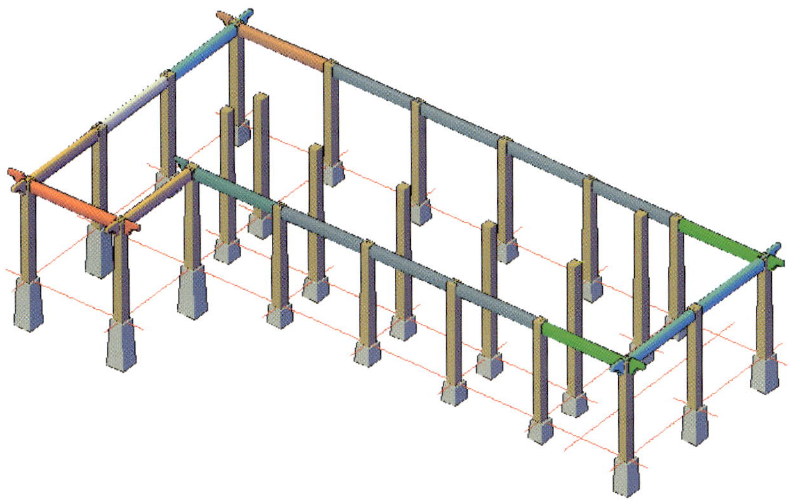

▣ 뜬창방은 '10장 동자주와 대공'편에서 대공과 함께 그리기로 한다.

"때론 음악처럼……"

Chapter

05 익공과 보아지

5-1 익공

창방과 교차하여 기둥에 끼워지는 부재를 익공이라 한다. 익공은 창방의 주먹장이 기둥에 잘 물릴 수 있도록 하는 역할과 보가 기둥에 전달하는 하중을 분담하는 역할을 한다. 또한 보의 뺄목 머리와 한 쌍의 초각으로 연결되어 화려한 외관을 만들기도 한다. 익공은 보가 직접 기둥에 끼워지는 굴도리집에 비해 규모 있는 건물에 주로 사용된다.

낙선재와 양동마을 무첨당의 익공

5-2 낙선재 익공 그리기

1. 익공의 크기

익공의 폭은 장여폭과 같게 하며, 높이는 창방높이에 주두굽을 더한다.

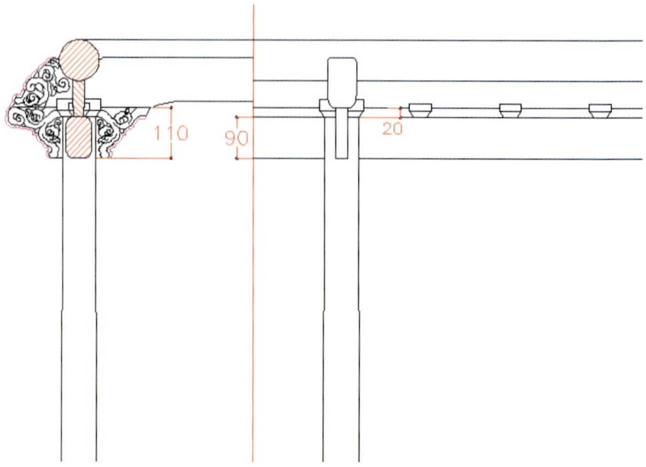

익공의 외부길이는 보머리 초각과 어울리도록 하며 내부길이는 퇴량의 후림이 시작되는 곳까지로 하는데 후림 끝에서 5푼 정도 여유를 두기도 한다. 익공이 기둥에 끼워지는 곧은장의 폭은 20으로 하였다.

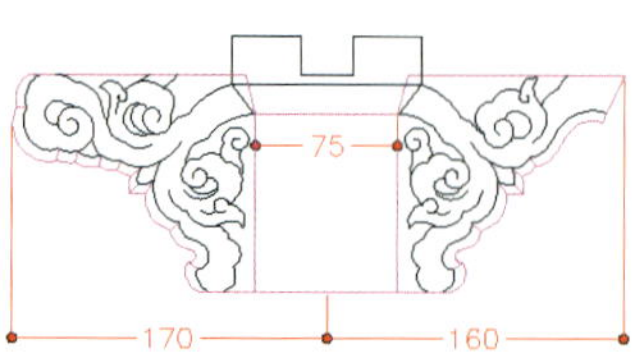

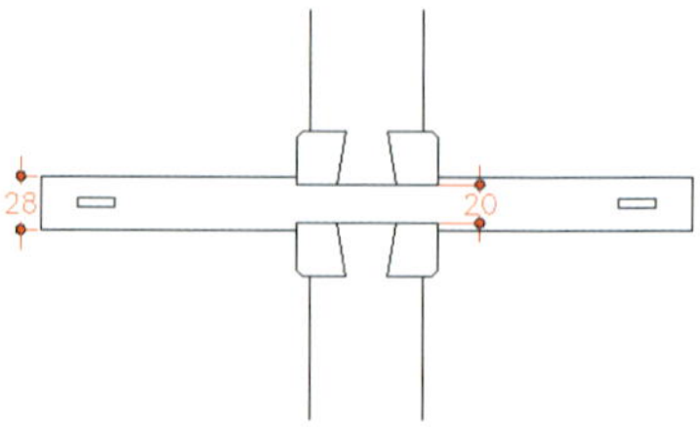

2. 익공이 주두에 끼워지는 깊이

익공과 주두 사이가 벌어져 보이는 것을 방지하기 위하여 주두 양 측면에 각각 7푼, 1푼 정도로 묻히는 홈을 둔다.

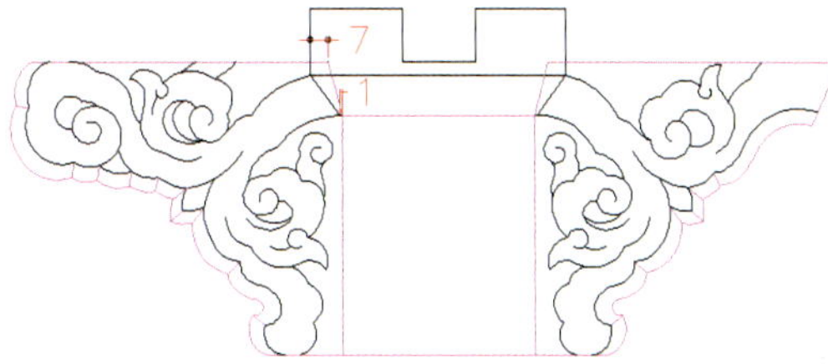

※ 익공이 주두에 묻히는 정도는 창방 뺄목의 경우와 같다.

3. 솔리드 만들기

초각이 있는 부분(A, C)과 기둥에 끼워지는 부분(B)으로 나눠서 각각 만든다.

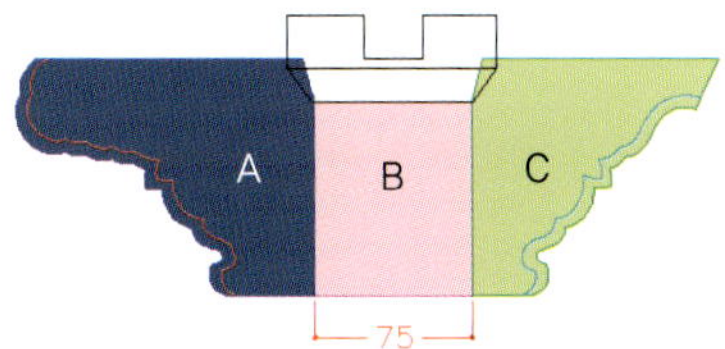

❶ 외곽선 그리기

외곽선만 남기고 모두 지운다.

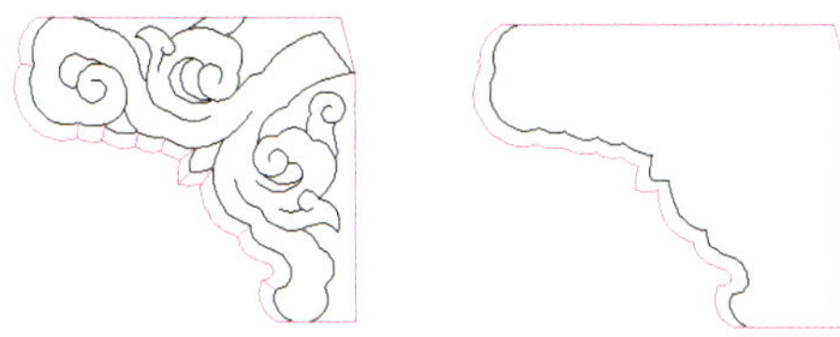

각각의 외곽선으로 영역을 만든다.

❷ 외곽선을 회전시켜 솔리드를 만든다.

- 누워 있는 외곽선을 세운다.(3DROTATE)
- 바깥 외곽선을 익공 두께의 반만큼 수평이동한다.(MOVE)
- 솔리드를 만든다.(LOFT)
- 대칭복사하여 합친다.(MIRROR3D, UNION)

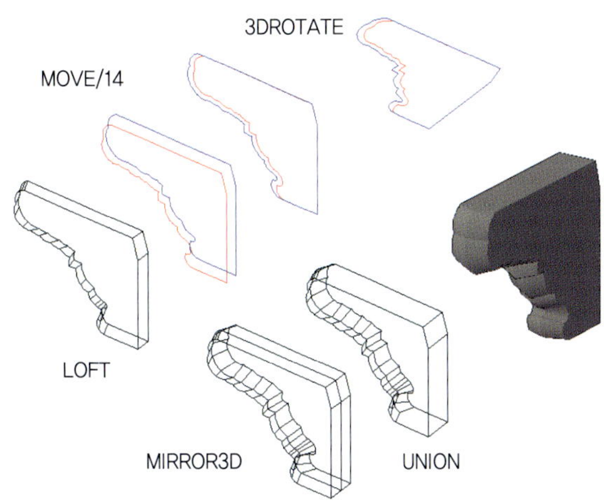

❸ 나머지 두 부분도 만들어 익공 솔리드를 완성 한다.

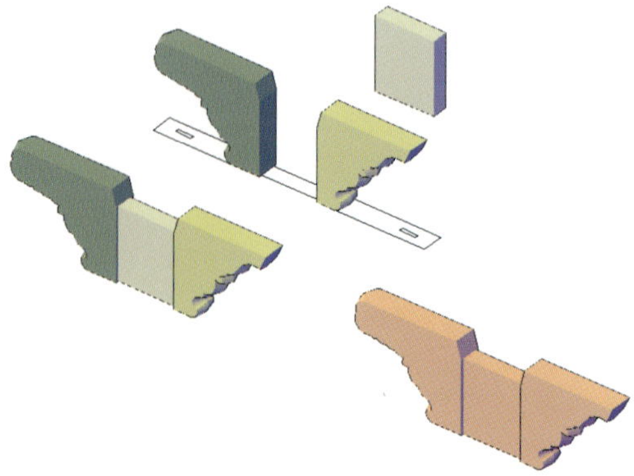

4. 은못 홈파기

은못자리를 만들어 은못을 끼운다. 은못의 길이는 40으로 하였고, 단면 크기는 5×20으로 하였다.

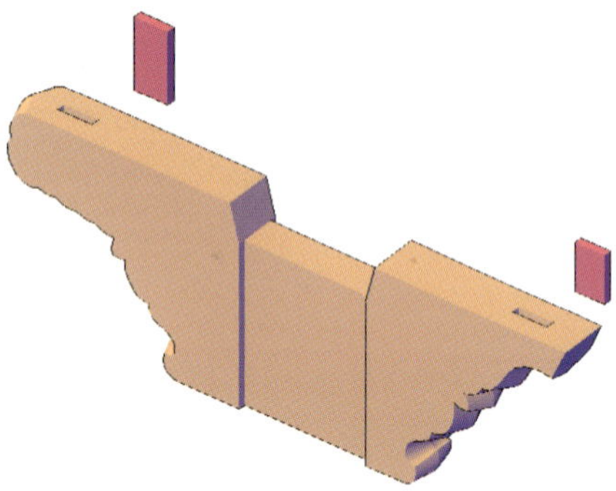

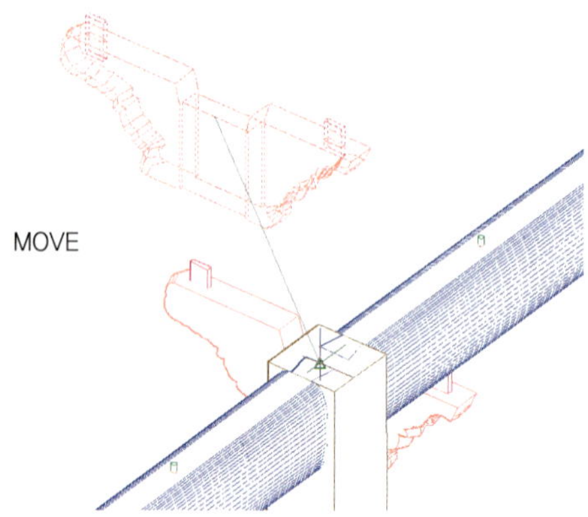

창방 주먹장의 중심을 기준으로 익공을 기둥 위로 옮긴다.

5. 판재익공 만들기

툇간 우측 칸에서는 하부 마감을 위해 익공과 퇴량의 보아지가 한 부재로 연결된다.

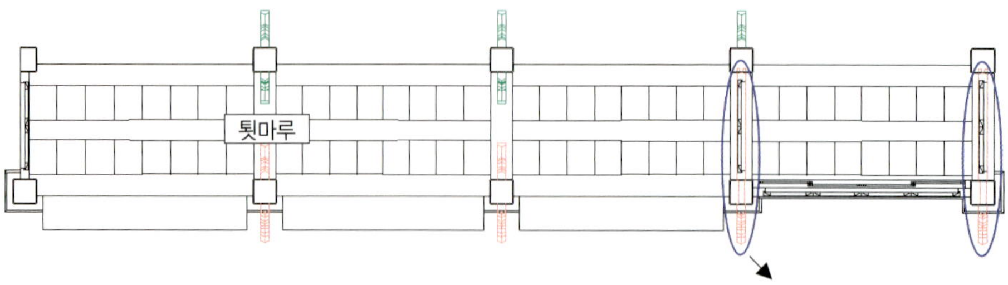

뒷부분은 기둥에 쌍촉으로 들어가도록 하였고 은못홈은 앞에만 팠다.

※ 벽체나 문이 들어서는 칸에서 장보아지를 사용하는 것과 같은 경우이다. 만들기는 75쪽 참조.

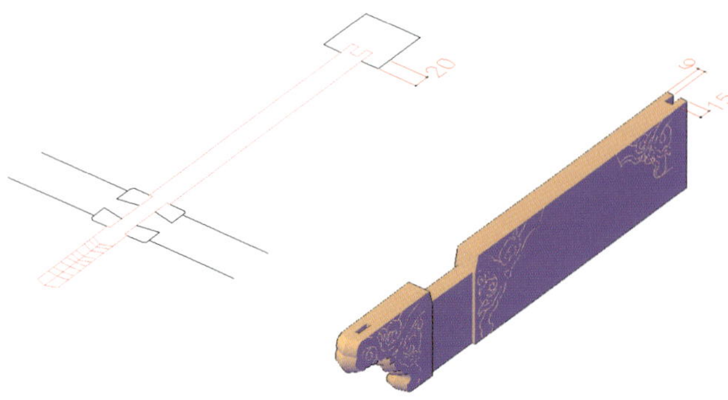

익공을 기둥에 끼우면 익공 조립이 완료된다.

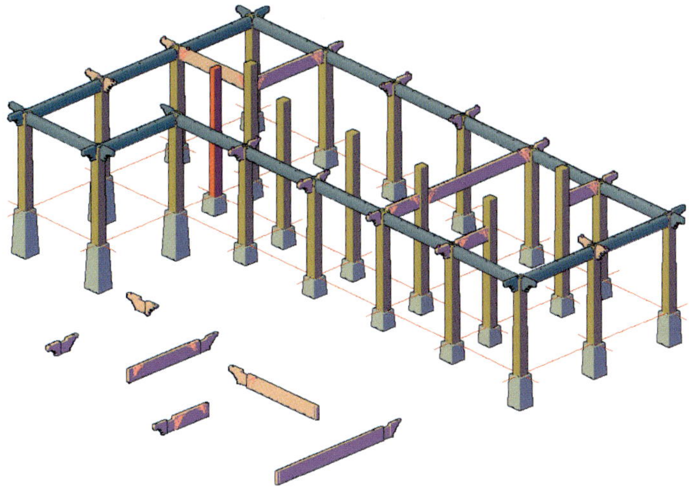

5-3 낙선재 보아지 그리기

보아지는 기둥에 끼워져 보를 받는다. 보아지는 보가 기둥에 걸쳐지는 곳에서 하중을 분담하는 역할도 하지만 기둥과 연결되는 부위를 치장하는 효과도 갖는다.

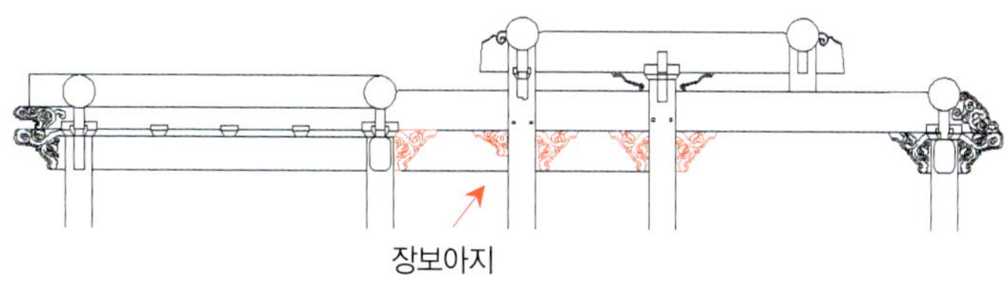

일반적으로 보아지는 보의 춤에 따라서 크기를 다르게 한다.

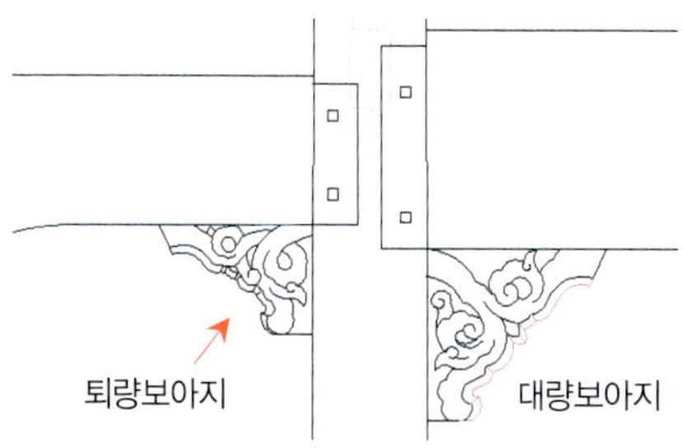

1. 보아지의 크기

낙선재의 보아지는 보의 춤에 비례하여 크기를 달리하였다.

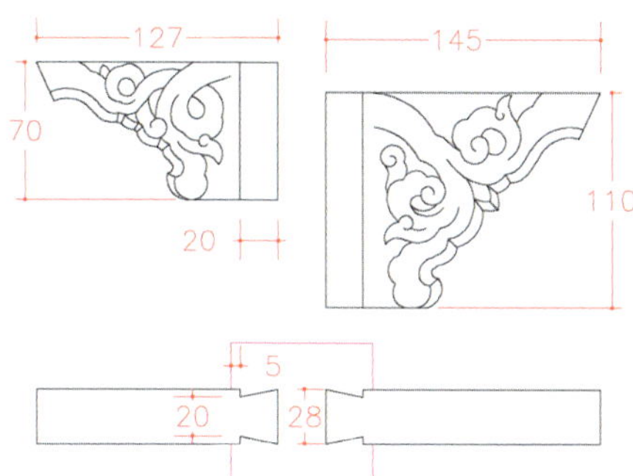

2. 보아지 만들기

❶ 툇간의 보아지 만들기

익공에서와 마찬가지로 외곽선을 연결하여 보아지 솔리드를 만든다.

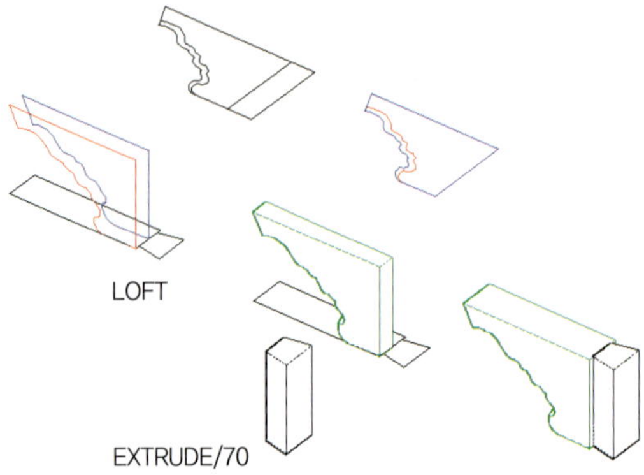

❷ 대청칸의 보아지 만들기

대청칸의 보아지는 익공 뒷부분을 잘라서 만든다.

- 익공 뒷부분을 자른다.(SLICE)
- 마구리를 25푼 늘린다. (SOLIDEDIT/면/돌출)
- 주먹장을 만든다.(EXTRUDE/110)
- 세 객체를 합친다.(UNION)

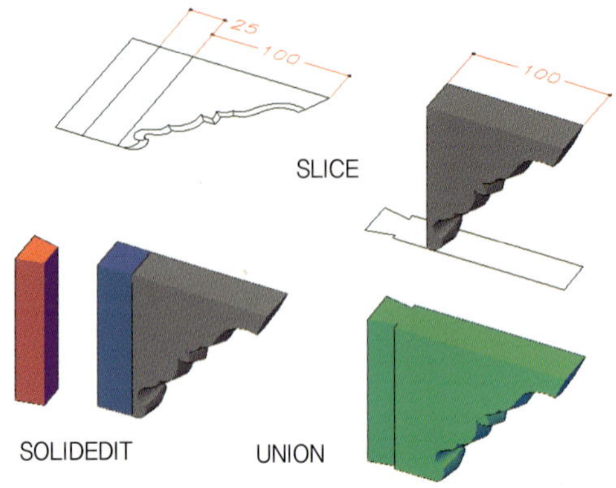

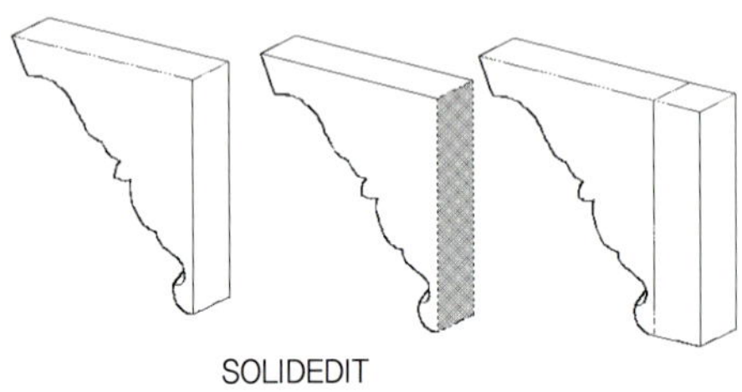

명령: SOLIDEDIT

솔리드 편집 옵션 [면(F)/모서리(E)/본체(B)/명령 취소(U)/종료(X)] 〈종료〉: F
면 편집 옵션 입력
[돌출(E)/이동(M)/회전(R)/간격띄우기(O)/테이퍼(T)/삭제(D)/복사(C)/색상(L)/재료(A)/명령 취소(U)/종료(X)]: E
돌출 높이 지정 또는 [경로(P)]: 25

❸ 판재 보아지 만들기

㉠ 익공 + 보아지

보아지 아래에 수장재가 들어가거나 미장으로 마감되는 경우 보아지와 익공을 붙여서 만든다.

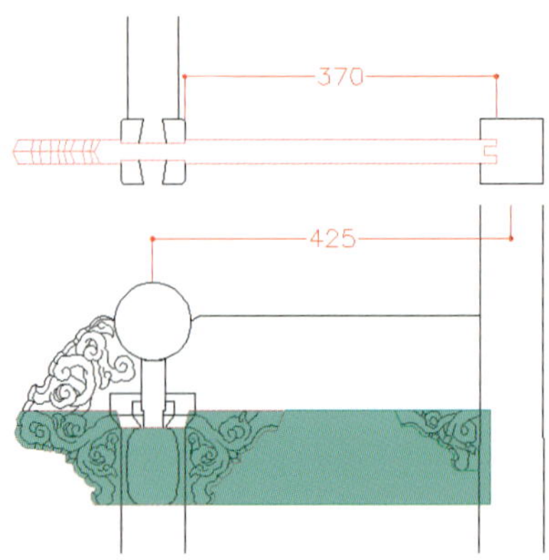

익공에서 뒷부분을 잘라내고 판재를 붙인다.

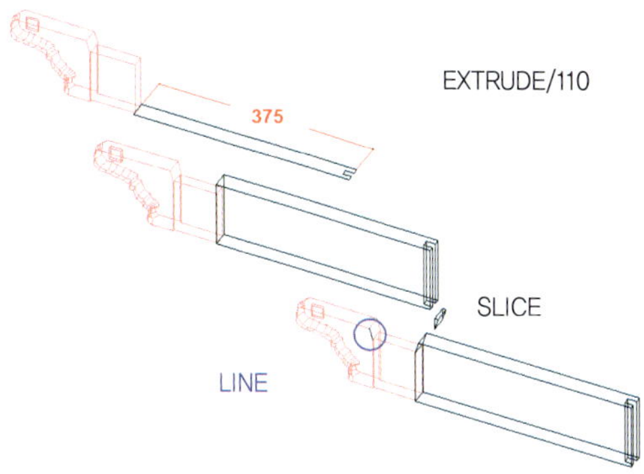

주두 자리를 만들기 위해 경사선을 대칭으로 복사하여 이 선을 기준으로 자른다.

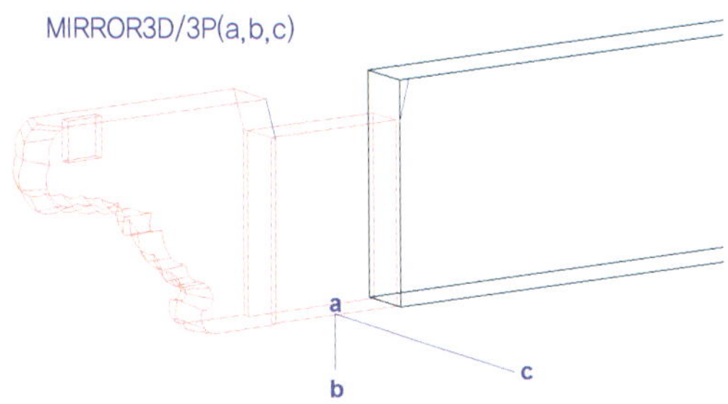

판재에 초각을 새긴다.

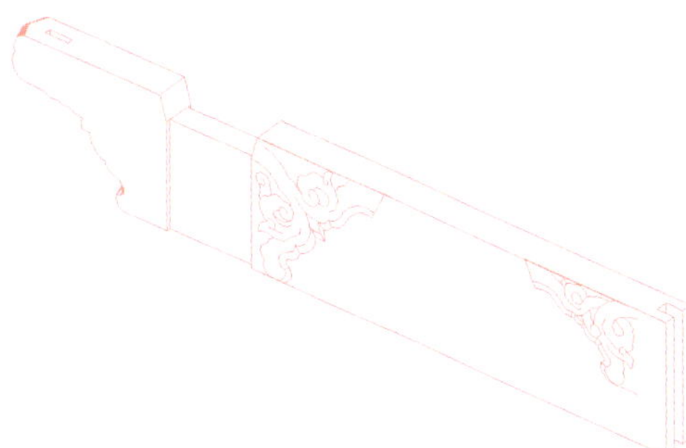

㉡ 보아지 + 보아지(장보아지)
③번 기둥과 ⑳번 기둥 사이와 같이 익공머리 없이 판재로 된 장보아지를 따로 만든다.(㉔ - ㉕, 기둥번호는 60쪽 참조)

3. 보아지 조립

❶ 퇴량칸 보아지
후림이 있는 퇴량을 받는 보아지는 후림만큼 올린다. 낙선재 퇴량의 후림은 15로 하였다.

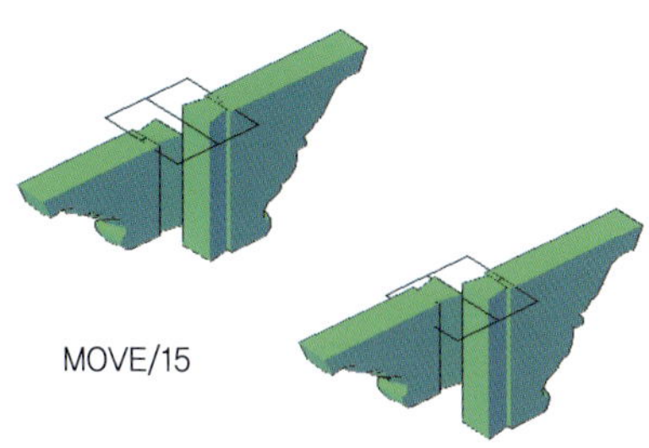

보의 밑면 높이로 고주를 잘라 기준선을 그리고 보아지를 조립한다.

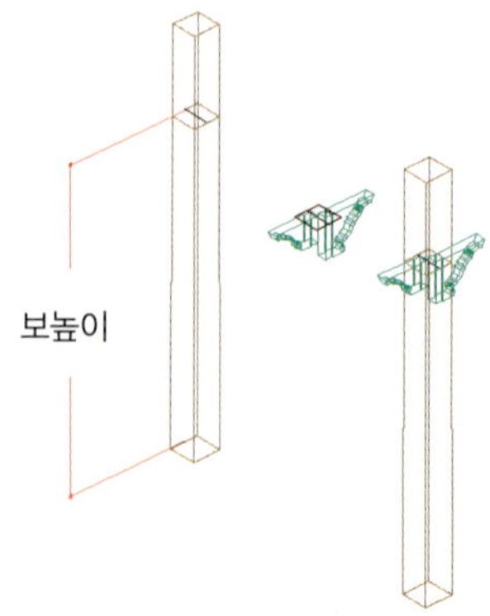

❷ 내부 보아지

내부 고주와 연결되는 보아지는 오른쪽 그림과 같이 조립된다.

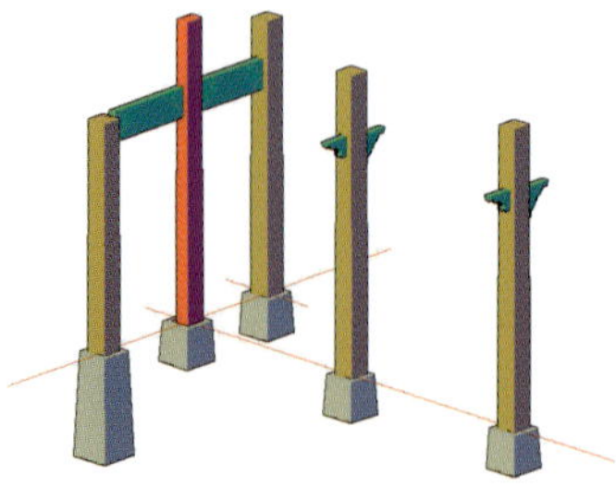

기둥에 보아지가 모두 조립되었다.

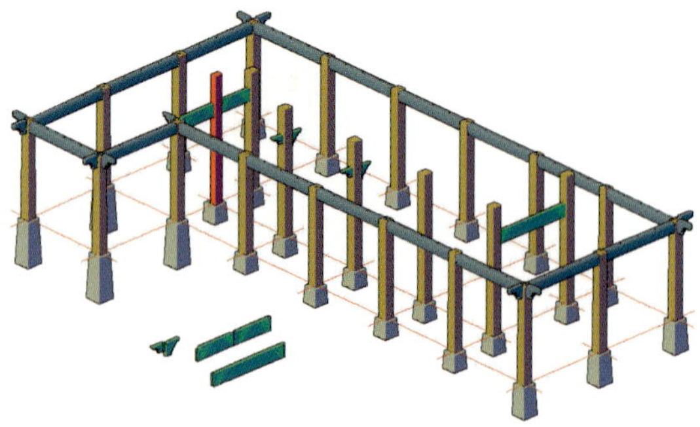

낙선재 익공과 보아지의 조립이 완성되었다.

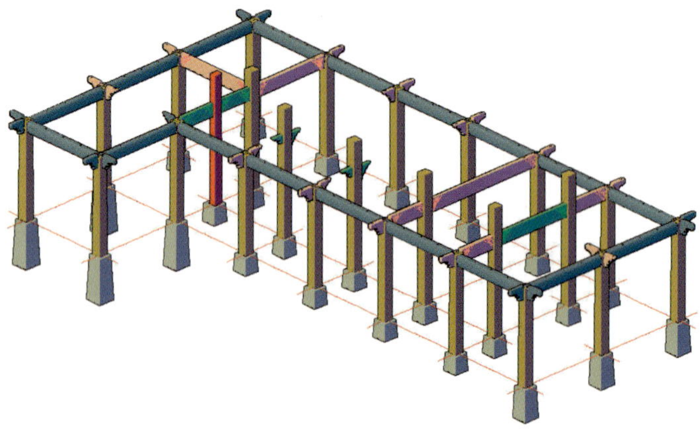

Chapter

06 소로와 주두

6-1 낙선재 소로 그리기

소로는 창방 위에 놓여 장여를 받는다. 상부 부재를 안정되게 잡아주는 기능과 외관을 장식하는 역할을 한다. 소로는 8자 칸을 기준으로 일반적으로 3~4개 놓는데 낙선재에서는 한 칸에 3개를 놓았다. 장식 효과를 높이기 위해 소로를 필요 이상으로 많이 두기도 하는데 자칫 천박해 보일 수 있다.

연경당

낙선재

1. 소로의 크기

소로는 장여폭과 소로굽에 따라 크기가 결정되는데 살림집에서 소로굽은 주로 20으로 하며 갈의 높이와 폭도 10 정도로 하여 소로의 크기가 정해진다.

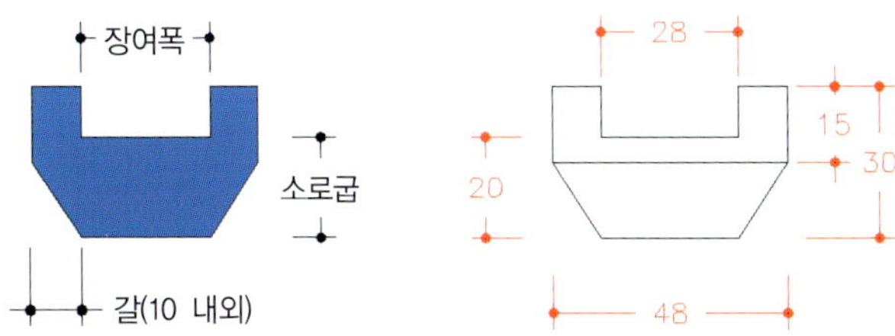

2. 소로 만들기

❶ PLINE으로 소로 단면을 그린다.

❷ X축으로 −90도 회전(3DROTATE)시킨다.

❸ 객체를 다시 Z축으로 90도 회전(3DROTATE)시킨다.

❹ 소로의 길이만큼 돌출시킨다.(EXTRUDE/48)

❺ 소로굽의 모를 접는다.(CHAMFER)

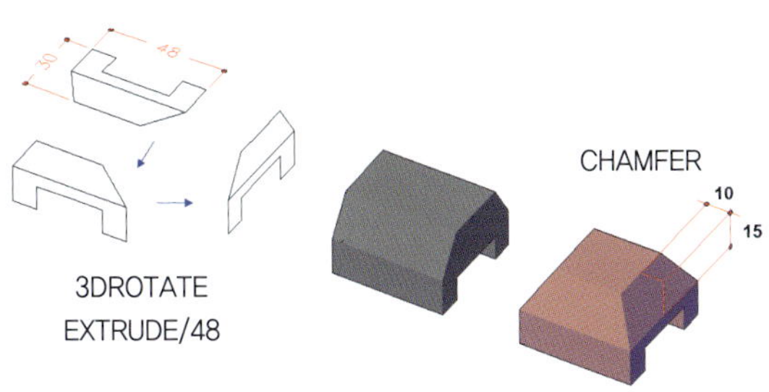

```
명령: CHAMFER
(자르기 모드) 현재 모따기 거리1=3, 거리2=3
첫 번째 선 선택 또는 [명령 취소(U)/폴리선(P)/거리(D)/각도(A)/자르기(T)/메서드(E)/다중(M)]: D 첫 번째 모
따기 거리 지정 <3.00>: 10    두 번째 모따기 거리 지정 <10.00>: 15
첫 번째 선 선택: 모따기할 모서리를 선택
기준 표면 모따기 거리 지정 또는 [표현식(E)] <10.00>:
다른 표면 모따기 거리 지정 또는 [표현식(E)] <15.00>:
모서리 선택 또는 [루프(L)]: 모서리 선택
```

3. 소로촉 넣기

소로는 창방의 윗면에 깊이 8푼, 한 변 5푼 정도의 구멍을 파고 소로촉을 박아 고정한다.

❶ 소로촉 구멍파기

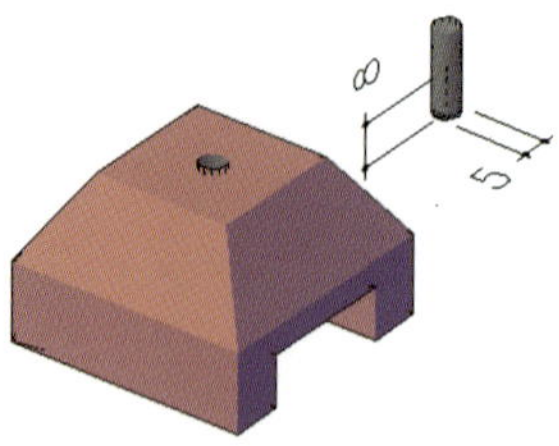

❷ 창방에 소로촉 박기

기둥 간격이 850, 825, 800일 때 소로 간격을 각각 200, 193, 187로 나눈다.

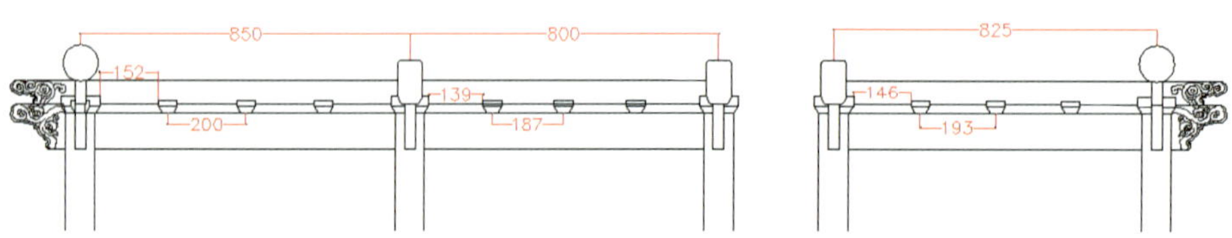

위의 간격대로 창방에 구멍을 파고(SUBTRACT) 소로촉을 끼운다.

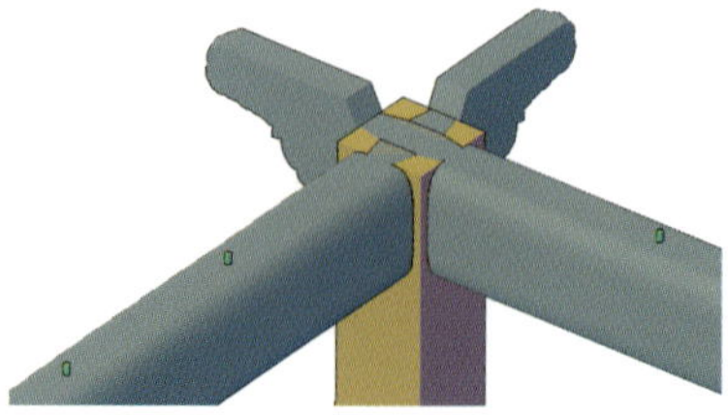

4. 소로방막이 자리내기

소로와 소로 사이에는 소로방막이로 공간을 막는다.

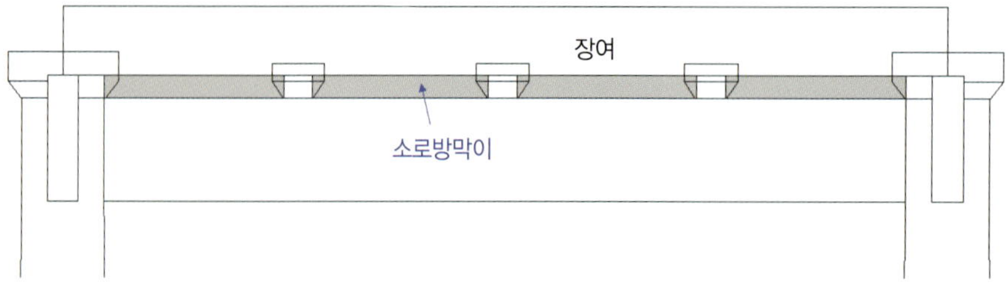

※ 낙선재에서는 장여와 소로방막이를 한 부재로 하였다.

소로방막이의 크기는 폭 22, 높이는 20 길이 162(주칸 800인 경우)로 하였다.

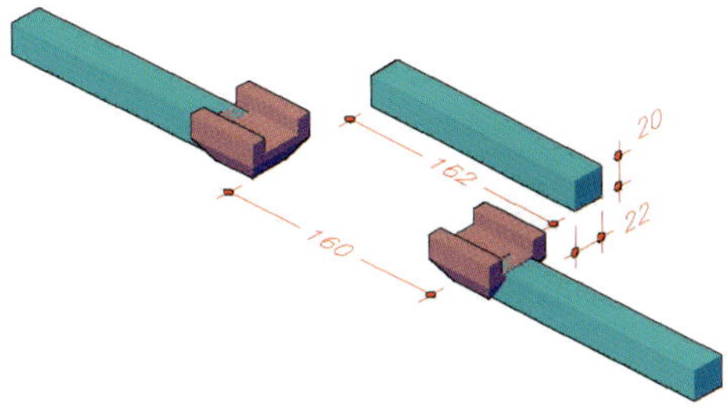

소로 양쪽으로 소로방막이를 넣고 빼주면 창방 위에 놓일 소로가 완성된다.

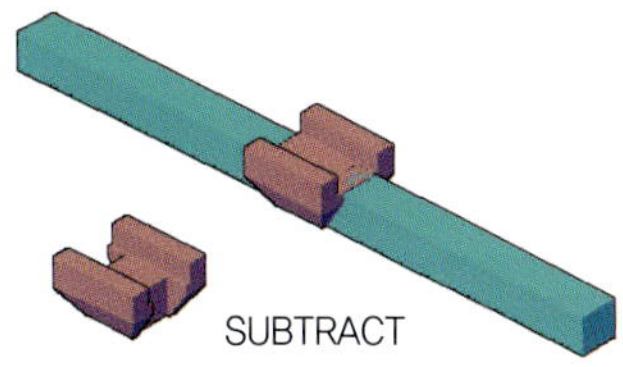

같은 방법으로 소로를 만들어 창방 위에 소로를 배열한다.

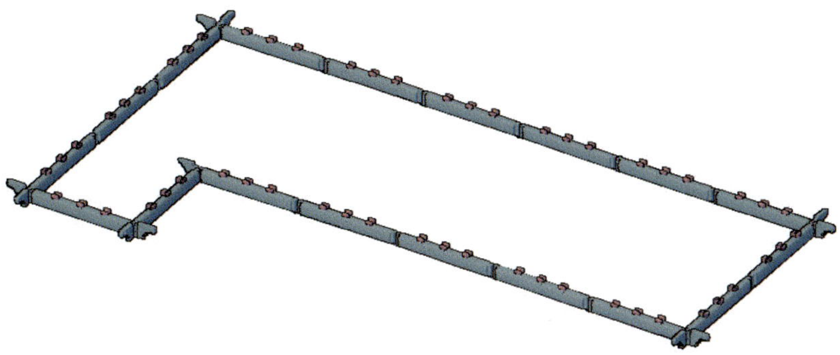

6-2 낙선재 주두 그리기

기둥 위에 도리를 바로 얹는 굴도리집과 달리 익공집에서는 기둥 위에 주두를 놓아 상부의 보를 받는다.

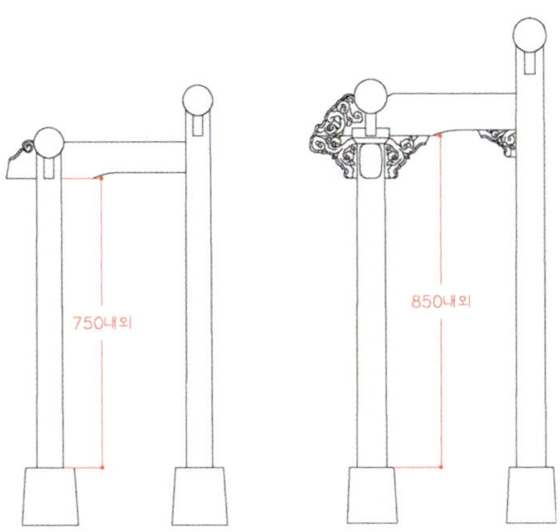

굴도리집 초익공집

1. 주두의 크기

낙선재 주두의 밑면 크기는 기둥의 상부(75푼)보다 1푼씩 더 크게 하고 주두굽은 소로굽과 같이 20으로 하였다.

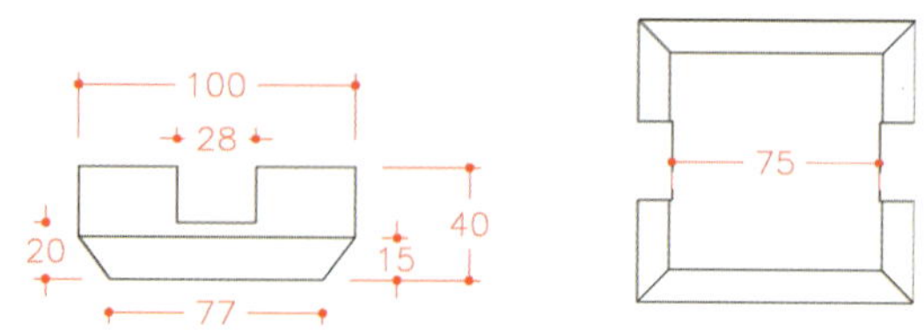

2. 주두 만들기

소로와 같은 방법으로 주두 솔리드를 만든다.

- 주두 단면 폴리선을 그린다.(PLINE)
- X축으로 −90도, Z축으로 90도 회전시킨다.(3DROTATE)
- 주두의 길이만큼 돌출시킨다.(EXTRUDE/100)
- 주두굽의 모를 접는다.(CHAMFER)
- 사갈을 만든다.(SUBTRACT)

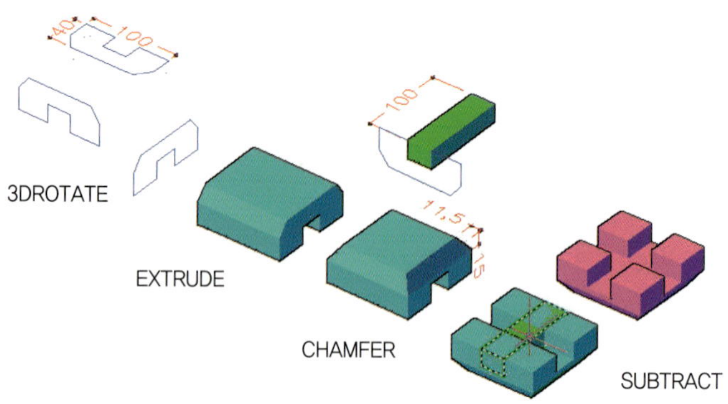

명령: CHAMFER

(자르기 모드) 현재 모따기 거리1=3.00, 거리2=3.00
첫 번째 선 선택 또는 [명령 취소(U)/폴리선(P)/거리(D)/각도(A)/자르기(T)/메서드(E)/다중(M)]: D
첫 번째 모따기 거리 지정 〈3.00〉: 11.5 두 번째 모따기 거리 지정 〈11.50〉: 15
첫 번째 선 선택 또는 [명령 취소(U)/폴리선(P)/거리(D)/각도(A)/자르기(T)/메서드(E)/다중(M)]:
표면 선택 옵션 입력 [다음(N)/확인(OK)] 〈확인(OK)〉: **(기준표면이 선택이 되었으면 엔터)**
기준 표면 모따기 거리 지정 또는 [표현식(E)] 〈11.50〉:
다른 표면 모따기 거리 지정 또는 [표현식(E)] 〈15.00〉:
모서리 선택 또는 [루프(L)]: **모접을 모서리 선택**

❶ 평주 주두 홈파기

주두에 소로방막이와 익공이 들어갈 자리를 파준다.

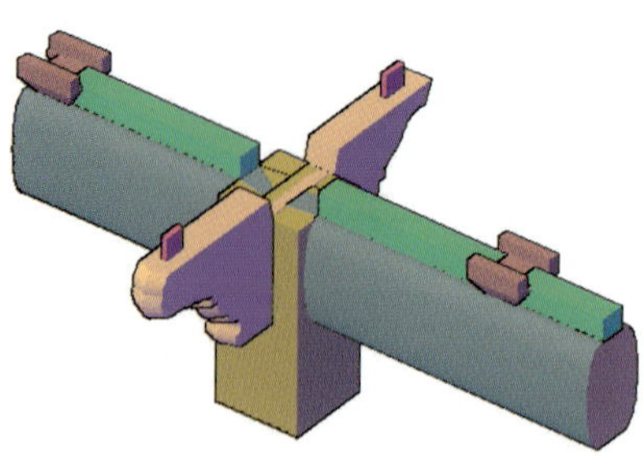

익공과 소로방막이가 주두와 겹치는 부분을 그린다.

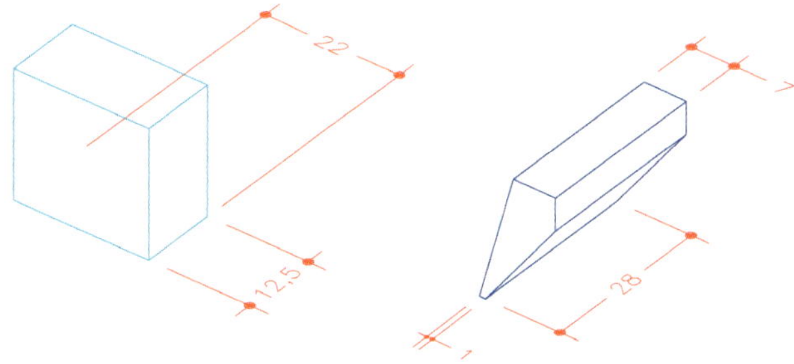

앞에서 그린 솔리드를 주두에 옮기고 빼준다.

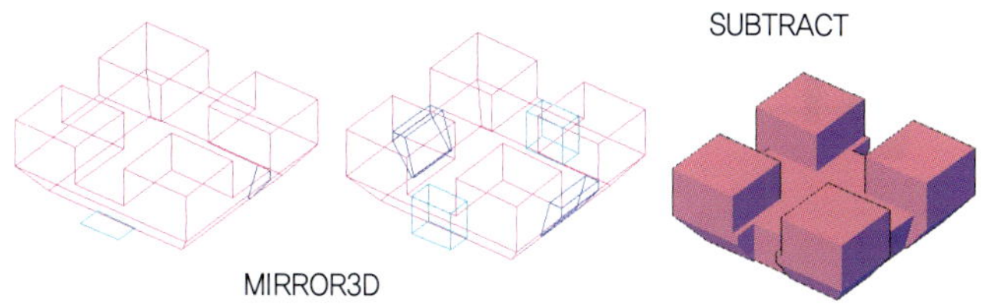

❷ 귀기둥 주두 홈파기

귀기둥은 창방과 소로방막이가 서로 직교하도록 홈을 파낸다.

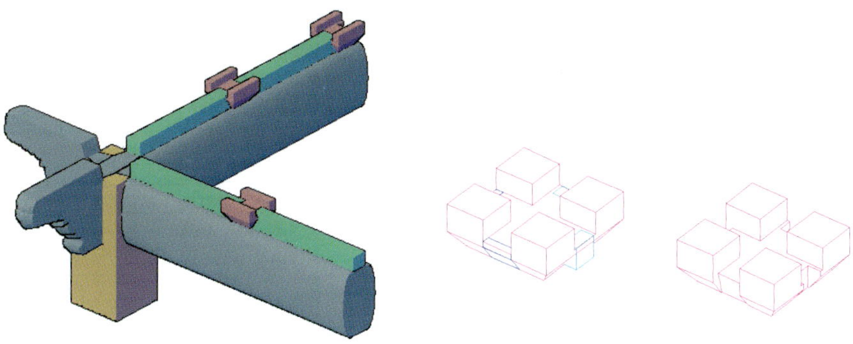

❸ 회첨 주두 홈파기

회첨 기둥의 주두는 귀기둥의 주두를 90° 돌려서 끼운다.

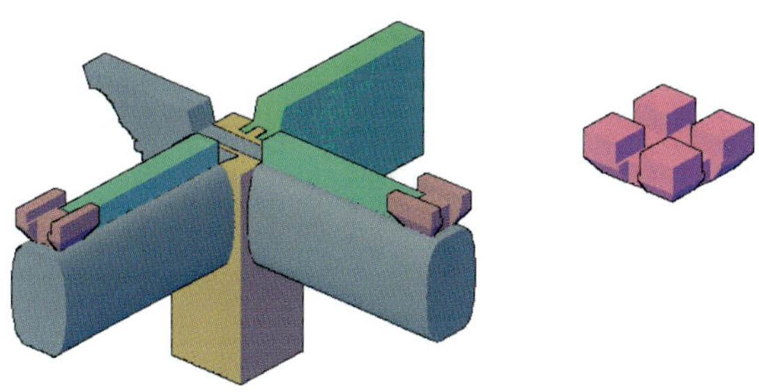

❹ 중고주(기둥번호 ⑲) 주두 홈파기

기둥 상부에서는 초공과 보아지가 결합되므로 네 곳 모두 경사로 따낸다.

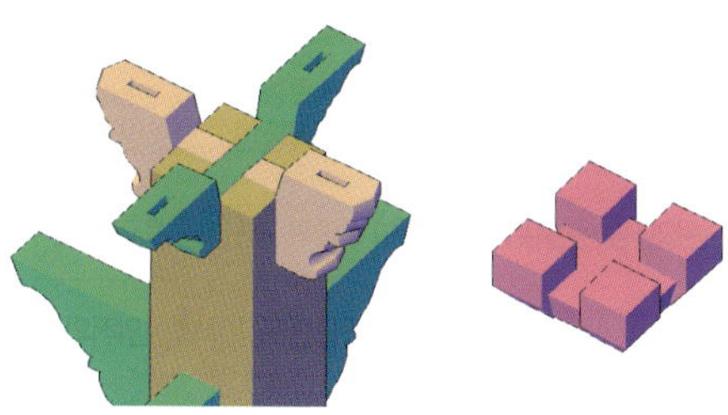

3. 주두 앉히기

기둥 상부 바닥면의 중심을 기준으로 주두를 앉힌다.

❶ 평주 주두

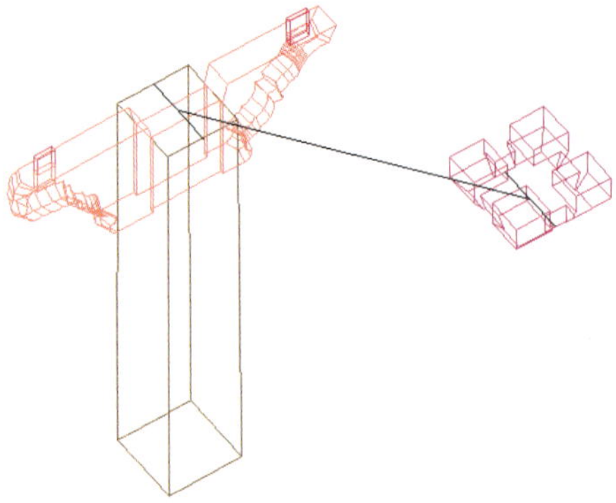

❷ 귀기둥 주두

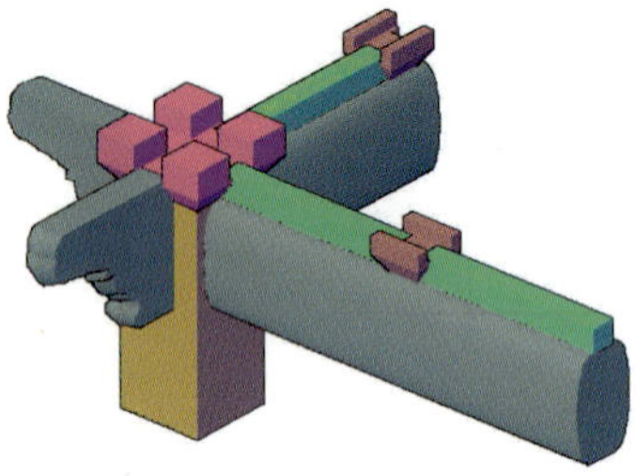

대칭복사하여 나머지 주두도 모두 앉힌다.

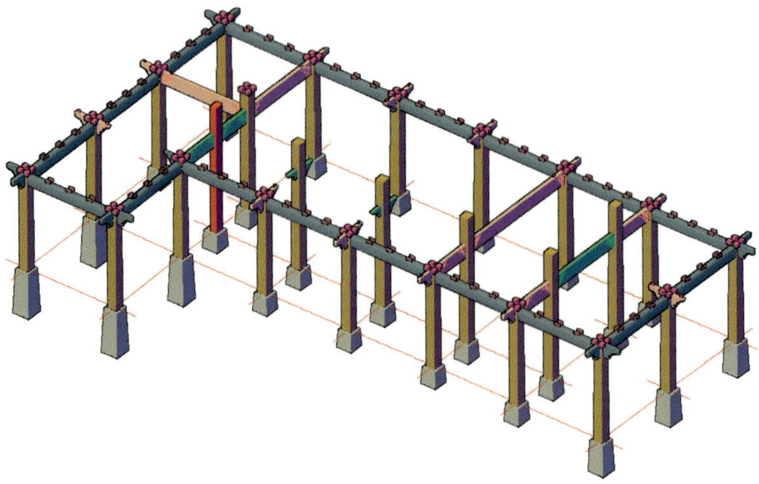

Chapter

07 장여

장여는 서까래에 걸리는 지붕의 하중을 도리와 함께 분담하는 기능을 한다.

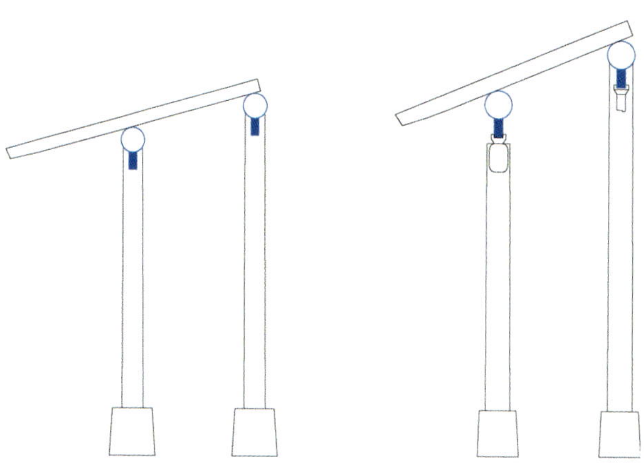

7-1 장여의 크기

기둥의 크기에 따라 결정되는 장여폭은 벽의 두께가 되는 수장폭과 같으며 살림집의 경우 25~30 내외로 하는 것이 일반적이다.

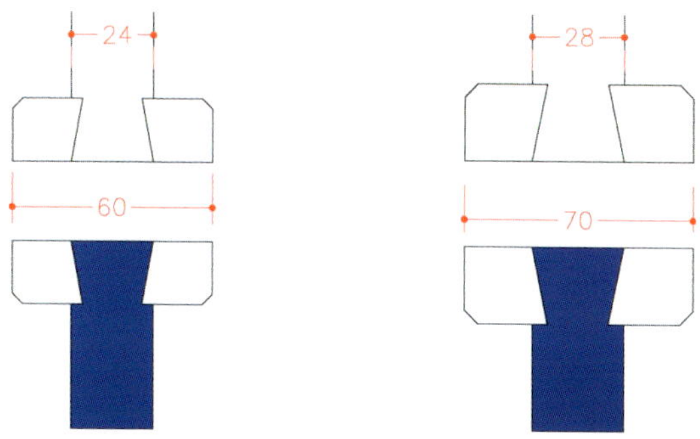

굴도리집의 장여와 기둥의 크기

또한 장여폭은 도리의 크기와 어울려야 하는데 보통 도리 직경의 $\frac{1}{3}$ 내외가 적당하다. 장여춤은 높을수록 하중을 받는데 유리하지만 너무 높으면 불안해 보이며 50~60 정도로 하는 것이 일반적이다.

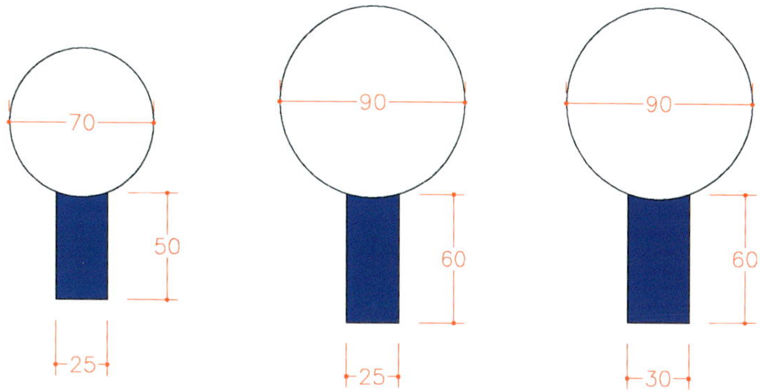

7-2 낙선재 장여 그리기

낙선재는 장여폭이 25이고 높이가 60이다. 여기서는 장여폭을 28로 조금 늘렸다.

1. 장여 단면 그리기

① 원과 사각형을 그린다.
② 사각형을 원의 중심으로 옮긴다.
③ 사각형을 원의 교차점으로 수직이동한다.
④ 중복된 부분을 지운다.(TRIM)
⑤ 장여 경계를 영역으로 만든다.(BPOLY)

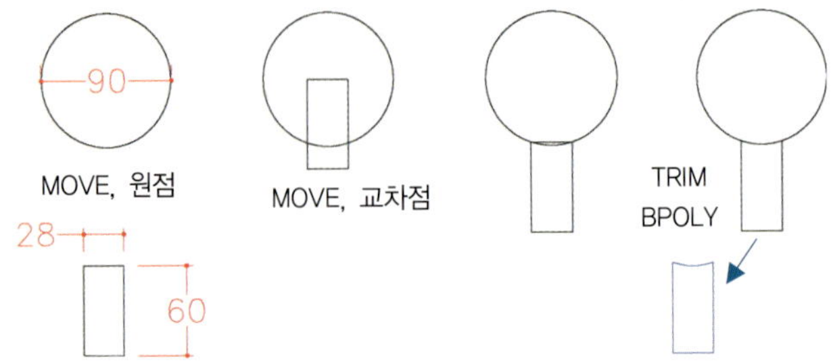

2. 주먹장 그리기

장여는 주두 위에서 주먹장으로 연결된다.
장여의 총길이는 [기둥 간격+주먹장의 길이(10)]이고 주먹장의 크기는 다음과 같다.

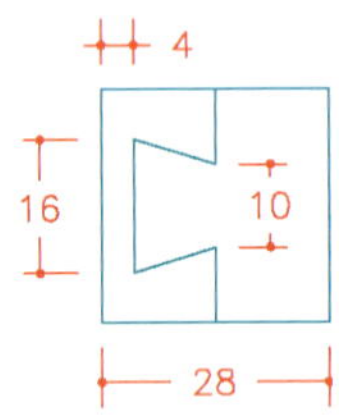

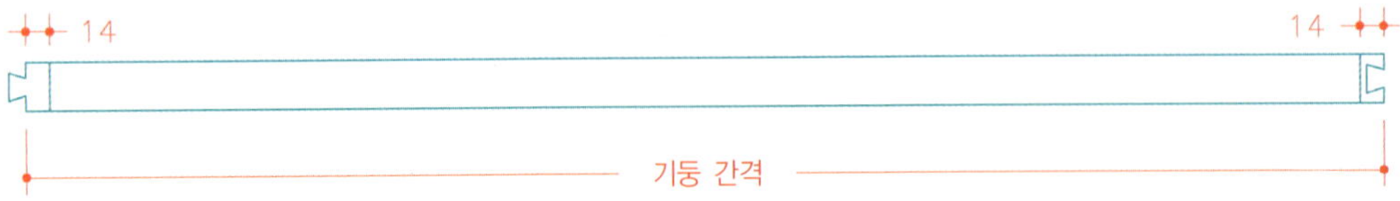

주먹장 턱의 높이는 20으로 하였다.

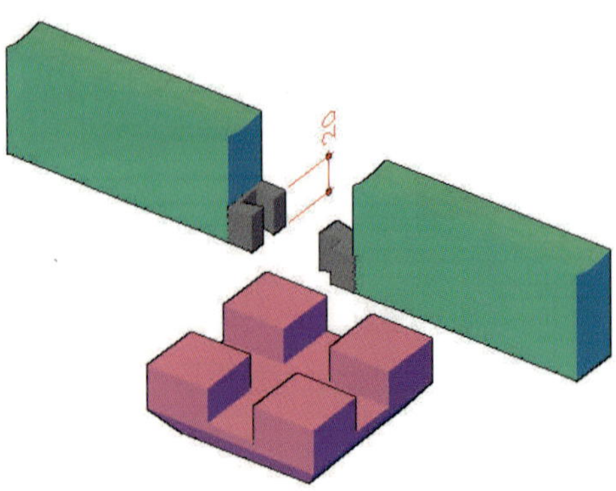

3. 장여 만들기

1) 가운데 칸의 장여(주칸 800)

- 주먹장을 위로 돌출시킨다.
- 장여 단면을 옆으로 돌출시킨다.
- 주먹장과 몸통을 합친다.

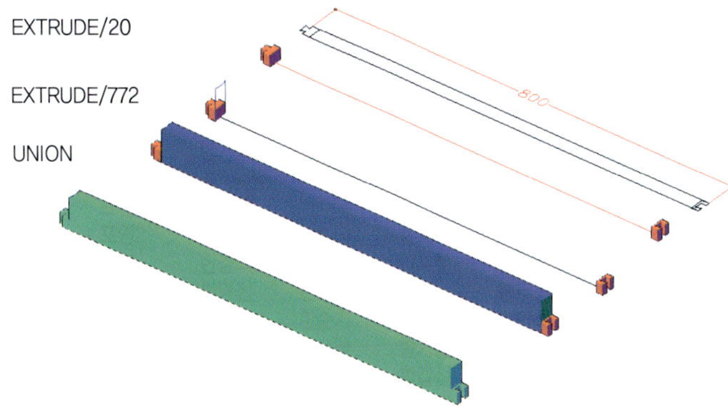

- 측면의 기둥간격 825인 장여는 몸통길이를 25 늘인다.

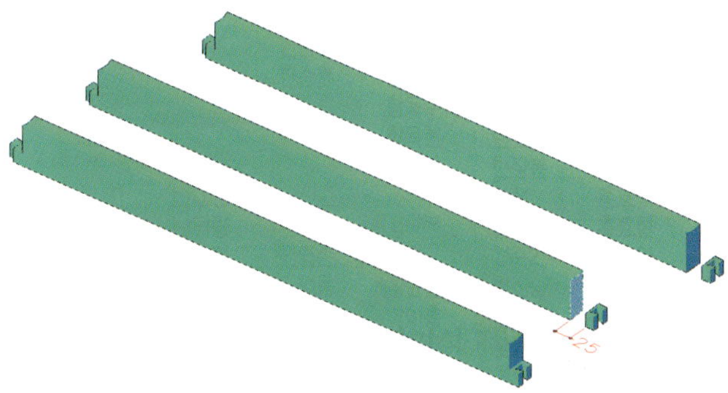

2) 빼목 있는 받을장여(주칸800)

귀기둥의 장여 빼목은 창방과 연결되는 초각을 새긴다.

❶ 빼목 솔리드 만들기

- 외곽선으로 폴리선을 만든다.(JOIN이나 BPOLY)
- 외곽선을 세운다.(3DROTATE)
- 두 외곽선의 간격을 벌린다.(MOVE)
- 외곽선을 연결한다.(LOFT)
- 대칭복사하여 결합한다.(MIRROR3D, UNION)

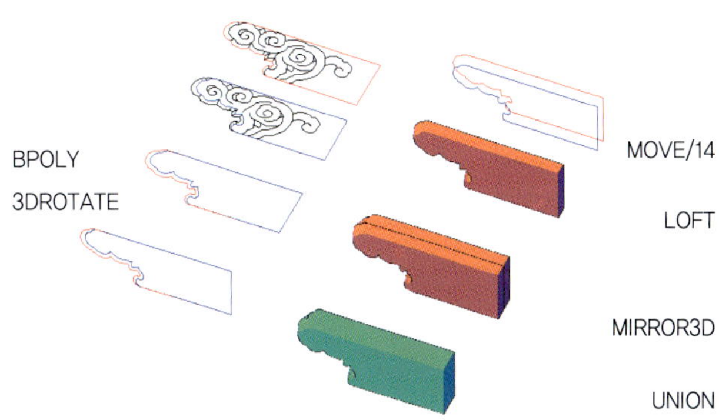

❷ 솔리드 결합하기

귀기둥에서는 장여끼리 교차시키기 위해 주먹장 자리에 반턱을 만든다.

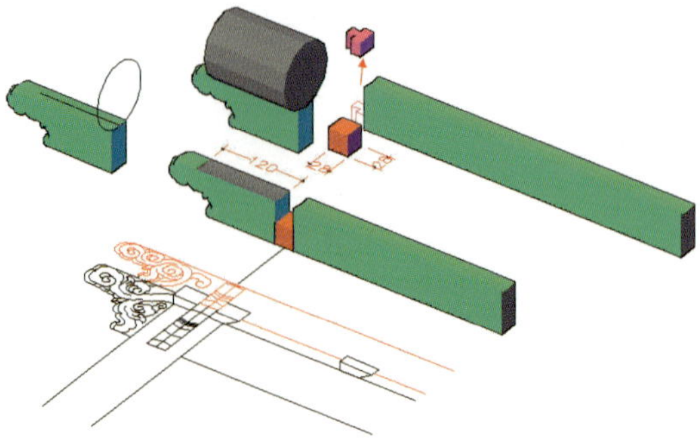

- 뺄목 상부에 도리가 앉도록 도리자리를 걷어낸다.(SUBTRACT)
- 주먹장을 없애고 반턱(28×28, 높이 30)을 넣는다.(RECTANG, EXTRUDE)
- 세 객체를 합친다.(UNION)

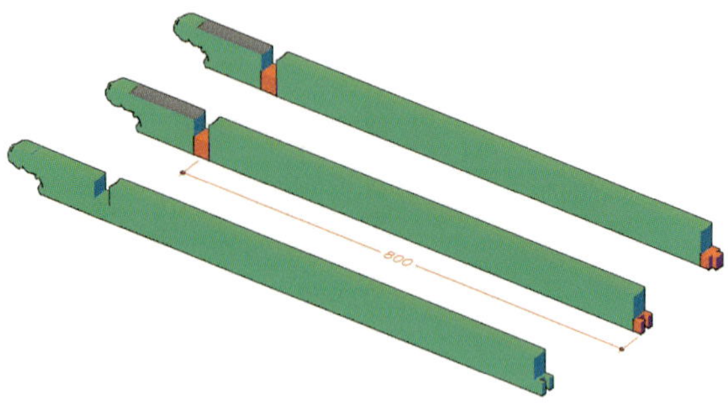

3) 뺄목 있는 업을장여(주칸825)

측면의 업을장여는 도리홈 파진 반턱을 위로 올려 만든다.

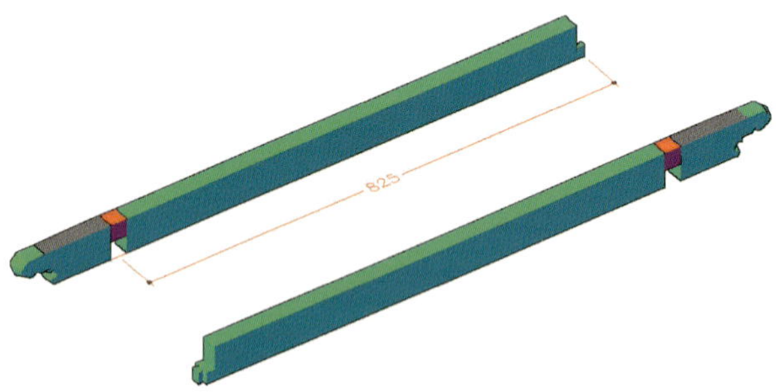

4) 누마루 장여

정면의 장여를 받을장으로 한다.

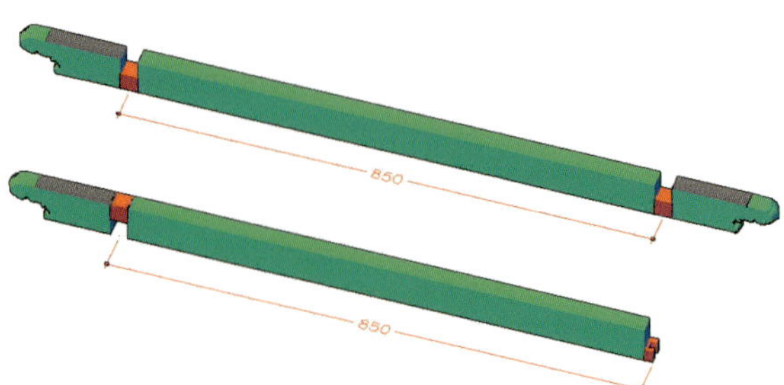

5) 회첨 기둥 위의 장여

회첨 기둥에서는 누마루 대량과 본채의 퇴량이 장여와 교차한다.

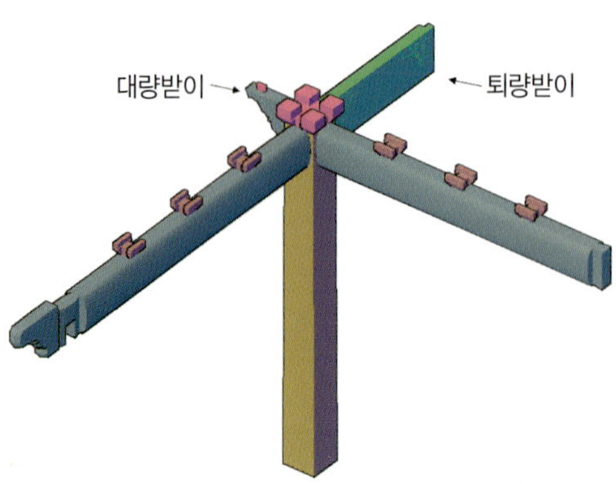

장여는 주두 위에서 누마루 대량과 본채의 퇴량이 놓이고 남은 자리에 걸쳐진다.

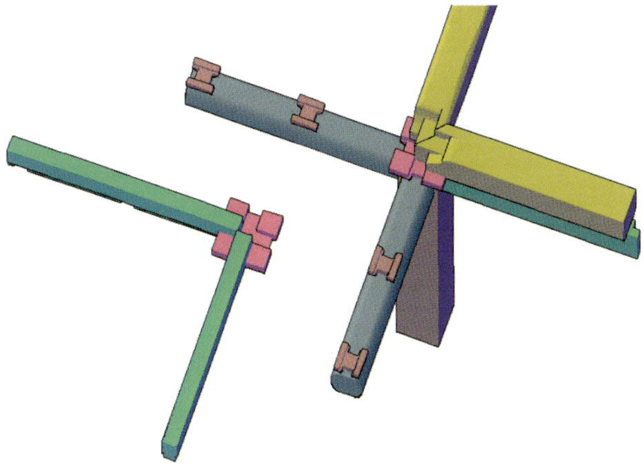

6) 소로방막이 붙이기

장여와 소로방막이를 따로 만드는 경우도 있지만 목재의 여유가 있다면 두 부재를 하나의 부재로 하는 것이 효율적이다. 낙선재 장여는 소로방막이와 한 몸으로 되어 있어 두 부재를 붙인다.

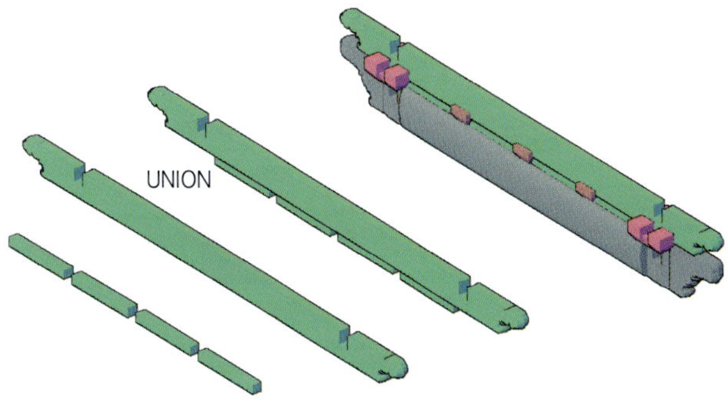

장여뺄목은 창방뺄목과 은못으로 연결된다.

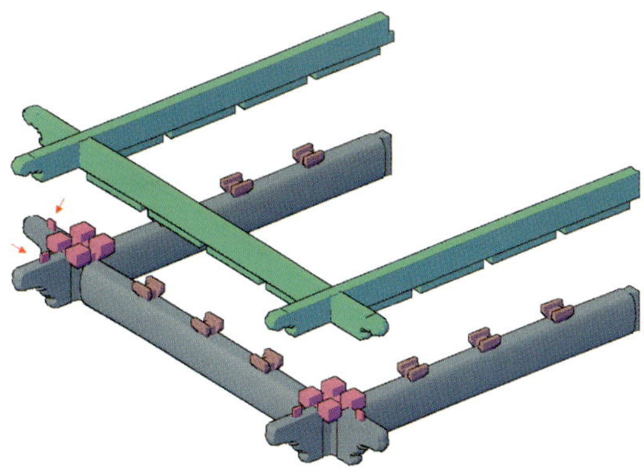

4. 장여 놓기

❶ 주두굽 위에 장여 주먹장 기준선을 옮긴다.

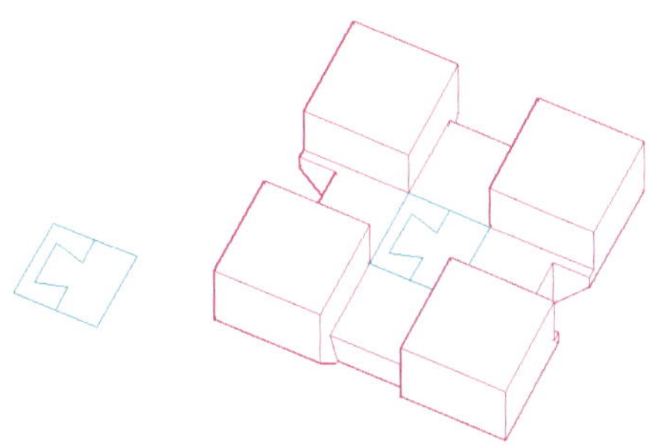

❷ 기준선을 중심으로 암장여를 올린다.

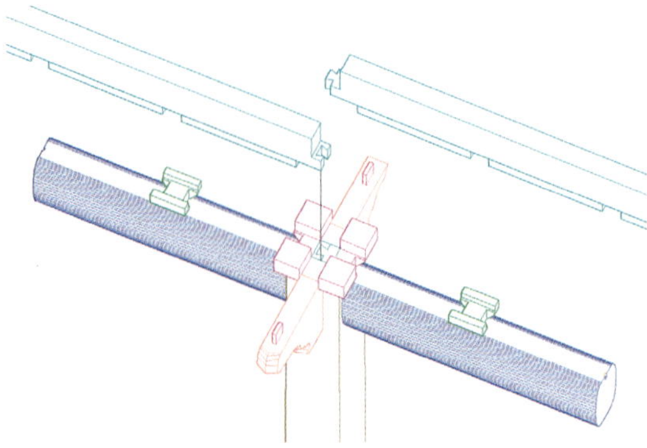

❸ 암장여의 주먹장에 숫장여를 끼운다.

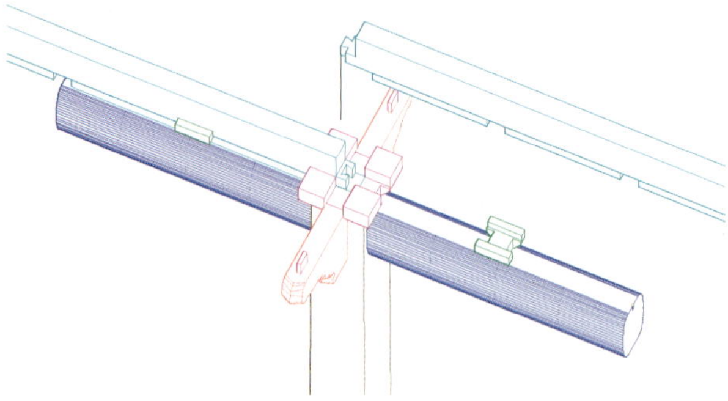

전면과 후면의 귀장여를 받을장여로 하고 측면을 업을장여로 하여 조립하면 장여 놓기가 완성된다.

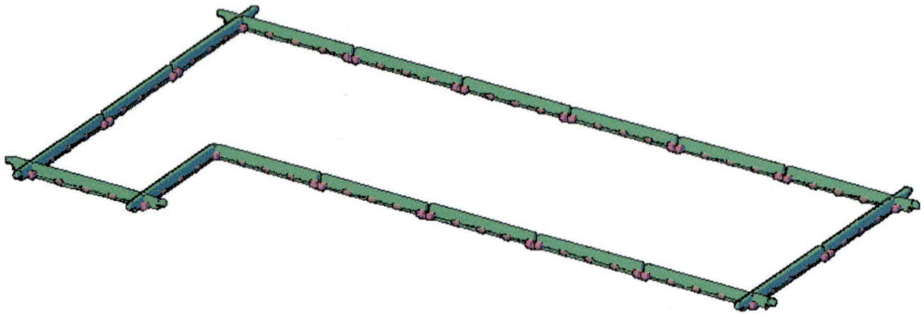

▣ 중장여와 종장여는 '10장 동자주와 대공' 편에서 만든다.

Chapter

08 보 그리기

보는 건물의 전후 방향으로 기둥을 연결하여 지붕의 하중을 받는 부재이다. 오량집에서는 대들보(대량) 위에 종보(종량)를 올려 중도리를 받는다.

일반적으로 보칸 12자인 대량의 단면 크기는 90×120 전후이며, 마루에서처럼 노출되는 경우에는 시각적인 안정감을 주기 위하여 그 크기가 과장되기도 한다. 대량 폭은 동자주 폭보다 커야 하는데 보등에 동자주 홈을 파고 양쪽으로 여유를 가져야 하기 때문이다. 또한 종량의 폭은 동자주 폭과 거의 같게 한다.

보의 높이는 폭에 비하여 1.4배 정도로 하는 것이 적당하다.

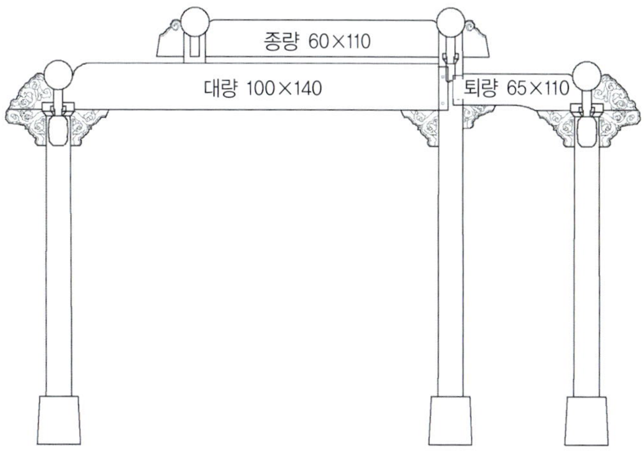

8-1 낙선재 퇴량 그리기

퇴량은 전면 기둥과 고주 사이에 조립된다. 보의 크기는 65×110이고 후림은 15푼 주었다. 전면 기둥에서는 주두 위에 장여폭으로 끼워지며 고주에서는 곧은장으로 끼우는데 장부가 빠지는 것을 방지하기 위하여 기둥 측면에서 산지못을 박아 관통시켜 고정한다.

퇴량은 머리, 목, 몸통(길이 373.5), 장부 등 4 부분으로 나누어 그린다. 보목과 장부 폭은 장여폭으로 한다.

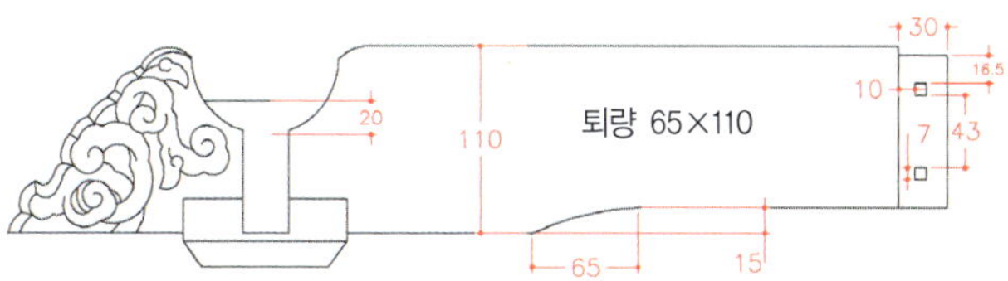

1. 퇴량 머리 만들기

머리 부분은 익공이나 보아지를 만들 때와 같은 방법으로 외곽선을 연결하여 솔리드를 만든다.

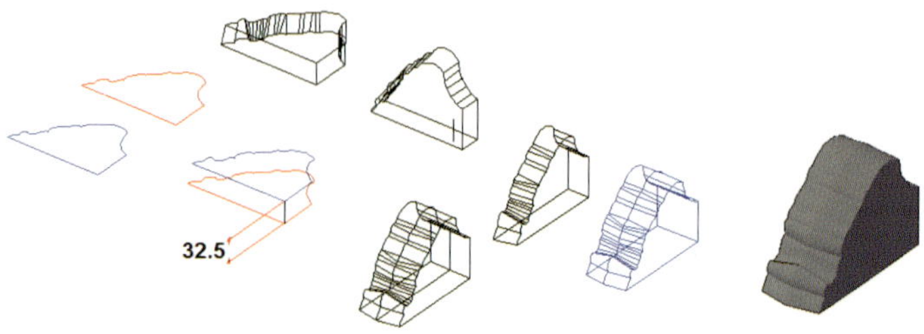

2. 퇴량 몸통 만들기

나머지 세 부분도 각각의 두께대로 돌출시켜 솔리드를 만든다.

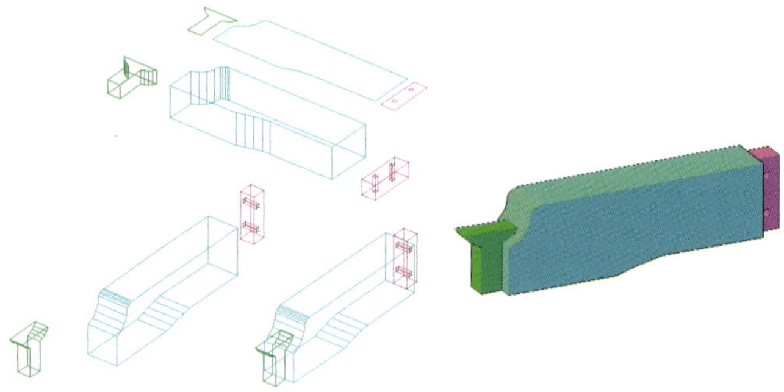

- 보목(28), 몸통(65), 장부(28), 산지못(7×7 길이 100)을 각각 돌출시킨다.(EXTRUDE)
- 장부에서 산지를 빼준다.(SUBTRACT)
- 솔리드를 세워서(3DROTATE), 합친다.(UNION)

3. 퇴량 결합하기

머리와 몸통을 연결하여 퇴량 솔리드를 완성한다.

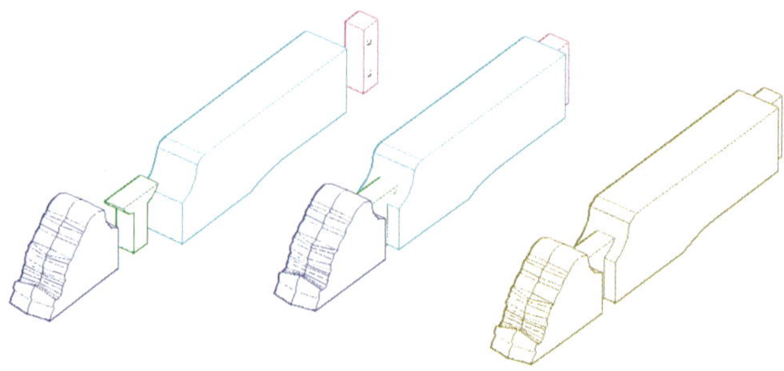

4. 주두 자리 따내기

퇴량의 밑면에 주두의 운두가 들어가도록 따낸다.

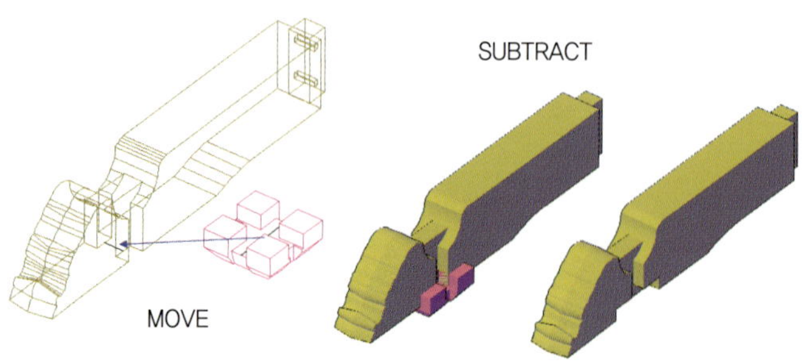

5. 모접기

보 바닥과 등의 모서리를 굴린다. 특히 바닥의 모서리는 반깎기 곡선으로 굴려야 하지만 여기서는 오토캐드 명령어 FILLETEDGE를 이용하여 간단하게 굴리기로 한다.

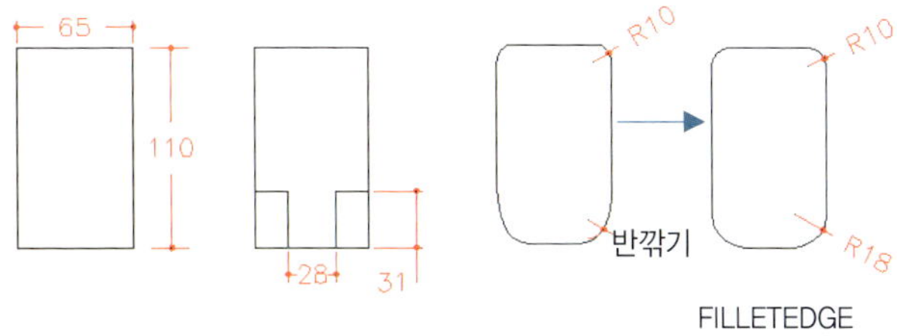

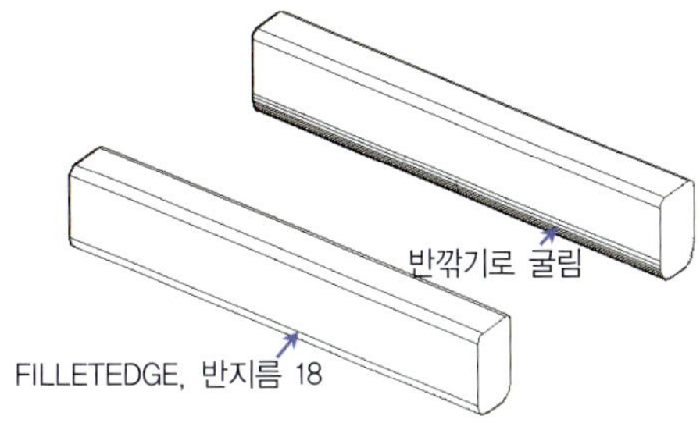

보 바닥은 장여폭을 제외한 나머지(18)를 모두 굴리고 보등은 반지름 10 정도로 굴린다. 장부의 모서리까지 굴려지지 않도록 장부는 모접기 후에 결합한다.

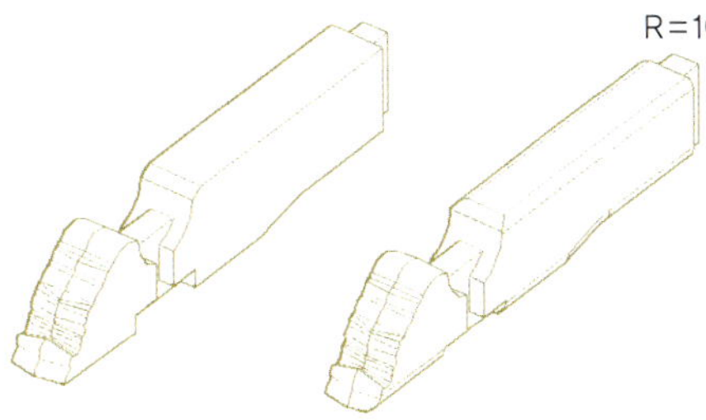

6. 후림 없는 퇴량 그리기

문이 있는 툇간에는 판재 익공이 붙으므로 후림 없이 만든다. 곧은장을 보춤에서 5푼 낮추는 것은 나중에 틈이 생기더라도 보이지 않게 하기 위해서이다.

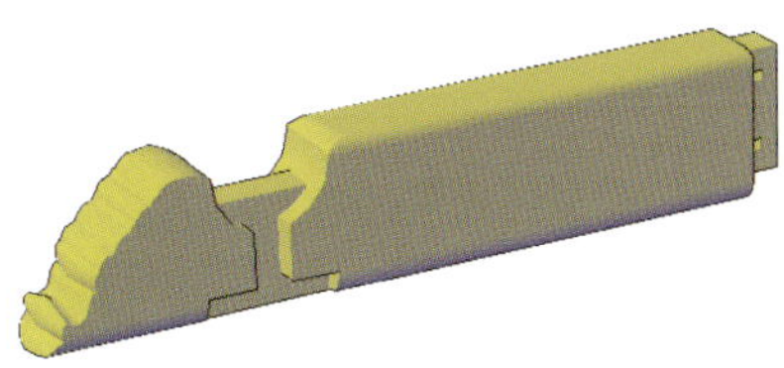

장여끼리 연결된 주먹장 자리도 따낸 뒤 완성된 퇴량을 주두 위에 앉힌다.

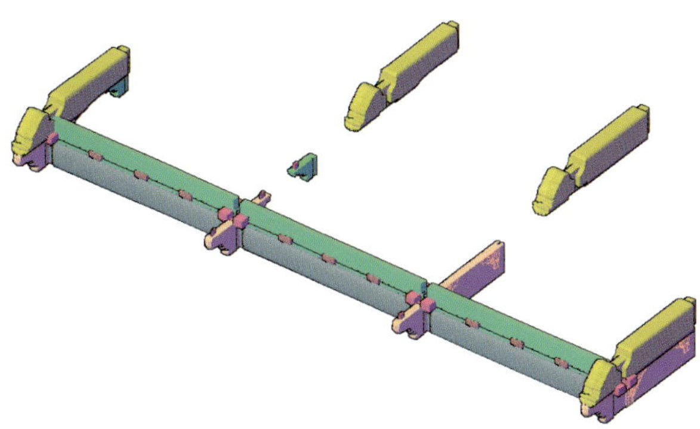

8-2 대량 그리기

1. 대청칸의 대량 만들기

대청칸의 대량 크기는 100×140으로 일반적인 단면보다 약간 큰 편이다. 고주에는 곧은장으로 끼워지는데 기둥폭보다 보폭이 두꺼워 남은 부분은 기둥을 감싼다. 후면에서는 퇴량과 마찬가지로 주두에 걸쳐지며 보머리의 폭은 65로 줄인다.

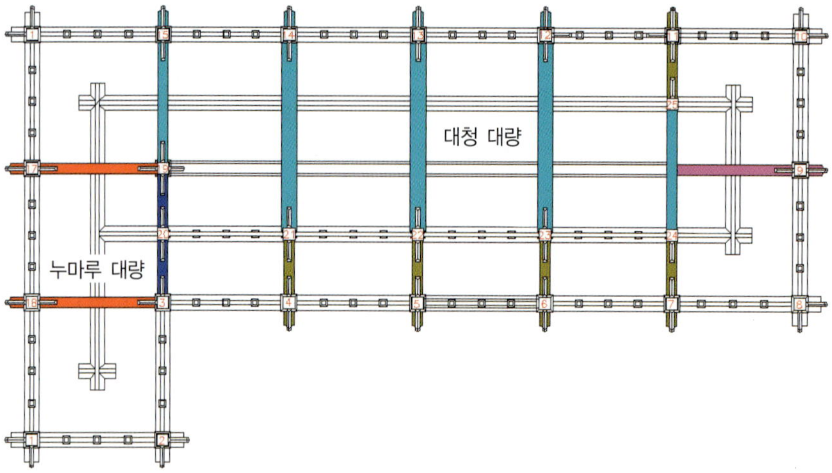

❶ 대량의 크기

대청 대량칸의 기둥 간격은 1225(800+425)이고 대량의 보머리 길이는 퇴량과 같게 하였다.

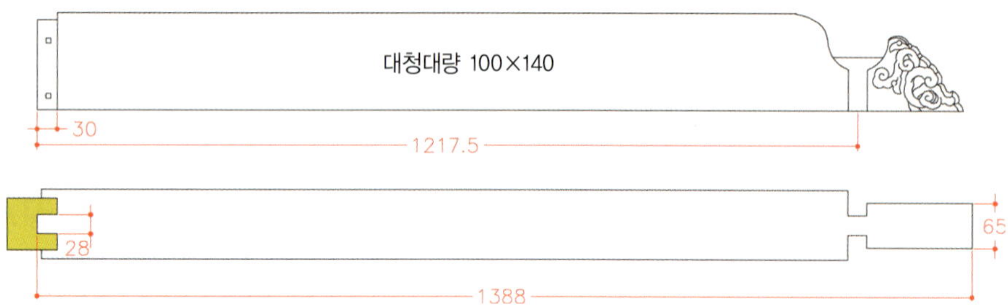

곧은장과 산지구멍

곧은장과 산지구멍도 퇴량과 같은 방법으로 만든다. 실제로 산지구멍은 기둥의 자리보다 1푼 정도 들어가서 뚫는데 편의상 여기서는 기둥의 구멍과 같은 자리에 홈을 파기로 한다.

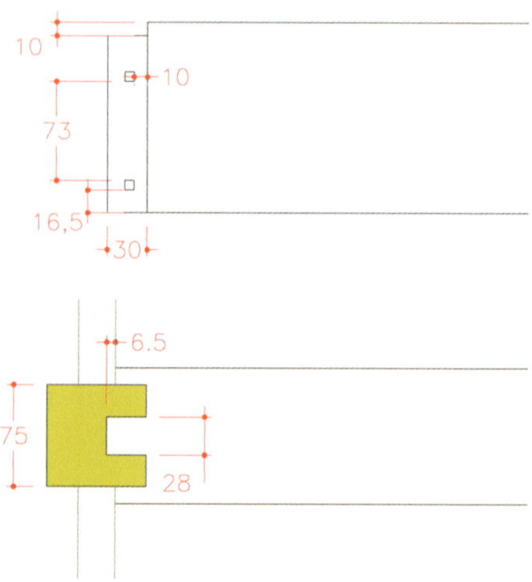

❷ 솔리드 만들기

퇴량에서와 마찬가지로 4개 부분으로 나누어 다음 순서에 따라 만든다.

- 각 영역에 두께를 주어 솔리드를 만든다.(EXTRUDE)
- 기둥을 감싸는 부분(23.5×12.5)은 높이 140으로 솔리드를 만든다.
- 보머리를 대칭복사한다.(MIRROR3D)
- 산지를 만들어 산지구멍을 뚫는다.(SUBTRACT)
- 각 부분을 합친다.(UNION)

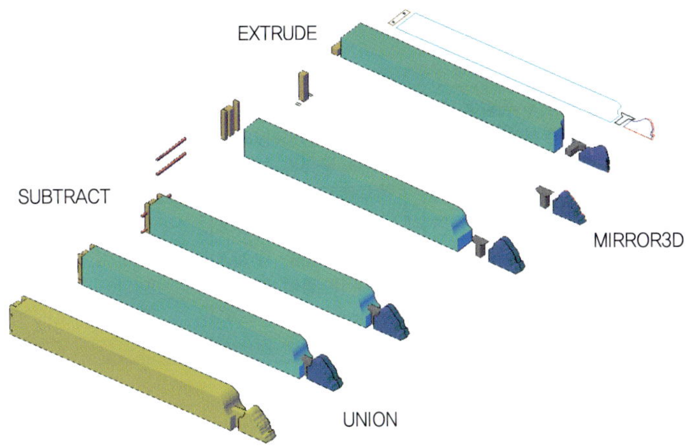

❸ 모접기

퇴량에서와 같이 보 밑은 반지름 18로 보등은 10으로 굴린다.

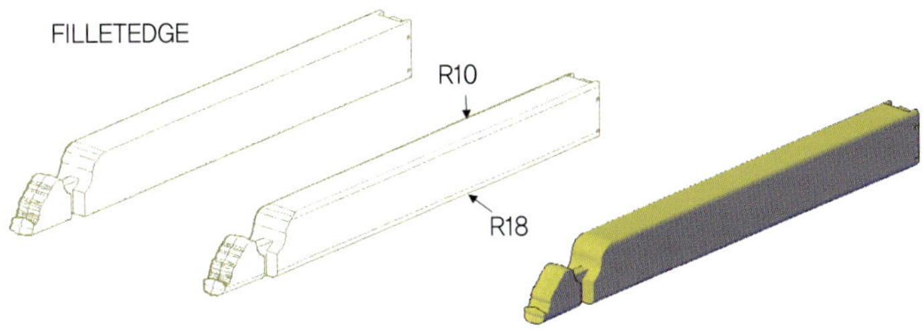

❹ 주두와 은못 홈파기

퇴량에서와 마찬가지로 주두와 은못자리를 파낸다.

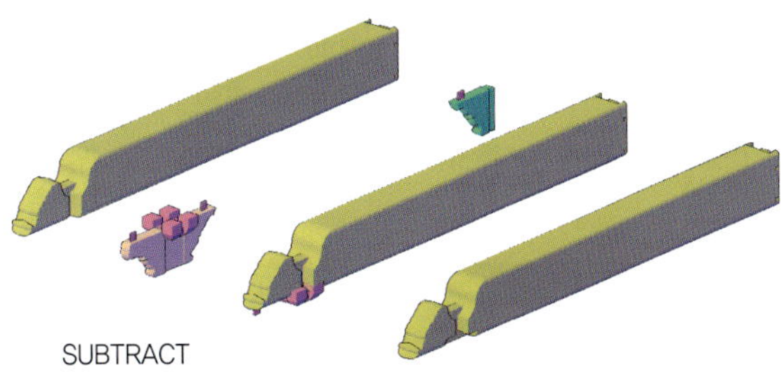

2. 대칭 좌측면 대량 만들기

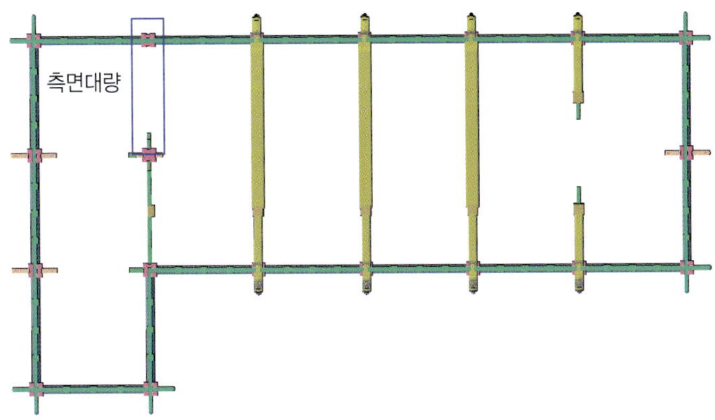

대청과 날개채가 만나는 곳의 대량은 퇴량의 몸통을 400 늘려서 만든다.

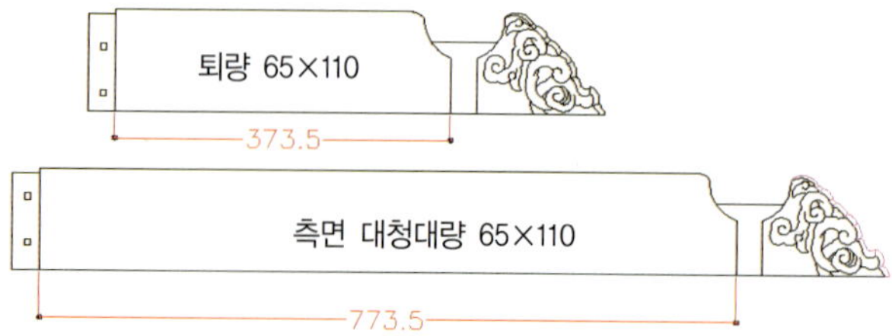

보의 등에는 동자주(66×60)를 얹어야 하므로 조금만 굴린다.(FILLETEDGE/R=2)

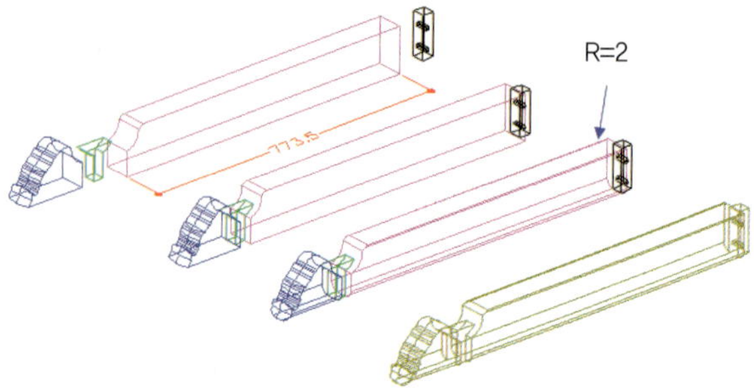

3. 연결보 만들기

두 곳의 연결보는 보머리 없이 기둥과 연결된다.

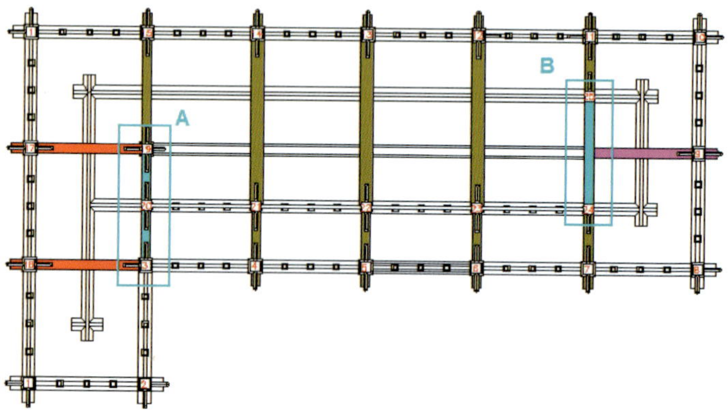

❶ 연결보 A

회첨 기둥과 연결되는 이 보는 누마루의 대량과 연귀로 만나기 때문에 45°로 잘린다.

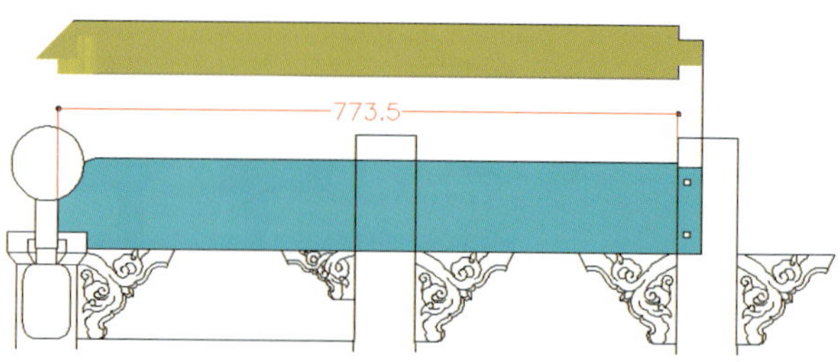

이 보는 숭어턱까지만 도리가 걸쳐지므로 그 뒤는 따내지 않는다.

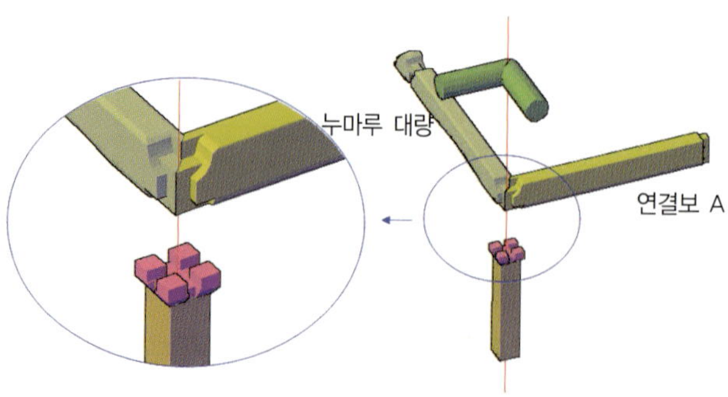

연결보 A는 앞서 만든 대칭 좌측면 대량을 이용하여 만든다.

- 보머리를 장여 측면선으로 자른다.(SLICE)
- BOX를 만들어 측면에 덧붙인다.(BOX, UNION)
- 대각선을 그려 이 선을 기준으로 숭어턱을 자른다.(SLICE)

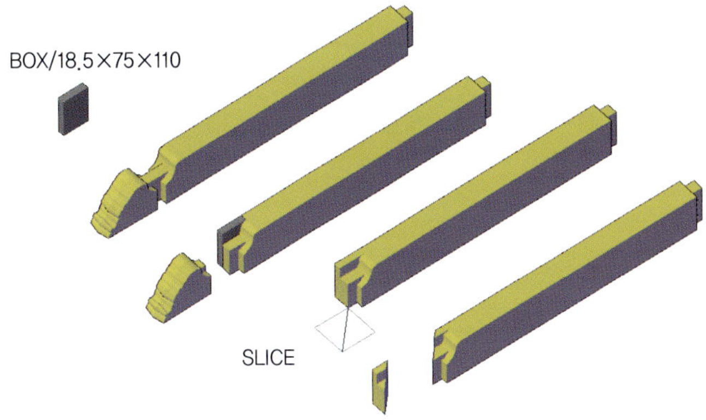

❷ 연결보 B(대량)

이 보는 우측면 가운데 기둥에서 건너지르는 충량을 받는다.

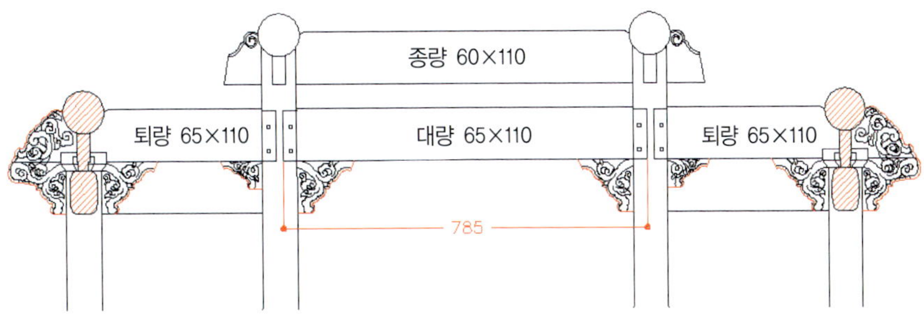

몸통의 길이를 725로 하고 양쪽에 곧은 장을 만들어 붙인다. 모접기는 아래는 수장폭을 남기고 모두 굴리며 윗면은 반지름 10푼으로 굴린다.(FILLETEDGE/R=18, 10)

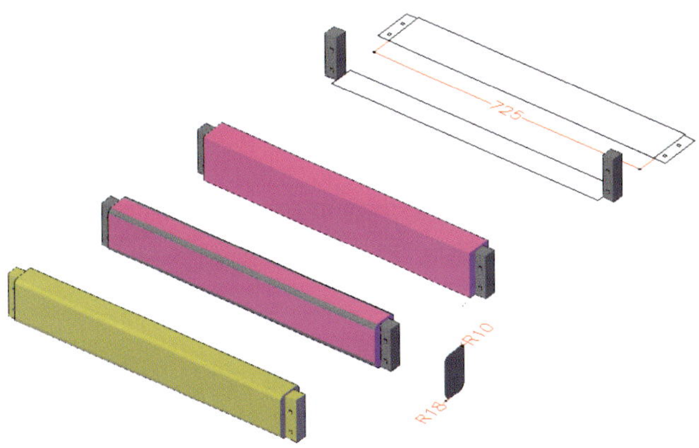

4. 누마루 대량

누마루의 대량은 8.5자 간격의 기둥 사이를 연결한다.

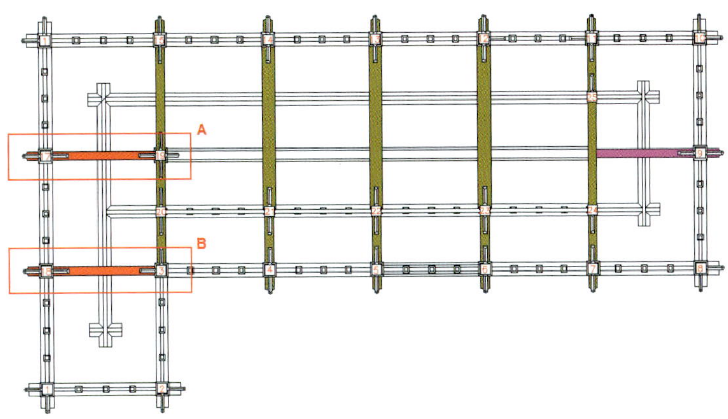

1) 대량 A

이 대량의 한쪽은 주두 위에 올라가고 다른 한쪽은 기둥에 주먹장으로 끼워진다.

대량 A의 안쪽 기둥 위에서는 세 개의 보가 교차되므로 정확한 치목이 필요하다.

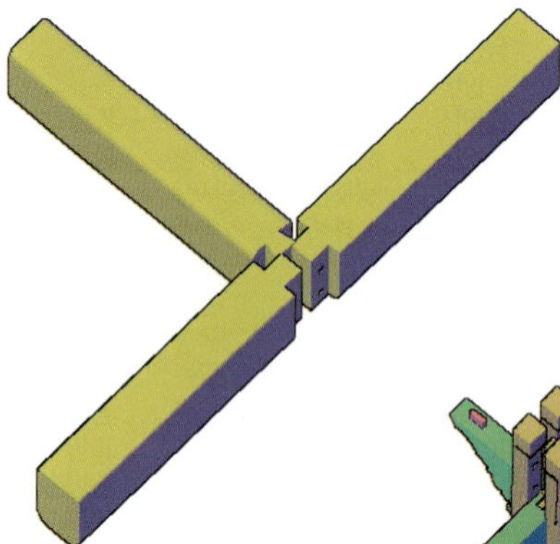

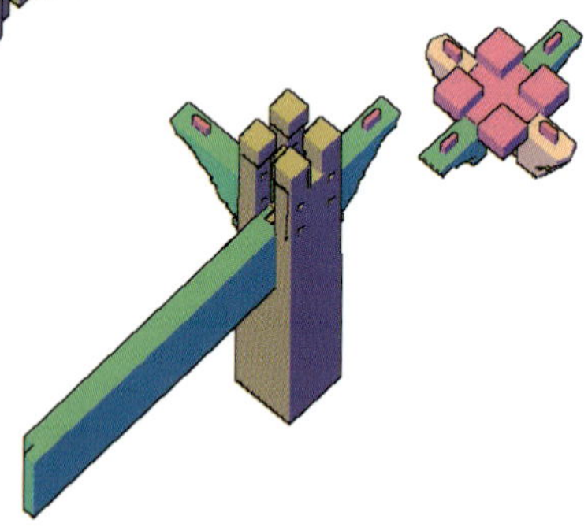

2) 대량 B

누마루의 한가운데 노출되는 이 보는 시각적 효과를 내기 위하여 후림을 많이 주었다. 밑면의 후림은 3치 정도로 하였고 보의 등에도 아래의 곡선과 어울리도록 곡선으로 하였다.

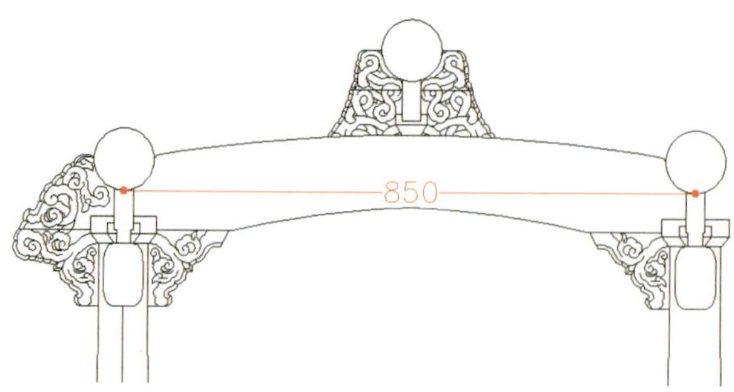

이 보는 앞서 만든 연결보 A와 회첨에서 45°로 만난다.

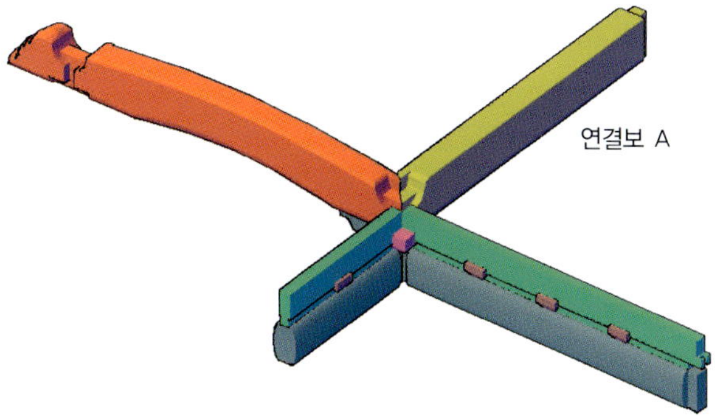

❶ 몸통 솔리드 만들기

몸통의 단면은 두(a, b) 가지로 그린다.

㉠ a단면 그리기

익공이 보 밑을 받는 길이는 148로 하고 보의 전체 높이는 140으로 한다.

a단면의 두께는 46.5이다.

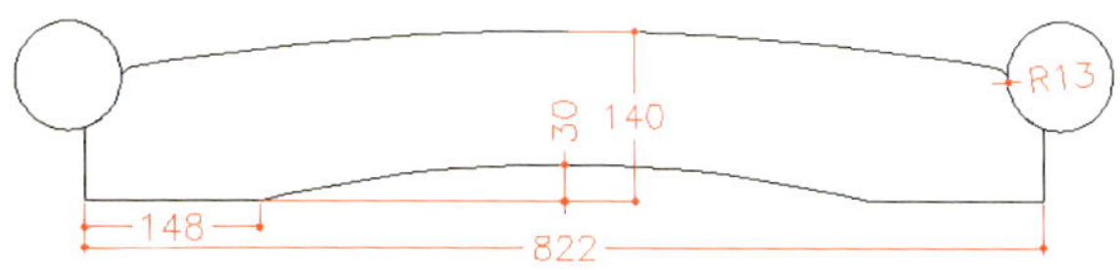

㉡ a를 이용하여 b단면 그리기

보등의 곡선을 분해(EXPLODE)하여 측면선과 연결(FILLET)한다.

b단면의 두께는 18.5이다.

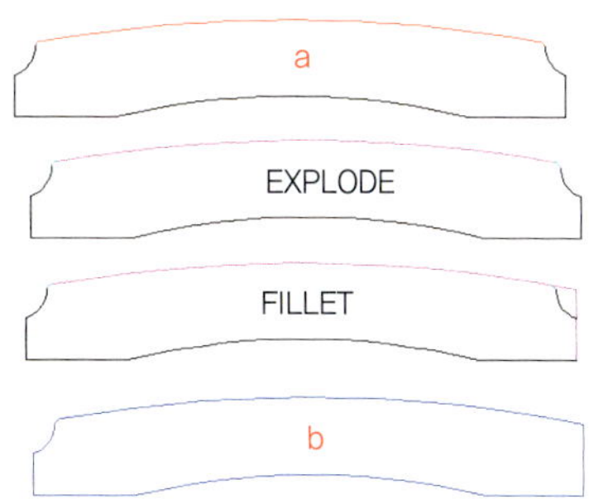

❷ 솔리드 합치기

앞에서 만든 보머리와 보목을 이용하여 대량 솔리드를 만들고 연귀를 자른다.

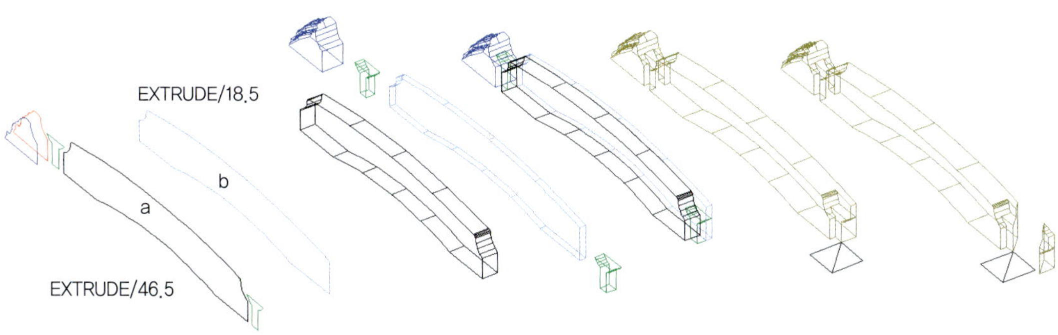

❸ 모접기와 주두 운두 및 은못 홈파기

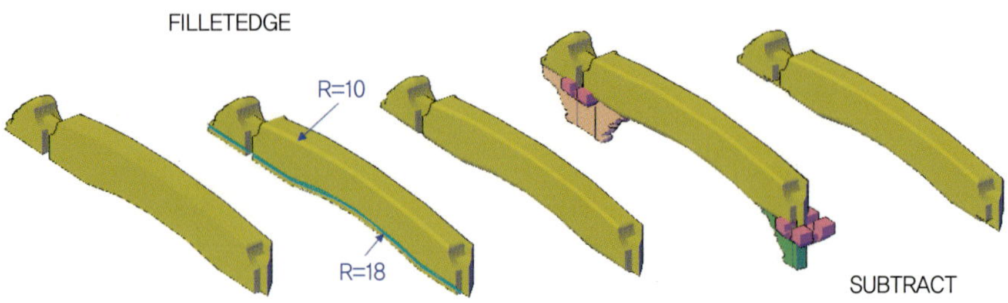

• 밑면 모서리는 장여폭을 제외한 R=18로 접고 윗면은 R=10으로 접는다.(FILLETEDGE)

• 주두와 은못자리를 만든다.(SUBTRACT)

8-3 충량 그리기

충량은 측면의 가운데 기둥과 연결보 B가 결구되어 상부의 하중을 받는다.

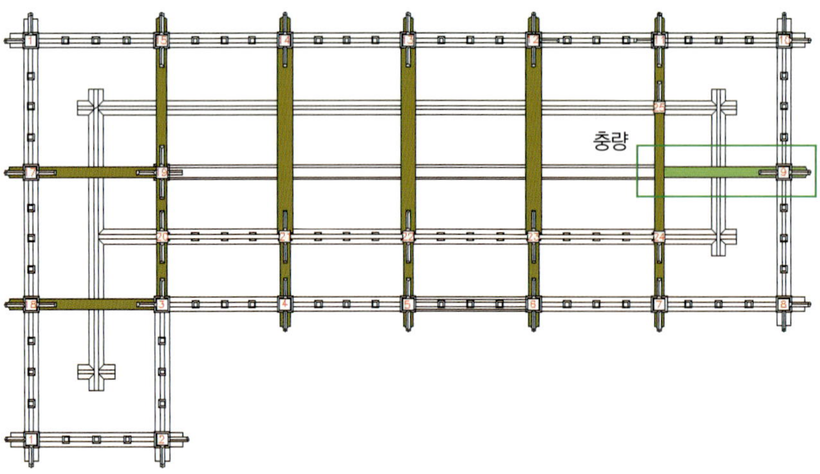

충량의 머리는 퇴량과 같이 주두에 조립되고 꼬리는 연결보에 주먹장으로 끼워진다.

충량은 퇴량보다 후림을 많이 주는데 날렵해 보이는 장점도 있지만 대량의 단면 손실을 줄이는 목적도 있다.

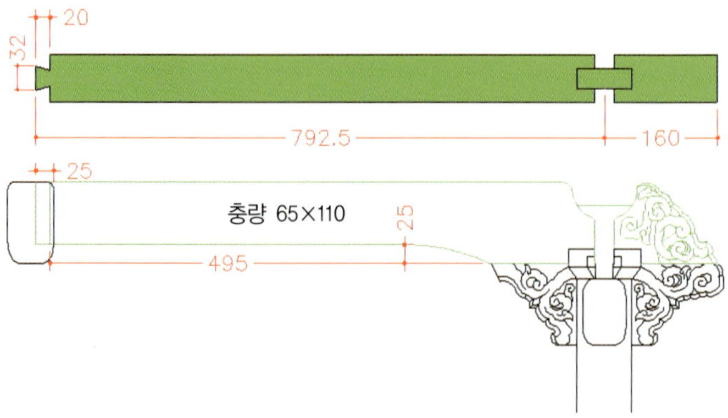

❶ 충량 솔리드 만들기

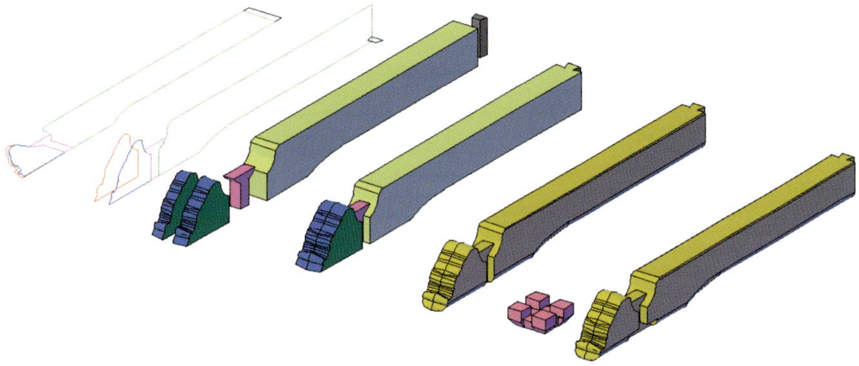

- 단면을 세운다.(3DROTATE/90)
- 단면의 두께를 준다.(EXTRUDE)
- 솔리드를 합친다.(UNION)
- 모를 접는다.(FILLETEDGE/보 밑 R=18, 보등 R=5)
- 주두자리와 은못자리를 따낸다.(SUBTRACT)

이상으로 대들보, 툇보, 그리고 충보와 연결보가 모두 완성되었다.

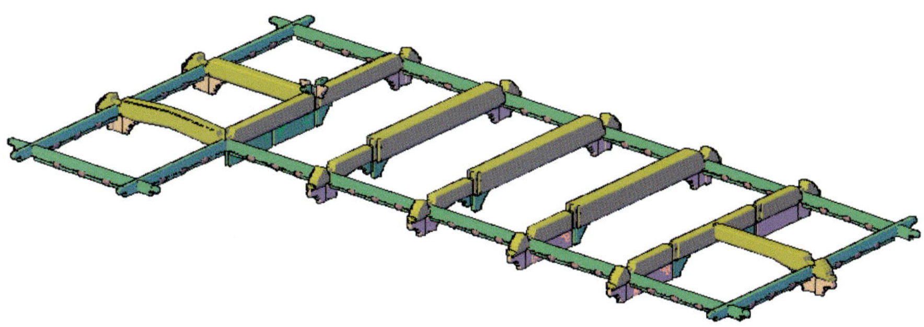

8-4 산지못 박기

보가 곧은장으로 기둥에 들어가는 경우는 반드시 산지못을 박아서 고정시켜야 한다. 실제로 산지구멍의 위치는 보가 밀착될 수 있도록 기둥의 구멍을 기둥 중심쪽으로 조금 당겨야 한다.(92쪽 그림 참조)

1. 퇴량 산지못 박기

산지못의 단면 크기는 7×7이고, 기둥에서 산지못 한 변의 길이 정도로 돌출시킨다.

산지못의 중심 간격은 50으로 하였다.

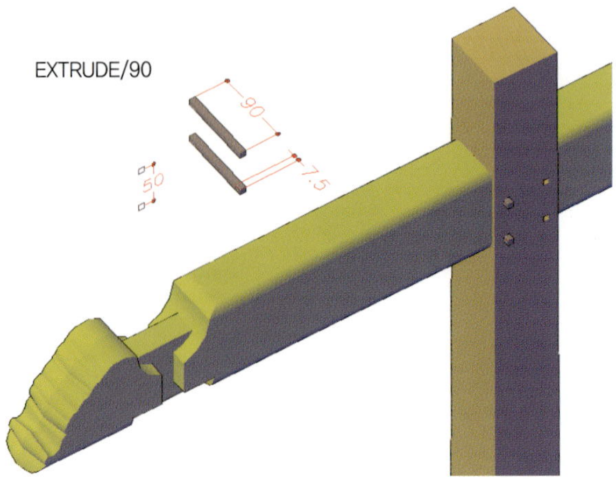

2. 대량 산지못 박기

산지못 중심 간격은 80으로 하였고, 산지못 한 변의 길이 정도를 돌출시킨다.

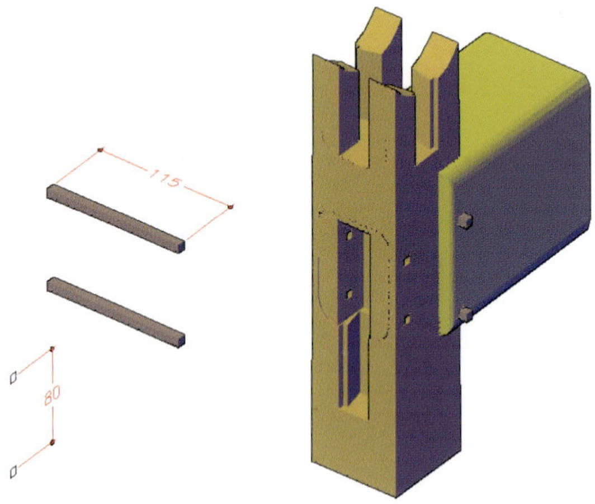

▣ 종량은 '10장 동자주와 대공' 편에서 다룬다.

"때론 열정적으로……"

Chapter

09 도리

9-1 도리의 종류

1. 납도리(납도리집)

납도리는 서까래를 받는 부재로 단면의 모양에 따라 납작하게 다듬은 납도리와 둥글게 다듬은 굴도리가 있다. 납도리는 원목 형태의 정방형과 세로로 긴 장방형이 있는데 요즘에는 장방형 모양을 주로 사용한다.

납도리를 사용하여 특히 납도리집이라고 하며 예전에는 일반 살림집의 대부분을 차지하였다.

납도리는 기둥에서 보와 직교하는데 보머리가 서까래에 닿는 것을 막기 위하여 보를 한 치 정도 내리기도 한다.

납도리는 기둥에 주먹장으로 끼워지고 기둥 위에서 다시 연결되는 두겁 주먹장으로 조립되는데 두겁장의 높이는 보통 20 정도이다.

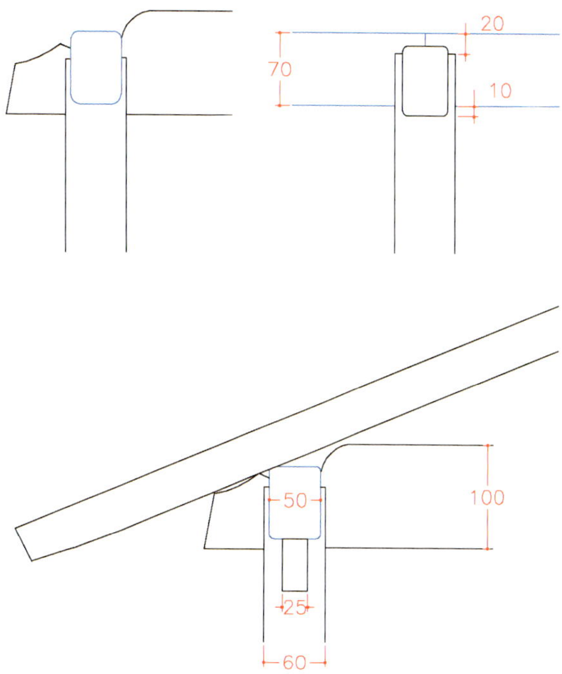

납도리집

2. 굴도리(굴도리집)

굴도리는 납도리보다 동그랗게 다듬기 위해 공을 들여야 한다. 그러므로 납도리집보다 격이 높으며 도리 아래에는 장여로 받친다. 특히 장여와 수장재인 상인방 사이에 소로를 놓은 것을 소로수장집이라고 한다.

소로수장집과 함께 기둥에 익공을 끼우고 주두를 놓은 낙선재와 같은 익공집에서는 주로 굴도리를 사용한다.

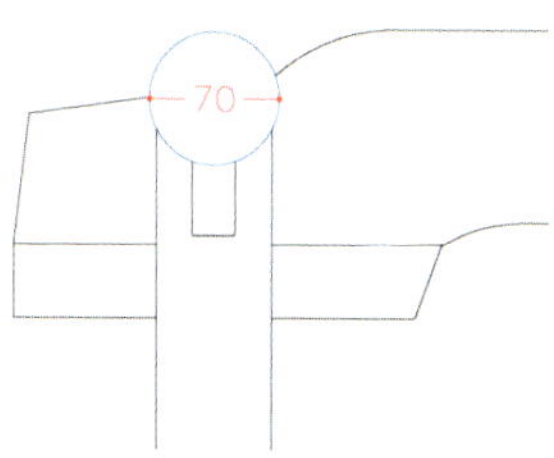

굴도리집

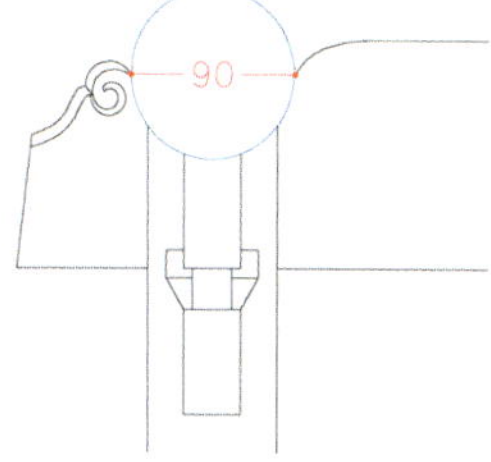

소로수장집

9-2 도리의 크기

납도리의 크기는 기둥의 폭보다 한 치 이상 작게 하여 도리를 조립하고 기둥 양 옆에 여유가 있도록 하는데 보통 기둥의 폭이 60일 때 납도리는 50×70 정도로 한다.

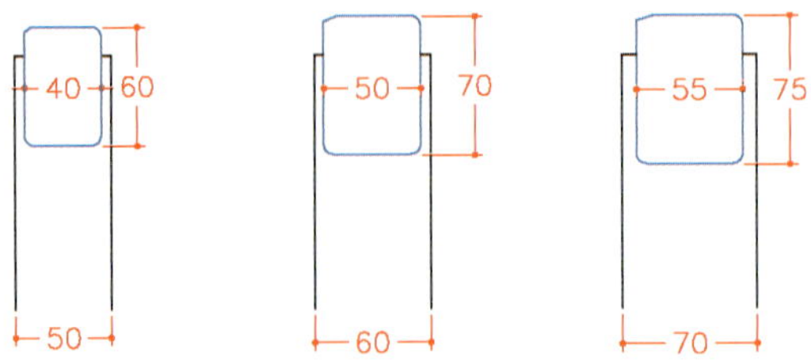

기둥 크기에 따른 납도리의 크기

굴도리의 크기도 기둥의 크기에 따라 좌우되는데 일반적으로 도리의 직경은 최소한 6치 이상으로 하며 기둥폭보다 10~20 정도 크게 한다.

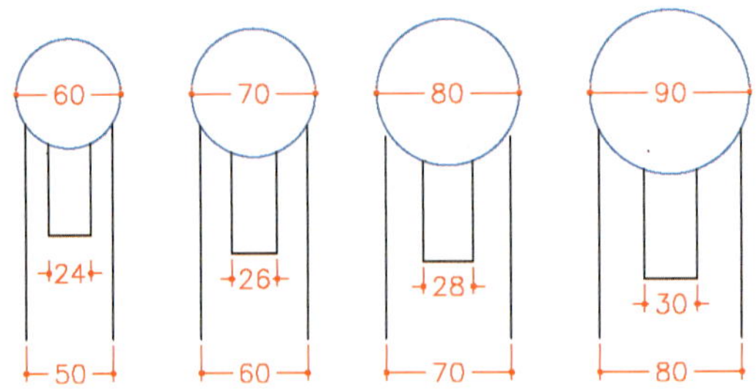

기둥보다 한 치 크게 한 경우

9-3 낙선재 도리 만들기

낙선재의 도리는 주심도리와 중도리, 그리고 종도리를 갖는 오량구조이다.

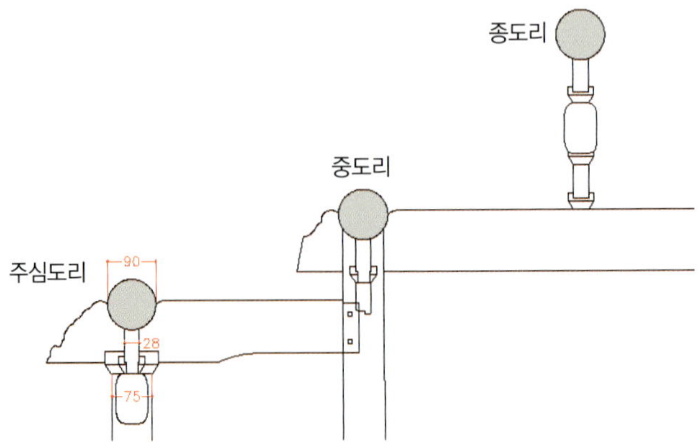

1. 주심도리

주칸이 8尺인 낙선재의 도리는 각 기둥의 간격에 맞게 잘라서 장여 위에 올리고 나비장으로 연결하였다.

※ 목재가 9자, 12자, 15자 하는 식의 3자 간격으로 공급되는 문제만 아니라면 두 칸을 하나의 도리로 건너지르는 것도 좋은 방법이다.

1) 솔리드 만들기

원을 그리고 돌출시킨다.(EXTRUDE/800)

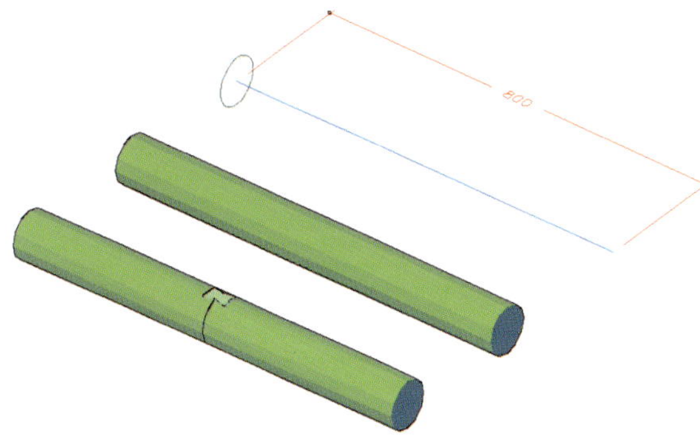

2) 나비장 만들기

나비장은 주먹장을 대칭복사하여 만든다.

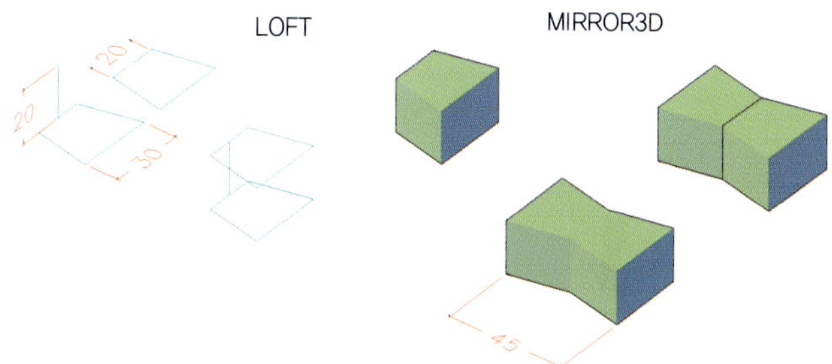

> ※ 제혀 주먹장
> 도리의 이음은 경사진 제혀 주먹장으로 하는 경우도 있는데 이것이 간략화되어 나비장 형태로 되었다. 나비장에도 약간의 불림을 준다.

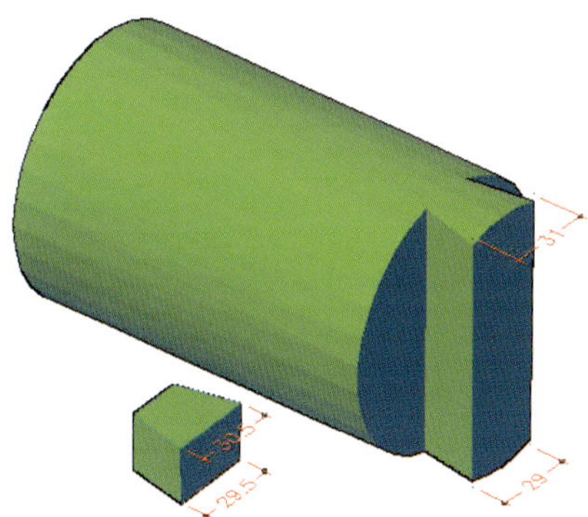

3) 왕찌도리틀 만들기

귀기둥의 서로 교차하는 부분에서 반턱씩 따내기 위해 틀을 만든다.

❶ 도리직경과 장여폭을 이용하여 단면을 그린다.

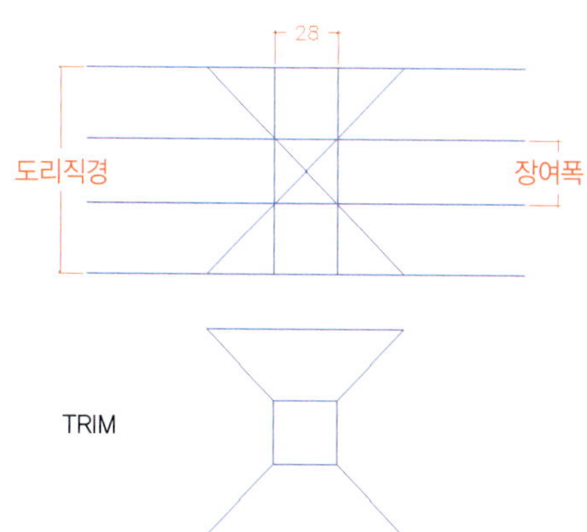

❷ 왕찌와 반턱을 따낼 수 있도록 솔리드를 만들고 중심 사각형을 그린다.(도리 뺄목은 135로 하였다.)

※ 도리의 뺄목은 일반적으로 도리 크기(ϕ)의 1.5배로 한다.

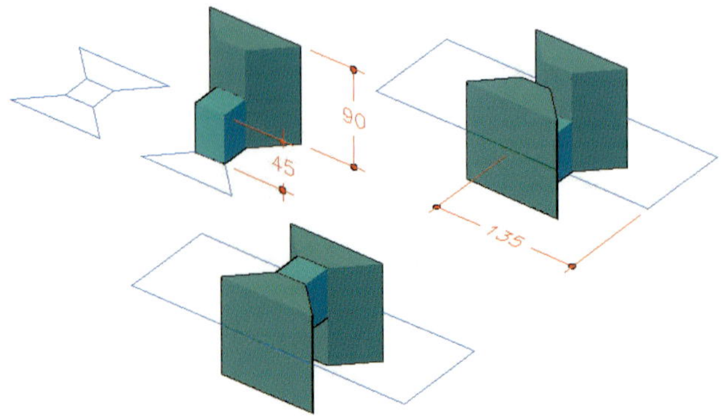

4) 왕찌 만들기

도리의 중심을 왕찌틀 기준점으로 옮긴다.

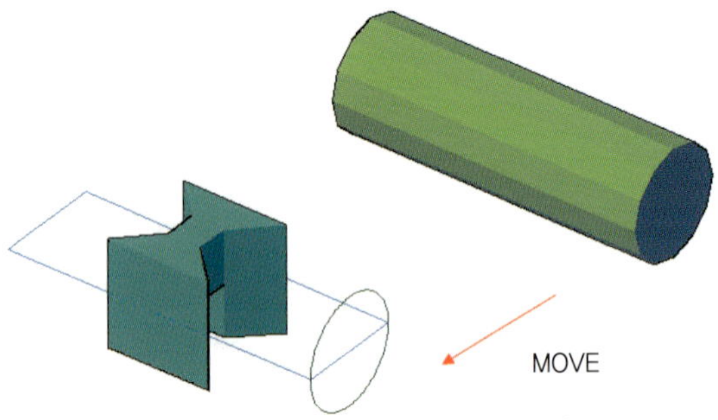

왕찌틀을 제거한다.(SUBTRACT)

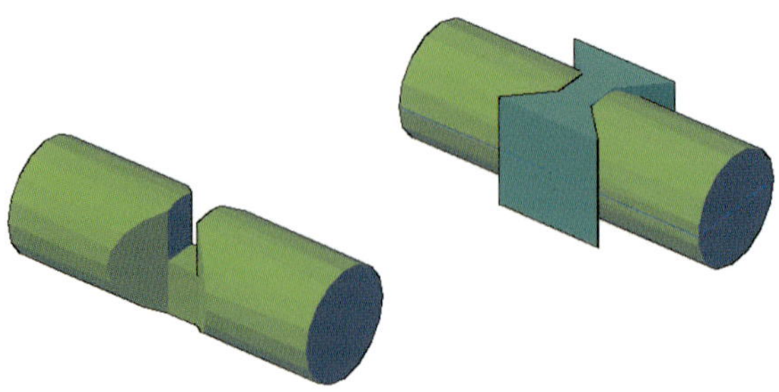

받을장 왕찌도리를 회전시켜 업을장 왕찌도리를 만든다.

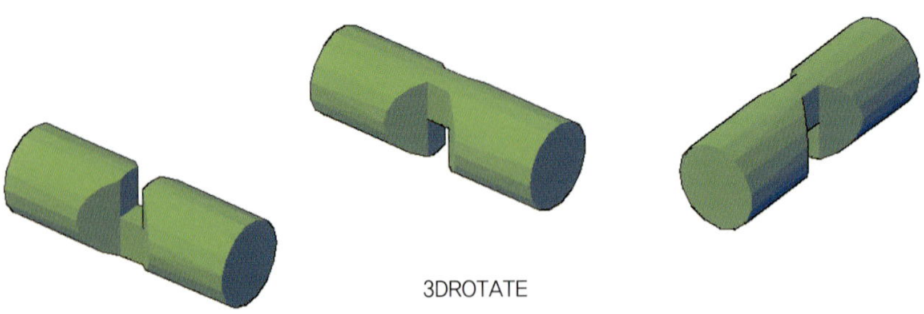

5) 빼목도리 만들기

❶ 기둥 간격 800인 도리

전면 우측의 귀기둥 위에 올려지는 도리는 몸체 길이 800에 빼목 135를 더한다.

앞서 만든 나비장을 이용하여 주먹장 홈도 파준다.

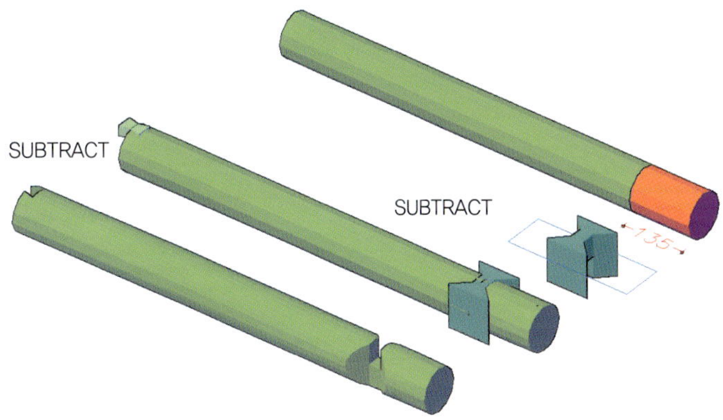

❷ 누마루와 주칸 825인 도리

전후면의 도리는 받을장으로 측면의 도리는 업을장으로 만든다.

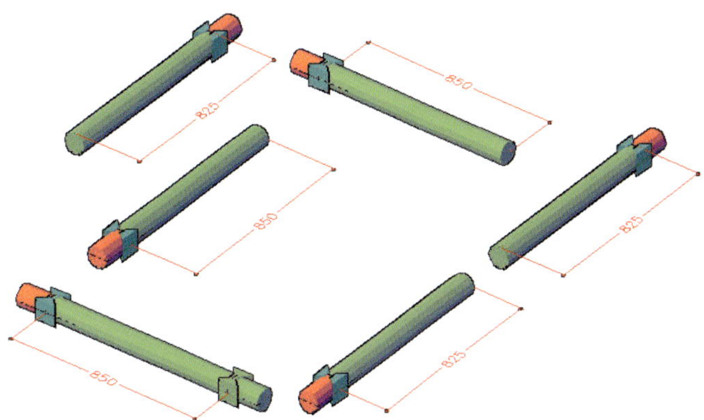

왕찌도리틀을 제거하여 빼목도리를 완성한다.

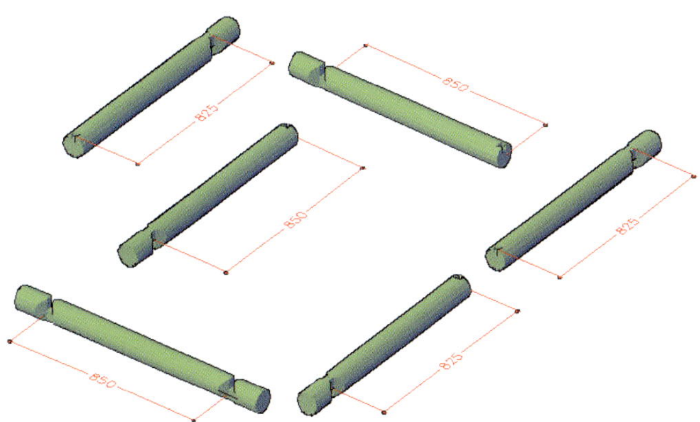

6) 도리 올리기

❶ 처마도리 올리기

도리를 올리기 위하여 마구리면을 복사하고 보의 숭어턱 위로 올린다.

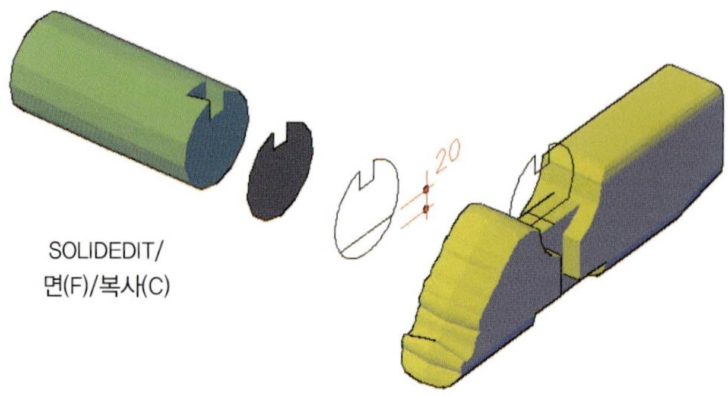

• 도리 올리기

기준점을 중심으로 처마도리를 올린다.

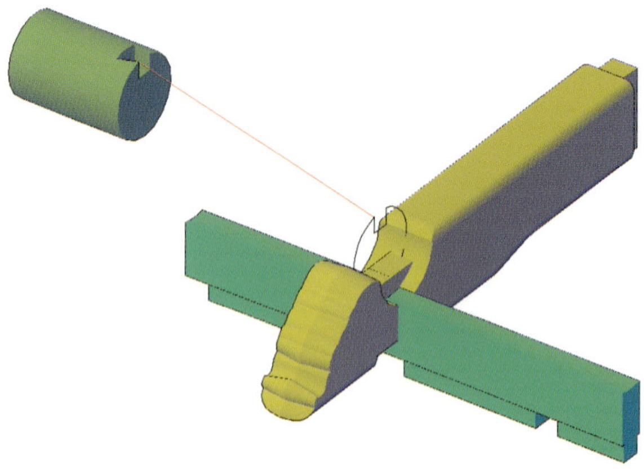

❷ 회첨기둥 도리 올리기

• 솔리드 연장하기(누마루 회첨)

회첨에서 도리는 숭어턱 폭에 모두 걸치므로 누마루 주칸 길이 850에 숭어턱 절반인 14를 연장하여 864로 만든다.

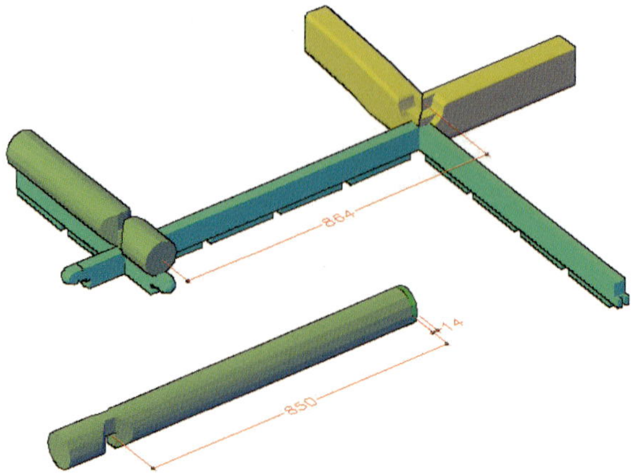

• 45°로 자르기

전면 대청칸의 도리와 45°로 교차하므로 기준선을 그려서 연귀를 잘라낸다.

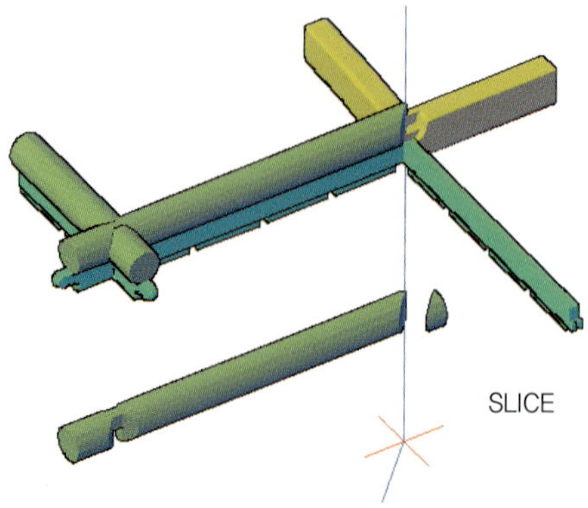

전면의 회첨도리도 같은 방법으로 만들면 처마도리가 모두 완성된다. 도리들을 돌리고 나비장을 박는다.

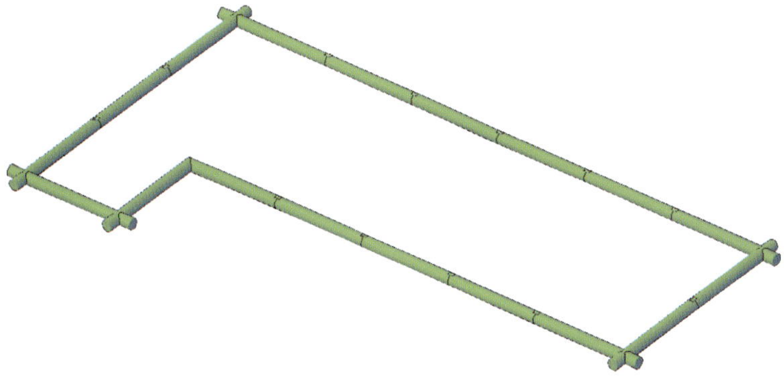

2. 중도리

❶ 중장여 위에 중도리 단면을 올린다.

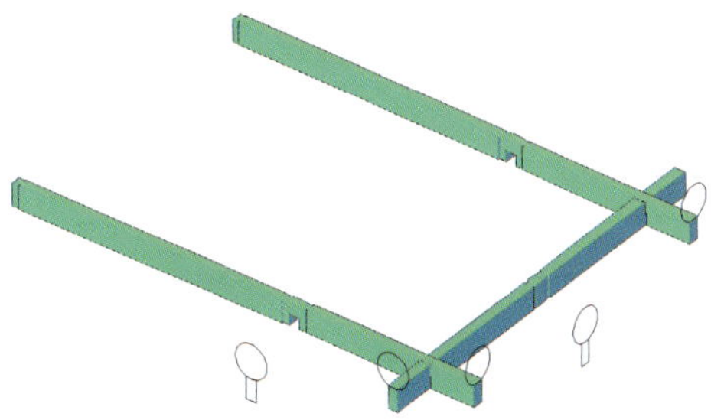

❷ 솔리드를 만든다.

전체 길이로 하나의 솔리드를 만들고 나서 주칸 길이로 자른다.

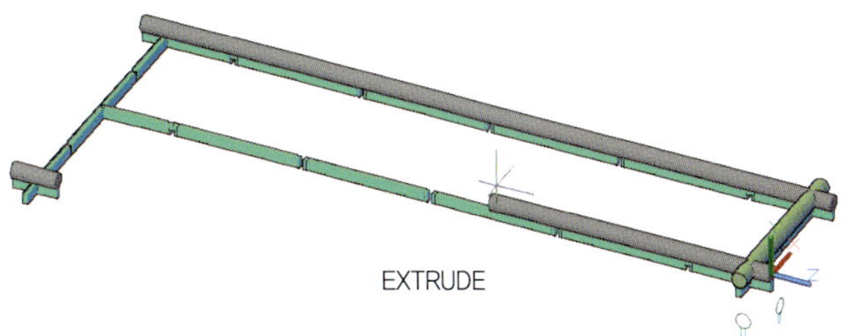

❸ 누마루 종도리와 연결

중도리와 누마루 종도리가 만나는 곳은 주먹장으로 연결한다.

- 전체 길이 1225로 도리 솔리드를 만든다.

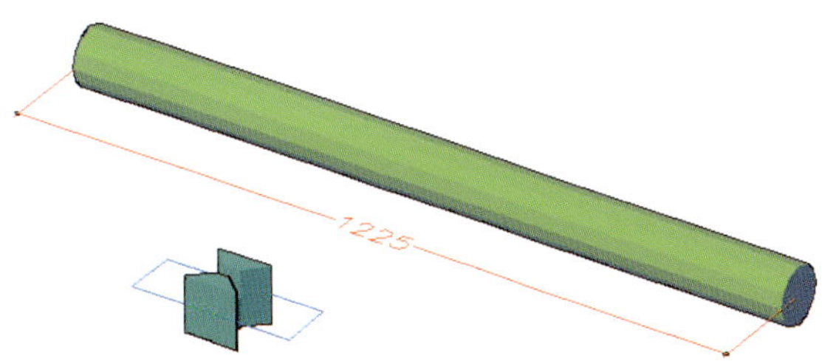

- 왕찌틀을 반으로 자르고 주먹장을 만들어 붙인다.

※ 누마루는 삼량가구로 처마도리와 종도리만으로 구성되므로 대청칸에서 오는 중도리는 누마루의 종도리와 결구된다.

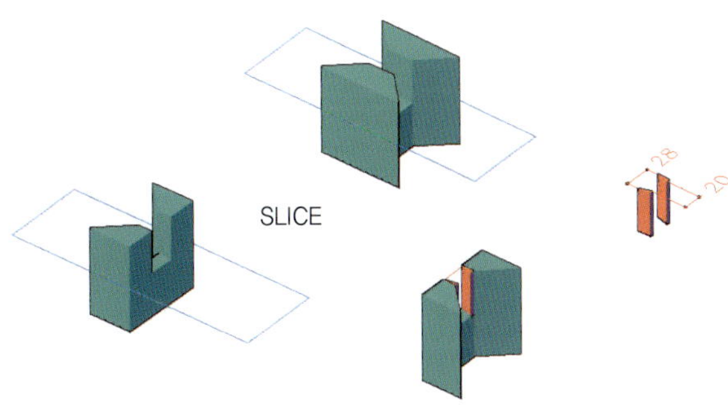

• 앞에서 만든 틀을 도리 마구리로 가져가서 주먹장을 만든다.

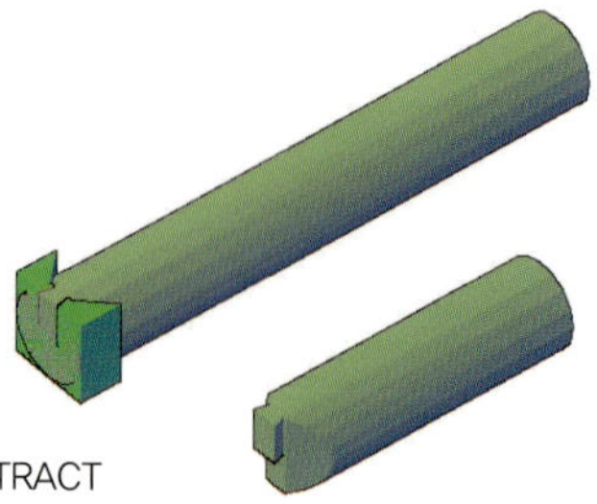

• 본채 중도리를 이용하여 누마루 종도리의 주먹장과 왕찌를 따낸다.

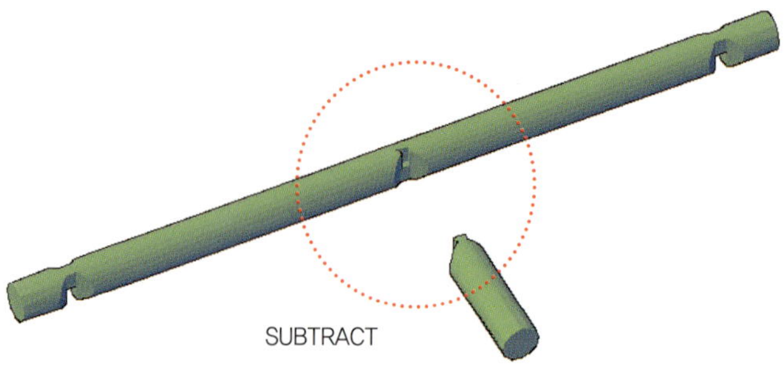

완성된 중도리들을 중장여 위로 돌리고 나비장을 박는다.

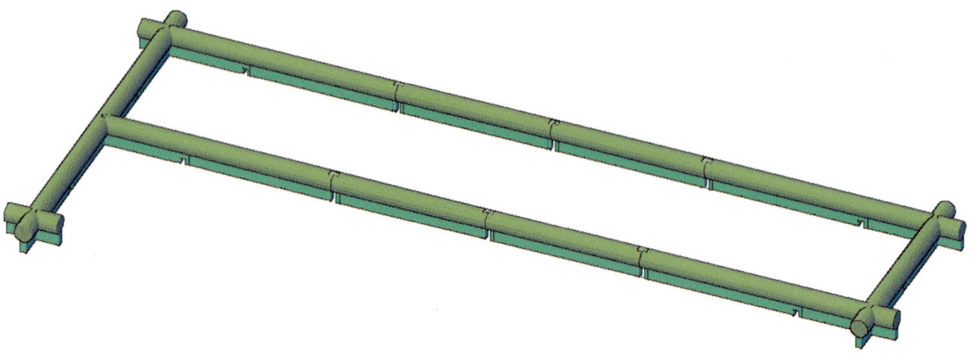

▣ 종도리는 '10장 동자주와 대공' 편에서 다룬다.

Chapter

10 동자주와 대공

10-1 동자주

동자주는 중도리를 받기 위해 대량 위에 세우는 짧은 기둥이다. 동자주의 높이에 따라 처마 서까래의 물매가 결정된다. 툇간을 두는 살림집에서는 평주에 동자주의 높이를 더한 고주를 사용하여 중도리를 직접 받는다.

중도리가 놓이는 동자주의 위치가 측면의 전체 길이를 몇 등분하느냐에 따라 3분 변작 또는 4분 변작으로 불리는데 변작은 물매와 서까래 내밀기를 조절하는데 사용되는 기법이다.

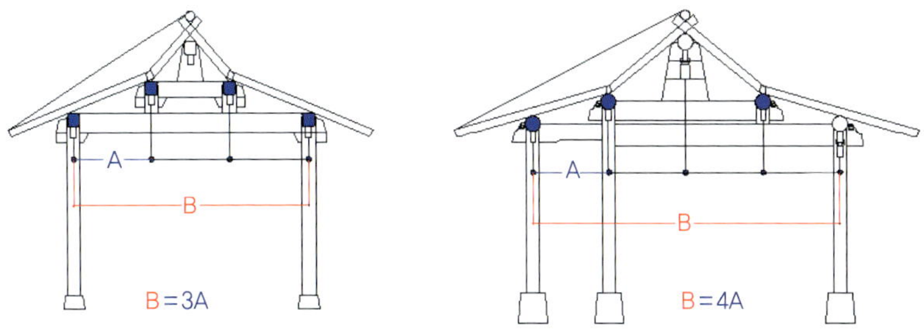

3분, 4분 변작

※ 툇간 길이와 중도리의 간격을 같게 하는 경우에는 4분 변작이 되지만 격식 없이 지어지는 경우 변작이 3분~4분 사이에서 다양하게 이루어진다.

10-2 낙선재 동자주 그리기

낙선재의 가구는 측면 길이의 4등분점에 중도리가 위치하는 4분 변작이다. 처마도리와 중도리 높이 차이는 160으로 대청칸의 보 상부에서 중도리 하단까지의 거리는 77.8이다. 여기에 촉의 길이를 고려하여 동자주를 만든다.

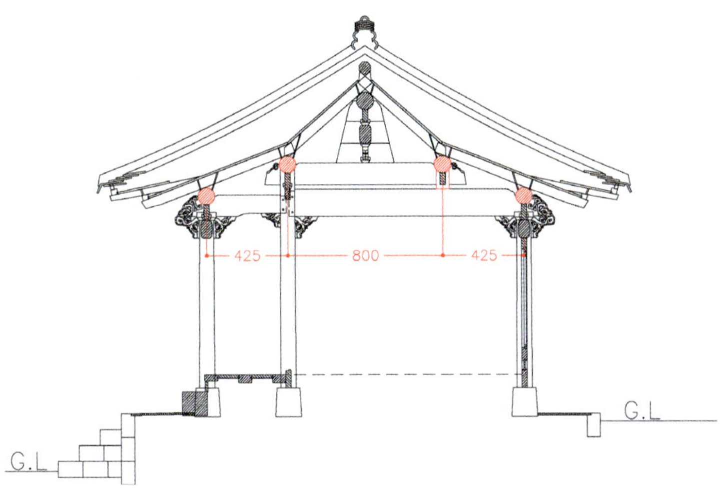

1. 동자주 크기

동자주의 크기는 보의 폭에 의해 좌우된다. 대량의 폭보다 적고 종량폭과 비슷하다. 낙선재 동자주의 단면 크기는 66×66을 기본으로 하고 보의 폭이 좁은 곳에서는 동자주의 폭을 조절하였다.

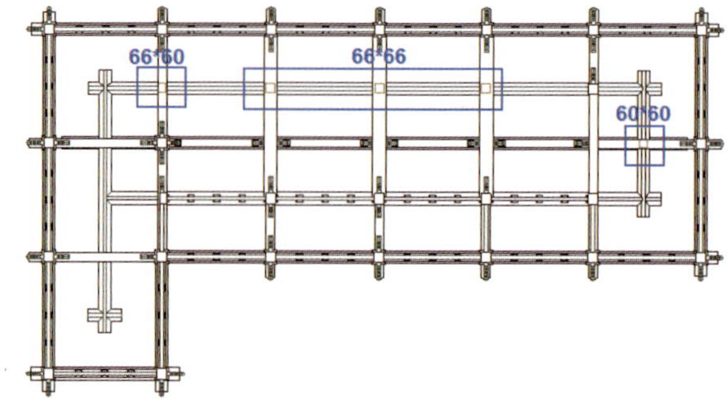

2. 동자주의 위치

고주와 대칭인 곳이 동자주 자리가 된다.

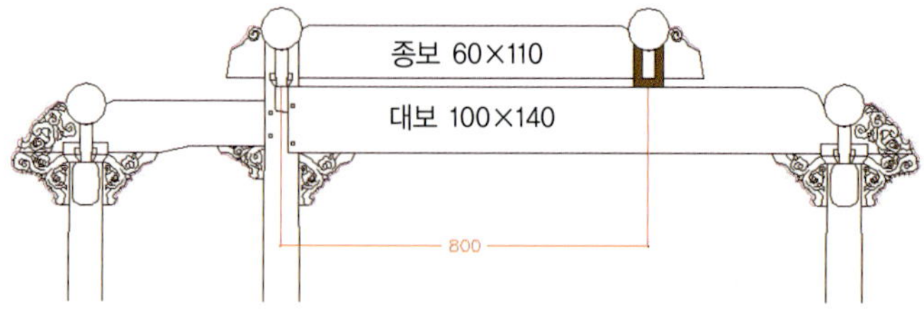

동자주에는 종량이 곧은장으로 끼워지고 종량에 직교하여 중장여가 주먹장으로 조립된다.

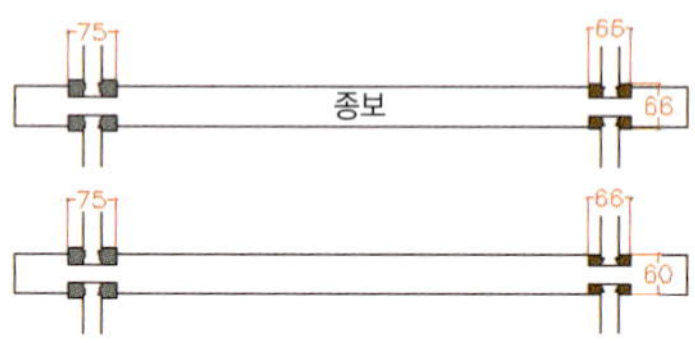

3. 솔리드 만들기

동자주는 쌍촉을 내어(폭 12, 높이 15) 만든다. 좌측의 동자주는 측면 대량에 올라가고, 우측의 동자주는 대청칸 대량에 세우는데 대량의 높이 차이만큼 길이를 달리한 것이다.

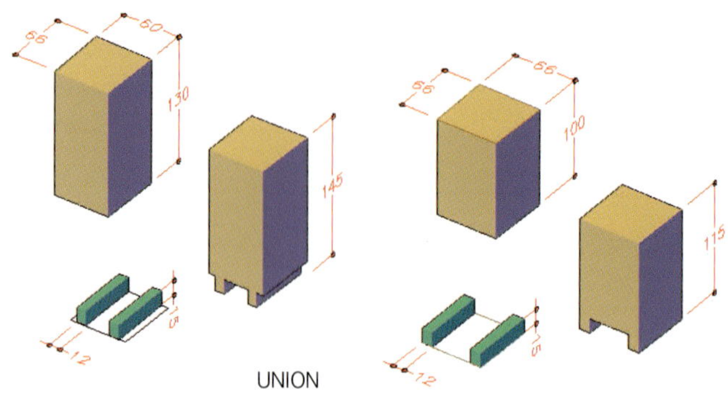

◈ 모접기

동자주의 폭이 종량의 폭에 비해 여유가 있는 경우 모접기를 해준다. 여기서는 종량폭 60을 남기고 양쪽으로 3푼씩 모를 접었다.

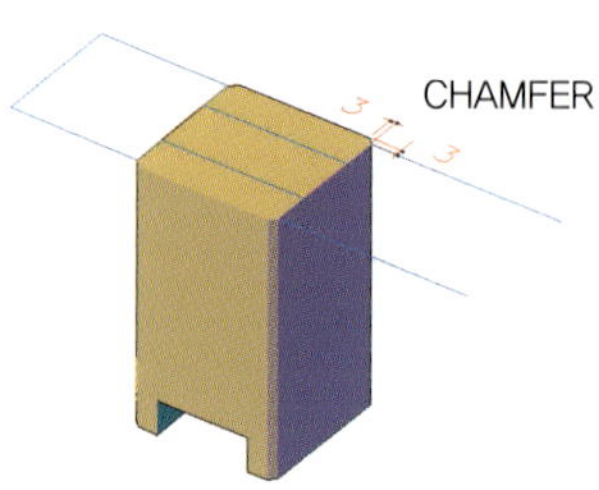

4. 동자주 세우기

대량 위의 동자주 자리에 홈을 파고 동자주를 세운다. 대청 측면 대량은 대량폭이 좁으므로 홈파는 자리를 조금(5푼) 들여서 판다.

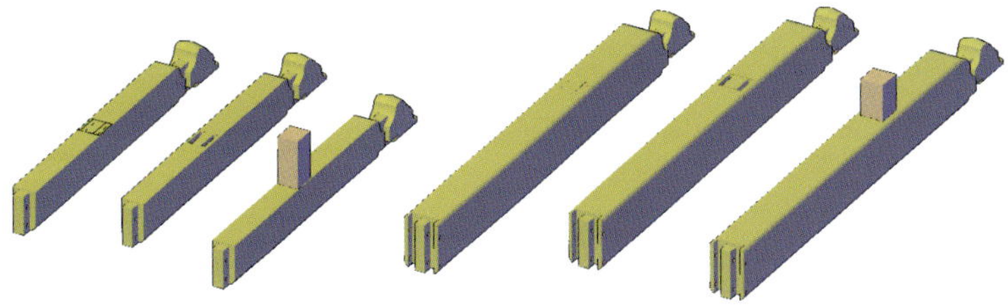

5. 도리자리 만들기

❶ 도리 단면을 세워서 동자주 측면으로 옮긴다.

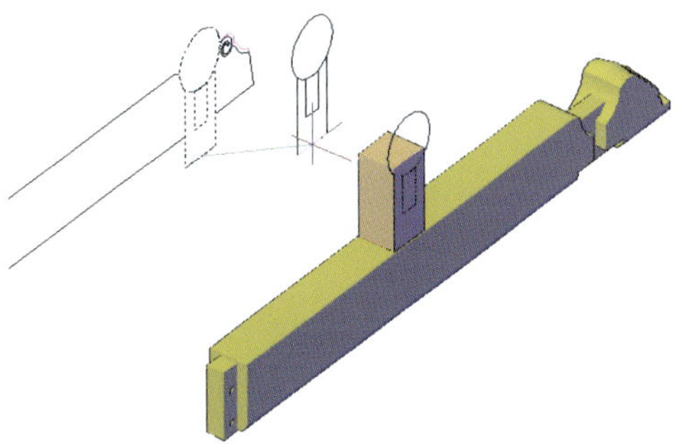

❷ 도리 단면을 이용하여 고주와 동자주에 도리 솔리드를 만든다.

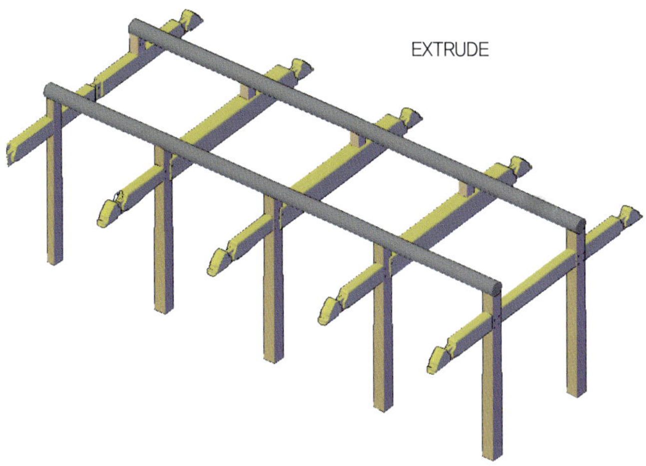

❸ 도리 솔리드를 빼주고(SUBTRACT) 합쳐진 객체들은 따로 분리(SOLIDEDIT)시킨다.

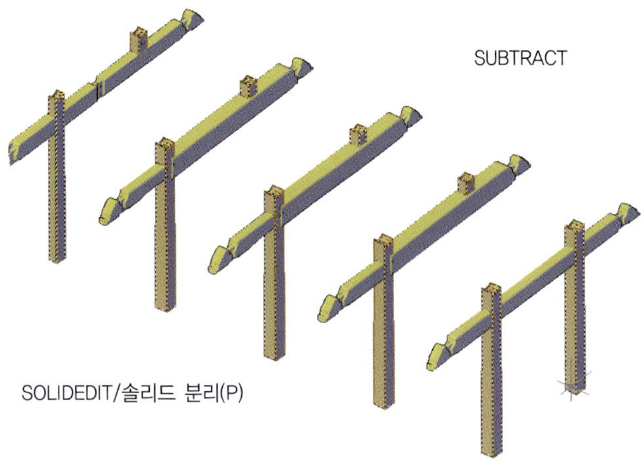

6. 충량 위의 동자주

충량 위에 오는 중도리를 받기 위해 가운데 동자주를 만들어 세운다.

부엌 상부 다락

동자주에는 장여와 직각방향으로 보머리 형태의 보머리형 도리받이가 끼워진다.

※ 낙선재에서 충량 위의 동자주에 이러한 모양의 도리받이를 사용한 것은 동자주에는 보머리 빻목이 온다는 형식의 통일성을 이루기 위한 것이고, 특히 좌우대칭으로 부재를 완성한 것으로 보아 당시 목수들에게는 정형화된 큰 틀이 있었던 것으로 생각된다.

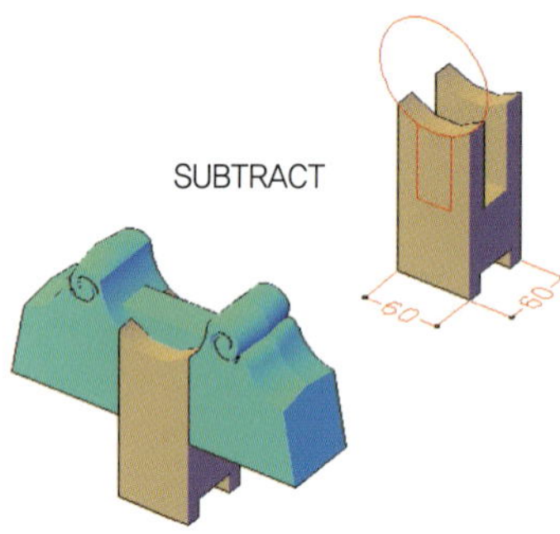

10-3 동자주 연결부재 만들기

1. 종량 만들기

낙선재의 종량을 두 가지로 나눠서 만드는 것은 고주와 동자주를 연결하는 종량 이외에 고주끼리 결구되는 종량도 있기 때문이다.

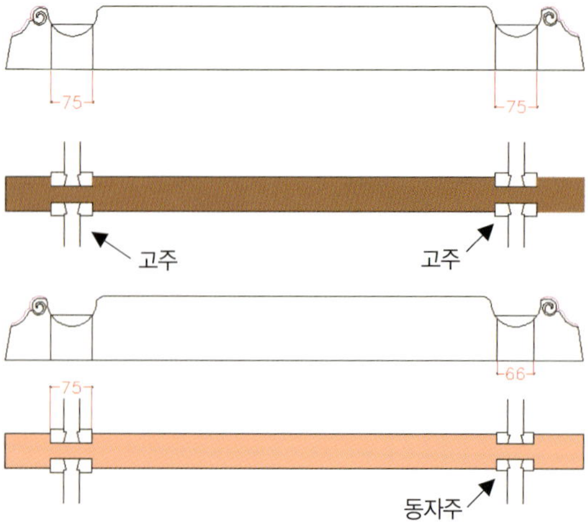

1) 고주-동자주칸 종량 만들기

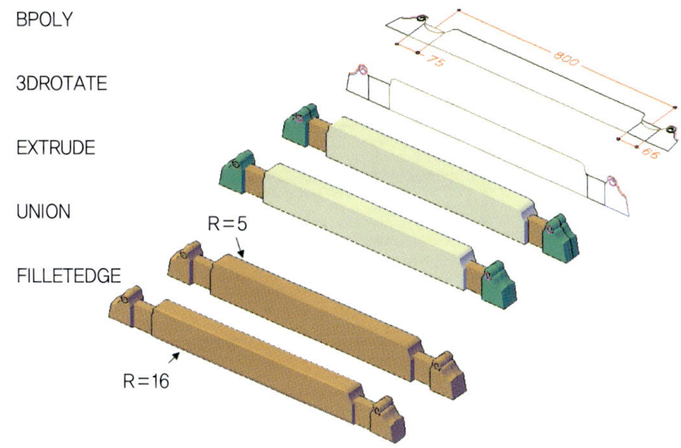

2) 고주칸 종량 만들기

고주칸의 종량은 앞서 만든 종량의 절반을 잘라 대칭복사한다.

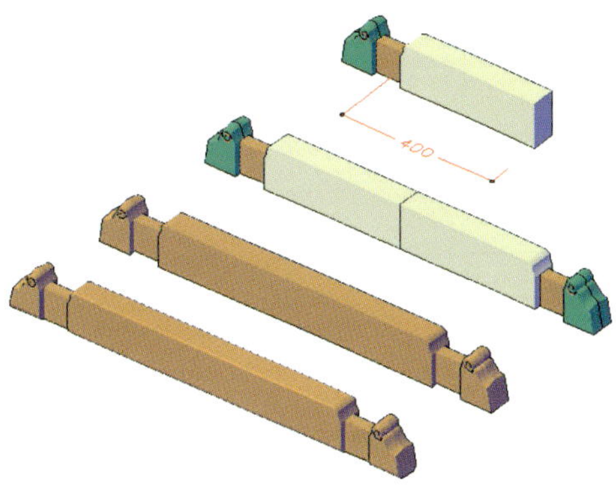

종량을 동자주와 고주에 조립한다.

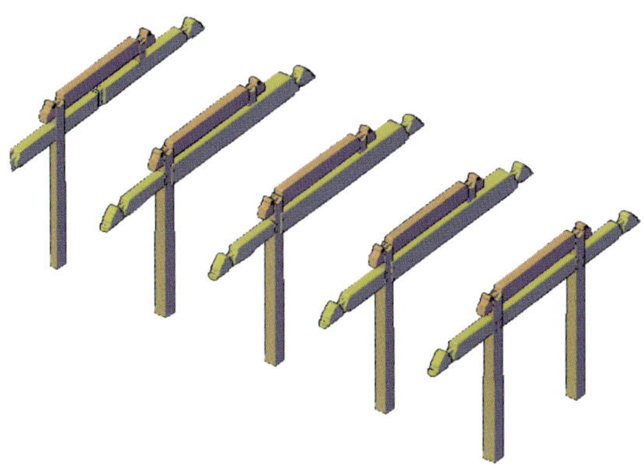

2. 중장여 만들기

중장여는 고주와 동자주에 주먹장으로 끼워져 중도리를 받는다.

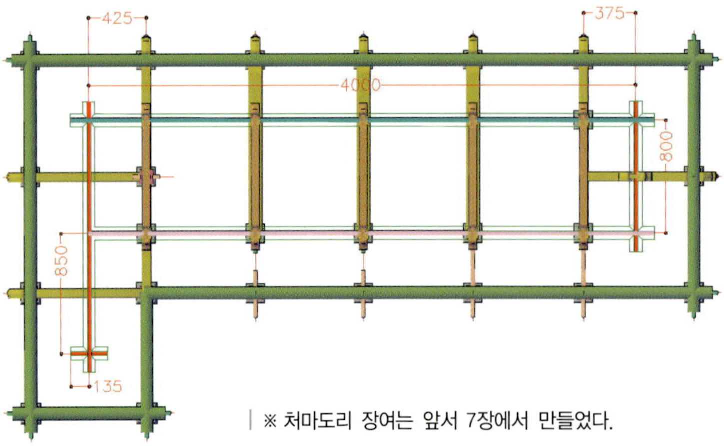

※ 처마도리 장여는 앞서 7장에서 만들었다.

1) 8자 주칸의 중장여

중도리 장여는 동자주와 동자주, 고주와 고주 사이를 연결하여 중도리를 받는다.

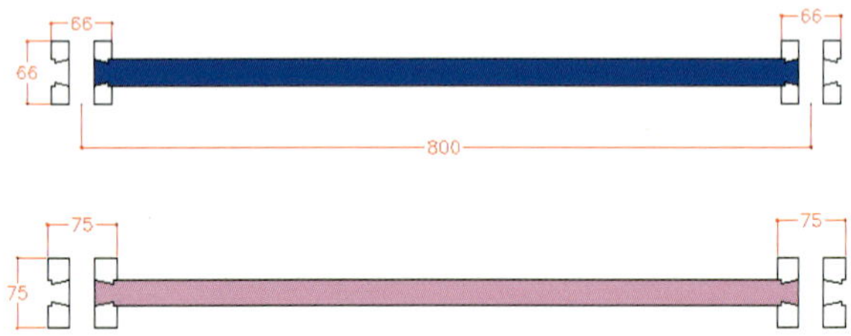

2) 기타 중장여

추녀를 받기 위해 중도리를 돌리는 곳에서 장여는 길게 한 부재로 연결한다.

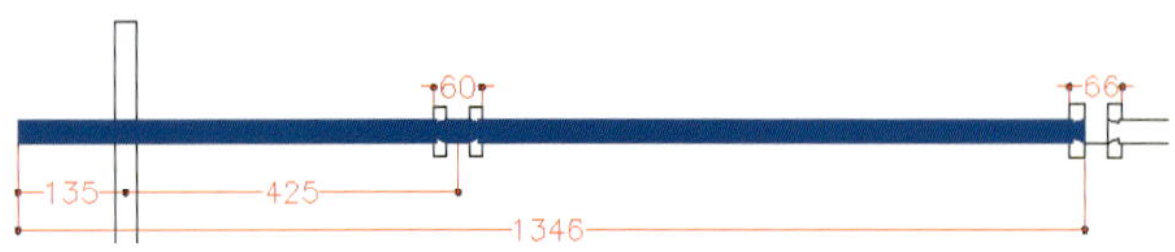

누마루 후면 중장여

누마루와 연결되는 중장여

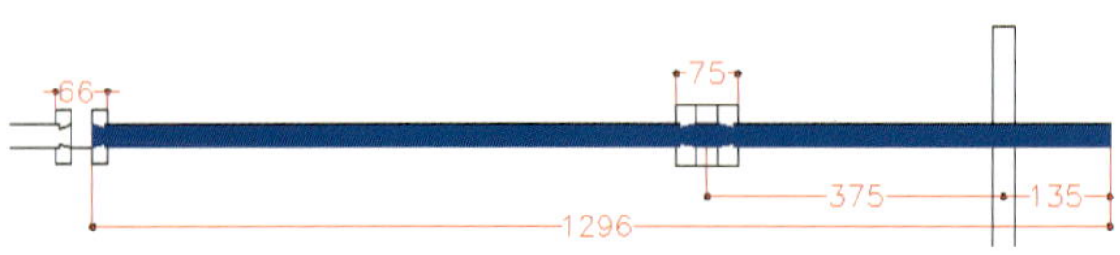

우측 후면의 빼목 있는 중장여

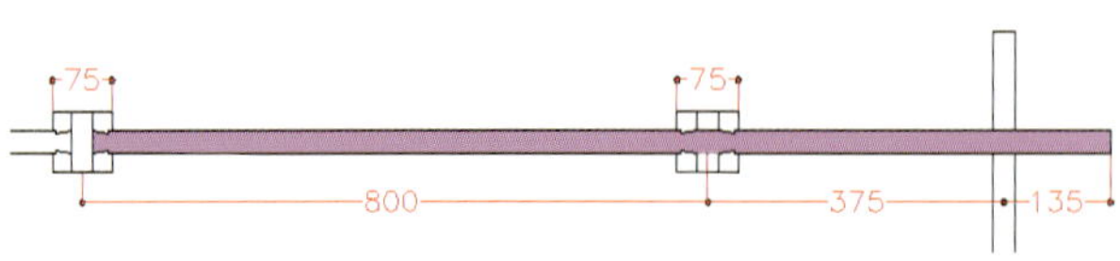

우측 전면의 빼목 있는 중장여

3) 주먹장의 크기

동자주와 고주의 화통은 우측과 같다.

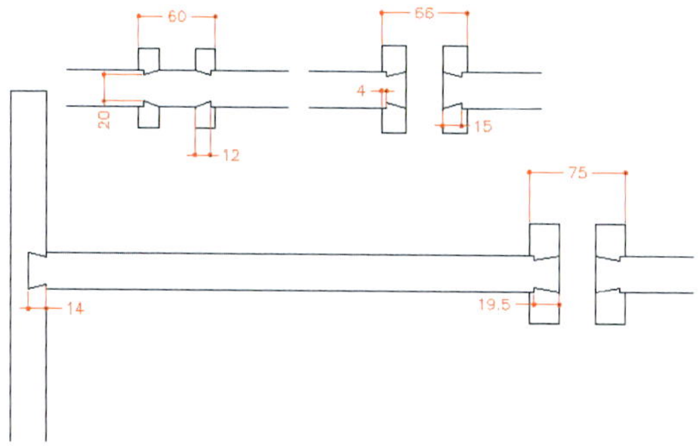

※ 동자주의 화통에서는 결구의 보강을 위해 장여의 몸통이 4分 묻히도록 하였다.

4) 솔리드 만들기

앞의 치수대로 중장여의 단면을 그리고 솔리드를 만든다.

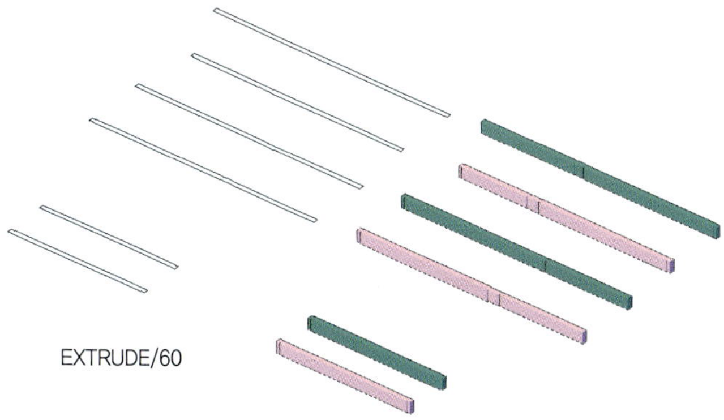

5) 도리자리와 반턱 따내기

❶ 도리자리 만들기

- 도리 단면을 장여 마구리로 옮겨 도리 솔리드를 그린다.
- 장여 솔리드에서 도리를 빼준다.

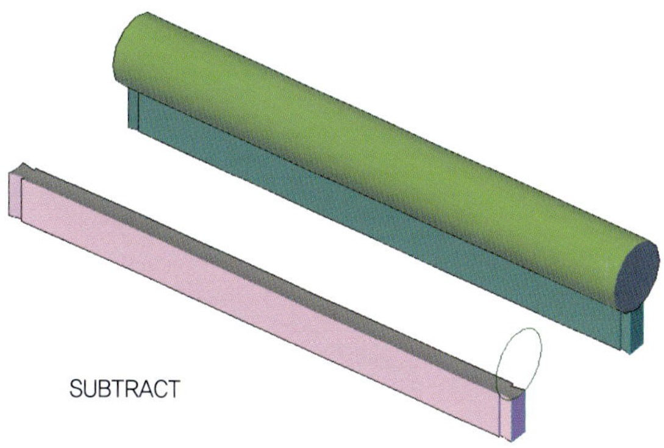

❷ 반턱 따내기

⑳번 종량은 기둥에 끼워지는 중장여와 반턱으로 맞춰지는데 중장여는 업을장으로 만들고 누마루의 종장여와 연결되는 곳은 주먹장으로 만든다.

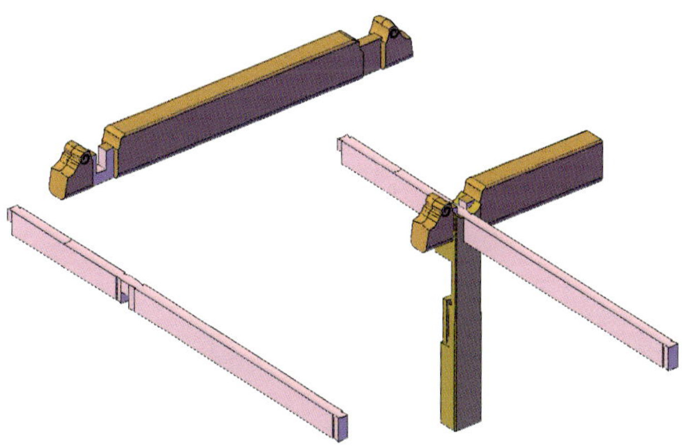

※ 여기서는 튼튼하게 연결하기 위해서 누마루의 종장여까지 한 부재로 하였다.

6) 중장여 올리기

고주와 동자주에서 주먹장을 따내고 중장여를 조립한다.

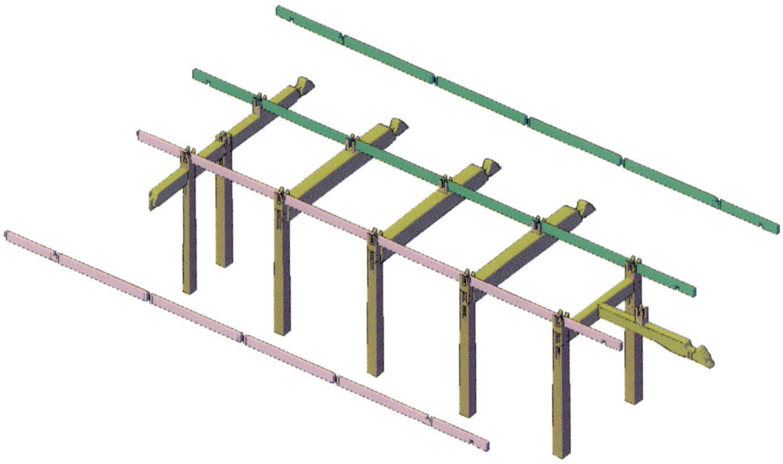

| ※ 실제로 시공순서는 장여를 조립하기 전에 종량을 먼저 끼운다.

7) 충량 위에 오는 중장여

양쪽 끝은 업을장으로 만들어 전면의 중장여와 짜여지고 가운데 동자주에 조립되는 보머리형 도리받이와도 반턱으로 만나는데 이곳 역시 업을장으로 만든다.

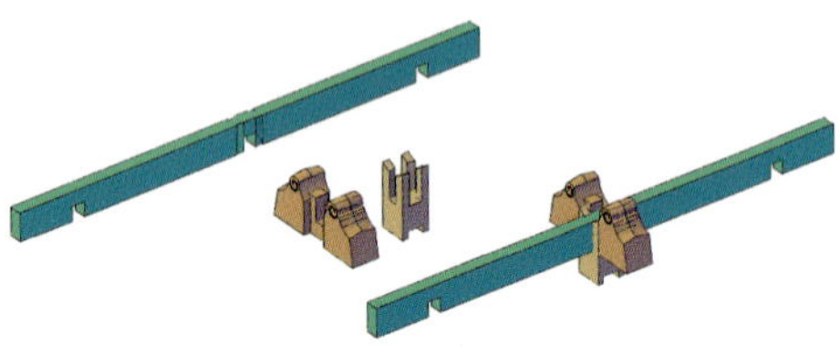

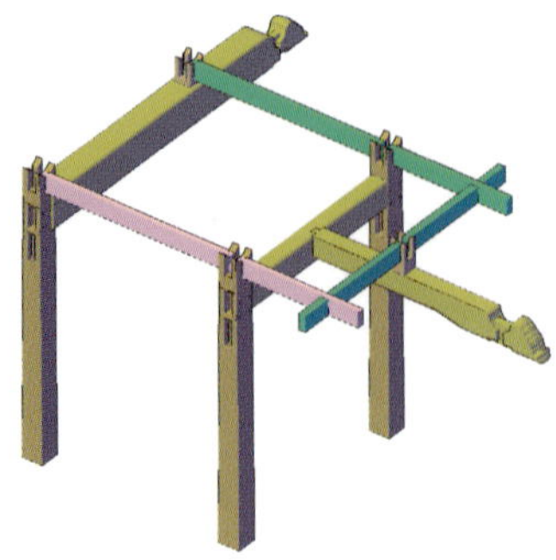

누마루 종장여를 제외한 중장여가 완성되었다.

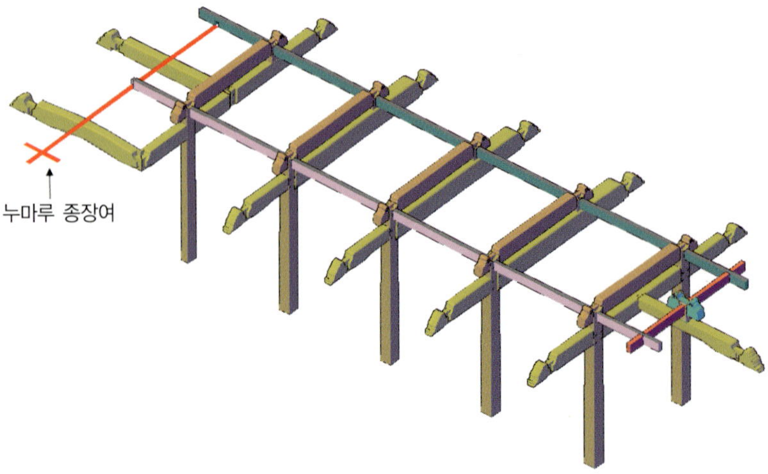

10-4 대공

대공은 종량 위에서 종도리를 받는 부재이다. 판재를 여러 층으로 쌓아서 만드는 판대공은 사다리꼴 모양이 일반적이다. 또한 대청이나 누마루에서처럼 외부로 노출되는 곳에서는 대공에 파련조각을 하여 화려하게 꾸미기도 한다.

여러 가지 모양의 대공

10-5 낙선재 대공 그리기

낙선재의 대공은 외부로 노출되지 않는 곳에서는 사다리꼴의 판대공을 사용하였고, 대청칸이나 누마루에서는 초각을 새긴 파련대공으로 만들었다.

❶ 본채 대공

❷ 누마루 대공

※ 누마루 전면에 오는 대공 B는 대량의 후림에 맞춰 그렝이를 떠서 만든다.

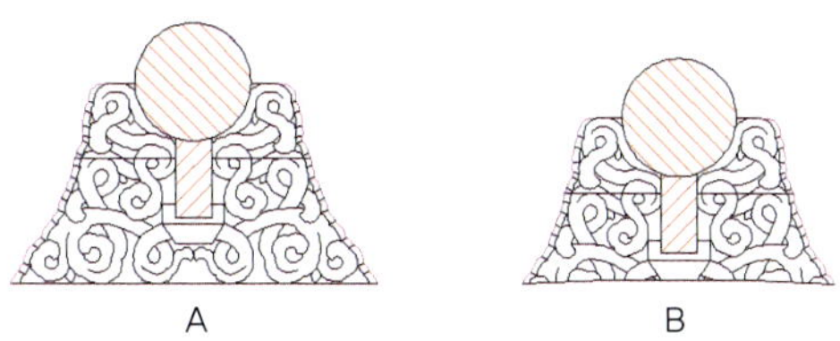

1. 본채 대공 그리기

각 부분의 크기는 오른쪽과 같고, 두께는 30으로 한다.

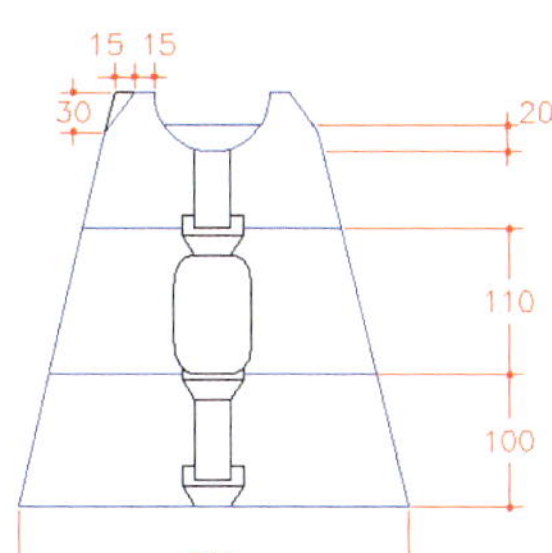

❶ 대공에 조립되는 부재들의 단면을 다음과 같이 그린다.

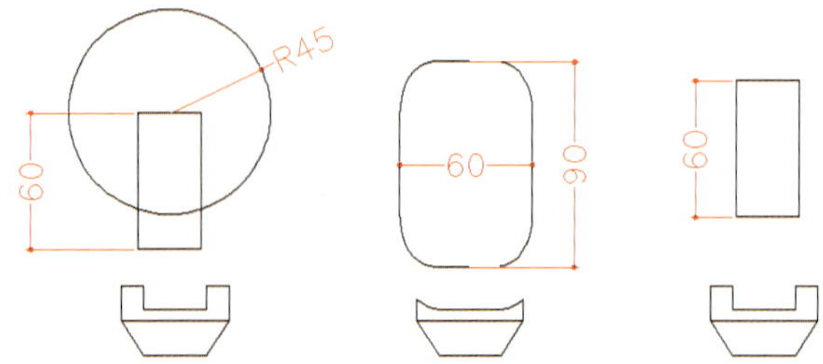

❷ 보의 등에서부터 종도리의 절반까지가 대공의 높이가 된다.

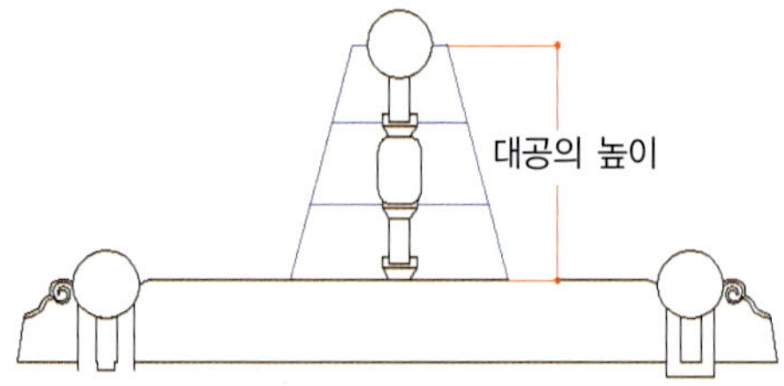

❸ 대공 외곽선을 그린다.

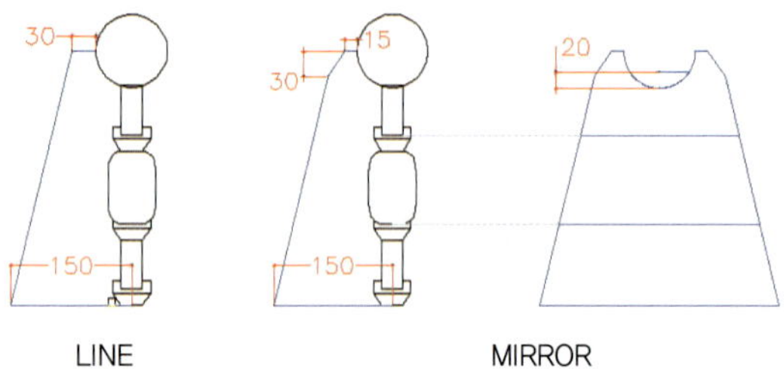

❹ 은못의 자리를 그린다.

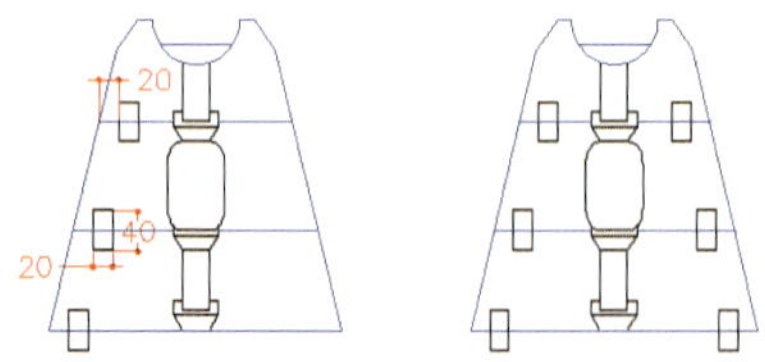

❺ 숭어턱의 두께는 10, 은못 두께는 5이고 주먹장의 크기는 각각 20, 28로 하였다.

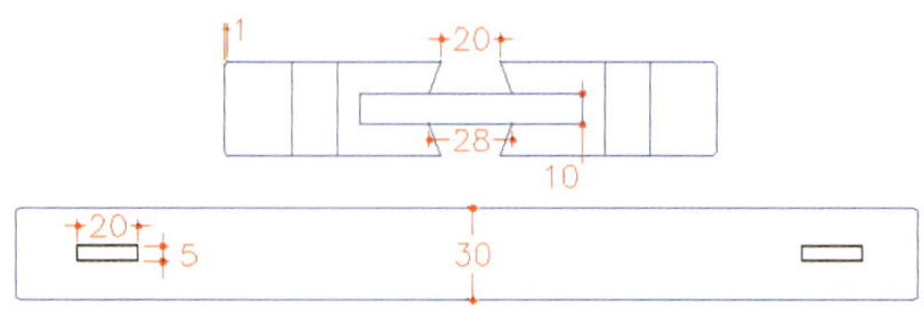

2. 본채 대공 만들기

❶ 솔리드 만들기
각각의 사각형(두께 30)과 숭어턱(두께 10)에 영역을 주어(BOPLY) 세우고(3DROTATE) 네 개의 솔리드를 만든다.(EXTRUDE)

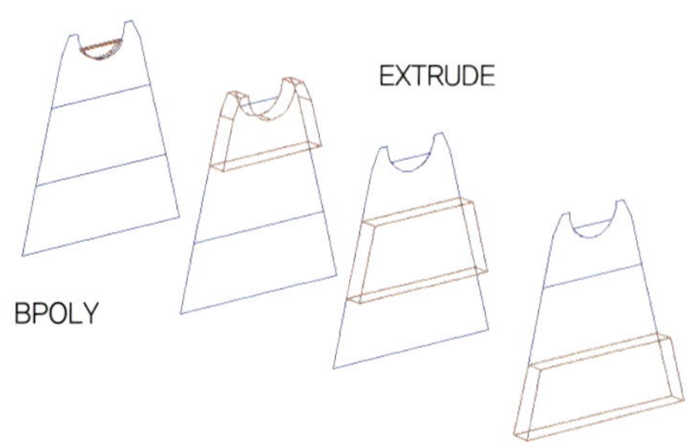

❷ 숭어턱을 가운데로 이동한다.

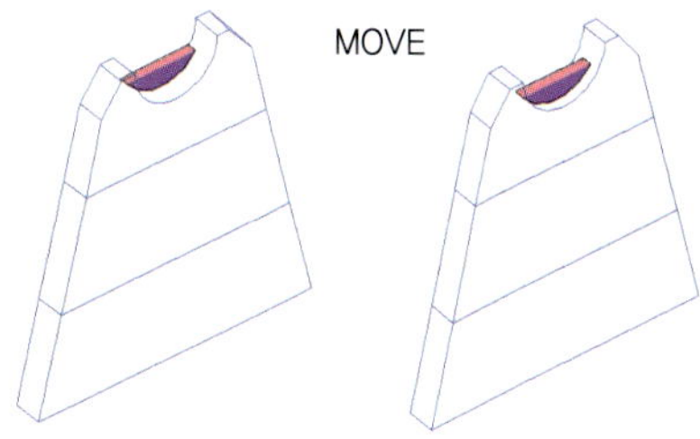

❸ 은못 솔리드를 만들어 홈을 파낸다.

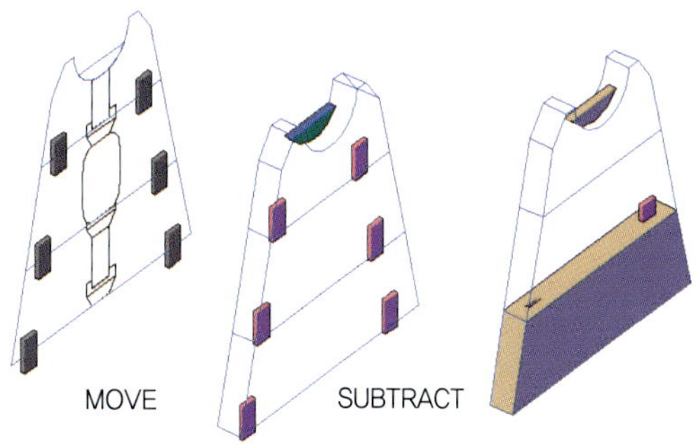

3. 연결 부재 만들기

❶ 종도리 만들기

종도리는 대공의 숭어턱에 두께(10)의 절반인 5푼씩 걸쳐진다.

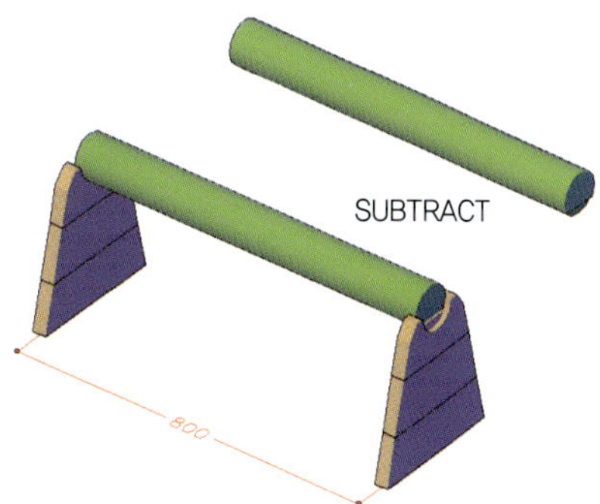

본채의 대공 칸은 모두 길이가 8자로 같다.

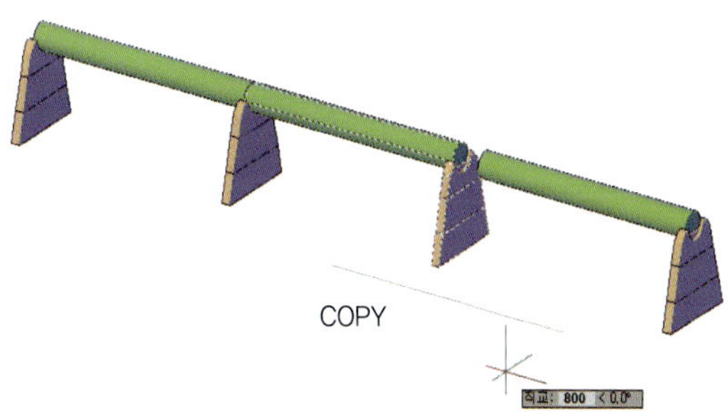

❷ 종장여 만들기

종장여의 총길이는 790이고 양 끝에서 대공에 끼워지는 주먹장의 목은 20, 길이는 10으로 한다.

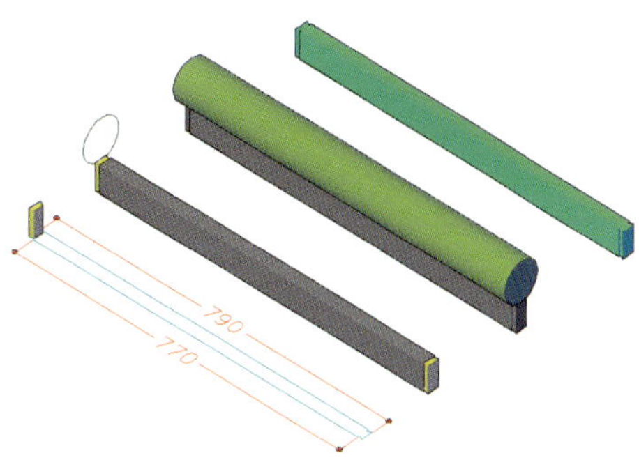

❸ 뜬창방 만들기

뜬창방의 길이는 종장여와 같으며 주먹장의 크기는 머리 32, 목 22로 하였다. 간격 197마다 소로를 놓고 은못으로 고정한다.

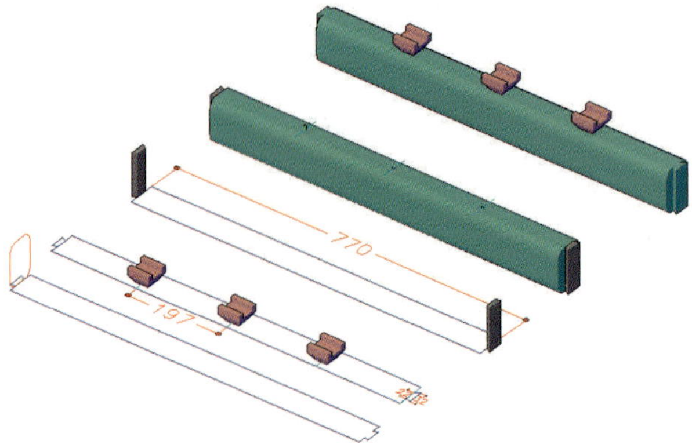

◈ 뜬창방의 반깎기

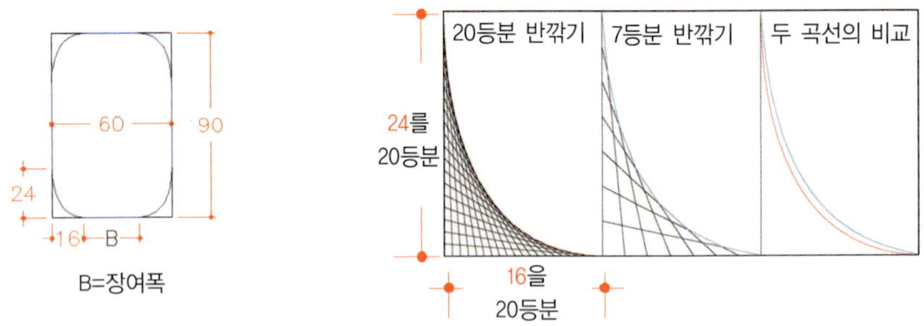

※ 16은 수장폭을 제외한 길이이고 24는 단면의 가로 세로비에 따른 값이다.
반깎기는 등분을 많이 할수록 배부른 곡선이 된다.

❹ 소로 만들기

소로는 대공에 통으로 들어가며 양쪽으로 조금씩 돌출되기 때문에 일반 소로보다 길게 만들어야 한다. 여기서는 소로 바닥이 양쪽으로 5푼씩 나오게 하였다. 또한 뜬창방을 받는 소로는 창방 반깎기의 단면에 맞게 굴린다.

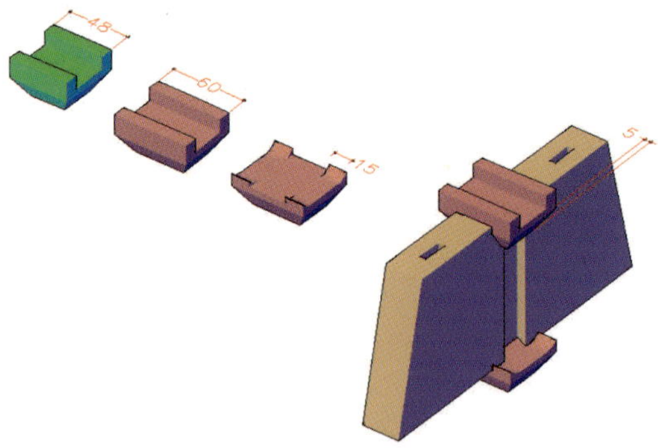

❺ 대공첨차 만들기

뜬창방을 받는 대공첨차는 대공과 업을장으로 연결되며 높이 60, 길이 260으로 만든다.

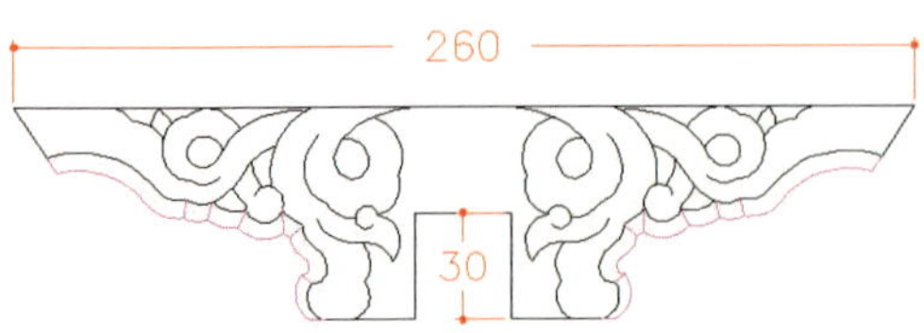

보아지나 익공에서와 같이 솔리드를 만들고 반턱을 따낸다. 대공의 두께가 30이므로 창방받이의 따내는 높이 30으로 한다.

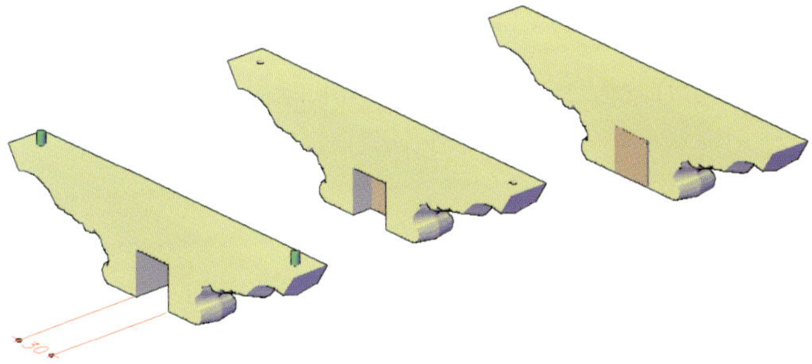

대공을 받을장으로 만들어 반턱으로 맞춘다.

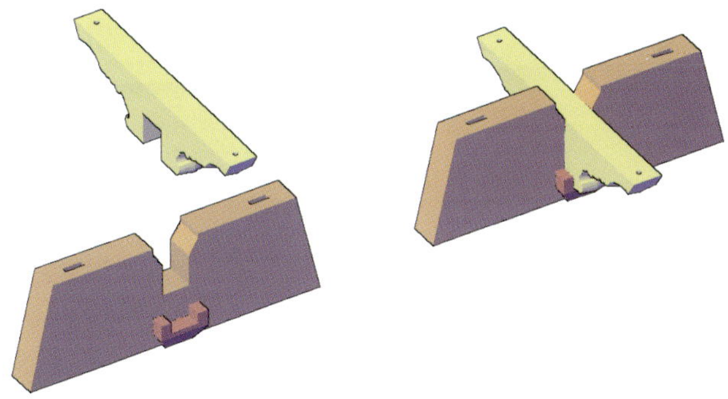

4. 대공에 연결부재 홈파기

❶ 대공의 중심선에 부재들을 연결한다.

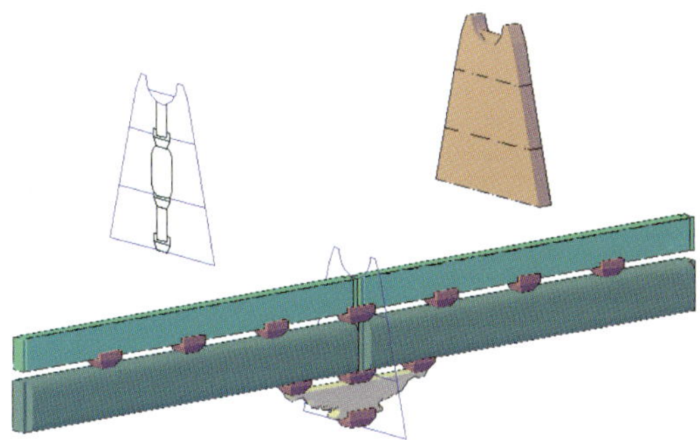

❷ 대공 솔리드를 중심선에 옮기고 부재들을 빼준다.

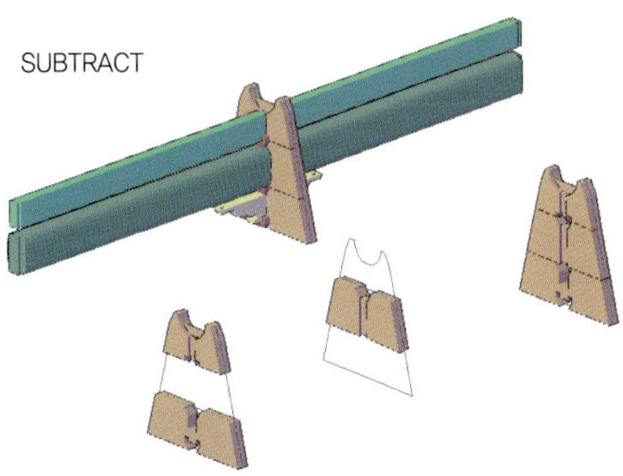

❸ 은못을 넣어준다.

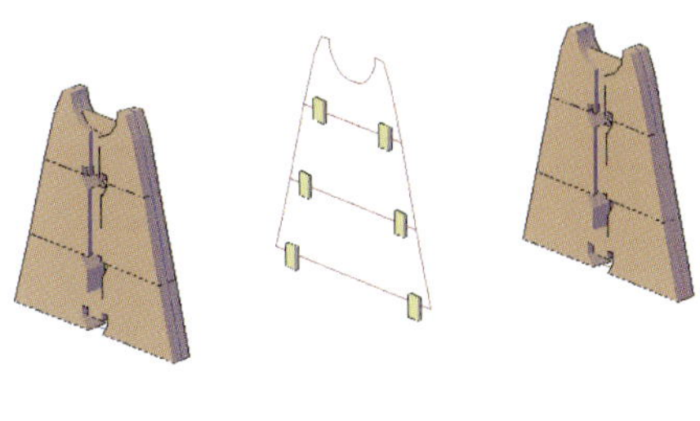

5. 대청칸 대공 만들기

❶ 외곽선을 두 개 영역으로 만든다.

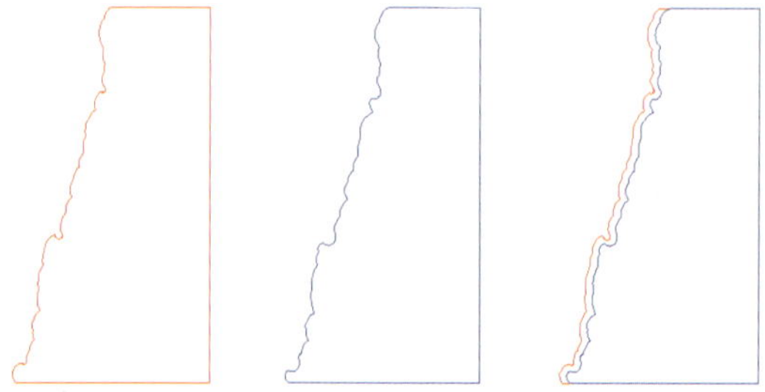

❷ 솔리드를 만들어 대칭복사한다.

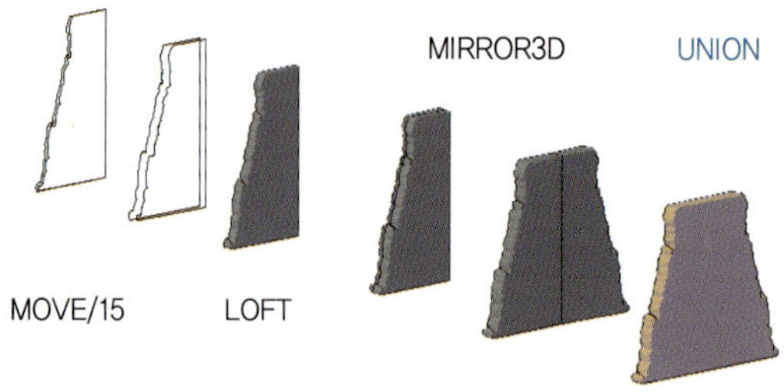

❸ 사다리꼴 대공에서와 같이 숭어턱을 만들고 3개의 판재로 나눈다.

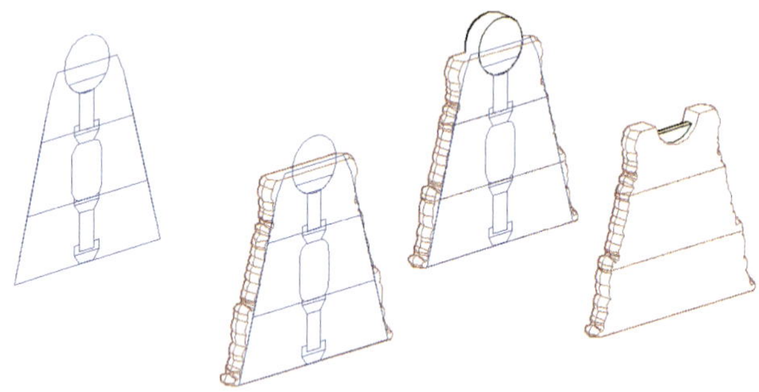

❹ 연결 부재의 장부 홈과 소로자리를 만든다.

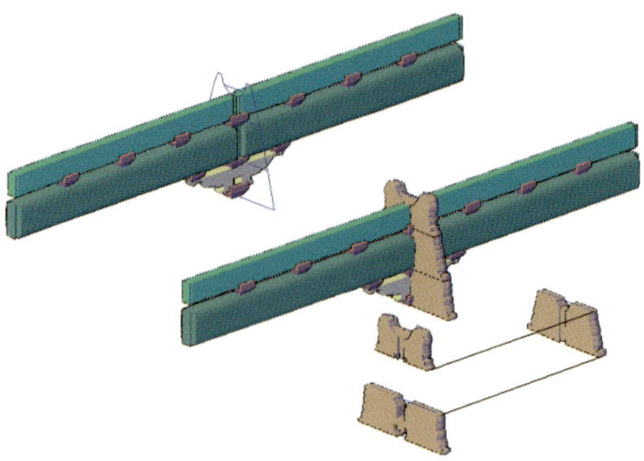

❺ 은못을 넣어주면 대청칸 대공이 완성된다.

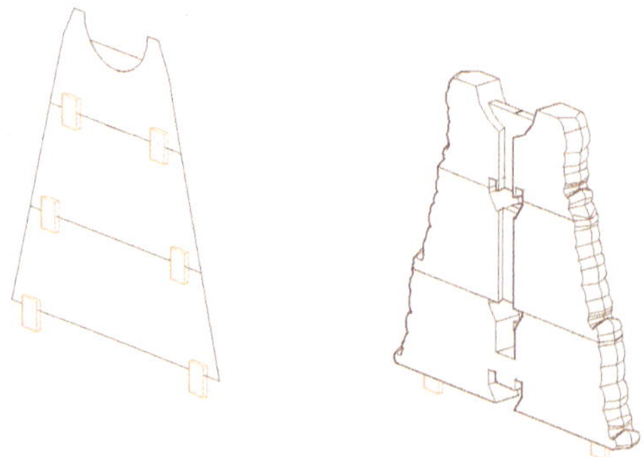

❻ 종보 위로 대공을 올리고 연결부재를 조립한다.

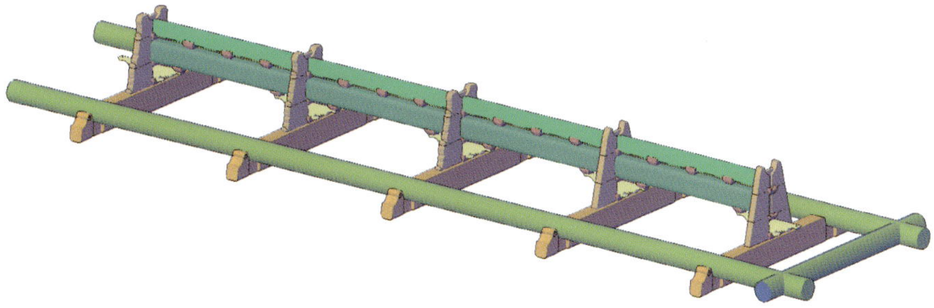

6. 측면 중도리 위의 대공

낙선재에서는 측면 중도리 위에 대공을 세워 합각을 지지하였다.

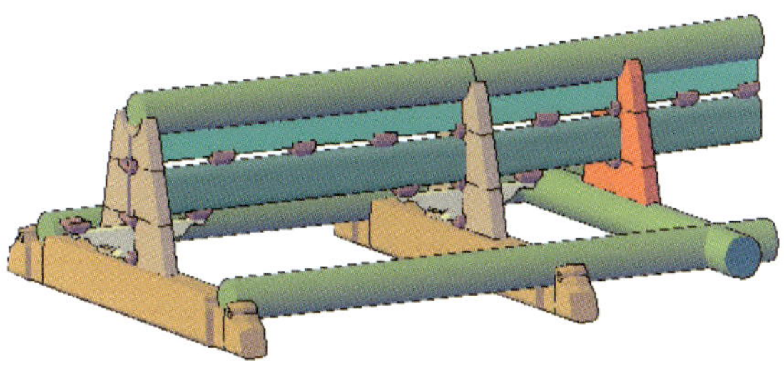

종보와 측면 중도리의 높이 차이는 38푼이다.

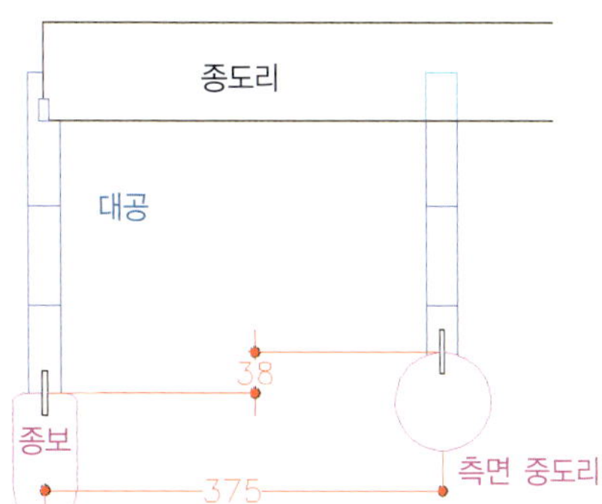

※ 종보와 측면 중도리의 간격은 375이고 종도리는 합각까지 325를 더 내민다.

완만한 용마루곡을 위하여 중도리 위의 대공에 한 치의 솟음을 준다.

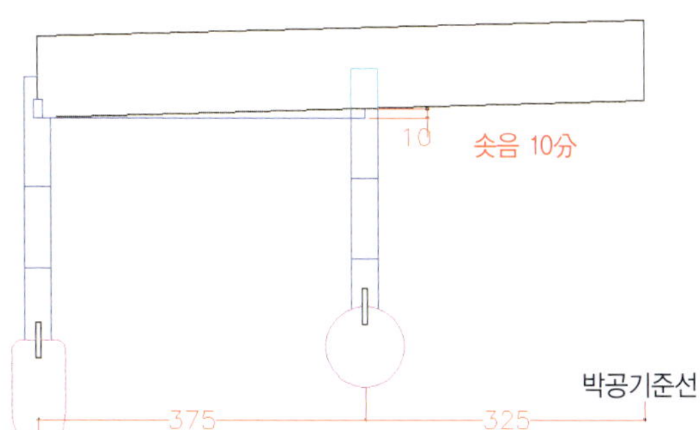

❶ 수평이동

종보 위의 대공을 수평으로 375만큼 이동한다.

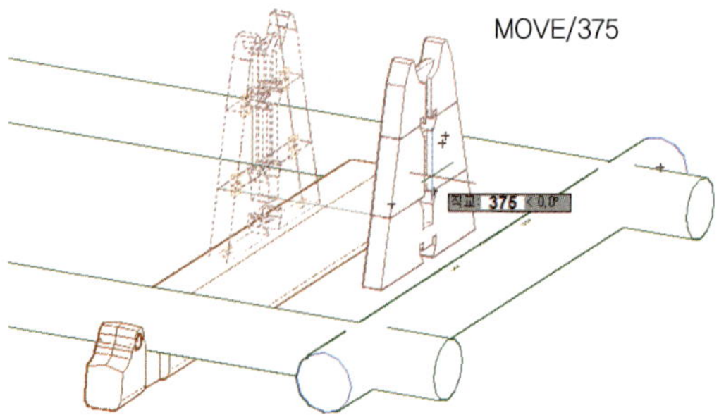

❷ 수직이동

도리 위로 옮겨진 대공을 수직으로 10만큼 올린다.

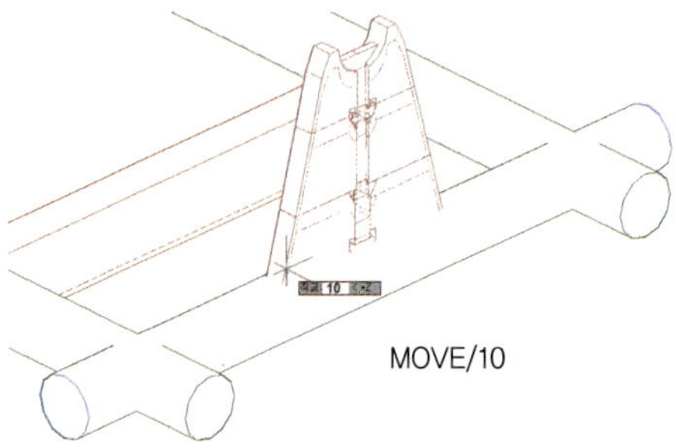

❸ 장여처럼 대공의 밑면에 도리자리를 걷어내고 은못으로 고정한다.

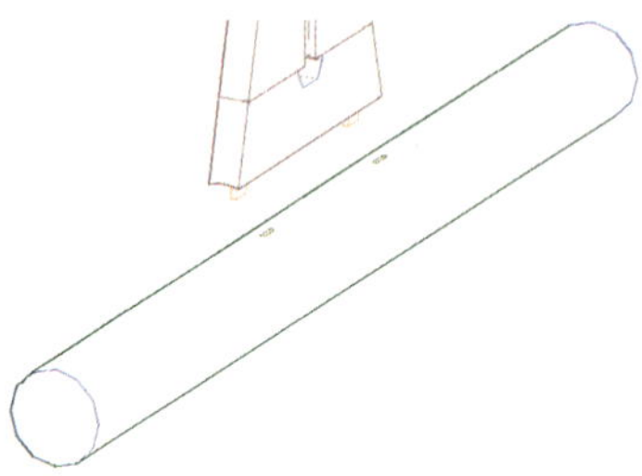

7. 솟음칸 연결 부재 만들기

1) 솟음칸 장여 만들기

솟음칸의 장여 두 개를 각각 만든다.

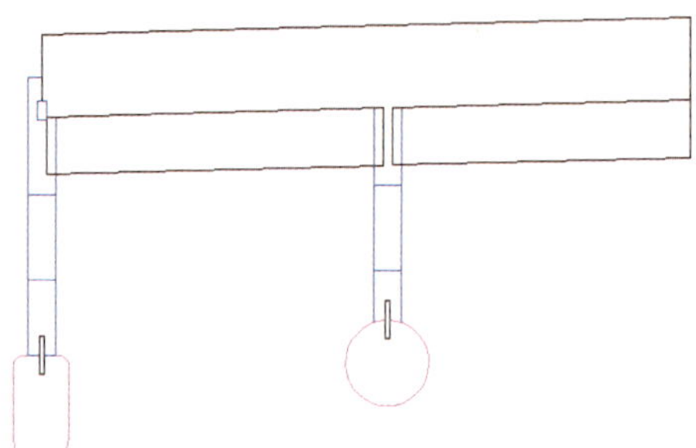

❶ 솟음선 그리기

솟음 장여가 앉는 양쪽 대공의 소로를 이용하여 솟음선과 장여 단면을 그린다.

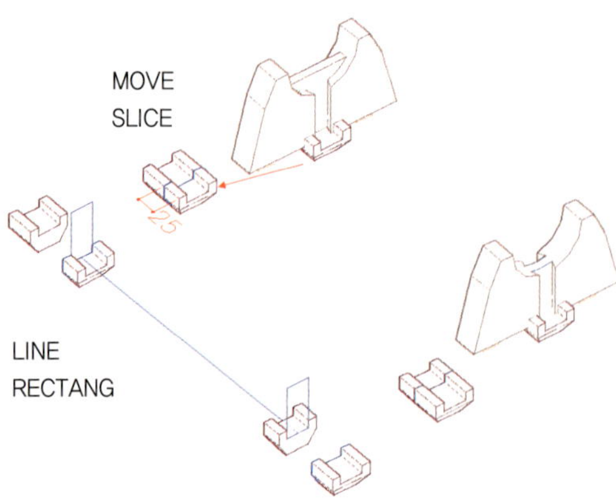

❷ 솔리드 만들기

장여 단면을 솔리드로 만들어 대공의 홈과 도리를 이용해 솟음 장여를 만든다.

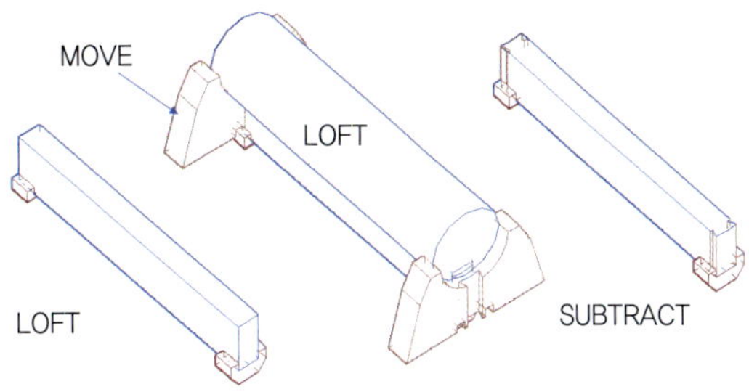

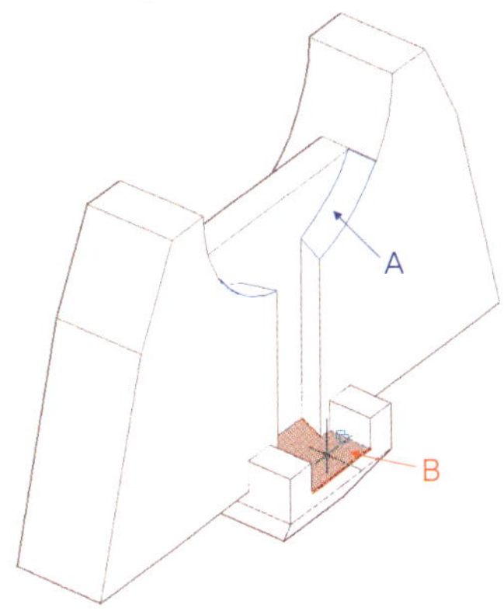

※ 정확히 솟음 장여를 앉히려면 솟음 경사대로 A와 B 부분이 수정되어 소로와 대공이 만들어져야 한다.

◈ 기준 먹선 그리기

현장에서 목수가 먹을 그리는 기준 먹선은 솟음선 경사방향과 반대로 그린다.

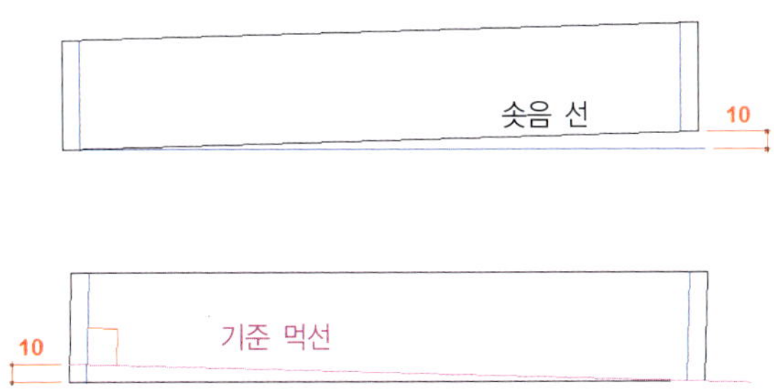

2) 솟음칸 뜬창방 만들기

뜬창방도 종장여 만드는 방법과 같이 만든다.

- 대량과 중도리 위의 가운데 대공 소로를 가져온다.
- 돌출된 길이로 소로를 자른다.
- 뜬창방 몸통과 주먹장 단면을 그리고 소로 잘린 곳으로 옮긴다.

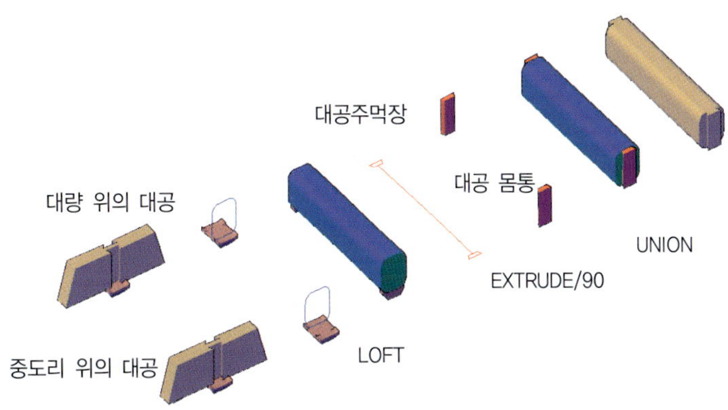

• 각각 솔리드를 만들어 합친다.

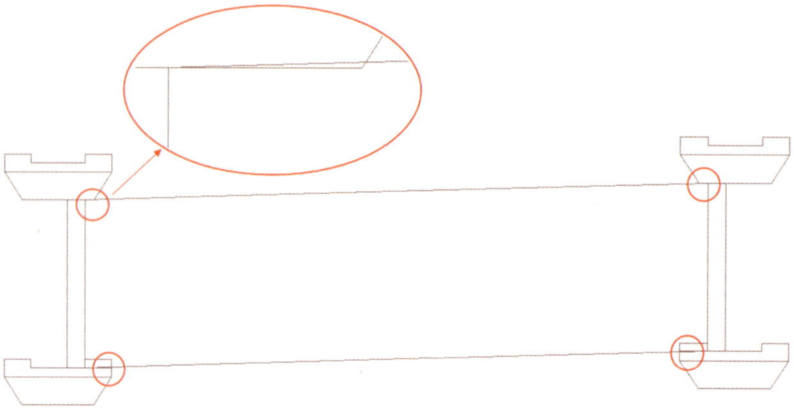

※ 뜬창방도 마찬가지로 정확하게 하려면 소로에서 겹쳐진 부분은 빼주고 모자라는 부분은 채워 넣어야 한다.

좌측 솟음칸도 같은 방법으로 그린다.
종보와 누마루 종도리 간격은 425이고 합각 뺄목은 우측과 같이 325이다.

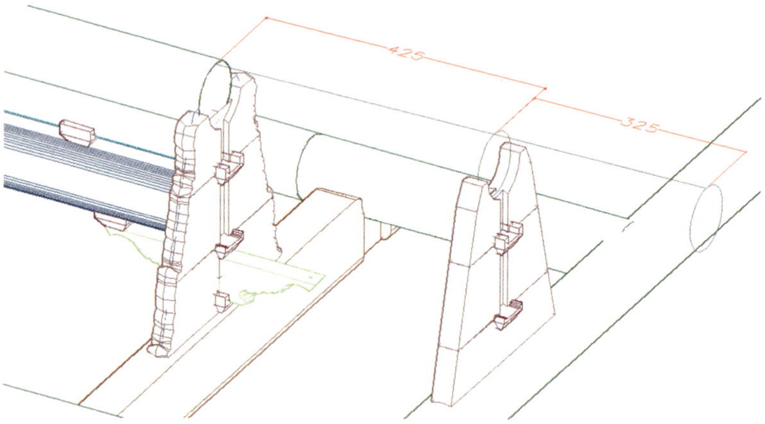

대공과 대공 사이의 부재들을 연결하면 본채 종보 위의 상부 가구가 완성된다.

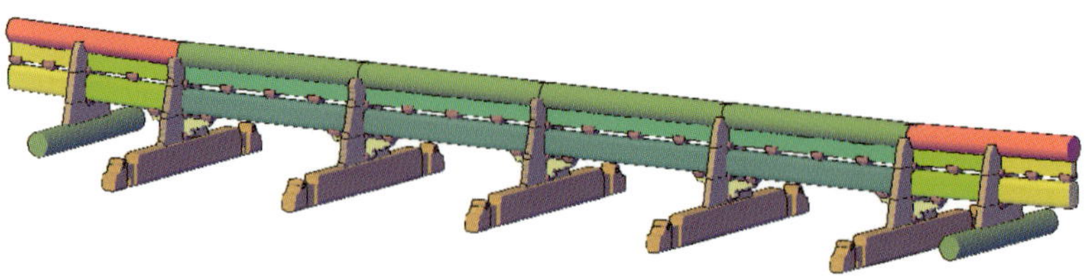

8. 누마루 대공 그리기

누마루의 대공도 본채의 대공과 같은 방법으로 만든다.

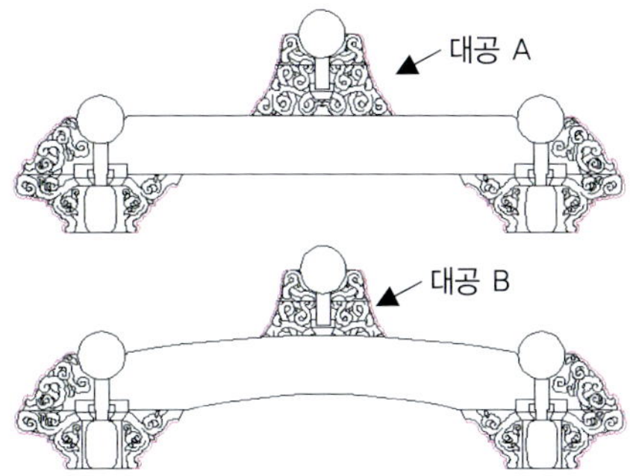

1) 외곽선 그리기

본채 대청칸 대공과 마찬가지로 누마루의 대공은 먼저 하나로 만들어 나중에 분리하기로 한다.

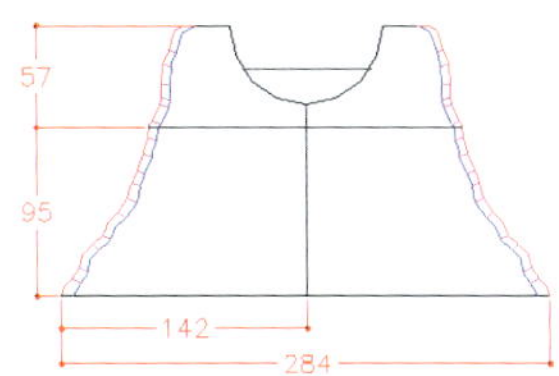

두 개의 외곽선을 그린다.(BOPLY 또는 JOIN)

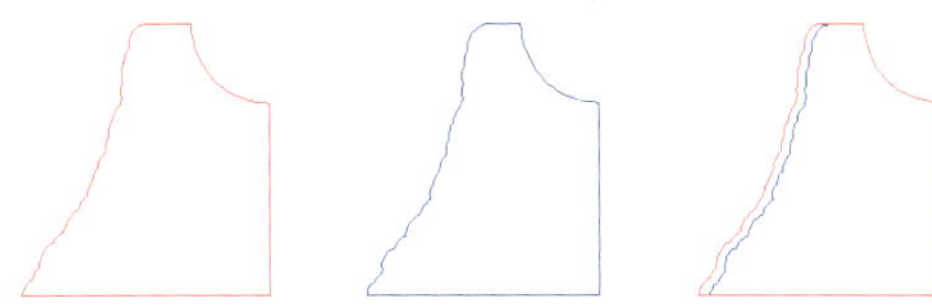

2) 솔리드 만들기

- 단면을 세워 두 영역을 벌린다.(3DROTATE, MOVE/15)
- 솔리드를 만든다.(LOFT)
- 대칭복사한다.(MIRROR3D)
- 두 판재로 분리하고 숭어턱을 붙인다.(SLICE, UNION)

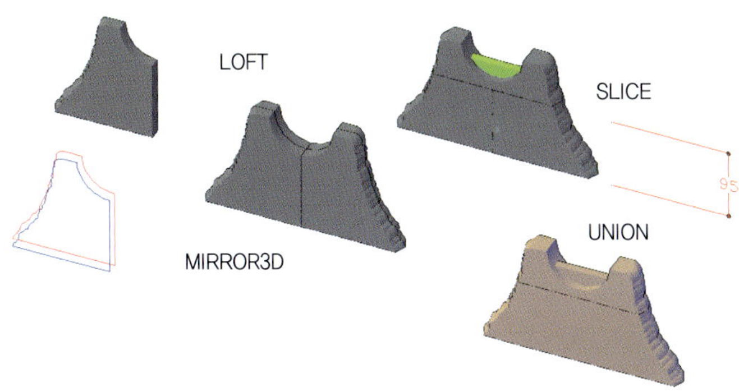

3) 대공 세우기

❶ 대공 A 세우기

은못자리를 따내고 대공을 올린다. 누마루는 850 주칸이므로 중심은 425이다.

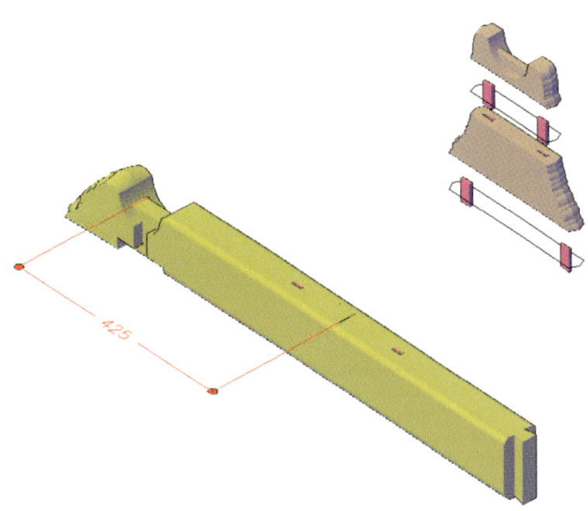

❷ 대공 B 세우기

- 앞에서 세운 대공 A를 수평이동(MOVE/825)한다.
- 대공을 보의 등에 맞춰 그렝이를 뜬다.(SUBTRACT)

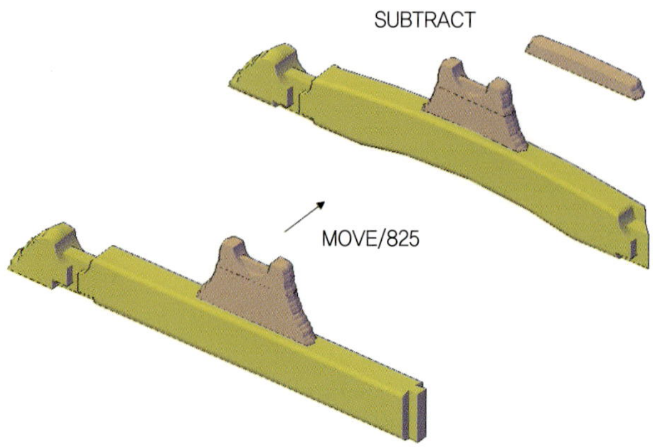

9. 누마루 종장여 연결하기

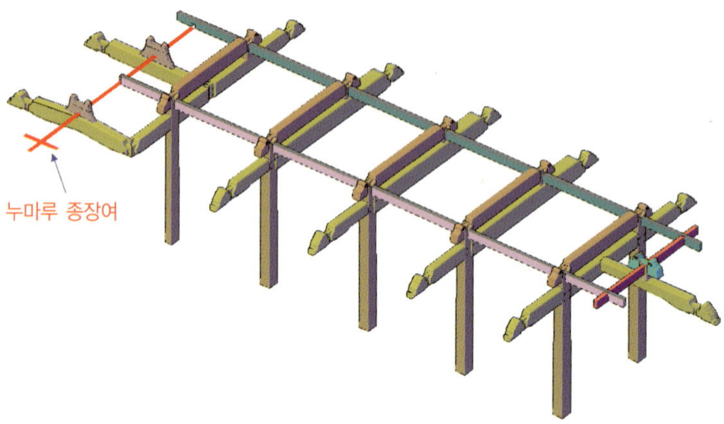

❶ 소로 넣기

소로는 대공에 5푼 묻히고 대청 대공에서와 같이 소로바닥이 5푼 돌출되도록 하였다.

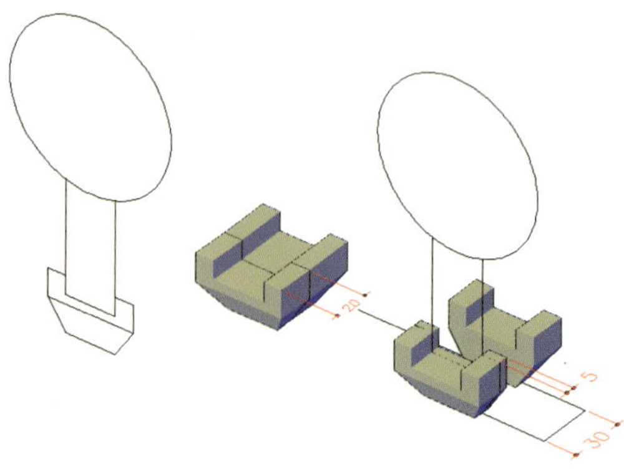

단면을 기준으로 소로를 옮기고 소로가 들어갈 자리를 따낸다.

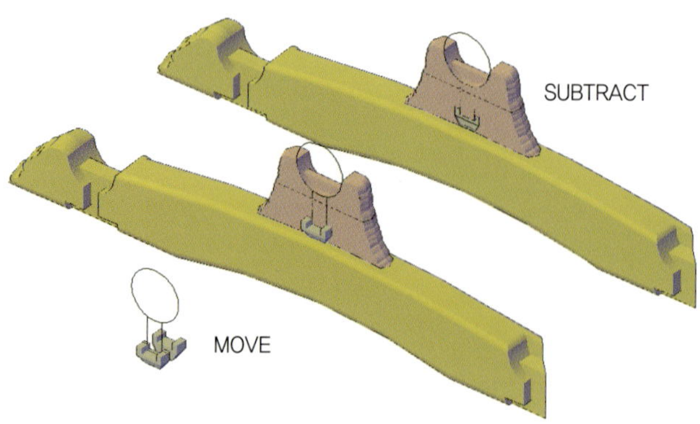

대공 A의 소로는 관통시킨다.

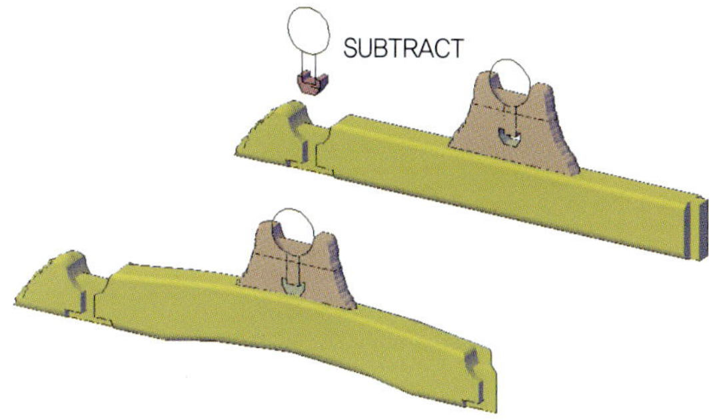

❷ 누마루 종장여 만들기

누마루 종장여는 누마루 대공 이외에 대칭의 중장여와도 연결된다. 양 끝은 추녀를 받기 위해 왕찌로 맞춰지고 중간에서는 본채의 중장여와 주먹장으로 연결된다.

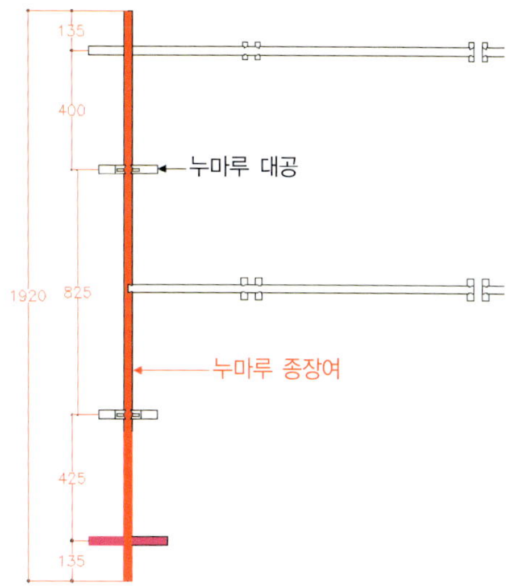

장여 전체를 하나의 솔리드로 만들어 반턱을 따내고 주먹장을 빼준다.

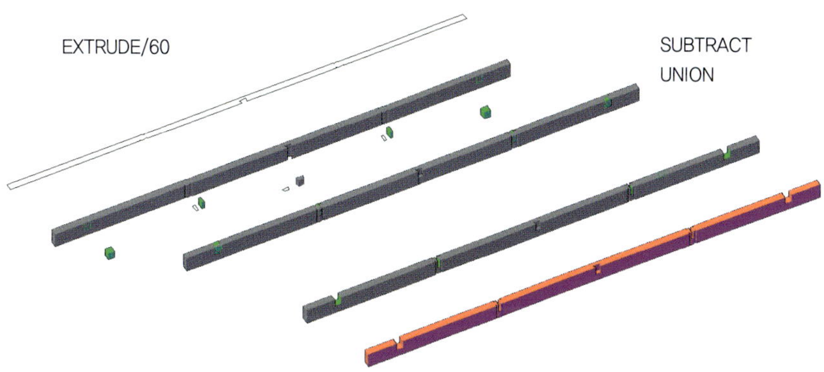

누마루 대공에 종장여 자리를 따낸다.

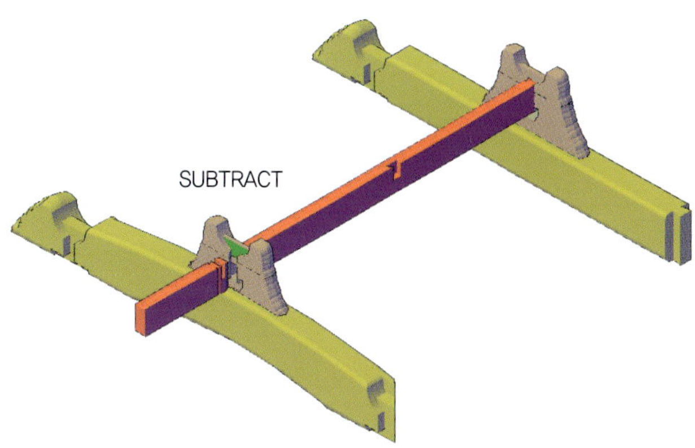

누마루에 종장여를 조립하고 본채의 중장여와 연결한다.

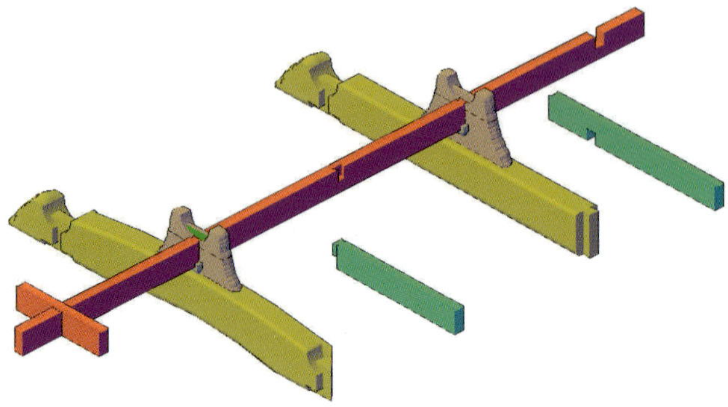

누마루와 본채의 동자주와 대공이 모두 만들어졌다.

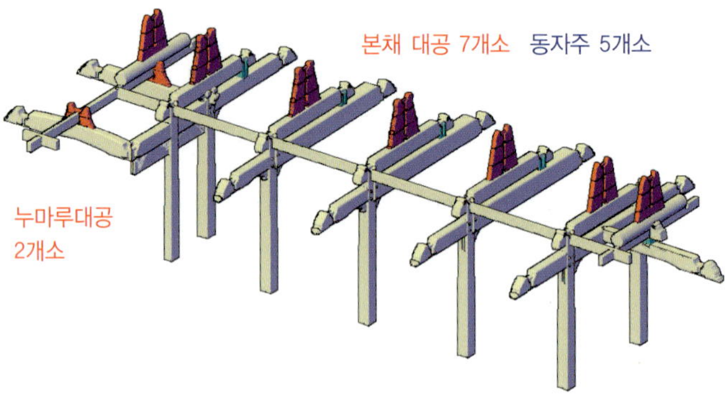

낙선재에서 동자주는 대량 위에 4곳, 충량 위에 1곳이 설치되고, 대공은 종량 위에 5곳, 양 측면 중도리 위에 2곳, 누마루의 대량 위에 2곳 등에 설치되었다.

Chapter

11 추녀

추녀는 처마도리의 왕찌 위에 놓여서 선자연을 통해 내려오는 지붕의 하중을 받는다. 한자로는 ‘春舌’이나 ‘衝舌’ 또는 ‘衝椽’으로 표기하는데 여기서 ‘舌(혀 설)’은 ‘내민다’는 뜻을 가진 것으로 여겨진다.

추녀는 자연스럽게 휜 곡재를 사용해야 하며 외목 길이보다 내목 길이가 더 커야 충분한 힘을 발휘하여 지붕의 하중을 버틸 수 있다.

경복궁 협길당

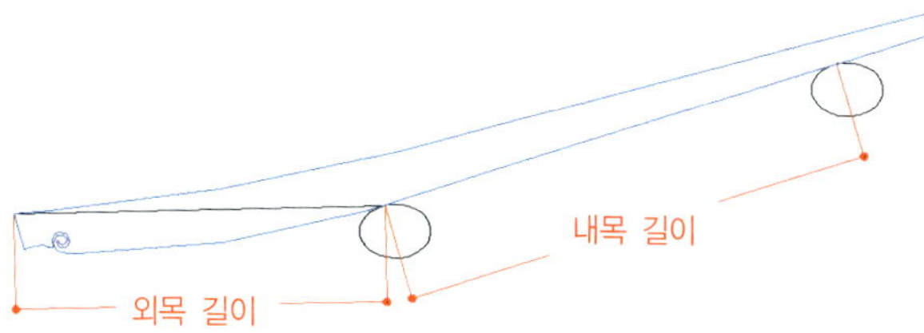

내목이 충분한 추녀

11-1 추녀의 구조

추녀는 외목과 내목, 그리고 뒤초리로 나눌 수 있다. 내목선(OC)을 기준으로 수직으로 올린 선이 AC와 만나는 높이(OB)가 추녀곡이 된다.

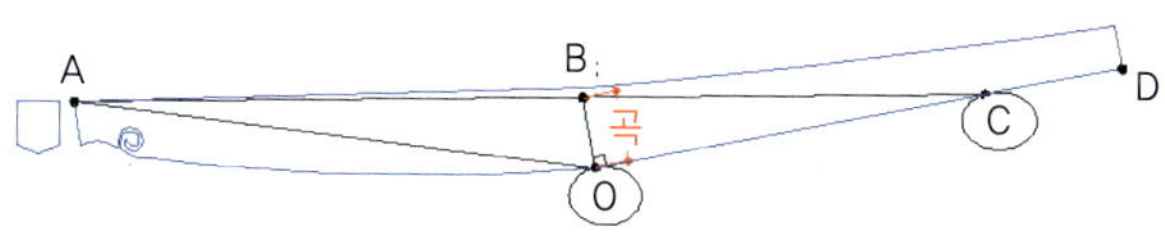

내목이 짧은 추녀

❶ 외목 길이(AO)＝(장연 내밀기+안허리곡)× $\sqrt{2}+\alpha$

여기서 장연 내밀기는 서까래 끝에서 도리 중심까지의 수평거리이고

안허리곡은 집의 규모에 따라 다르지만 60~100 정도로 한다.

※ 부연이 있는 겹처마집에서는 사래내밀기를 고려하여 외목길이가 길어지지 않도록 해야 한다.

❷ 추녀곡(OB)＝점 O에서 AC로 올린 수선의 높이

도편수마다 기준이 다르지만 일반적으로 툇간 거리의 20~30% 정도로 한다.

❸ 추녀의 내목 길이(CO)는 툇간 거리와 도리간 높이를 이용하여 얻는다.

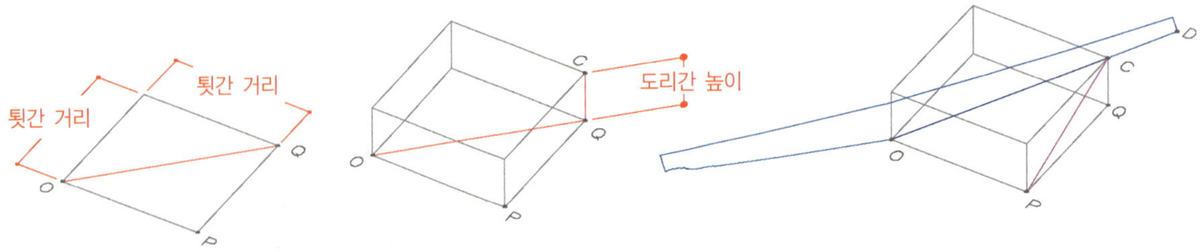

즉 툇간 거리를 한 변으로 하고, 주심에서 중도리 사이의 거리(DC)를 높이로 하는 직육면체의 대각선 길이이다.

QO＝툇간 거리× $\sqrt{2}$

CO＝ 내목길이

CP : 장연 물매

❹ 추녀 마구리 크기는 폭을 한 변으로 하는 정사각형을 그리고 경사는 10~15 정도로 하는데 추녀의 모양에 따라 유동적이다.

11-2 낙선재 추녀 그리기

낙선재 추녀의 폭은 62 정도인데 여기서는 서까래 굵기(ϕ)보다 한 치 크게 하여 60으로 하였다.

낙선재의 처마도리~중도리 간격인 툇간의 너비는 425이다. 이는 주칸 800일 때 툇간 길이가 400인 일반적인 경우보다 약간 큰 편이다.

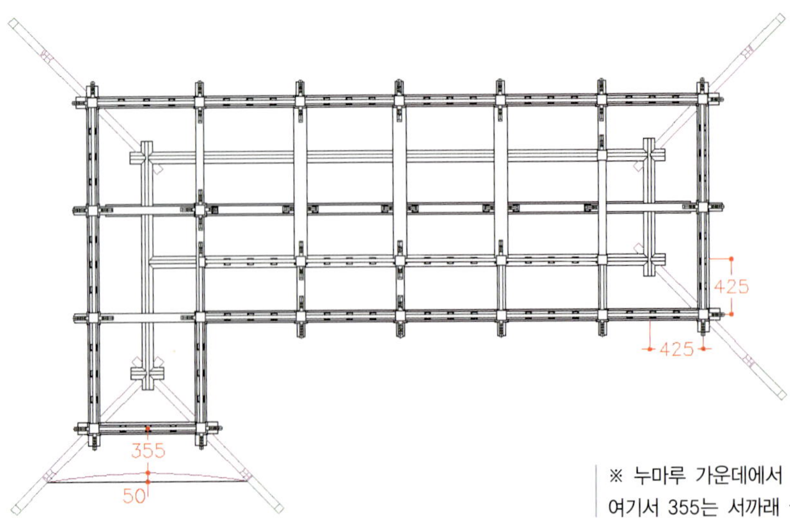

낙선재 추녀와 선자연의 굵기

※ 누마루 가운데에서 장연 내밀기는 345로 하였다.
여기서 355는 서까래 끝에서 도리 중심까지의 수평거리이다.

1. 낙선재 추녀 단면 그리기

누마루의 추녀 단면을 그리면 다음과 같다.

도리칸의 높이는 160이고, 추녀곡은 120으로 추녀 외목 길이를 550으로 하였다.

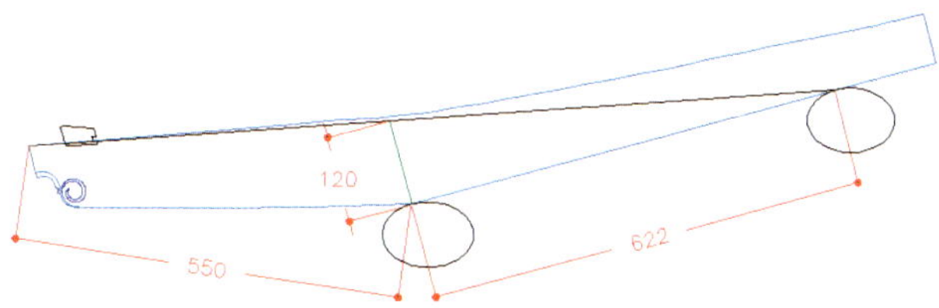

※ 겹처마집인 낙선재에서는 사래내밀기를 고려하여 추녀 외목 길이가 너무 길지 않도록 조절하였다.

1) 내목 길이 구하기

425를 한 변으로 하고 160을 높이로 하는 BOX를 그려 추녀의 내목 길이를 얻는다.

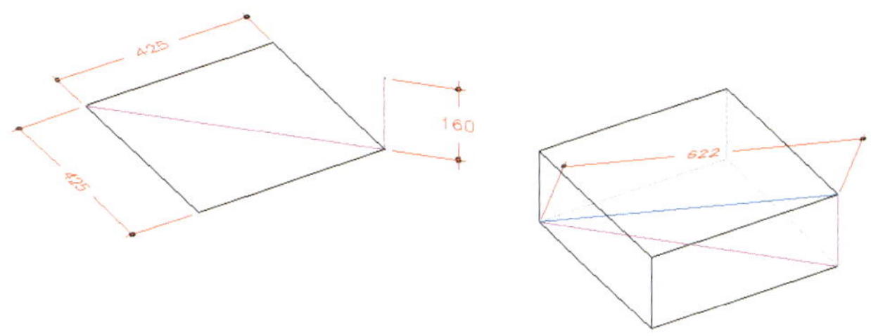

2) 추녀 단면 그리기

내목 길이를 평면으로 가져와 추녀를 그린다. 추녀곡은 120으로 한다.

❶ 내목 길이 622(OC)에 추녀곡 120인 수선을 그린다.(OB)

❷ 점 O에서 반지름 550인 원을 그린다.

❸ 직선 BC를 그린다.

❹ BC를 원에 연장한다.(점A)

❺ 점 A에서 추녀머리를 내린다.(점Z)

LINE/40

❻ 추녀머리 곡선을 그린다.(Z~Y)

❼ 배 곡선(*PLINE/ARC/D*)을 그려 점 O에 연결한다.(Y~O)

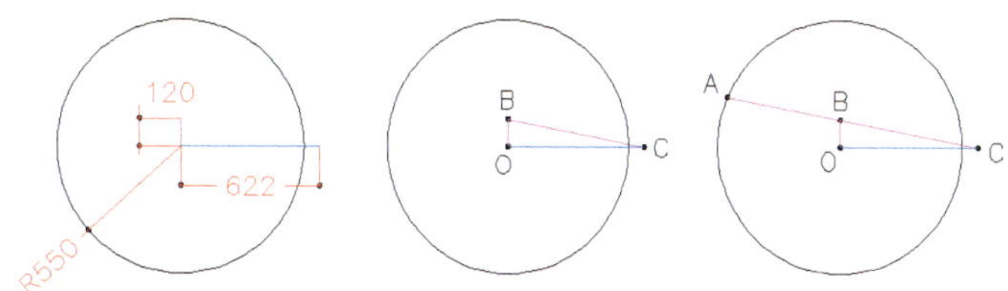

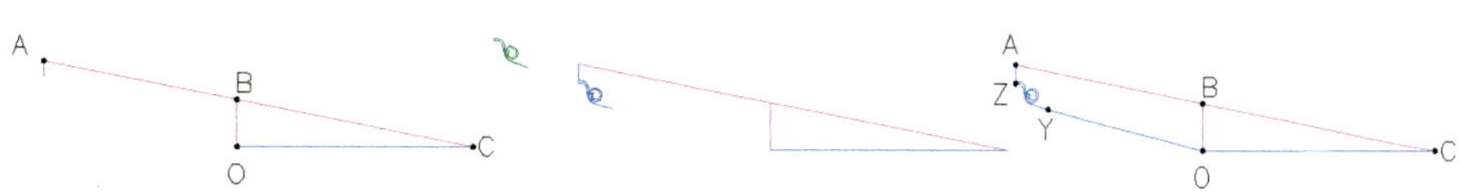

❽ 추녀 뒤초리를 연장한다.(CD)

LENGTHEN/증분(DE)/200

❾ 뒤초리 높이를 올린다.(점 E)

LINE/60

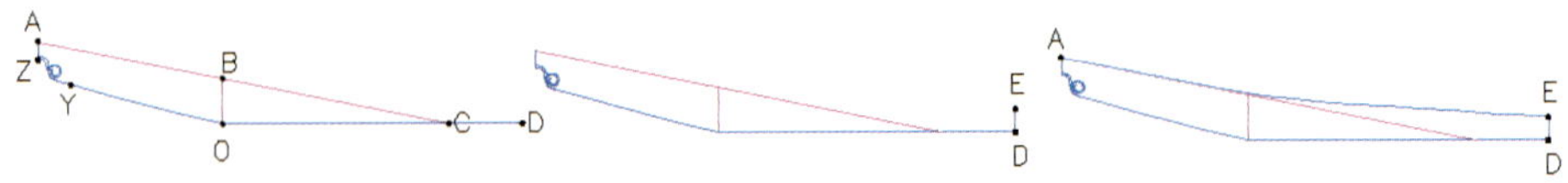

❿ E~A를 연결하여 추녀 단면을 완성한다.(*PLINE/ARC/D*)

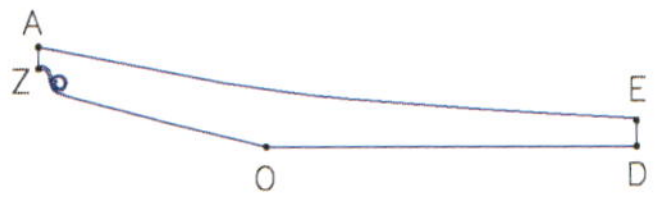

2. 추녀 솔리드 만들기

❶ 추녀 외곽선을 두 영역으로 나누고, 포갠 단면을 회전시켜서 바깥선을 추녀폭의 절반 만큼 이동한다.

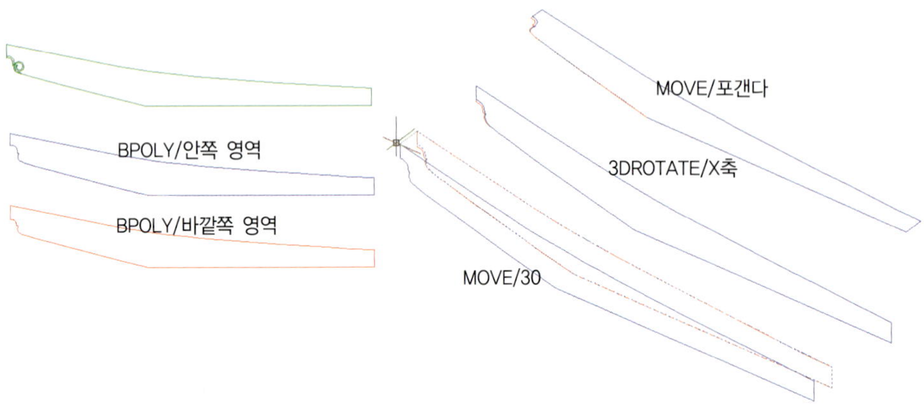

❷ 몸통 솔리드를 만든다.

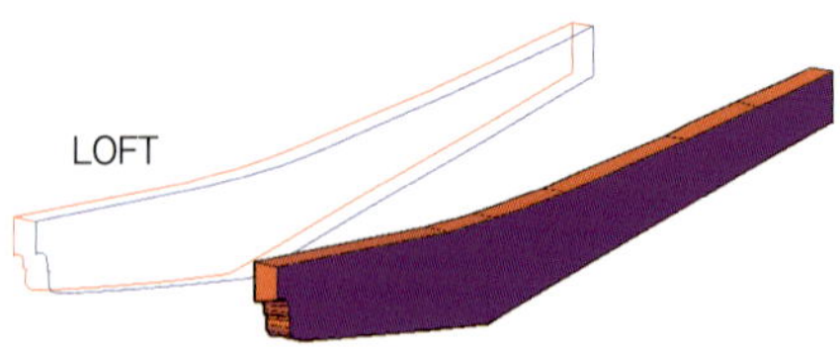

3. 게눈각 만들기

낙선재의 추녀머리는 게눈각에 순이 달려 있다. 게눈을 조각하고 순을 만들어 붙인다.

낙선재와 연경당의 게눈각

❶ 순과 게눈각 솔리드를 만들기 위해 각각 영역을 만든다.

❷ 순 솔리드를 만든다.

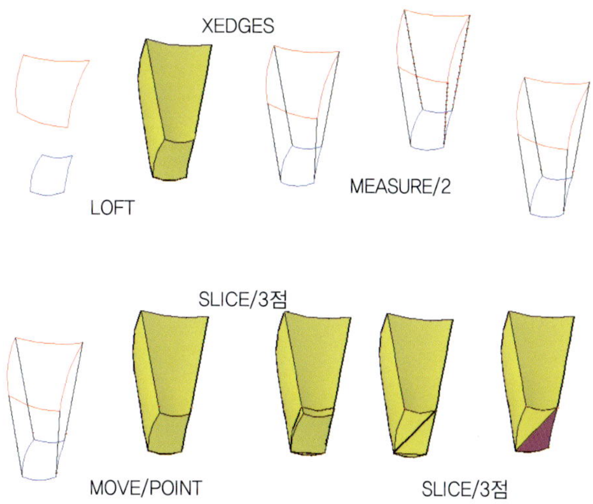

❸ 추녀 솔리드의 끝점을 기준으로 순을 옮긴다.

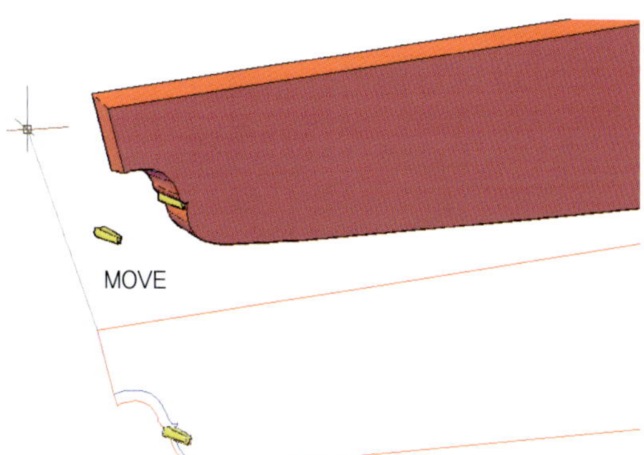

❹ 게눈 솔리드를 만든다.

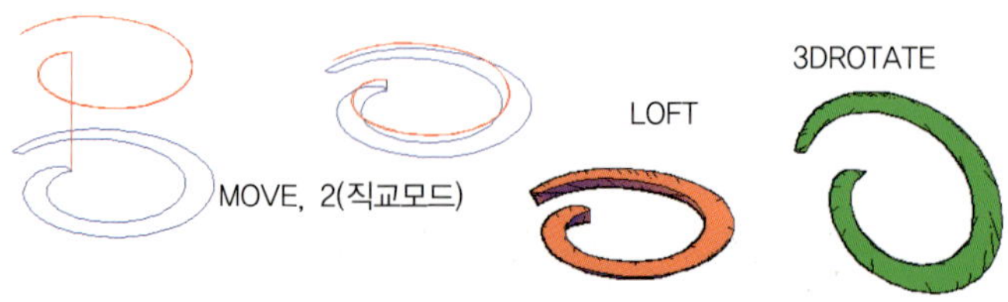

❺ 추녀머리에 게눈을 새긴다.

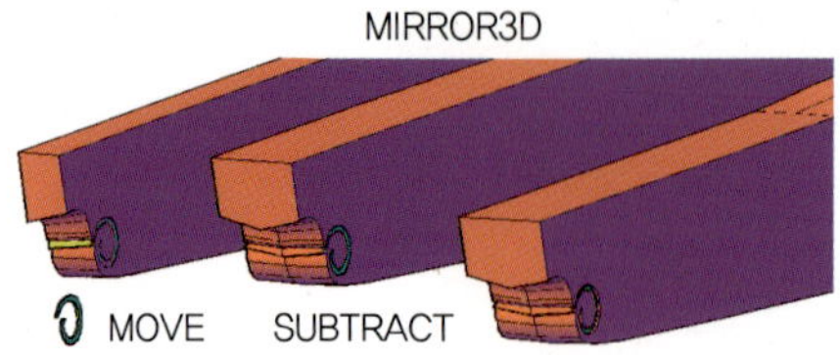

대칭복사하면 추녀가 완성된다.

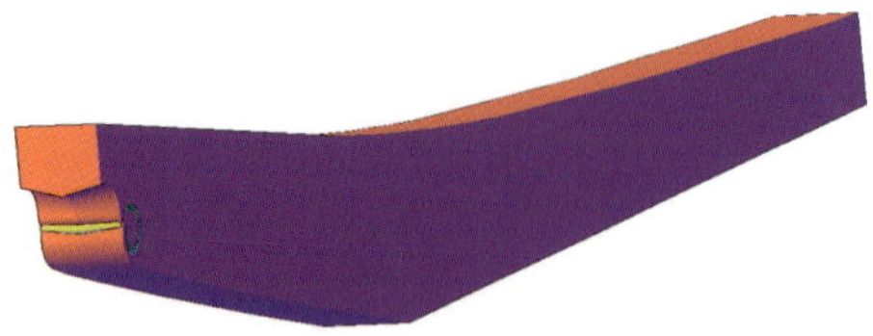

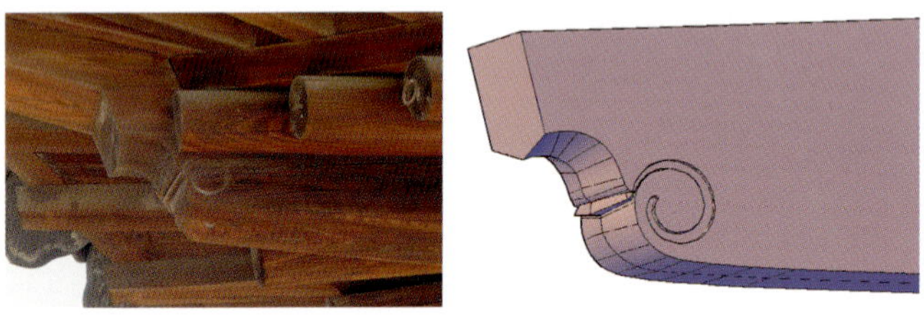

완성된 솔리드와의 비교

4. 추녀 앉히기

❶ 기준선 그리기

주심도리와 중도리를 추녀의 측면선으로 자르고 접선을 그린다.

- 주심과 중도리의 왕찌를 추녀의 측면선으로 자른다.(추녀폭의 $\frac{1}{2}$)
- 타원의 중심을 지나는 축이 UCS의 X축이 되도록 옮긴다.
- 처마도리의 사분점과 중도리의 접점을 연결한다.

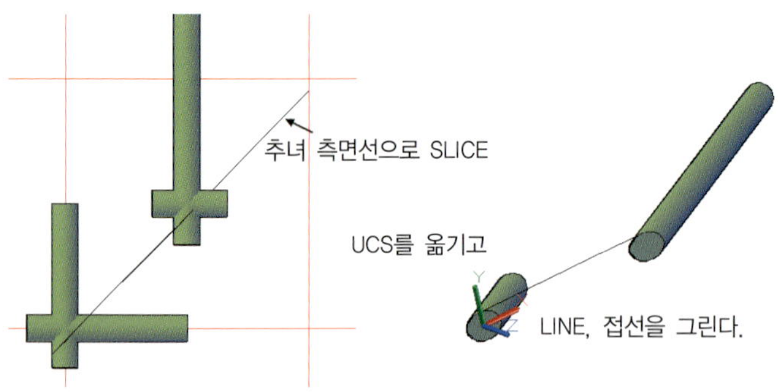

❷ 추녀 옮기기

추녀를 측면선의 두 점(1, 2)과 타원 상의 두 접점(4, 5)을 기준으로 옮긴다.

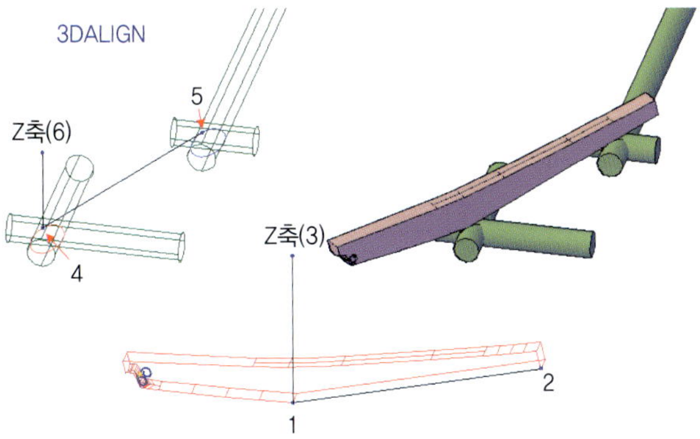

명령: 3DALIGN
객체 선택: 1개를 찾음

객체 선택:
원본 평면 및 방향 지정...
기준점 지정 또는 [복사(C)]: **1(추녀 측면의 내목이 시작되는 점)**
두 번째 점 지정 또는 [계속(C)] 〈C〉: **2**
세 번째 점 지정 또는 [계속(C)] 〈C〉: 대상 평면 및 방향 지정...**Z축**
첫 번째 대상점 지정: **4**
두 번째 대상점 지정 또는 [종료(X)] 〈X〉: **5**
세 번째 대상점 지정 또는 [종료(X)] 〈X〉: 대상 평면 및 방향 지정...**Z축**

❸ 추녀 앉히기 (그렝이 뜨기)

추녀는 왕찌의 중심에서 조금 뜨게 되는데 이것을 앉히기 위해서 왕찌의 중심과 추녀 밑면으로부터 떨어진 거리를 재서 추녀를 내려야 한다.

- 처마도리 상부의 사분점을 연결한다.
- 교차점에서 수선을 올린다.
- 추녀 밑면에 중심선을 그리고 TRIM한다.
- 추녀를 뜬 높이만큼 내린다.
- 도리에서 추녀를 빼준다.

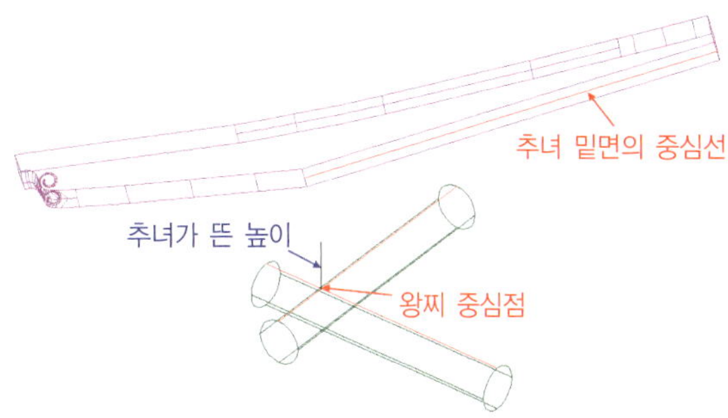

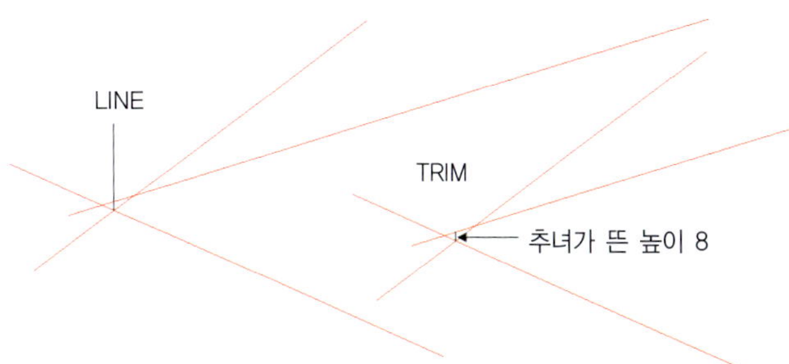

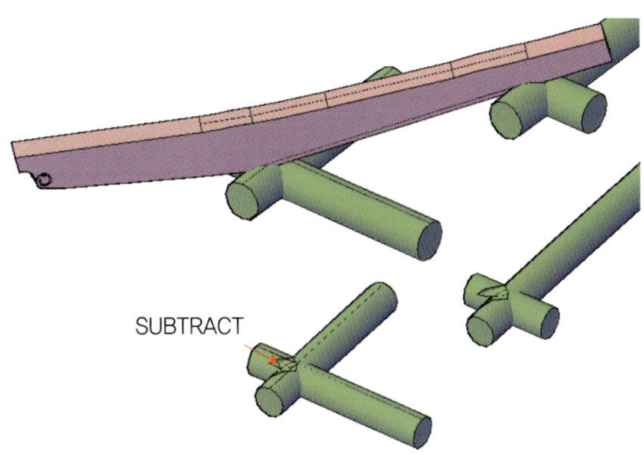

❹ 추녀 대칭복사하기

나머지 네 곳으로 추녀를 복사한다.

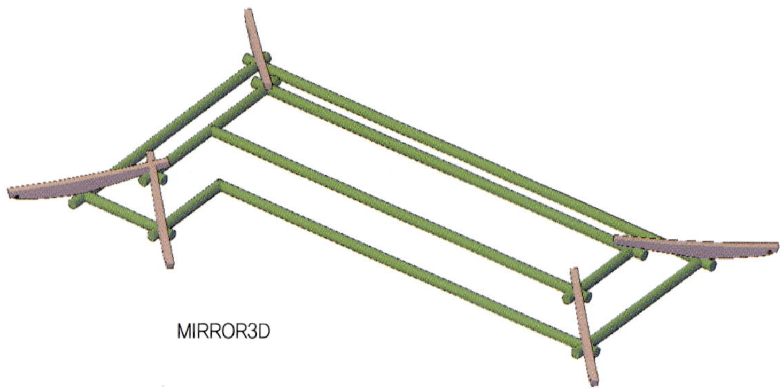

◈ 누마루 추녀 반턱 따내기

누마루의 추녀는 서로 교차하므로 뒤초리에서 받을장과 업을장으로 만들어야 한다.

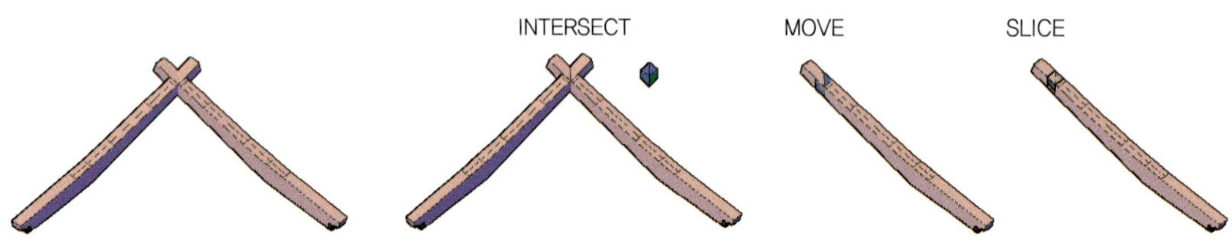

- 두 추녀가 교차되는 부분을 빼낸다.(INTERSECT)
- 교차된 부분을 받을장에 넣는다.(MOVE)
- 교차된 부분의 측면선을 이용하여 자른다.(SLICE)

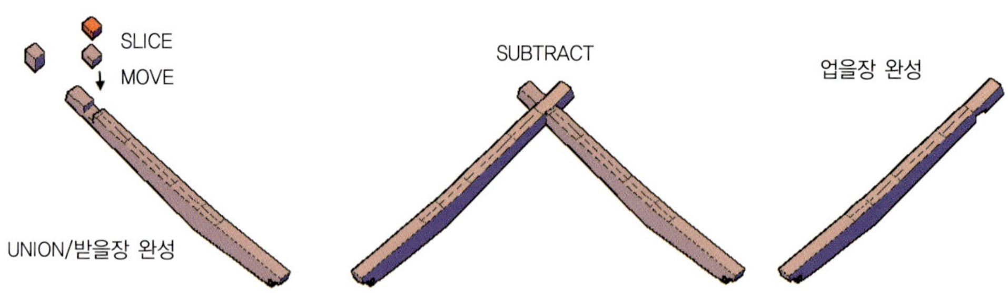

- 잘려진 토막을 절반으로 다시 자른다.(SLICE)
- 아랫 부분을 추녀로 옮기면 받을장이 완성된다.
- 받을장 추녀를 이용하여 업을장을 만든다.(SUBTRACT)

Chapter

12 처마곡선

처마곡선은 추녀와 추녀 사이를 연결하는 평고대가 만들어내는 3차원 곡선으로 앙곡선과 안허리곡선으로 구성된다. 정면에서 바라볼 때 추녀곡에 의해 평고대가 들려지는 곡선을 앙곡선이라 한다.

낙선재 이매기 앙곡=210

안허리곡선은 다음의 앙시도에서처럼 장연 내밀기와 추녀 외목이 만들어낸 곡선이다. 가운데 가장 많이 들어간 정도를 안허리곡이라 한다.

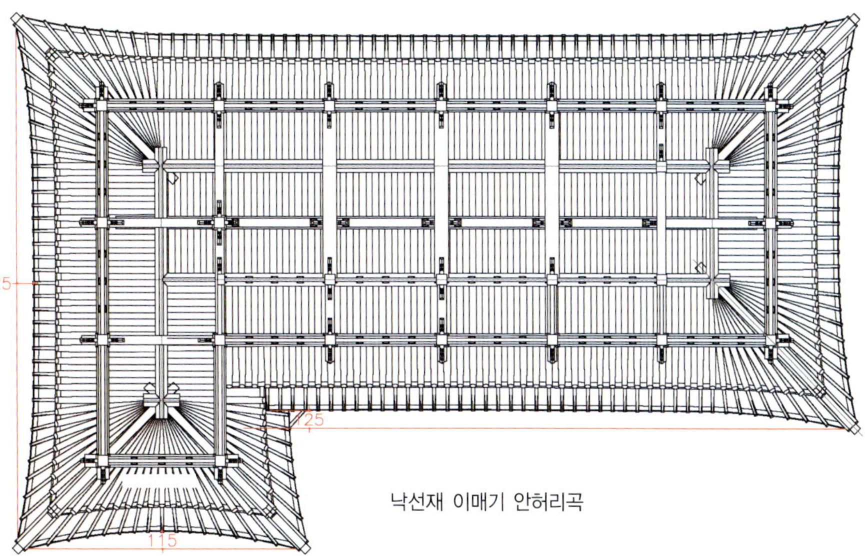

낙선재 이매기 안허리곡

처마곡선은 외관상으로 가장 눈에 띄는 부분이며 한옥의 모든 멋은 여기서 출발한다고 해도 과언이 아니다. 지붕의 곡선과 처마가 만들어내는 곡선은 긴 세월 동안 갈고 닦인 미적 추구의 결과이다. 이는 여러 가지 요인이 조화를 이루면서 나타나는 것으로 집의 규모에 따른 장연의 내미는 정도와 지붕의 물매가 이루는 경사각, 그리고 추녀의 들림과 내미는 정도인 앙곡과 안허리곡 등의 여러 요소가 유기적으로 결합되어 만들어진다. 이는 스승에게서 배운 기법을 바탕으로 도편수의 경험과 심미적 감각으로 형성되는 것이다.

12-1 곡선의 종류

처마곡선은 가운데 서까래에서부터 추녀쪽으로 평고대를 점차 내밀고 올리면서 보기 좋을 정도로 휘게 하여 만든 자연곡선이다. 그러므로 이 곡선을 수학적인 값으로 정확하게 표현할 수는 없다. 다음의 지붕곡선들은 입면 사진을 통해 얻은 것들인데 모양이 모두 제각기 다르다.

여러 가지의 지붕곡선(앙곡)

윤황고택과 사양정사

연경당과 사양정사

※ 평고대가 만드는 처마곡선뿐 아니라 용마루곡선도 집의 외관을 만드는 중요한 요소 중 하나이다.

처마곡선은 근본적으로 앙곡과 안허리곡에 따라 차이가 있는데 앙곡은 추녀곡과 안허리곡은 처마 길이와 관련이 있다. 그러므로 툇간의 길이에 따라 추녀곡을 정하고(尺당 25~30푼) 안허리곡을 앙곡의 2/3 정도로 한다는 등의 정해진 수치만으로는 설명될 수 없는 것이다.

자성재(포천)

또한 처마곡선은 주변의 산세나 지형적 조건, 그리고 거주하는 사람의 성향 등을 종합적으로 고려하여야 한다. 또한 무엇보다도 집이 지어진 뒤에 자리잡은 모습을 유추할 수 있는 도편수의 경험으로 표현되어야 한다.

한옥의 재료인 나무는 줄었다가 늘기도 하며, 휘는 성질도 가지고 있다. 또한 자기 자신의 무게로 처지기도 한다. 처마곡선을 오토캐드로 아무리 세밀하게 잘 그린다 해도 이러한 재료의 자연적 성질 때문에 현장에서 그림 그대로 시공하는 것은 불가능하다. 우리가 오토캐드로 한옥을 그리는 주 목적이 구조를 이해하는데 있으므로 어느 정도 비슷한 곡선으로 그것을 이해하는데 도움이 된다면 충분하다고 할 수 있다.

12-2 낙선재 처마곡선 그리기

1. 안허리, 앙곡곡선 얻기

1) 처마의 수평길이

평고대가 추녀와 만나는 지점을 이은 직선을 바탕으로 안허리 앙곡선을 그려보자.

❶ 초매기 평고대는 추녀에 살짝 걸쳐지는 정도로 설치하고 추녀코는 50으로 한다.

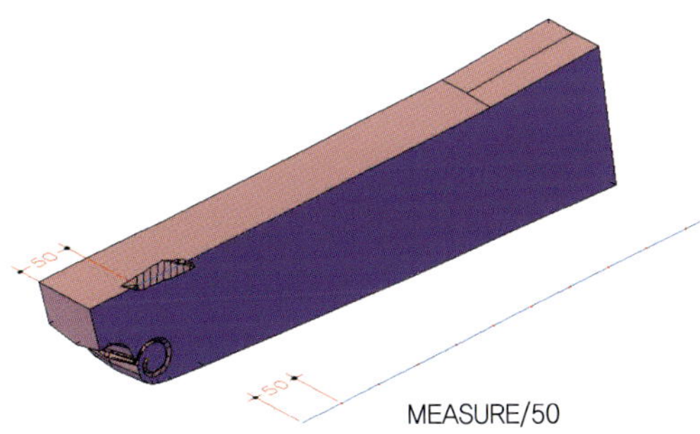

❷ 코간거리

양쪽 추녀의 모서리와 평고대가 만나는 두 점 사이의 거리를 잰다.

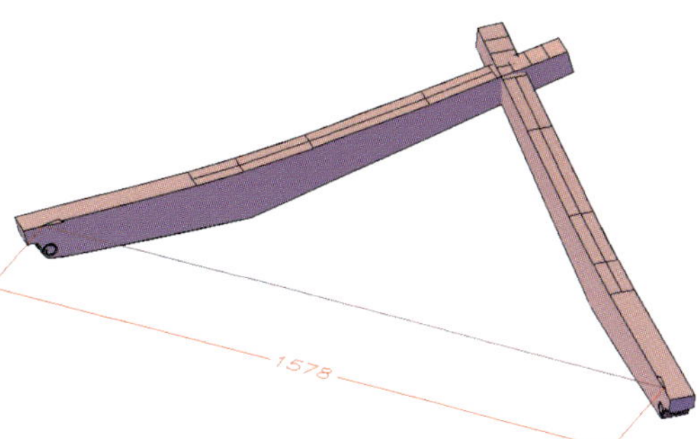

2) 곡선 그리기 1

가로축은 누마루 처마 길이의 절반으로 세로축은 안허리곡을 반지름으로 하는 사분원으로 하여 두 직선을 그리고 적당히 등분하여 교점을 연결하면 처마선과 유사한 곡선을 얻을 수 있다.(원의 반지름인 안허리곡은 70, 처마 길이는 1600으로 하였다.)

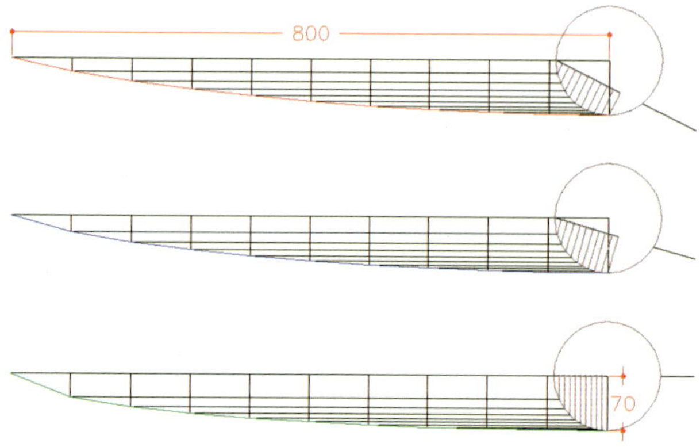

분할 각도에 따른 처마곡선

위에서 그린 곡선을 추녀로 옮기면 우측과 같다. 제일 아래 곡선은 반지름이 4500인 원의 일부이다.

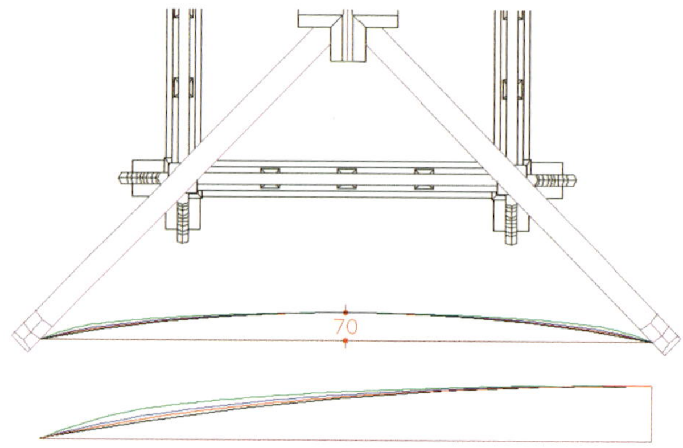

누마루 안허리곡선

※ 사분원을 이용한 곡선 그리기

❶ OB를 반지름으로 하는 원을 그린다.(OB=안허리곡)

❷ PB를 연결한 뒤 선분 AO와 PB를 같은 수로 등분한다.

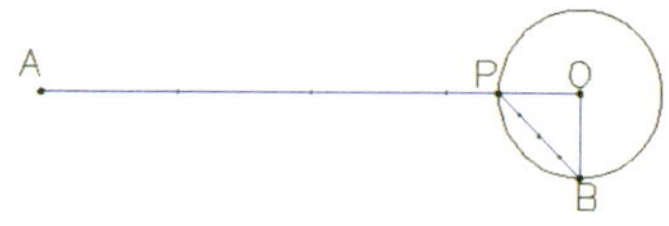

❸ UCS의 X축을 선분 PB에 맞추고 수선을 내린다.

❹ 처마길이의 절반(AO)을 등분한 각 점들과 연결한다.

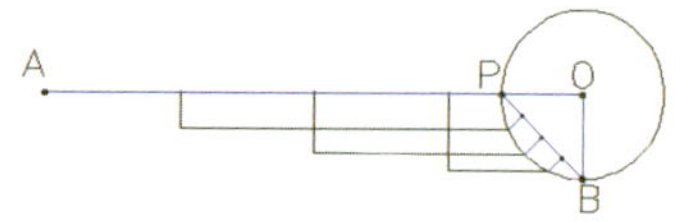

❺ 점 A와 B 사이의 각 교점을 Pline으로 연결한다.

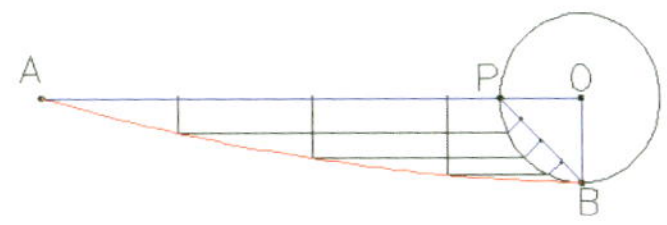

PB의 경사를 달리하면 정해진 안허리곡에 따라 여러 개의 곡선을 얻을 수 있다.

※ 현수선(CATENARY)에 대하여

현수선이란 양쪽에서 팽팽하게 당겨진 줄이 자체의 무게만으로 아래 방향으로 처진 곡선을 말한다. 지붕의 용마루곡선이나 지붕면의 욱은곡선은 밧줄의 현수곡선을 이용하는데 밧줄의 굵기에 따라 늘어지는 정도를 조절하여 그 집에 맞는 곡선을 만들 수 있다.

우측의 곡선은 y=acosh(x/a)라는 함수로 표현되는데 원호보다는 조금 더 안쪽으로 욱은곡선을 만들 수 있다.

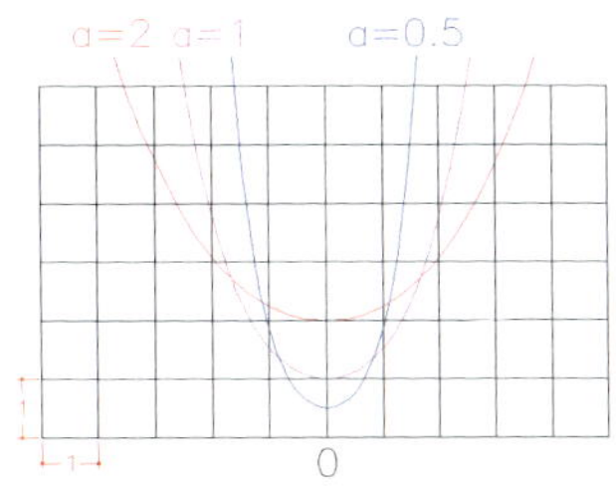

3) 곡선 그리기 2 (낙선재 처마곡선 그리기)

낙선재의 처마곡선을 실제의 모습 그대로 그리려면 각 지점의 좌표를 입력하여야 한다. 그러나 여기서는 처마곡선을 ARC명령어로 그리도록 하겠다.

ARC는 곡선 중에서 가장 간단한 정보로 이루어져 데이터처리하는데 효과적이기 때문이다. 곡선은 정점의 수가 많을수록 솔리드로 변환되는 과정에서 많은 시간이 걸리는데 정확한 실제 모습을 원하는 것이 아니라면 굳이 SPLINE이나 정점수가 많은 PLINE은 피하는 것이 좋다.

❶ 안허리곡 65인 곡선을 PLINE으로 곡선을 그린다.

※ 선자 기준선을 그리기 위해 안허리곡을 조금 크게 한다.

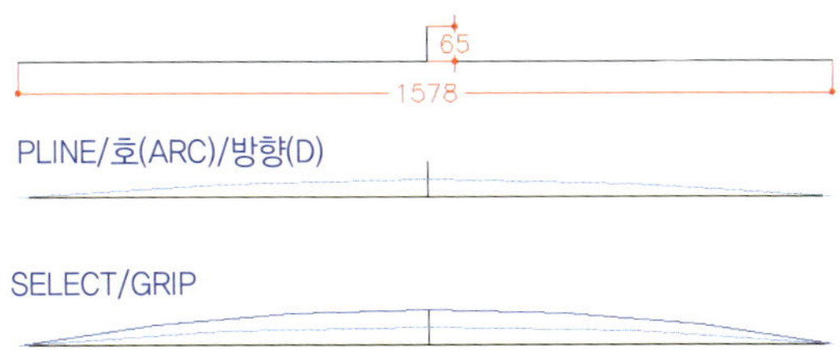

❷ 같은 방법으로 앙곡 110인 곡선을 그린다.

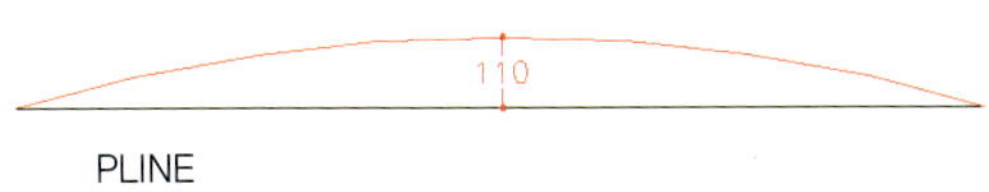

2. 안허리곡선과 앙곡곡선 합치기

1) 앙곡곡선을 회전시킨다.

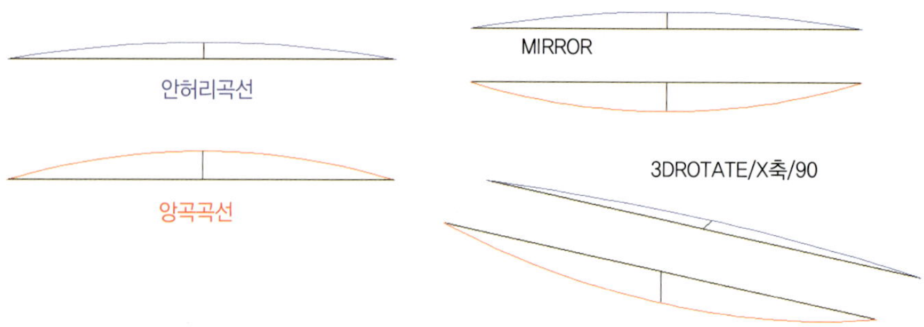

2) 두 곡선을 돌출시킨다.

❶ 두 직선을 포개어 두 곡선을 모은다.(MOVE)

❷ 앙곡선은 안허리곡 두께로 돌출시킨다.

❸ 안허리곡선은 앙곡 두께로 돌출시킨다.

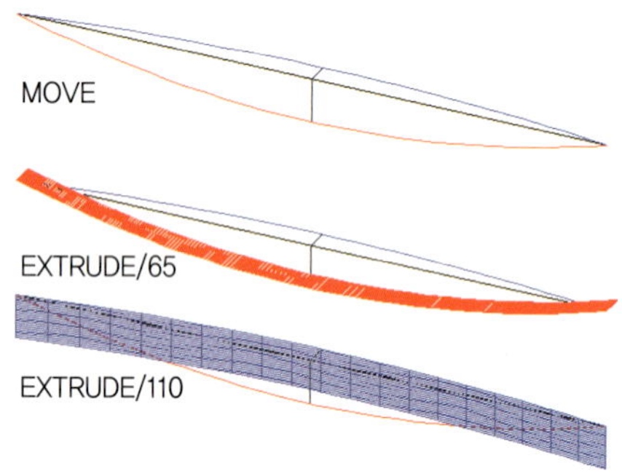

3) 처마곡선 얻기

두 SURFACE에서 겹치는 하나의 곡선을 얻는다.

이 곡선을 처마곡선으로 사용하면 나머지 부재들을 쉽고 간단하게 만들 수 있다.

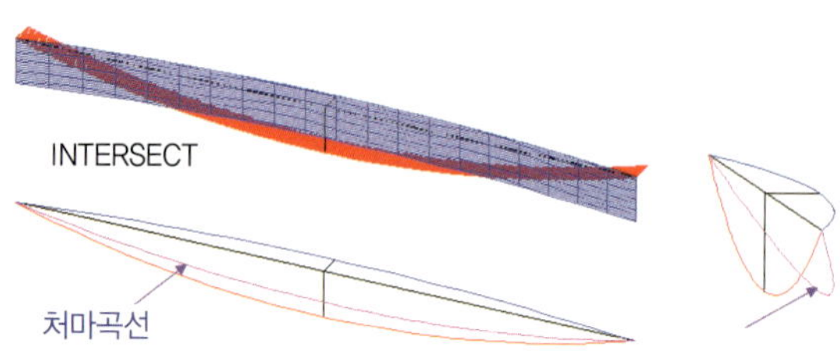

3. 처마곡선 걸치기

평고대가 걸쳐지는 점을 기준으로 완성된 처마곡선을 옮긴다.

처마곡선은 안허리곡과 앙곡이 정면과 측면, 그리고 누마루에서 모두 다르지만 앞으로 여기서는 위에서 그린 간단한 누마루의 처마곡선만을 사용하기로 한다. 처마곡선을 모두 다르게 그리면 선자연과 평고대를 별도로 만들어야 하기 때문이다.

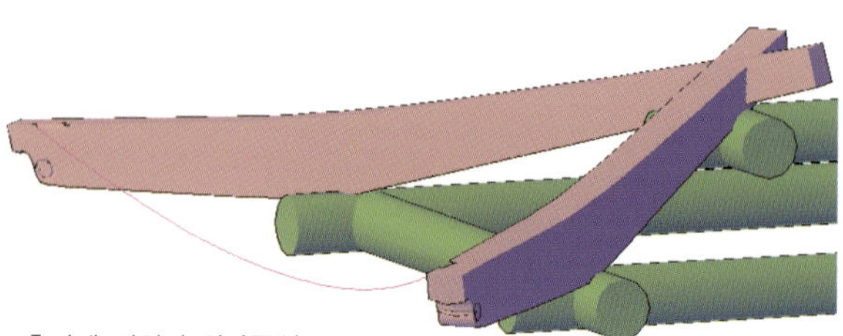

추녀에 걸쳐진 처마곡선

Chapter

13 갈모산방과 선자연

13-1 갈모산방

앙곡이 있는 처마에서는 그 높이만큼 서까래가 들려야 하는데 보통 한 자 내외의 곡을 굽은 서까래만으로 처리하기에는 한계가 있다. 그래서 선자 서까래 아래에는 경사진 나무를 받쳐 곡을 맞추게 되는데 이것을 갈모산방이라 한다.

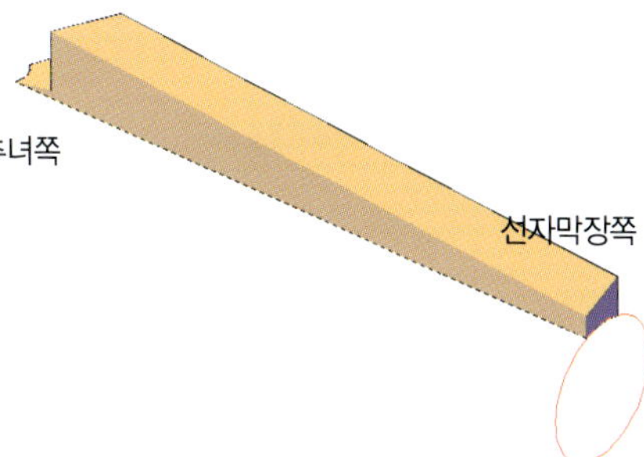

13-2 갈모산방의 크기

갈모산방의 폭은 장여폭과 같거나 조금 크게 하며, 춤은 앙곡의 경사에 맞게 한다. 추녀쪽에서 막장쪽으로 갈수록 점점 줄어드는데 그 높이는 일반적으로 도리 직경의 $\frac{1}{2}$ ~ 1 범위 내로 한다. 그것은 갈모산방의 높이가 너무 높으면 시각적으로 안정감이 떨어지기 때문이다. 선자연의 곡이 충분하다면 갈모산방의 높이를 적당히 조절할 필요가 있다.

갈모산방의 길이는 선자연이 놓이는 길이와 같게 하는 것이 일반적이지만 처마 길이가 긴 경우 평연이 2~3개 놓일 정도로 더 나올 수도 있다.

13-3 낙선재 갈모산방 그리기

낙선재 갈모산방의 폭은 30(수장폭은 28)으로 그린다. 높이는 장연물매와 앙곡을 고려하여 도리 직경의 절반(45)으로 하였다.

❶ 솔리드 만들기

길이 600에 폭 30, 높이 100인 육면체 솔리드를 만든다.

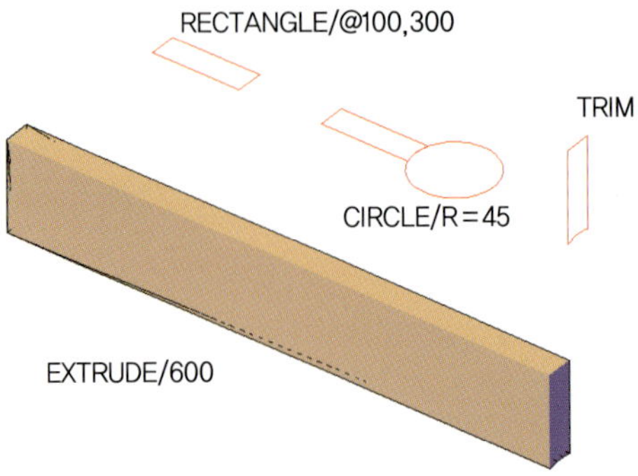

❷ 도리 위에 앉히기

갈모산방의 밑면 중심점을 기준으로 도리의 사분점으로 육면체 솔리드를 옮긴다.

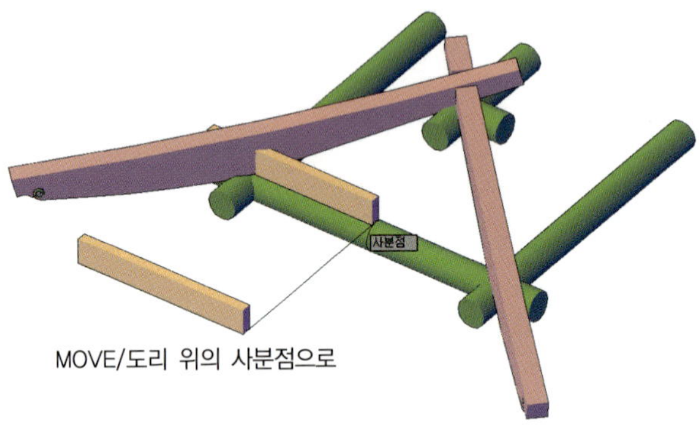

❸ 그렝이 뜨기

갈모산방이 추녀 밑으로 들어가는 부분을 그렝이질하기 위하여 갈모산방에서 추녀 솔리드를 빼주고(SUBTRACT), 추녀의 중심선으로 잘라준다.(SLICE)

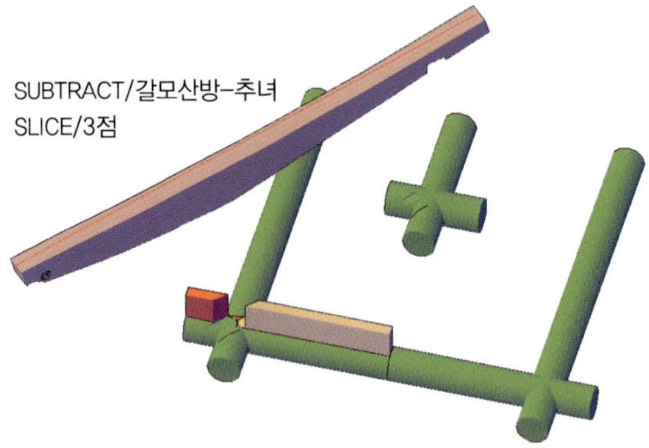

❹ 세 점(1, 2, 3)을 이용하여 갈모산방을 잘라(SLICE) 선자가 닿는 면을 만든다.

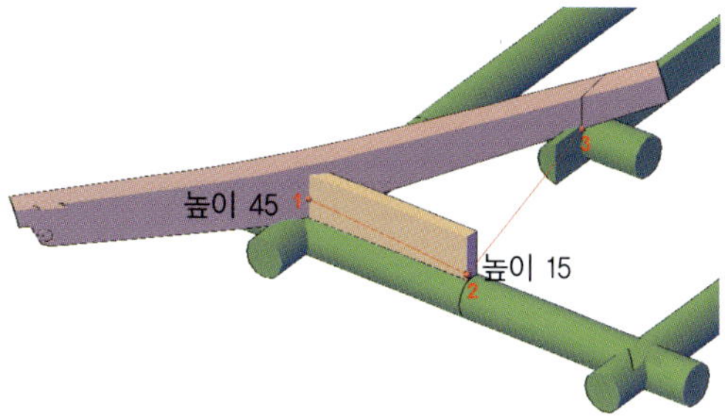

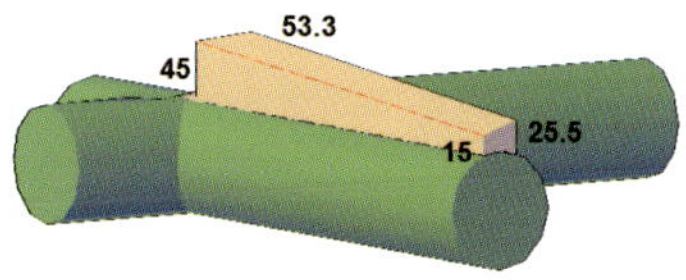

※ 갈모산방을 직선으로 자르지 않고 평고대 곡에 맞춰서 만드는 것이 원칙이다.

13-4 선자연

선자연은 장연과 추녀 사이에서 부채꼴 모양으로 거는 서까래이다. 추녀와 중도리가 만나는 점을 중심으로 방사형으로 배치한 것을 정선자라고 한다. 이외에 선자의 마구리를 경사로 잘라 추녀에 닿는 면을 타원형(말굽)으로 하여 붙이는 서까래를 말굽선자라고 한다. 잘 지어진 한옥은 외부로 노출되는 누마루에는 특히 정선자를 걸어 마감한다.

선자연(연경당)

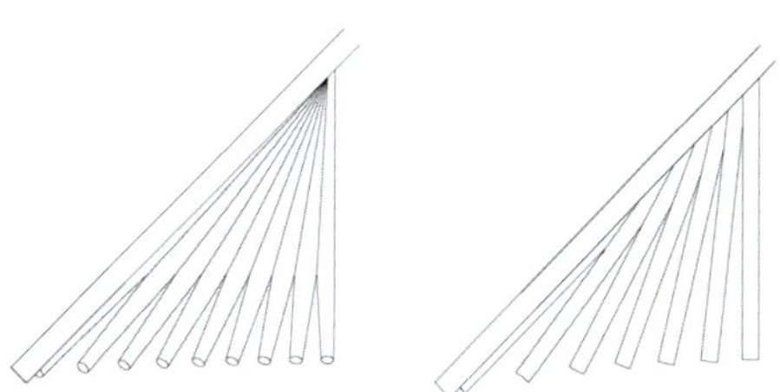

정선자와 말굽선자

13-5 정선자

선자연은 추녀 쪽에서부터 초장, 이장, 삼장, ... 막장까지 걸리는 선자의 개수에 따라 9장걸이, 십장걸이 등으로 불린다. 주심도리에서는 갈모산방이 걸쳐지고 선자 기준점은 중도리의 중심선과 추녀의 측면이 만나는 점이다. 선자 서까래의 간격은 일정해야 보기 좋으며, 특히 막장 간격은 평서까래 간격과 비슷해야 한다. 선자 모임점에서 갈모산방까지는 서로 밀착되어야 하고 갈모산방을 지나면서 사각 단면에서 점차 원형 단면으로 바뀌어진다. 또한 위로 갈수록 폭이 줄어들어야 부채 모양으로 여러 장을 붙일 수 있으며 선자끼리 닿는 면은 수직을 유지해야 한다.

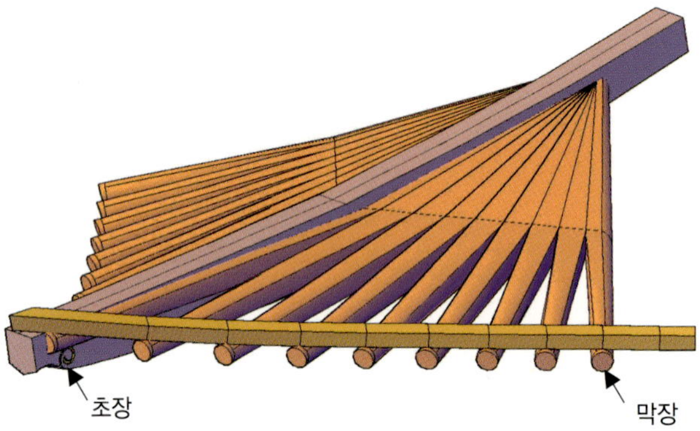

선자연은 추녀 쪽으로 갈수록 길이가 길어지고 꺾인 정도도 커진다.

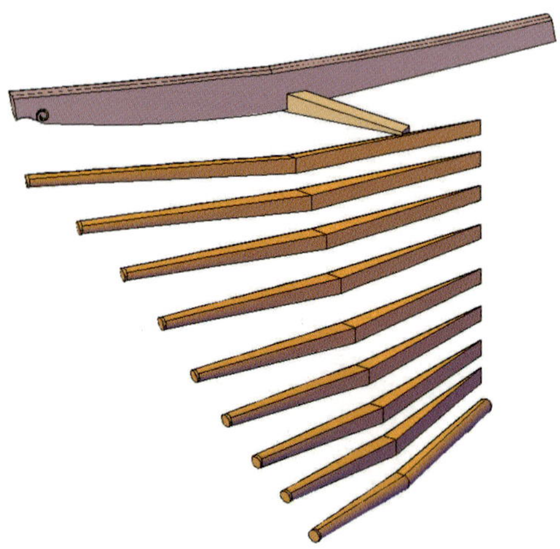

이 꺾인 정도를 선자곡이라 하는데 꺾인 점을 기준으로 바깥 부분은 외목, 안쪽이 내목이다.

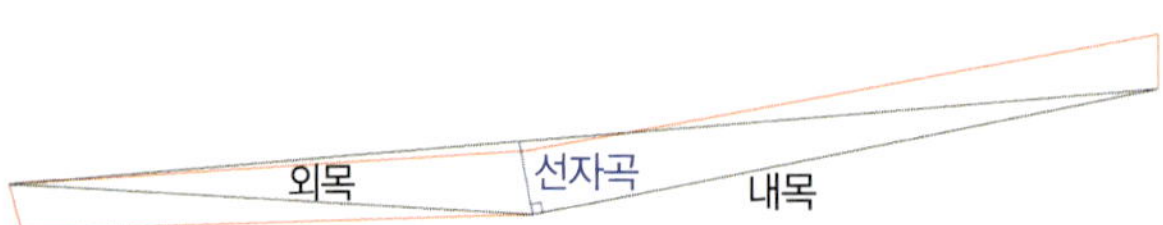

13-6 낙선재 선자연 그리기

1. 기준선 그리기

선자연을 그리기 위해서는 평고대 곡선과 갈모산방의 경사선, 그리고 선자의 뒤초리가 모이는 선자 모임점 등 세 곳이 기준이 된다.

1) 평고대 곡선(선자 외목 기준선)

평고대 바깥선 방향(Z축 방향이 아님)으로 처마곡선을 50(서까래 ϕ) 내린다. 여기서 선자 외목 기준선은 선자의 마구리가 아니라 평고대의 하단 외측 지점으로 한다.

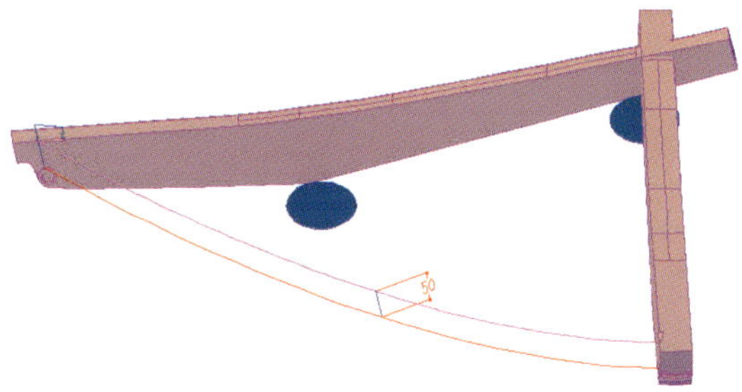

2) 갈모산방 기준선

선자는 갈모산방의 외측 상부에서 꺾이는데 이곳이 선자를 만드는 가운데 기준선이 된다.

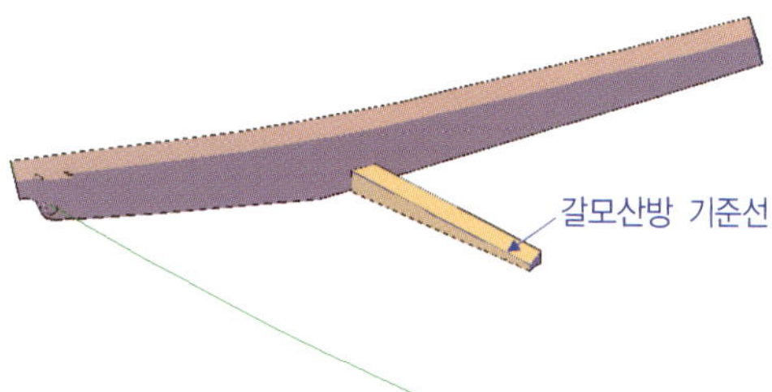

3) 선자 모임점(을 연장한 기준선)

선자 모임점(점 O)은 추녀의 측면과 도리 중심이 만나는 점이다. 선자판을 만들기 위해서는 직선이 필요하므로 모임점을 연장하여 기준선을 얻는다.

❶ 중도리 중심에 BOX(270×30×100)를 만들어 중도리 위로 올린다.

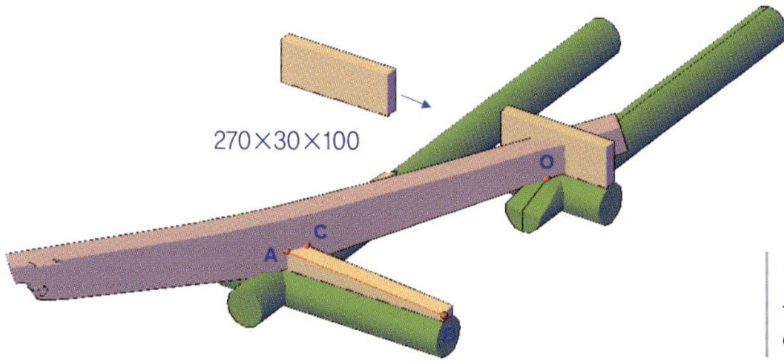

※ 선자판이란
선자연을 만들기 위한 솔리드로 편의상 붙인 이름이다.

❷ 갈모산방의 세 점(A, B, C)을 기준으로 박스를 자르고, 중도리 중심으로 한 번 더 자른다.

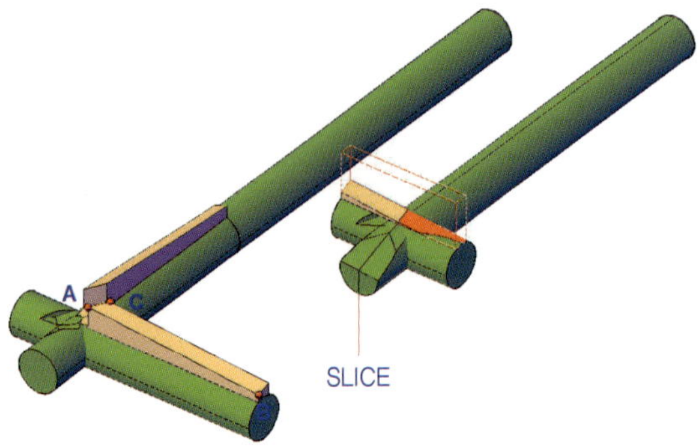

❸ 남겨진 솔리드에서 앞쪽 외곽선을 취하여 선자 모임점 대신 사용할 기준선을 얻는다.

4) 기준선을 연장하고 잘라낸다.

EXTEND명령을 수행하기 전에 SPLINE(선자 외목선)을 폴리선으로 변환시킨다.

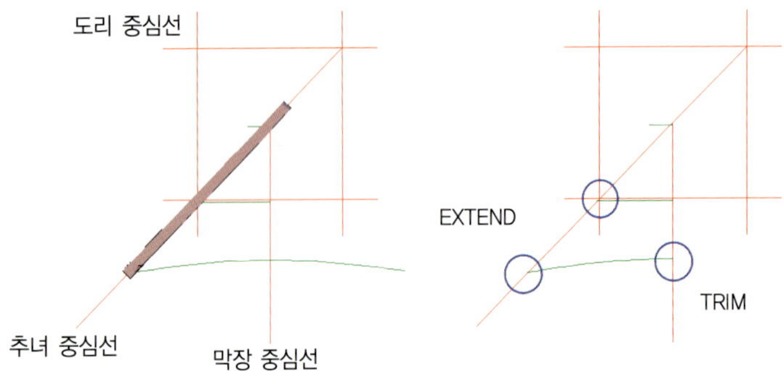


```
명령: SPLINEDIT

스플라인 선택:
옵션 입력 [닫기(C)/결합(J)/맞춤 데이터(F)/정점 편집(E)/폴리선으로 변환(P)/반전(R)/명령 취소(U)/종료(X)]
〈종료〉: P
정밀도 지정 〈10〉:

명령: EXTEND
현재 설정: 투영=뷰 모서리=없음
경계 모서리 선택 ...
객체 선택 또는 〈모두 선택〉: 1개를 찾음
```

5) 세 선들을 이용하여 두 개의 표면을 만든다.

비주얼 스타일=[와이어프레임]

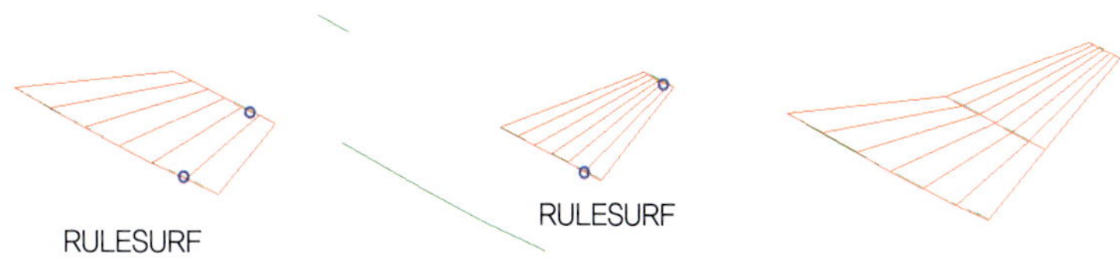

6) 표면에 두께를 주어 솔리드를 만든다.

비주얼 스타일=[개념]

메쉬를 솔리드로 변환하는 옵션들 중에서 가운데 항목을 선택하여 표면에 두께를 주어 선자 솔리드판을 만든다.

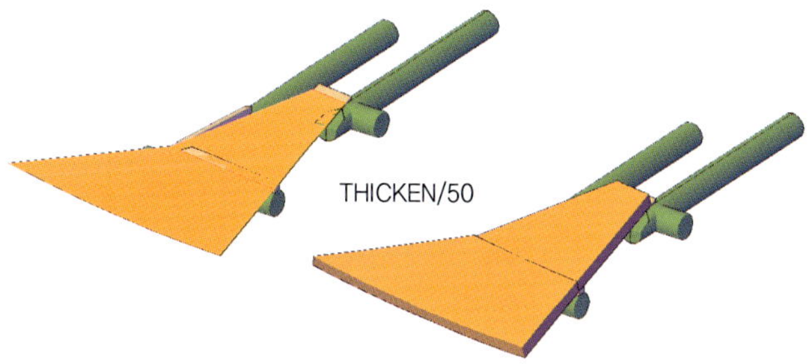

명령: THICKEN

두껍게할 표면 선택: 1개를 찾음
두껍게할 표면 선택: 두께 지정 ⟨0.000⟩: 50

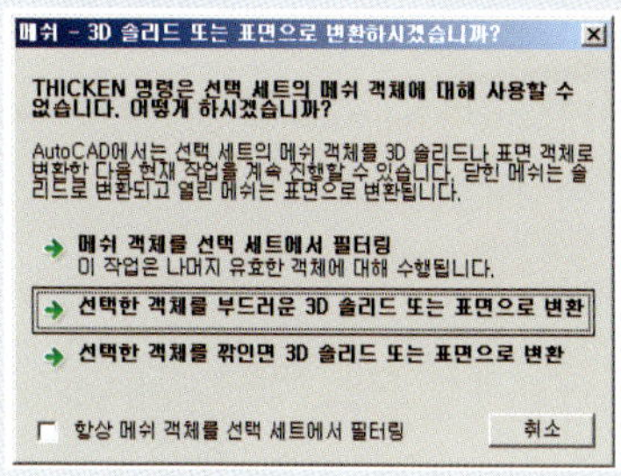

7) 선자 솔리드판 자르기

❶ 추녀 측면의 세 점으로 선자 솔리드판을 자른다.(SLICE)

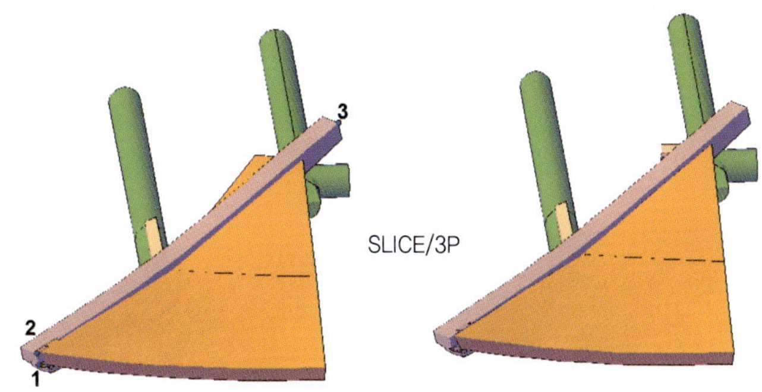

❷ 선자 막장 중심선을 이용하여 선자 솔리드판의 우측면도 잘라준다.

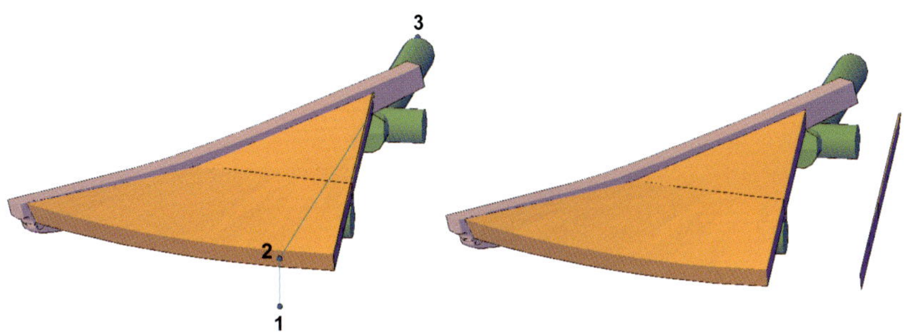

8) 선자판 내외목 분리

두 솔리드를 합친 뒤 다시 갈모산방 외측면으로 분리한다.

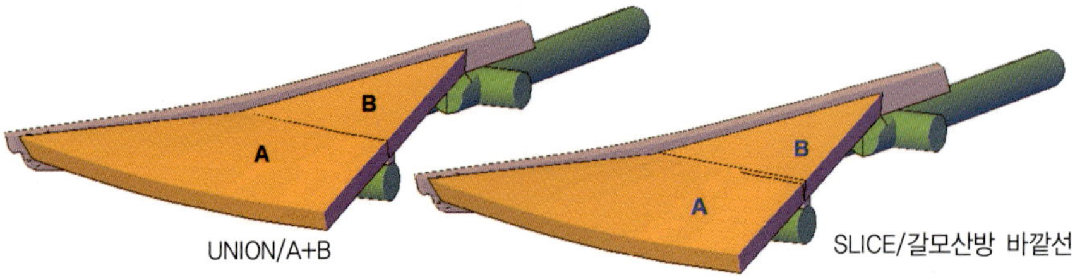

13-7 여러 가지 선자 나누기

❶ 등각도 법 : 선자연이 걸리는 구간의 각도는 45°이다. 이 각도를 등분하여 나누는 방법으로 초장과 이장의 간격이 너무 벌어지는 단점이 있다.

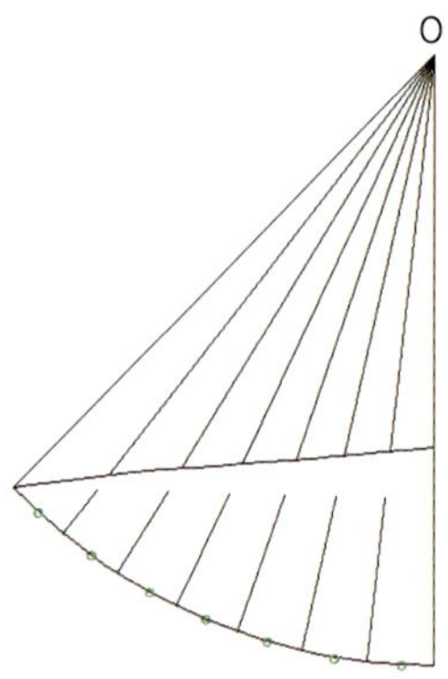

❷ 경사선 등분법 : 추녀와 곡선이 만나는 점에서 임의의 각도로 경사선을 그려 이 직선을 등분하여 간격을 나누는 방법이다.

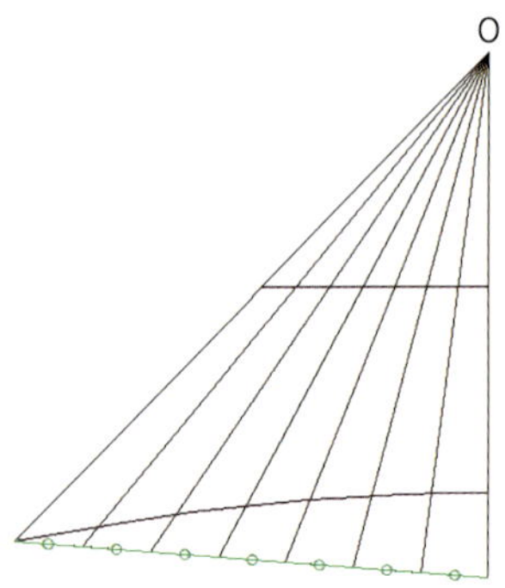

❸ 처마선 등분법 : 처마곡선을 등간격으로 나누는 방법으로 초장으로 갈수록 점점 좁아진다.

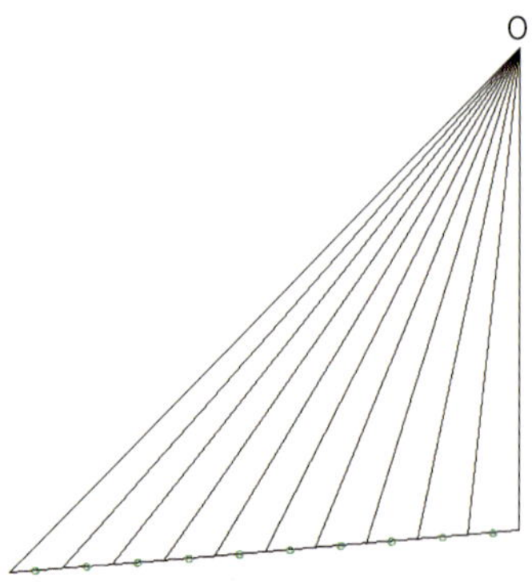

❹ 갈모산방 등분법 : 갈모산방에서 같은 간격으로 나누는 방법으로 초장에서 막장으로 갈수록 간격이 좁아진다.

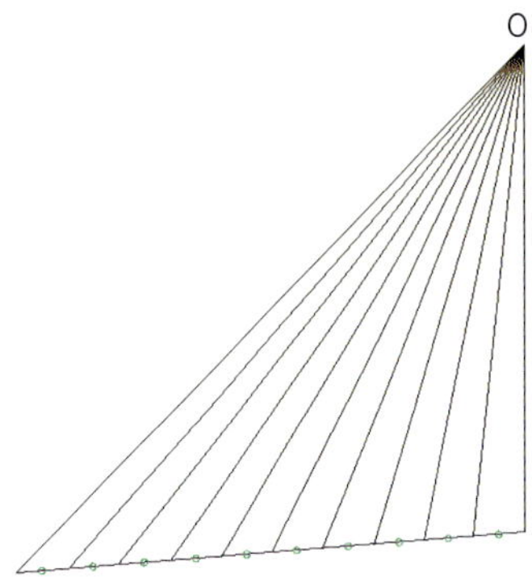

❺ 직교선 등간격법 : 선자가 붙는 면에 수직이 되는 선을 같은 길이로 그려서 간격을 나누는 법으로 초장 간격이 커진다.

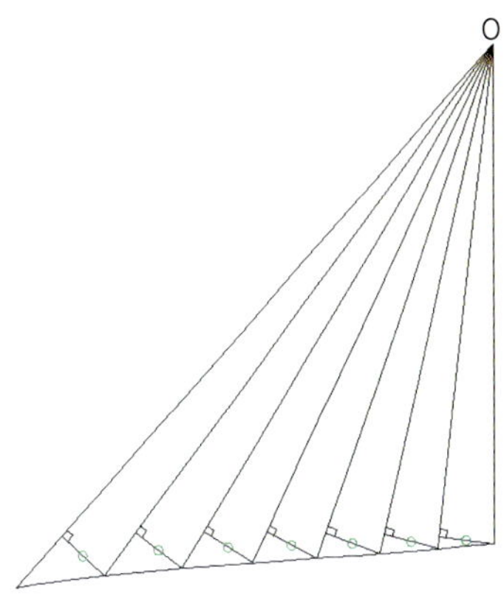

❻ 원점 후퇴법 : 선자의 모임점을 뒤로 후퇴시킨 다음 직교선 등간격법으로 나누는 방법이다.

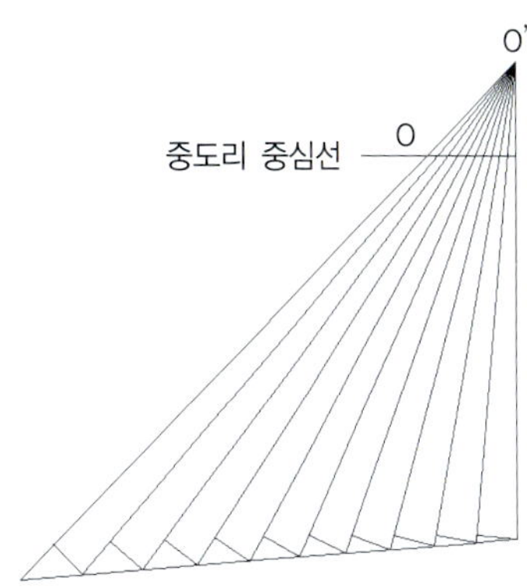

※ 이상에서 사용된 방법들의 이름은 임의로 붙인 것이다.
선자연 나누기의 기준은 평연의 간격이다. 처마 내밀기에 따라 조금씩 차이는 있지만 선자연 간의 간격은 일정해야 하며, 이것은 평연들 사이의 간격과도 비슷해야 한다.

13-8 낙선재 선자 나누기

낙선재의 선자는 초장부터 모두 열장이 걸렸다. 그런데 평연 간격에 비하여 구장과 막장의 간격이 너무 좁고 다른 선자들 또한 붙어 있는 모습이다. 여기서는 9장걸이로 바꾸어 선자 나누기를 하였다.

선자 나누기의 기준선은 다음과 같다. 평연의 간격 90을 기준으로 선자를 나누기로 한다.

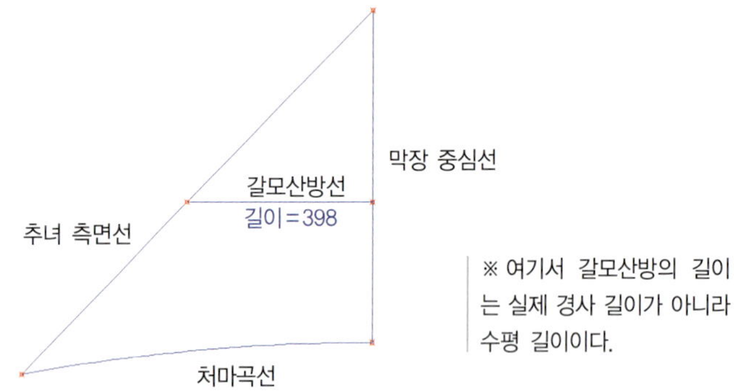

선자 나누기 기준선

선자 나누기 방법 중에서 직교선 등간격법은 서까래 내밀기가 많은 경우에는 초장 간격이 넓게 되는데 이 결점을 보안하여 초장에서 막장으로 갈수록 간격을 조금씩 늘려 나누기로 한다. 선자 나누기는 여러 번 나누어봐야 한다. 초장쪽의 간격이 너무 벌어져도 안 되지만 막장과 평서까래와의 간격도 비슷해야 하고 선자의 통은 점점 굵어져 막장의 통이 평서까래 크기와도 어울려야 되기 때문이다.

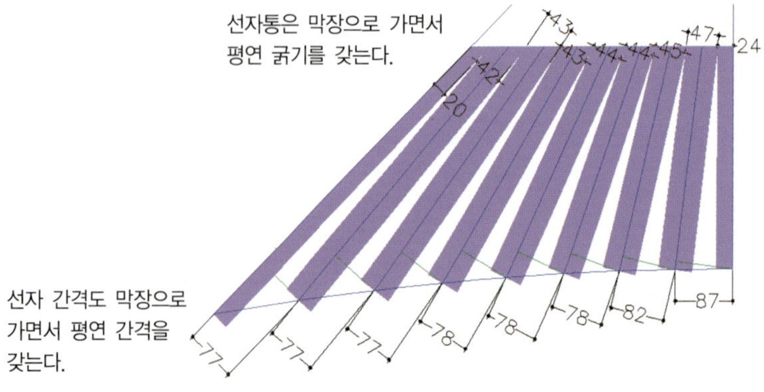

1) 선자통과 간격을 점점 늘여 막장에서는 평연의 굵기와 간격을 유지하도록 선자 중심선을 다음처럼 나눈다.

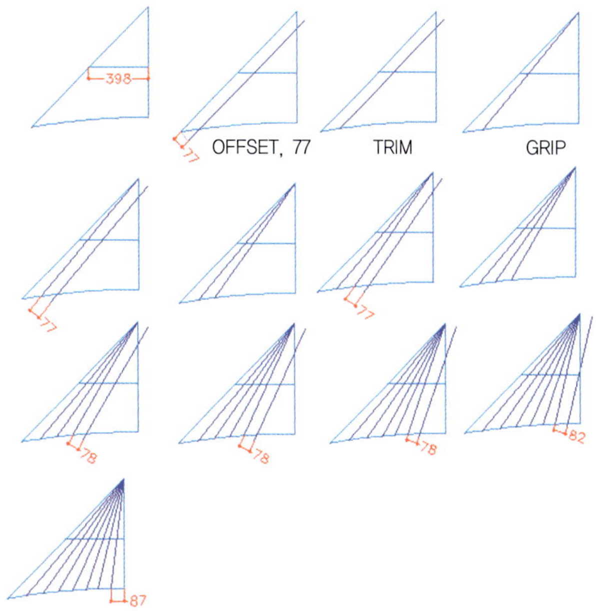

2) 선자의 중심선을 이용하여 선자연의 외곽선을 그린다.

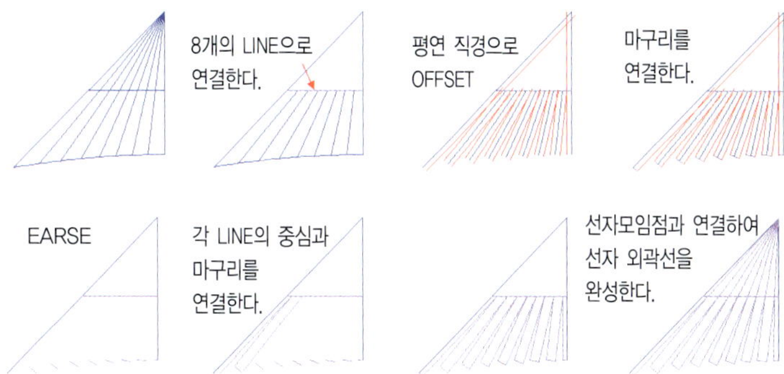

3) 선자 모임점을 기준으로 선자 외곽선을 선자판 밑에 놓는다.

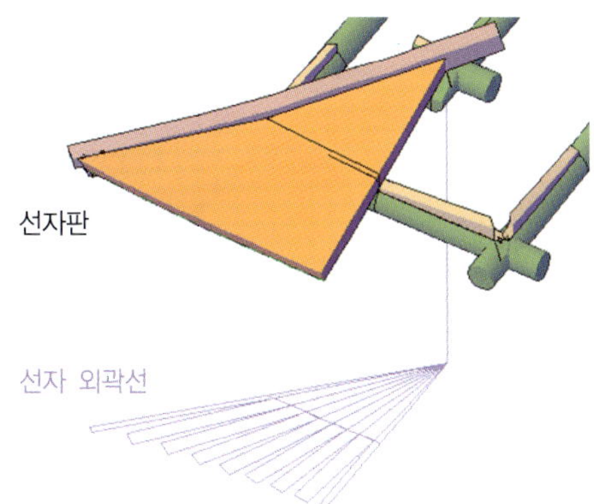

4) 선자 외곽선을 이루는 각 점을 기준으로 선자외목을 자른다.(SLICE/3P)

※ 실제로 선자 자르는 기준선은 선자 밑면이 좁아지는 경사선이지만 여기서는 작업을 쉽게 하기 위하여 지면에 수직으로 자른다.

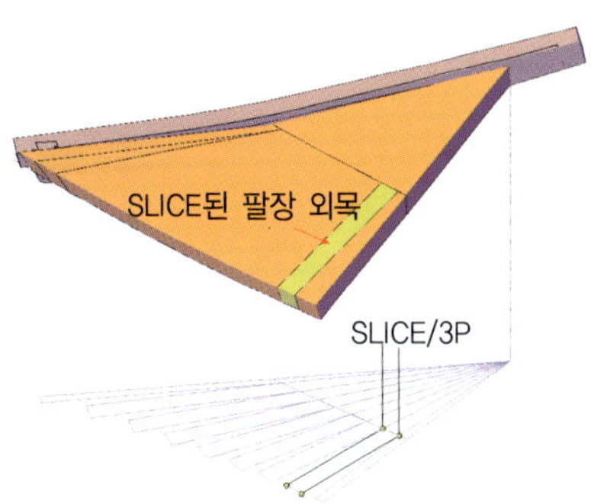

5) 선자판을 모두 자르고 선자 사이의 솔리드를 제거한다.

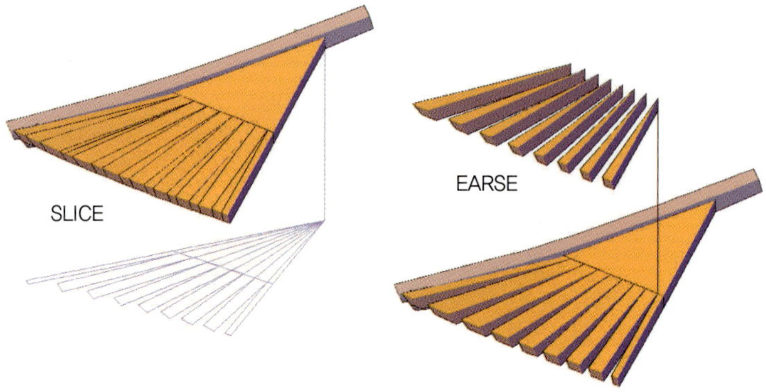

※ 내목 부분의 선자판도 마찬가지로 외곽선을 이용하여 자른다. (SLICE/3P)

6) 선자연 팔장 만들기

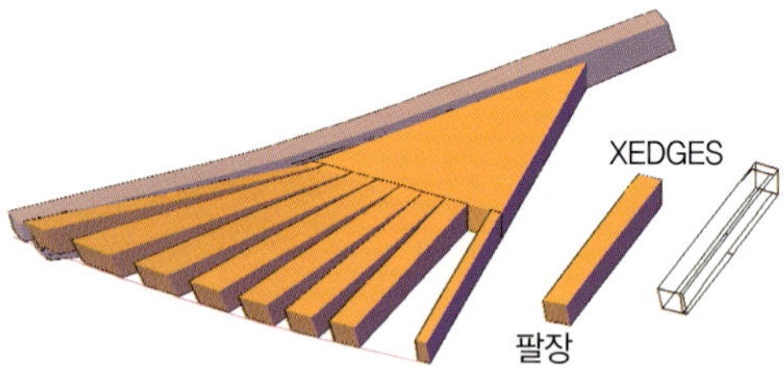

❶ 외곽선을 이용하여 솔리드를 만든다.

- 팔장 선자 앞부분에서 외곽선을 빼낸다.(XEDGES)
- 대각선 그리고, UCS 옮기기 : 양쪽 마구리에서 대각선을 그리고 이 선들의 중간점을 이용하여 UCS(ZA)를 옮긴다.
- 선자 마구리에 UCS 원점을 기준으로 원을 그린다.
- 뒤에 있는 사각형을 JOIN하여 PLINE으로 만든다.
- 원과 사각형을 이용하여 솔리드를 만든다.(LOFT)

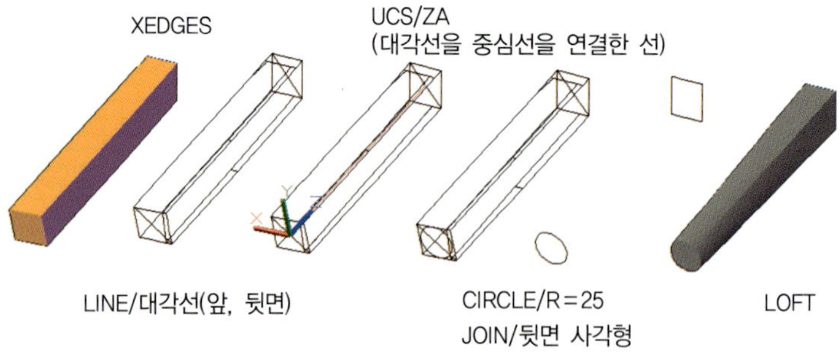

❷ 선자연 부리를 연장한 뒤, 면을 접는다.

평고대에서 내미는 거리(12)만큼 돌출시키고 부리를 5푼 접는다.

- 마구리면을 솔리드 편집명령으로 돌출시킨다.
- 돌출된 면의 아래 사분점을 기준으로 접는 깊이 5 만큼 들어가 선을 그린다.
- 마구리면의 위 사분점과 나머지 위의 두 점을 기준으로 자른다.(SLICE/3P)

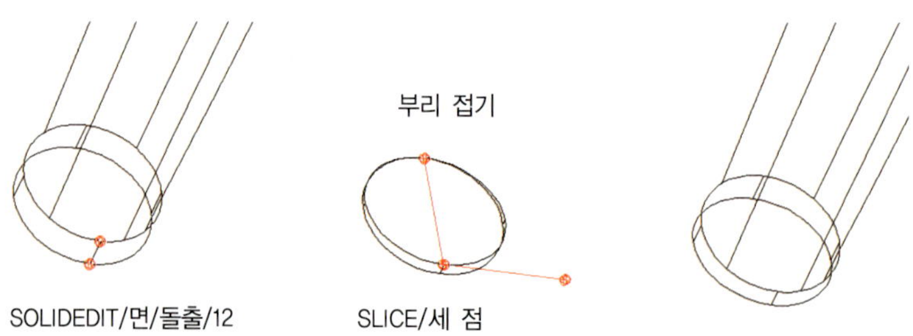

※ 선자연 부리를 따로 만드는 이유는 나중에 초매기 평고대를 쉽게 그리기 위해서이다.

❸ 뒷부분(내목)과 합치면(UNION)

선자연 팔장이 완성된다.

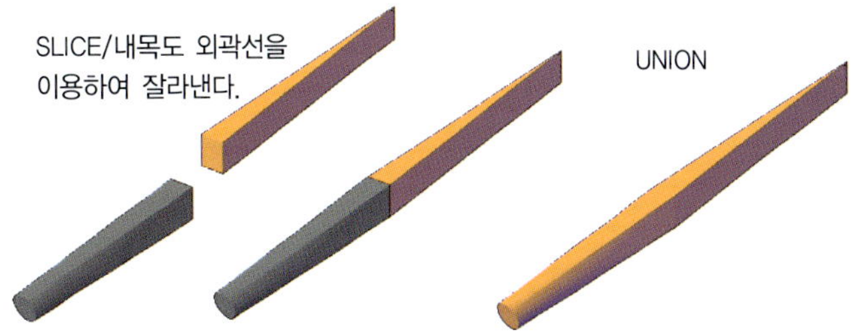

※ 이장부터 칠장까지 같은 방법으로 만든다.

7) 선자 초장 만들기

선자연 초장은 일반 선자의 절반을 켜서 추녀에 붙여야 되는데 측면을 기준으로 원과 사각형을 그려 만든다.

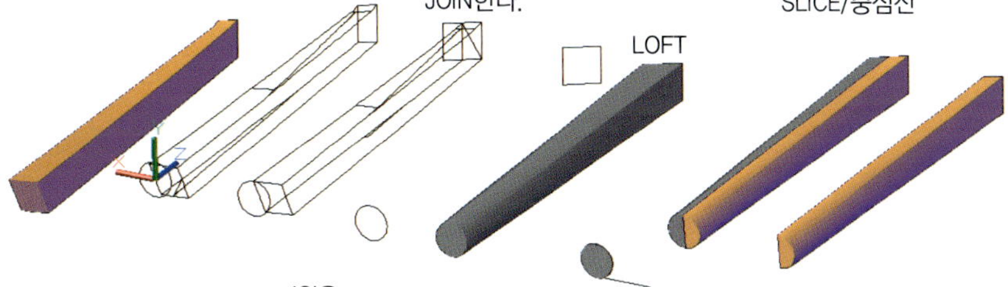

- 외곽선을 얻는다.(XEDGES)
- 측면선의 중심선으로 UCS를 옮긴다.(UCS/ZA)
- 앞의 마구리에 원을 그린다.(CIRCLE/R=25)
- 사분점을 기준으로 측면선의 끝점으로 원을 옮긴다.(MOVE)
- 사각형을 두 배로 늘려 PLINE를 만든다.(JOIN)
- 원과 사각형으로 하는 솔리드를 만든다.(LOFT)
- 마구리를 돌출시키고 잘라낸다.
- 솔리드를 절반으로 자르면 선자 초장의 앞부분(외목)이 된다.

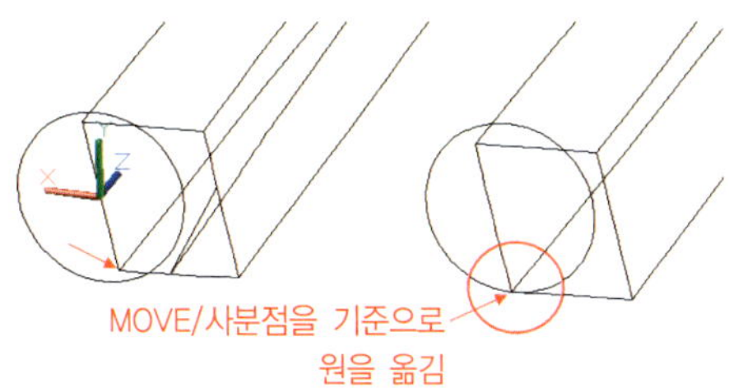

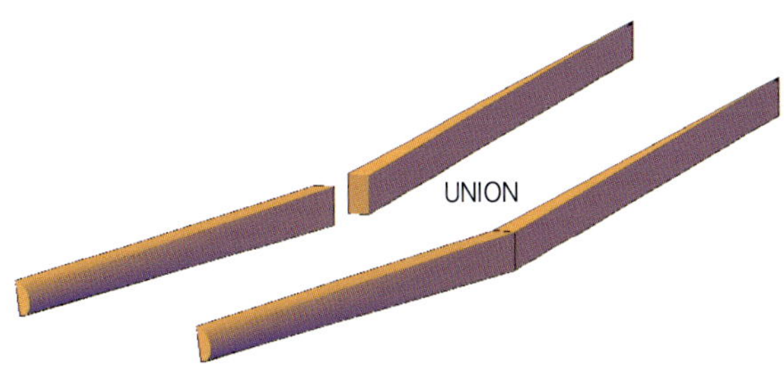

8) 선자 막장 만들기

❶ 막장 외목 만들기

잘려진 선자판은 막장의 좌측 절반이다. 우측 절반은 평연과 같은 모양이므로 원과 호를 이용하여 그린다.

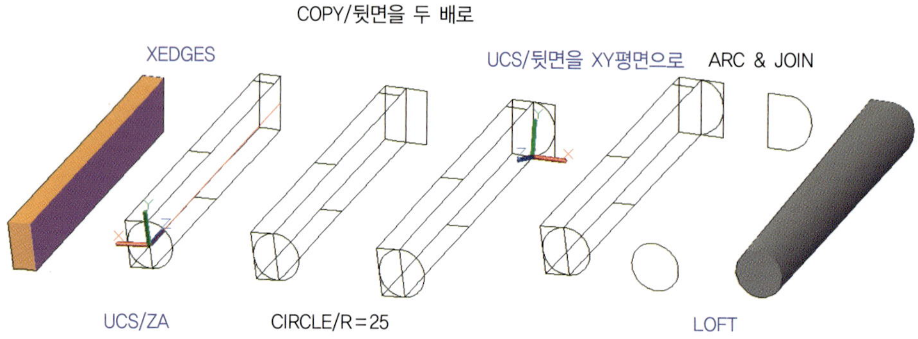

- XEDGES 명령으로 외곽선을 얻는다.
- UCS를 옮긴다.
- 원을 그리고, 뒷면을 두 배로 늘린다.
- UCS를 뒷면으로 옮겨서 호를 그리고 사각형과 하나의 PLINE으로 만든다. ARC는 세 점(start, second, end)을 이용하여 그린다.

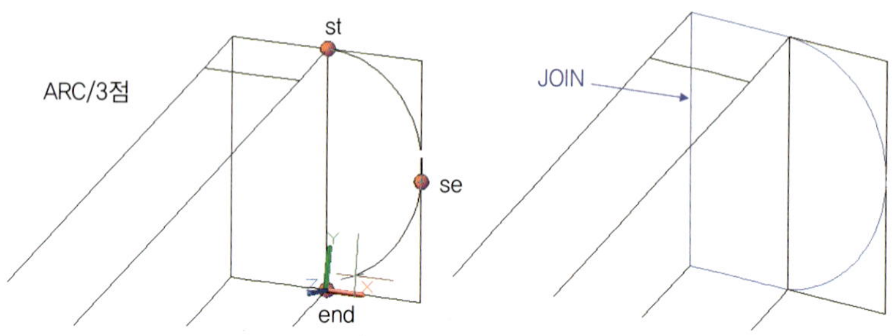

- 원과 PLINE을 연결하여 솔리드를 만든다.(LOFT)
- UCS를 다시 원래대로 옮기고 선자부리를 만든다.

❷ 막장 뒷부분 만들기

앞에서 그린 호를 가져와 앞, 뒤로 복사하고 PLINE을 만든다.

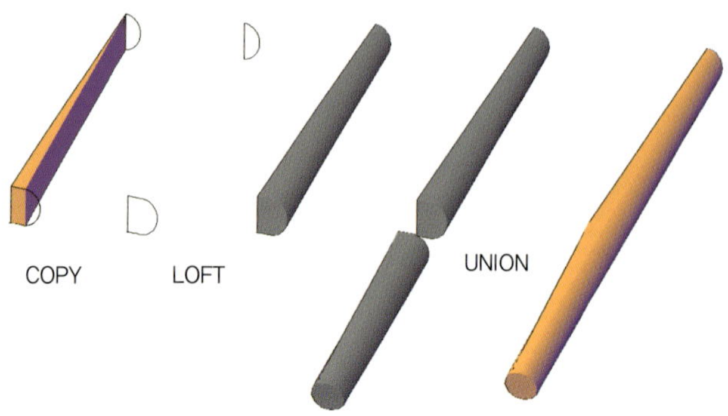

❸ 누마루에 들어가는 선자 막장은 앞에서 만든 선자 막장을 이용하여 만든다.

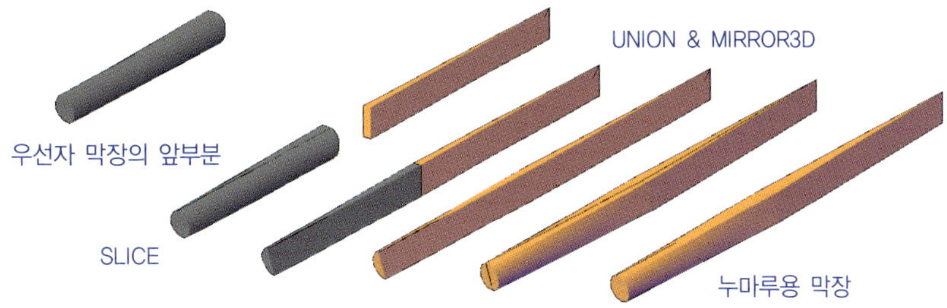

먼저 UCS를 원의 중심과 사각형의 중심을 잇는 선을 Z축으로 하고, 원의 사분점(점 A)을 기준으로 SLICE한다.

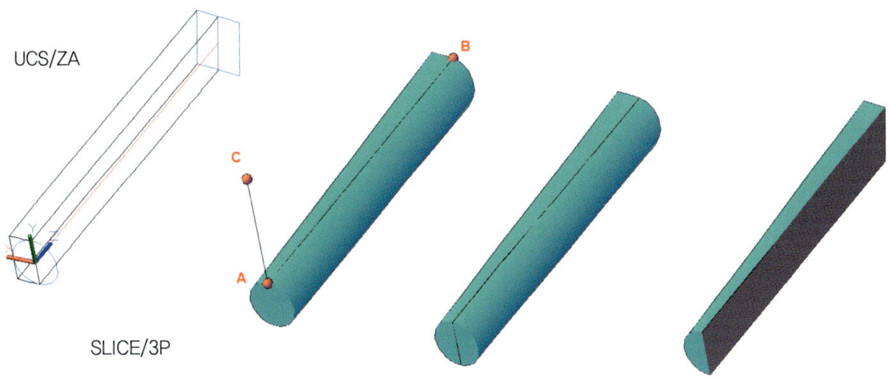

앞서 만든 선자연을 모두 붙인다.

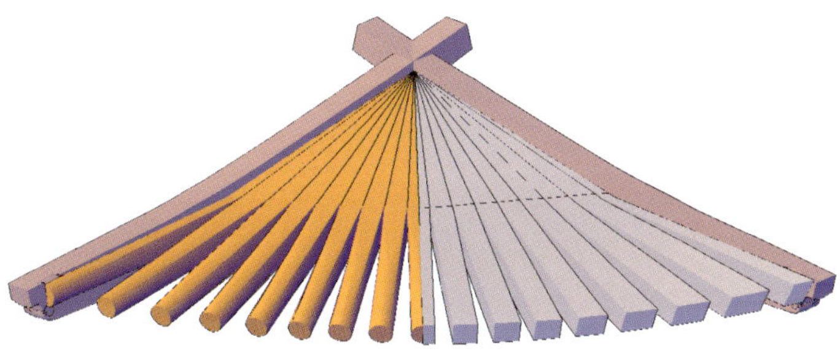

우선자를 대칭복사(MIRROR3D)하면 누마루의 선자연이 완성된다.

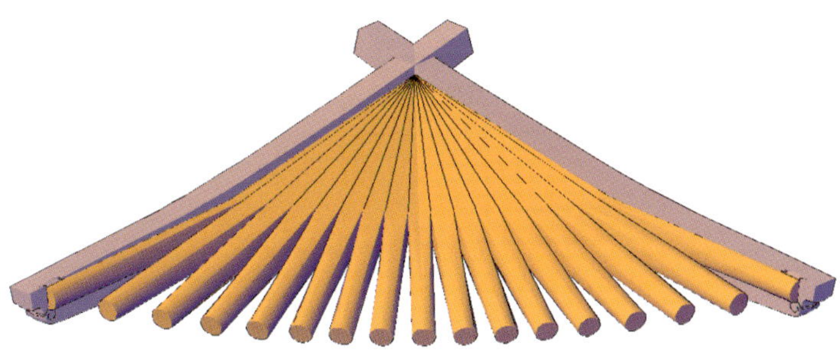

◈ 낙선재를 ㄱ자집으로 하였을 때 추녀가 걸리는 곳은 모두 5곳이다. 처마의 길이에 따라 곡이 달라지며, 이에 따라 선자연의 모양도 조금씩 차이가 있기 마련이다. 그러나 앞서 이야기 하였듯이 작업을 단순하게 하기 위하여 누마루의 선자연 한 곳만 만들고 나머지는 대칭복사하기로 한다.

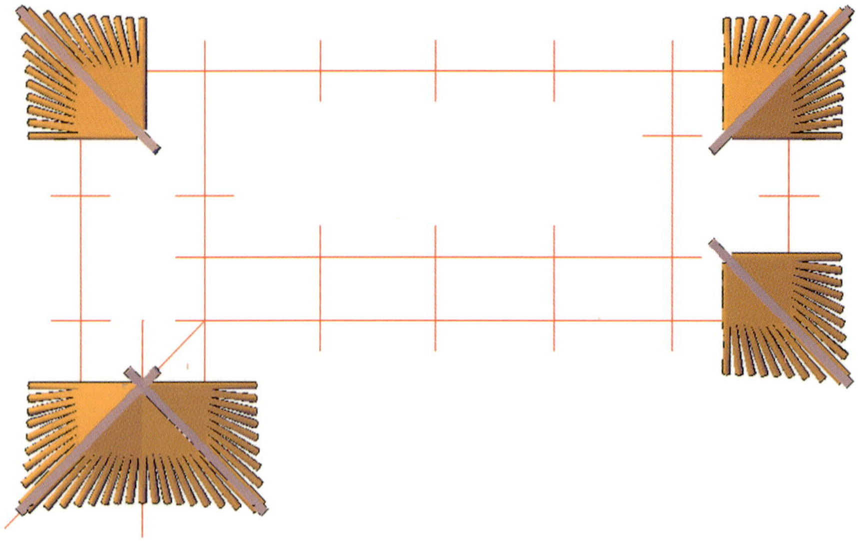

Chapter

14 초매기와 장연

14-1 초매기

초매기는 겹처마집에서 추녀와 추녀 사이의 서까래 끝에 고정시켜 자연스럽고 아름다운 지붕선을 만들어내는 평고대를 말한다. 부재의 춤은 수장폭을 전후하여 정하고 폭은 춤보다 조금 크게(5~10푼) 하는데 무엇보다도 연목의 크기에 비하여 왜소해 보이지 않게 하여야 한다. 길이는 최대한 길게 쓰는 것이 유리하지만 불가피하게 잇는 경우 이매기와 이음위치를 달리한다. 추녀쪽의 휘어지는 부분을 연결하는 평고대를 특히 조로라고 한다.

14-2 낙선재 초매기 그리기

낙선재 초매기의 단면 크기는 32×28로 하였다.

1. 누마루 초매기

❶ 평고대 곡선 그리기

앞서 선자연을 그릴 때 부리 부분은 따로 그렸는데 이 부분에 커서를 움직이면 접점 오스냅이 생긴다. 선자 막장에서 시작하여 초장까지 이 접점을 연결하여 평고대 기준선을 그린다.

LINE은 3DPOLY선으로 그린다.

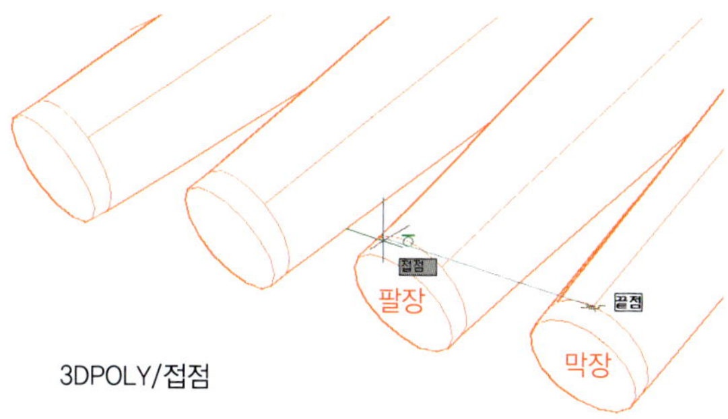

3DPOLY/접점

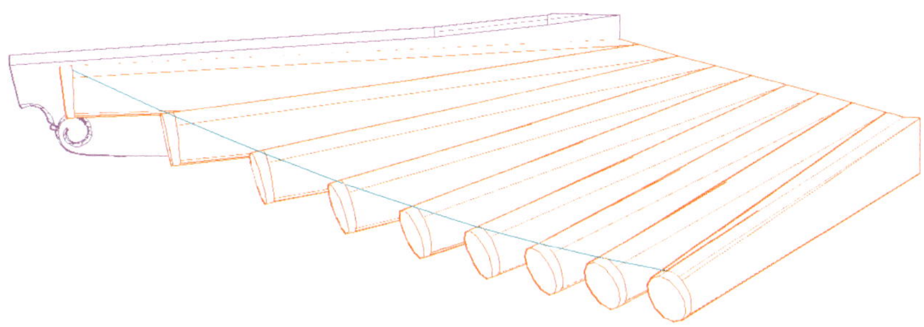

❷ 평고대 단면을 평면에 그린 뒤 세운다.

※ 평고대 윗면에 5푼을 남기고 그리는 경사선은 부연의 물매대로 하는 것이 좋다.

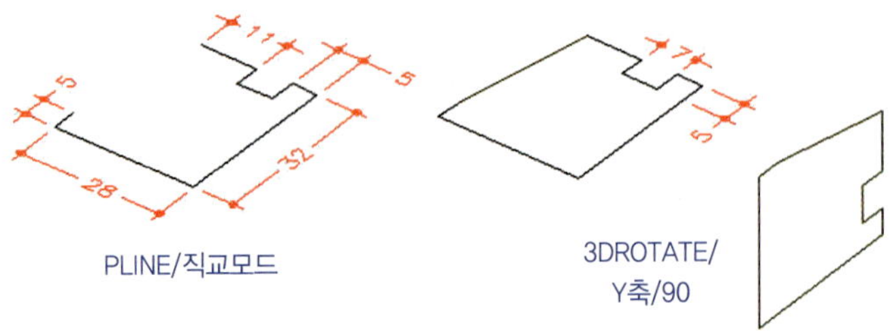

❸ 곡선을 연장한다.
선자연의 접점에서 연결한 3DPOLY선을 추녀의 중심까지 연장한다.

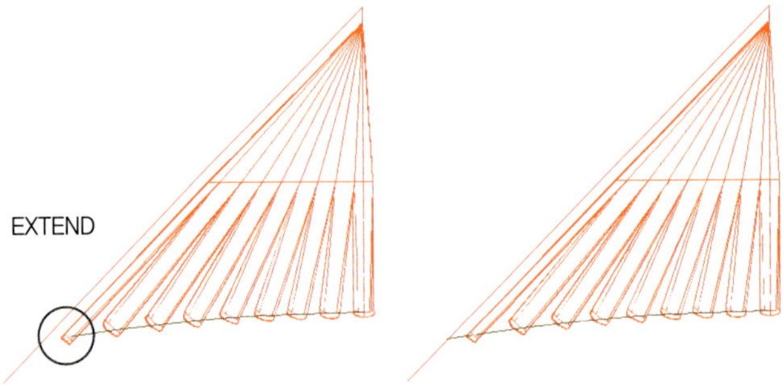

❹ 평고대 단면을 선자연 막장 위로 올린다.

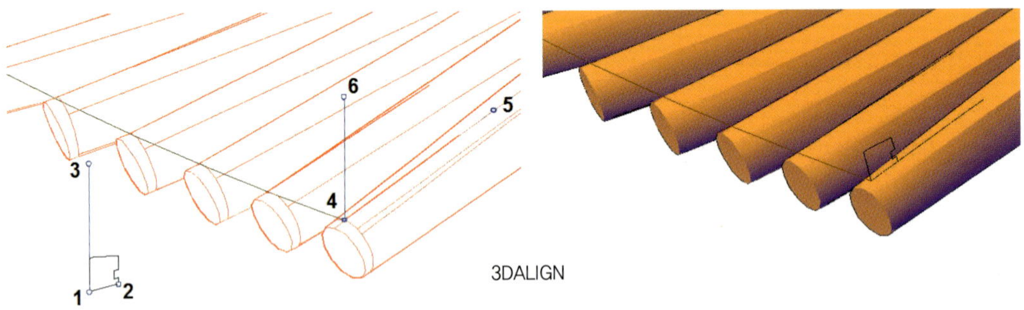

❺ 막장 중심에 올린 평고대 단면을 앞서 그린 곡선을 경로로 돌출시킨다.

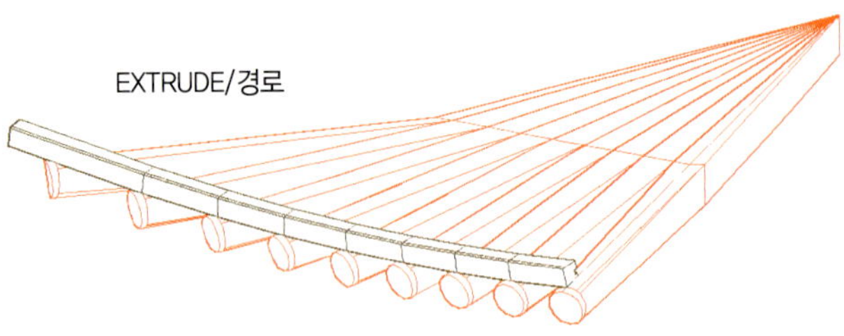

명령: EXTRUDE

현재 와이어프레임 밀도: ISOLINES=4, 닫힌 윤곽 작성 모드=솔리드
돌출할 객체 선택 또는 [모드(MO)]: 1개를 찾음(평고대 단면을 선택함)
돌출 높이 지정 또는 [방향(D)/경로(P)/테이퍼 각도(T)/표현식(E)]: P
돌출 경로 선택 또는 [테이퍼 각도(T)]: 돌출 경로로 곡선을 선택함

❻ 초매기 평고대를 추녀 위에서 잘라준다.

추녀 중심선을 OFFSET하여 평고대 끝을 잘라준다.

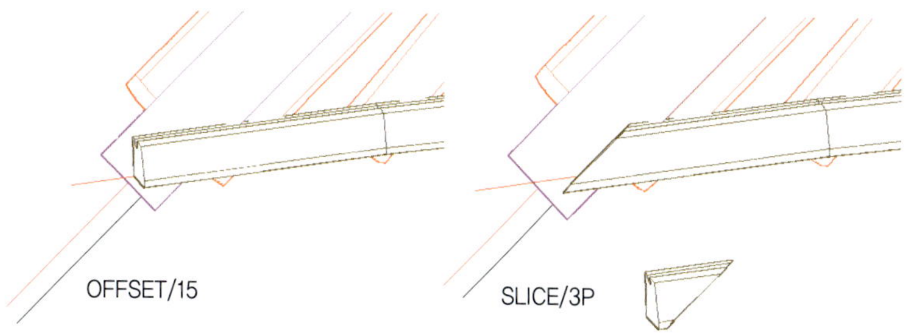

❼ 완성된 누마루 평고대를 추녀 중심선으로 대칭복사하고, 이를 다시 나머지 네 곳으로 대칭복사한다.

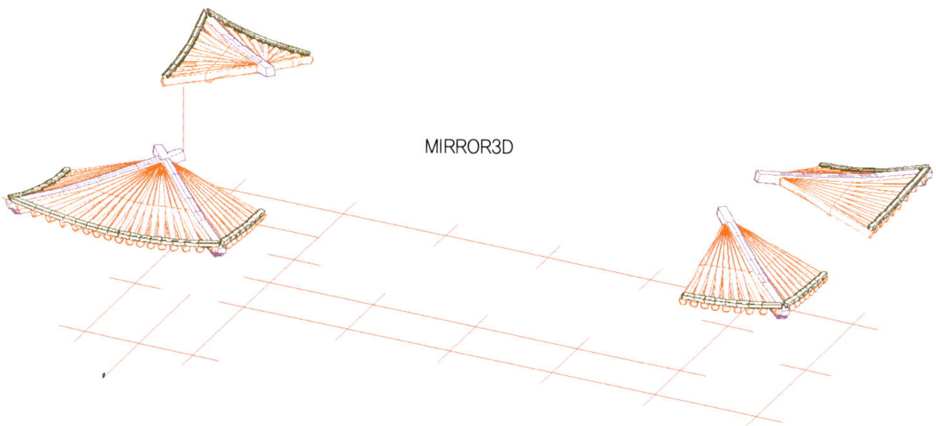

2. 좌측면 초매기 완성하기

막장과 막장 사이의 처마곡선을 그려서 측면의 평고대 가운데 부분을 만든다.

❶ 양쪽의 평고대 끝점을 연결하는 직선을 그린다.

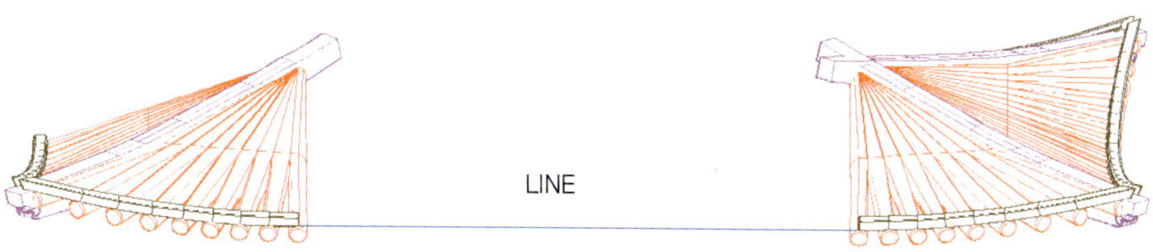

❷ LINE의 중심점에 앙곡 15, 안허리 10이 되도록 직선을 그린다.

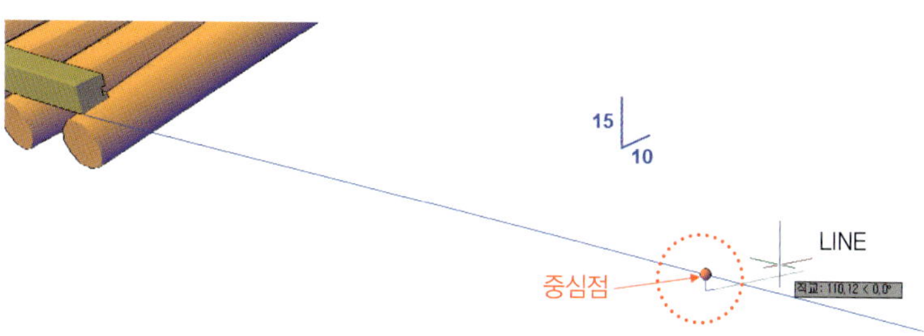

❸ 양 끝점과 가운데 점을 연결하는 선을 그린다.(3DPOLY)

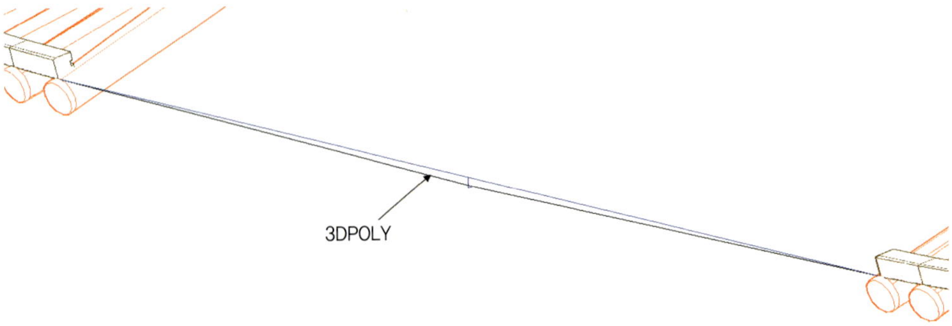

❹ 3DPOLY 선을 PEDIT로 편집하여 SPLINE으로 바꾼다.

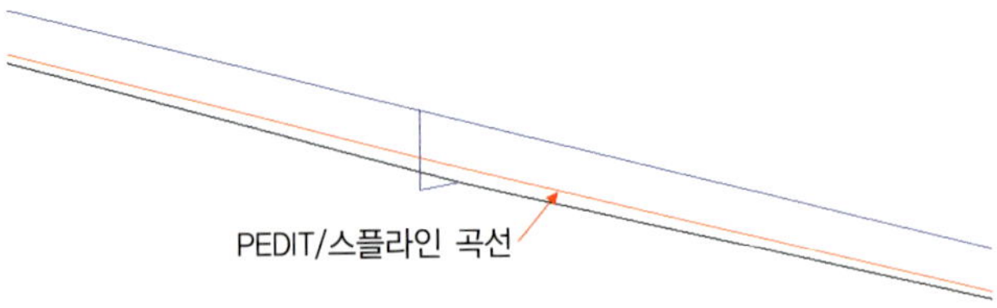

❺ 평고대 단면을 복사하여 외곽선을 만든다.

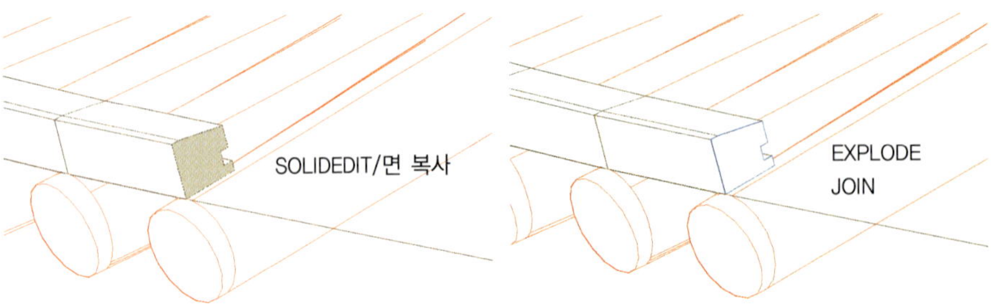

❻ 스플라인으로 변경된 곡선을 경로로, 복사한 평고대 단면을 돌출시킨다.

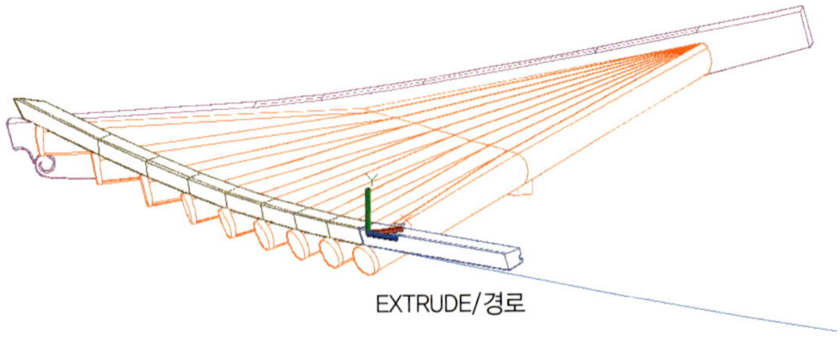

명령: EXTRUDE

현재 와이어프레임 밀도: ISOLINES=4, 닫힌 윤곽 작성 모드=솔리드
돌출할 객체 선택 또는 [모드(MO)]: 1개를 찾음 **(복사한 평고대 단면을 선택)**

돌출 높이 지정 또는 [방향(D)/**경로(P)**/테이퍼 각도(T)/표현식(E)] <29.56>: P
돌출 경로 선택 또는 [테이퍼 각도(T)]: **경로를 선택한다.**

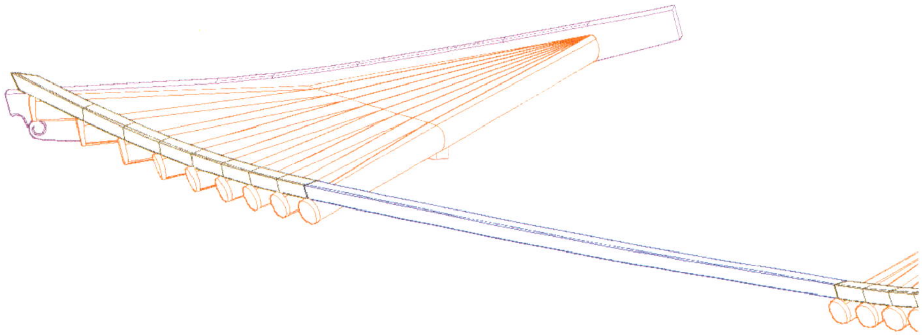

같은 방법으로 후면과 우측면의 평고대를 그린다.

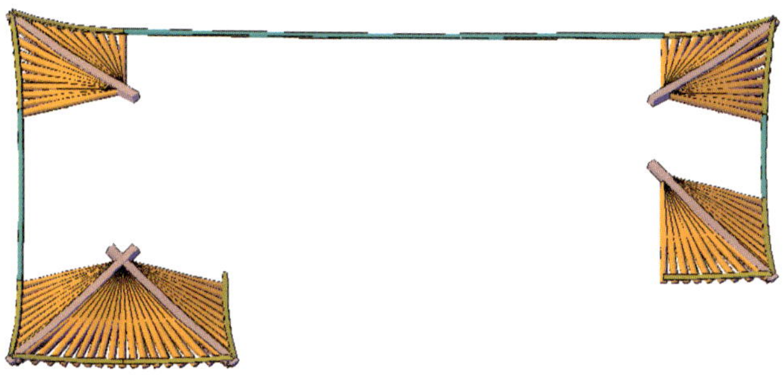

※ 처마 길이에 따라 앙곡과 안허리를 조정하여 그린다.
전체 평고대를 하나의 곡선으로 만들어야 이상적이나 컴퓨터의 처리속도에 한계가 있어 여기서는 따로 만든다. 따라서 선자 막장 위에서 약간 매끄럽지 못하다.

3. 정면 초매기

정면의 초매기 평고대는 누마루의 도리 윗부분에 끼워지며 중간에서 누마루 평고대와 같은 높이에서 만난다.

❶ 누마루 평고대 연장하기
앞서 만든 좌측면의 평고대를 복사하여 누마루의 평고대를 연장한다.

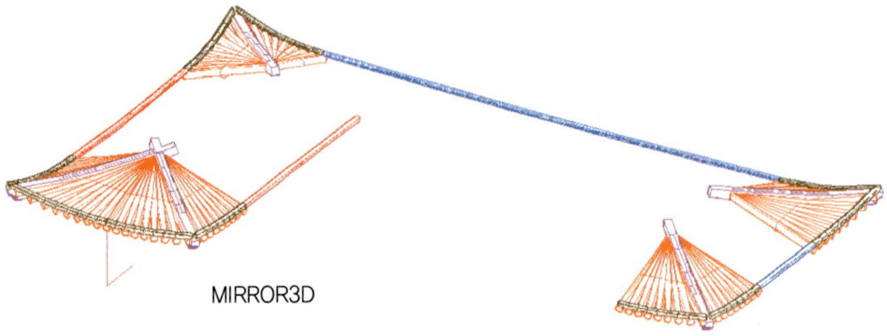

❷ 연장된 평고대 자르기
정면 선자 막장과 평고대가 만나는 점에서 직선을 그리고 이 선을 기준으로 누마루에서 나온 평고대를 자른다.

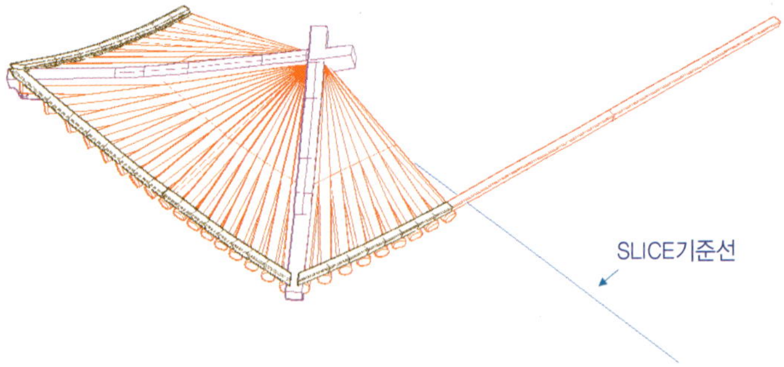

❸ 평고대 후림을 주기 전에 두 지점 간의 좌표값을 확인하면 다음과 같다.

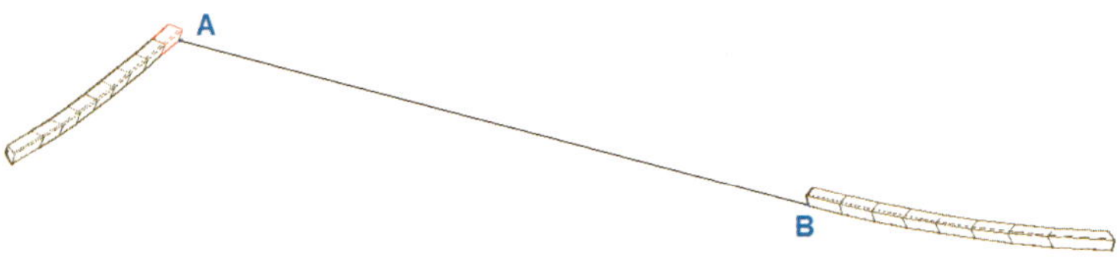

명령: ID 점 지정: X=89321.24 Y=8174.96 Z=122.36 (A)

명령: ID 점 지정: X=90786.18 Y=8174.96 Z=123.82 (B)

❹ 평고대를 연결하는 직선 AB의 중심점에 앙곡 15, 안허리 10을 주어 3DPOLY을 만들고 앞선 방법대로 평고대를 만든다.

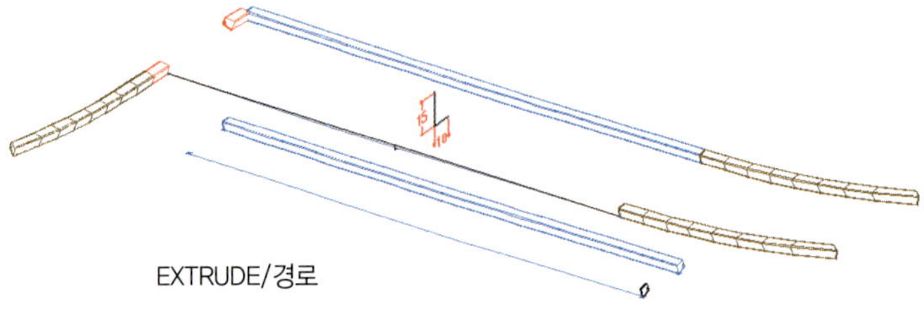

❺ 평고대가 누마루의 도리와 만나도록 정면 평고대를 연장한다.

※ 회첨의 본채 평고대는 주로 날개채의 도리를 파고 끼운다.

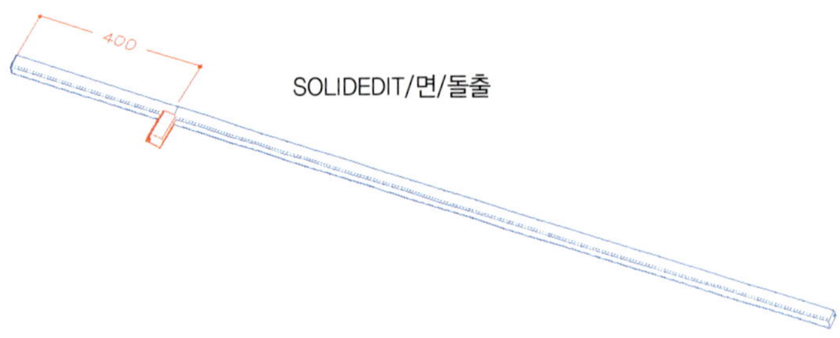

❻ 누마루 평고대는 평고대 폭의 절반 정도 들어와 본채와 반턱으로 맞춰진다.

※ 낙선재에서는 날개채와 평고대에 촉을 만들어 끼웠다.

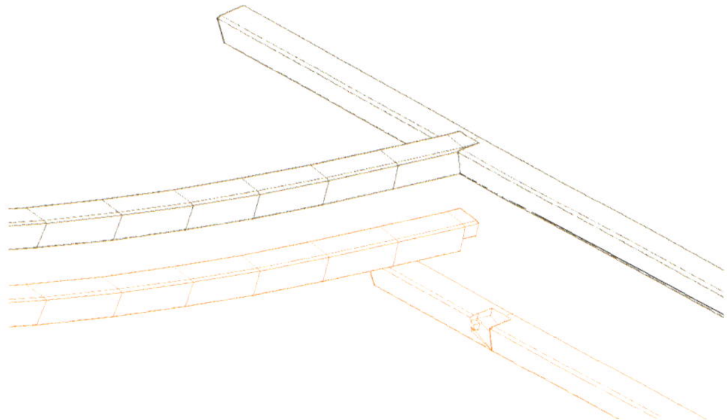

❼ 평고대는 단일재로 하는 것이 좋으나 그렇지 못한 경우는 이어서 만든다. 이음 경사는 1 : 1.2 정도로 이음 길이를 길게 하는 것이 유리하다.

- 평면의 경사대로 두 개의 솔리드를 만든다.(평고대의 폭은 32)
- 두 솔리드를 합쳐서 받을장을 만든다.
- 1 : 1.2 경사로 자른 솔리드를 만들어 받을장을 빼주면 업을장이 된다.(SUBTRACT)

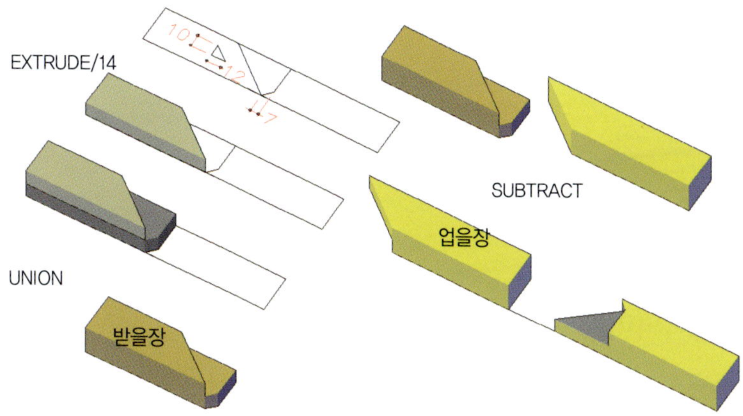

※ 받을장의 끝이 서까래의 중심이며 이음 경사와 접는 폭(7)은 서까래의 굵기에 따라 다르다.

❽ 초매기 평고대가 완성되었다.

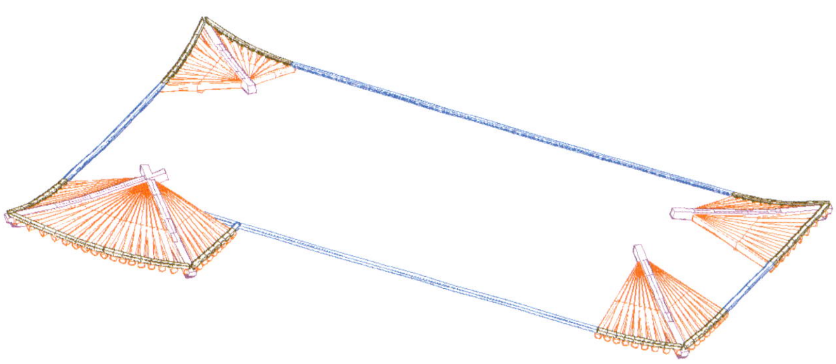

14-3 장연(긴 서까래)

오량집에서는 중도리와 종도리에 걸쳐지는 단연과 그 아래에서 중도리와 처마도리에 걸쳐지는 장연이 있다. 보통 서까래라고 하면 장연을 말하는데 장연은 지붕의 하중을 직접 받기 때문에 충분한 굵기를 가져야 한다.

1. 장연 내밀기

장연 내밀기는 힘의 균형은 적당한지, 처마가 답답해 보이지 않는지, 햇볕은 적당히 들어오는지 등 여러 가지 요인에 의해 결정된다. 내목 길이가 충분하고 물매가 적당하다면 부연 내밀기를 포함한 전체 처마 길이는 일반적으로 내목 길이보다 조금 짧은 것이 좋다. 장연 내밀기와 부연 내밀기는 그 비율이 일정한 것이 아니라 처마가 전체적으로 어울리도록 하는 것이 중요하다. 즉 장연을 건물에 맞게 내밀고 전체 내밀기에 어울리도록 부연을 내미는 것이 좋은 방법이다.

2. 나이먹이기

장연은 가운데를 중심으로 좌우로 배열되면서 앙곡과 안허리에 따라 내밀기와 곡이 달라진다. 가운데 서까래를 "0"번으로 하고 점점 번호를 높이는데 이것을 나이먹이기라 한다.

3. 소매걷이

장연의 내민 부분은 원래의 굵기보다 날렵하게 보이기 위하여 조금씩 줄여나가는데 이것을 소매걷이라고 한다. 일반적으로 전체 내민 길이의 2/3 정도를 걷으며 서까래 굵기의 1/10 가량을 줄이는데, 이는 도편수의 성향이나 지방에 따라 다르다.

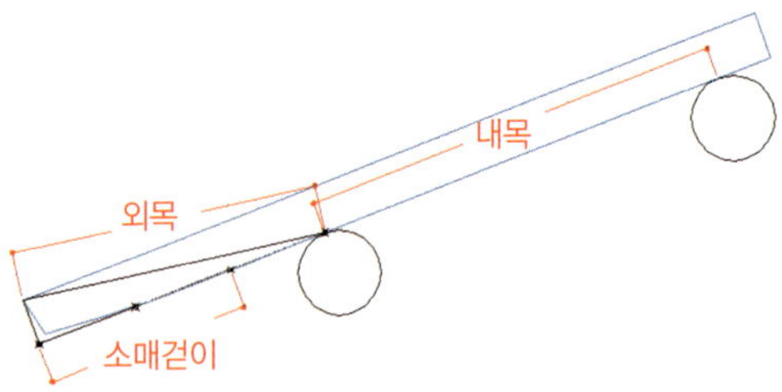

14-4 낙선재 장연 그리기

낙선재 본채의 처마 내밀기는 500으로 하였다. 가운데 서까래를 기준으로 장연 내밀기는 330, 장연물매는 3치 8푼이다. 선자연과 마찬가지로 장연판을 만들기 위해 세 개의 기준선을 그린다.

- 장연 외목선
- 처마도리와 만나는 선
- 중도리와 만나는 선

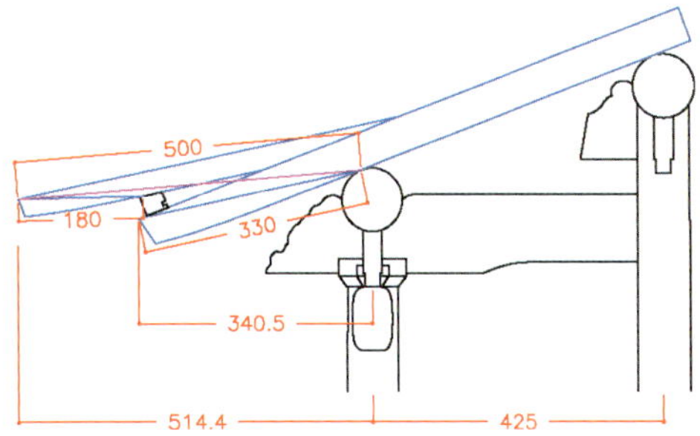

1. 장연 기준선 그리기

1) 장연 외목선

장연 외목선은 평고대를 그릴 때 사용한 곡선(3DPOLY선을 곡선화시킨 선)을 사용하는데 이 선을 선자 막장의 끝으로 이동시킨다.

❶ 앞서 그린 평고대 선을 절반으로 자른다.

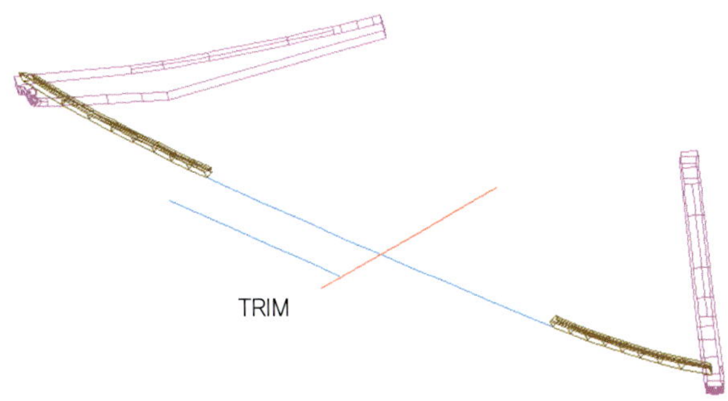

❷ 곡선을 선자서까래 마구리 아래로 이동한다.

- 평고대의 측면 선을 Z축 방향으로 UCS를 이동시킨다.
- 평고대 곡선을 아래로 50, 앞으로 12 만큼 옮긴다.

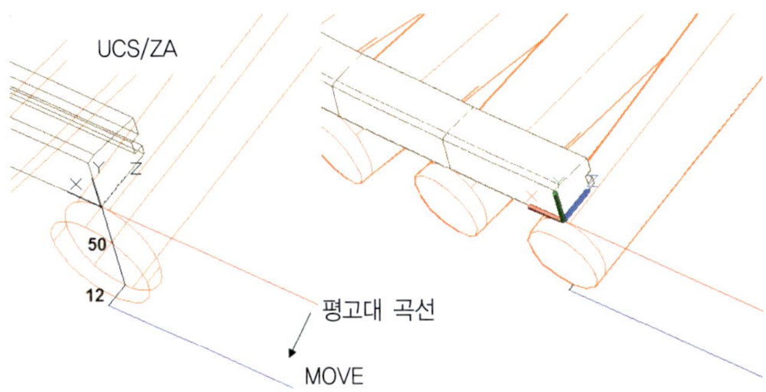

2) 처마도리와 접하는 선

❶ 갈모산방의 연장

선자연 막장과 평연 사이에서(누마루 정면을 제외한)는 처마곡선이 갑자기 꺾이지 않도록 산방을 연장시킨다. 늘어나는 길이는 평연이 2개 정도 걸릴 수 있는(90+90+45=225) 정도로 한다. 누마루에서 사용한 갈모산방의 측면을 연장하여 만든다.(SOLIDEDIT, SLICE)

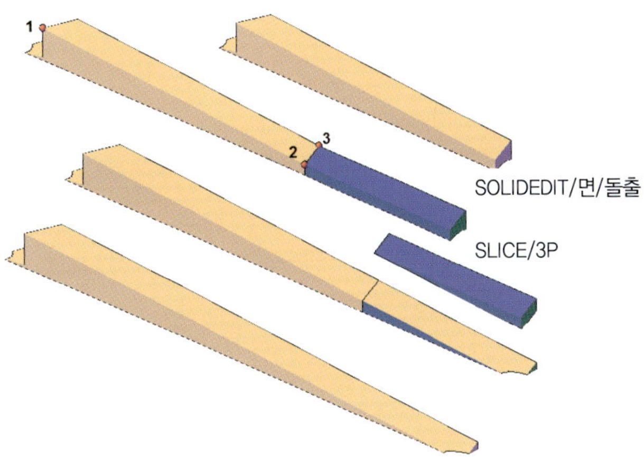

❷ 처마도리 위에서 장연이 닿는 부분에 선을 그린다.

- UCS를 처마도리와 중도리의 중심으로 옮긴다.
- 두 원의 접선을 그린다.(LINE)

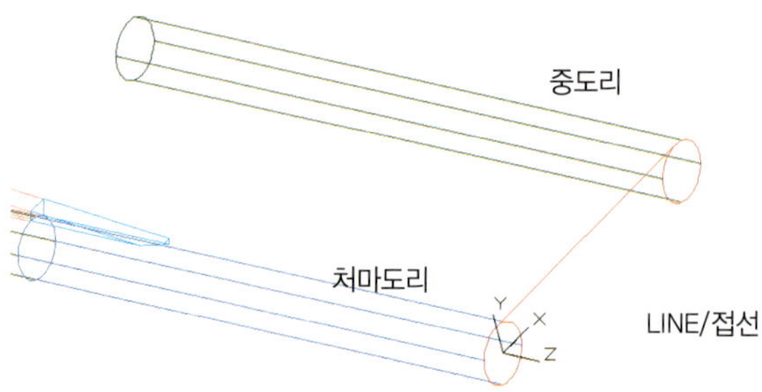

- 연장된 갈모산방 측면선과 처마도리의 접점을 잇는 선을 그린다.(3DPOLY)
- 꺾인 선을 곡선으로 만든다.(PEDIT)

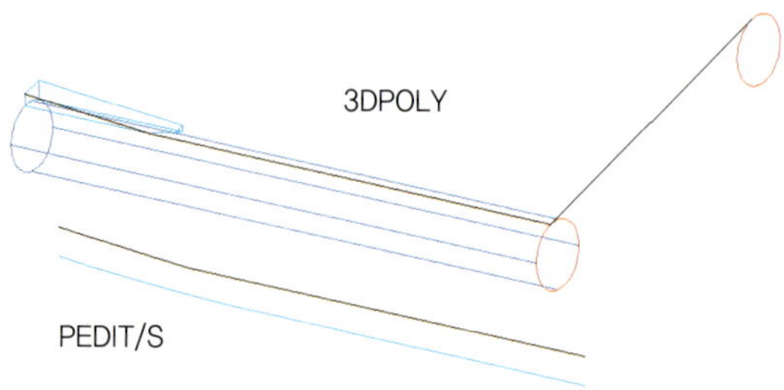

3) 중도리와 접하는 선 그리기

접선을 그리기에 앞서 중도리 위에서 장연이 연장되는 뒤초리 빼목 길이를 정해야 한다. 중도리와 장연의 뒤초리가 닿는 부위는 미장으로 감춰 실내에서 보이지 않도록 해야 하기 때문이다. 적당한 마감면을 위해 장연은 중도리와의 접점에서 50 정도 돌출시키고 마구리는 10~15 정도 경사지게 잘라낸다.

앞서 그린 도리간 접선의 접점을 기점으로 선을 그린 뒤 빼목 길이만큼 뒤로 물린다.

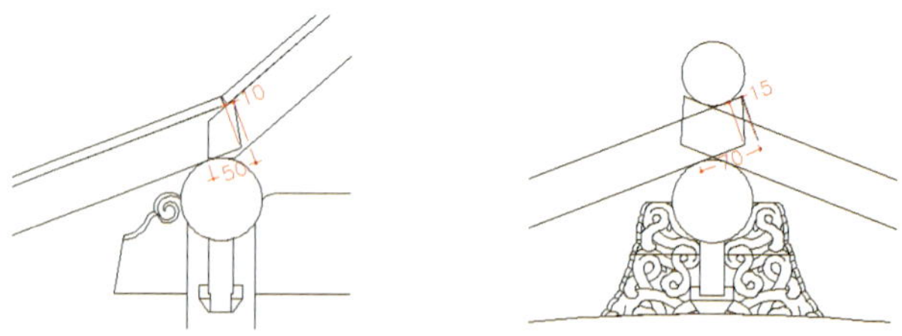

본채와 누마루의 장연 뒤초리

- UCS를 도리 경사 평면으로 옮긴다.
- 중도리 끝의 접점에서 선자 막장까지 선을 그린다.(LINE/825)
- 중도리 위에 그린 선을 Y축 방향으로 70만큼 옮긴다.

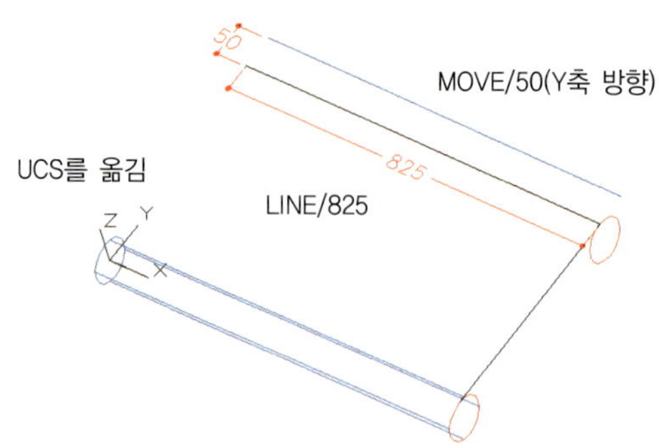

이상으로 장연을 그리기 위한 세 선들이 완성되었다.

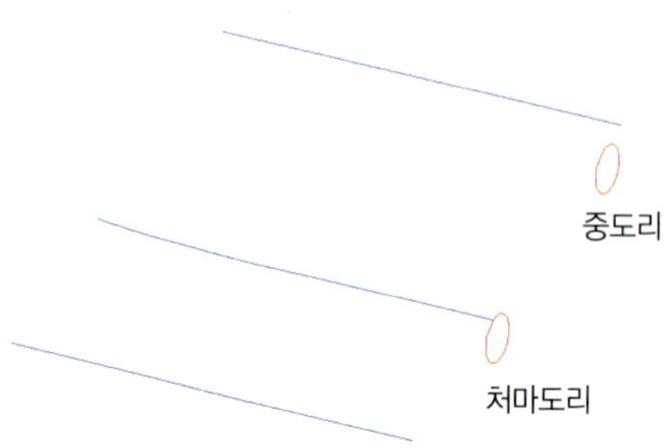

2. 기준선에 원 배열하기

❶ 먼저 장연의 외목을 만들기 위하여 처마 끝에 서까래 굵기의 원을 배열한다.
- Z축의 방향을 접선방향으로 UCS를 옮긴다.
- 반지름 25인 원을 그린다.
- 원을 외목의 끝으로 옮긴다.(MOVE)
- 원을 배열한다.

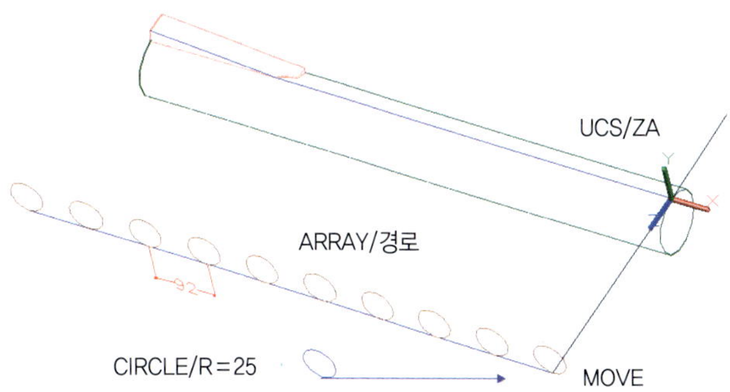

명령: ARRAY

객체 선택: 1개를 찾음 **(원을 선택)**
객체 선택: 배열 유형 입력 [직사각형(R)/경로(PA)/원형(PO)] 〈**경로**〉: **클릭**
유형=경로 연관=예
경로 곡선 선택: **외목곡선을 선택**
경로를 따라 배열되는 **항목 수 입력** 또는 [방향(O)/표현식(E)] 〈방향〉: 10
825(선자막장 중심에서 측면 처마 중심까지의 거리)/90(연목간격)=9.2에서 9+1=10

경로를 따라 배열되는 항목 사이의 거리 지정 또는 [등분할(D)/합계(T)/표현식(E)] 〈**경로를 따라 등분할(D)**〉: **클릭**

❷ 같은 방법으로 처마도리 위에도 원을 배열한다.

※ 서까래 간격과 기왓골의 간격을 맞추기 위해 바닥기와의 폭을 서까래 간격과 같게 한다. 소와, 중와, 대와 암키와의 폭은 각각 90, 100, 110이다.

※ 배열 명령은 객체를 하나로 만든다. 각각 하나의 객체로 만들기 위해 분해 명령으로 분리한다.

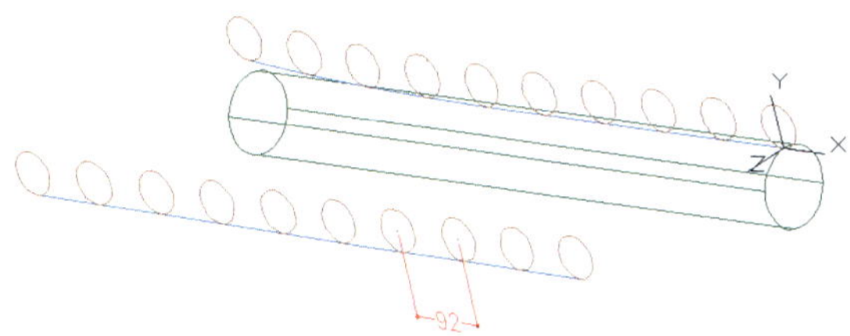

3. 솔리드를 만든다.

배열 명령으로 하나가 된 원들을 분해하고(EXPLODE) 위, 아래 원을 연결하여 솔리드를 만든다.(LOFT)

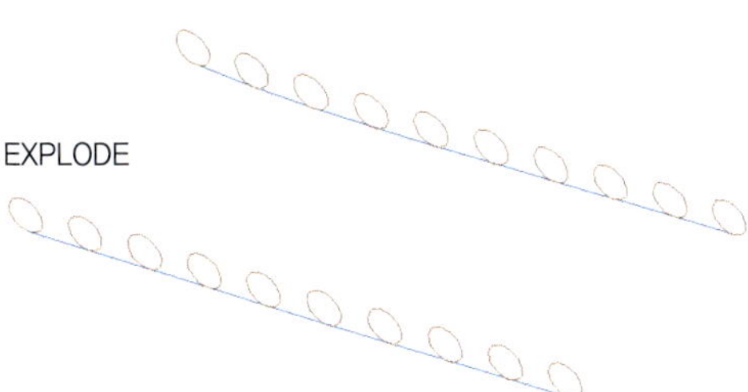

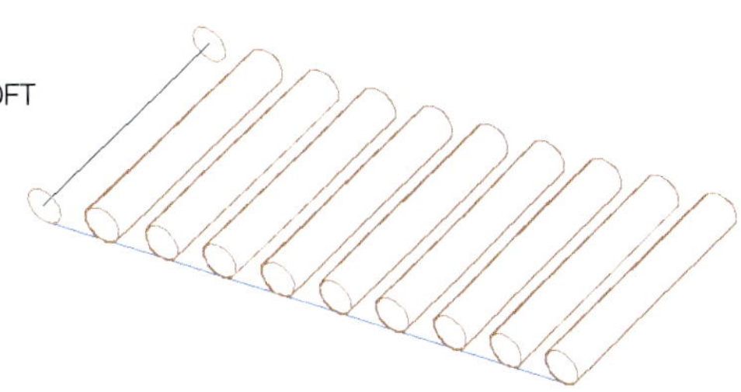

내목에서도 같은 방법으로 솔리드를 만들어 외목 솔리드와 합치면 장연이 완성된다.

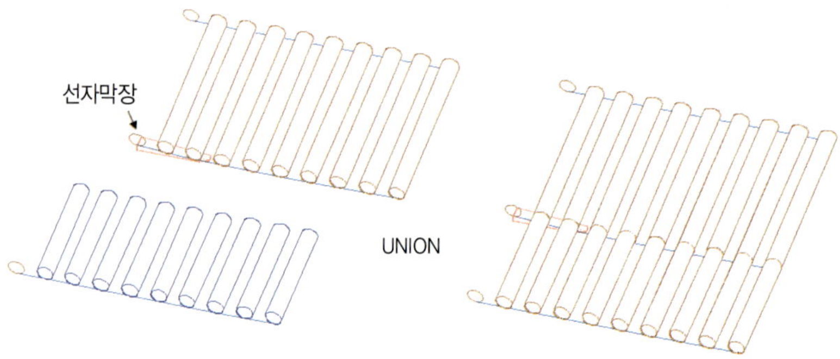

좌측면의 장연이 완성되었다.

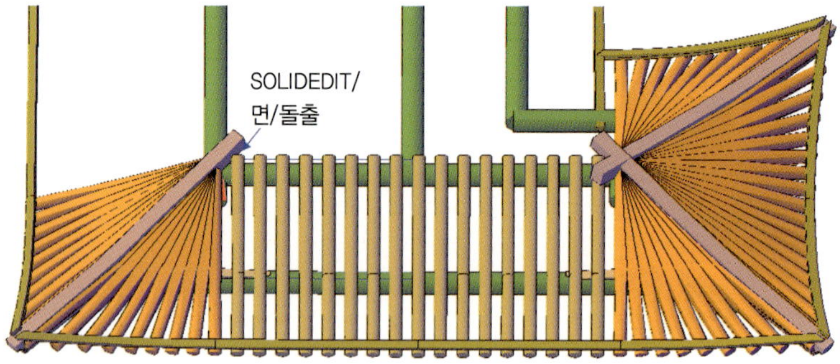

※ 뒤초리가 추녀와 붙는 장연은 추녀까지 길게 연장하여 잘라낸다.

※ 장연도 곡이 있으므로 번거롭지만 상하를 나누어 만든다. 나머지 후면과 우측면의 장연도 같은 방법으로 만든다.

4. 정면 장연 그리기

정면의 장연 구간은 다른 곳과 달리 좌우대칭이 아니다. 따라서 이곳의 서까래는 따로 그려야 한다.

이 구간의 서까래 전체 거리는 3505[=(800-70)+800+800+800+(800-425)]이다. 70은 누마루 도리 중심에서 서까래 중심까지의 거리(45+25)이다.

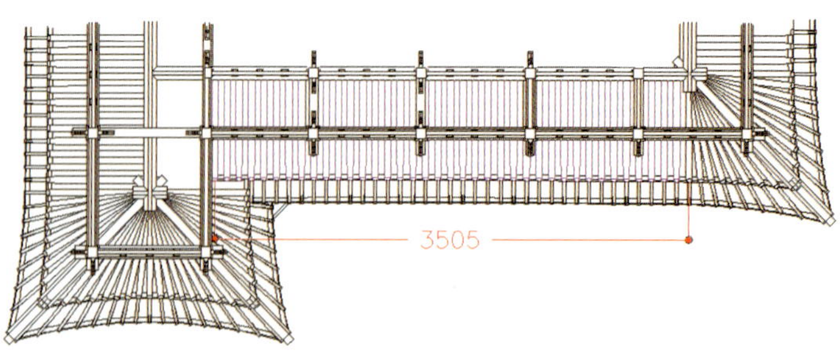

앞에서와 마찬가지 방법으로 기준선 세 개를 그려서 장연을 만든다.

배열 개수를 40으로 하면 서까래 간격은 90 정도가 된다.

3505/90=38.9

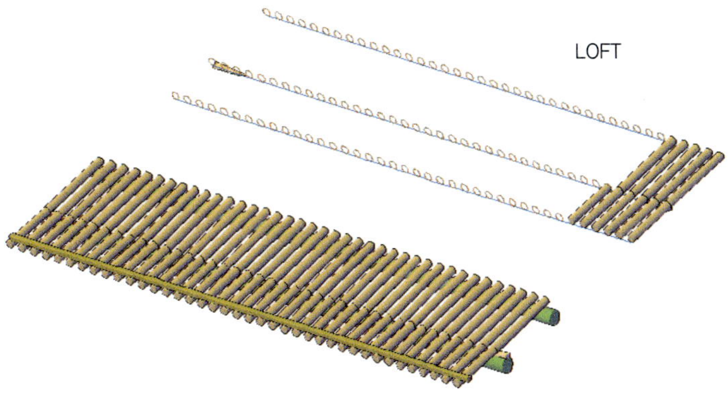

5. 회첨부의 장연

1) 누마루 장연

누마루의 회첨부 장연은 선자연이 끝나는 곳에서부터 툇간까지 놓인다.

여기서는 장연이 처마도리 위에서 잘려 미장에 가려진다. 따라서 외목 없이 도리에 접하는 두 선을 그려서 내목 부분만 만든다. 퇴량 위에는 높이를 맞추기 위하여 각재를 산방 폭으로 만들어 놓는다.

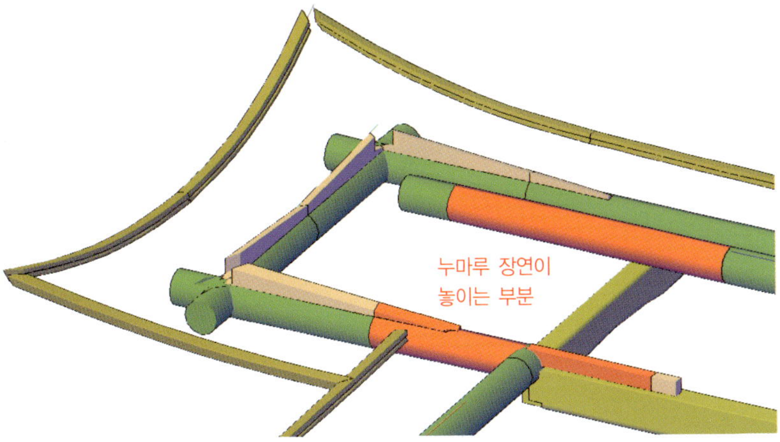

❶ UCS를 옮기고 양쪽 마구리에 접선을 그린다.

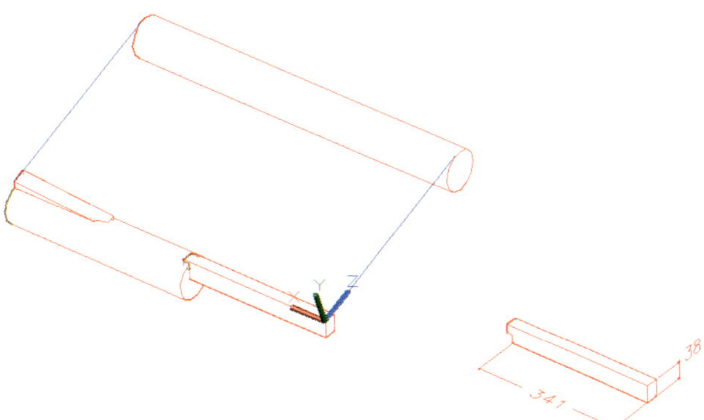

❷ 접점을 연결하여 기준선을 그린다.

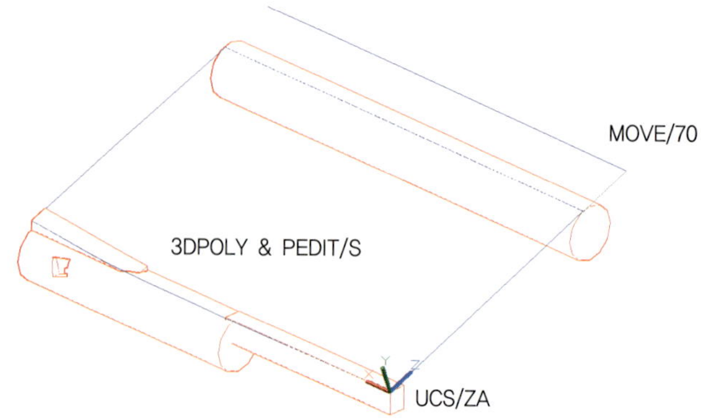

❸ 원을 배열한다.

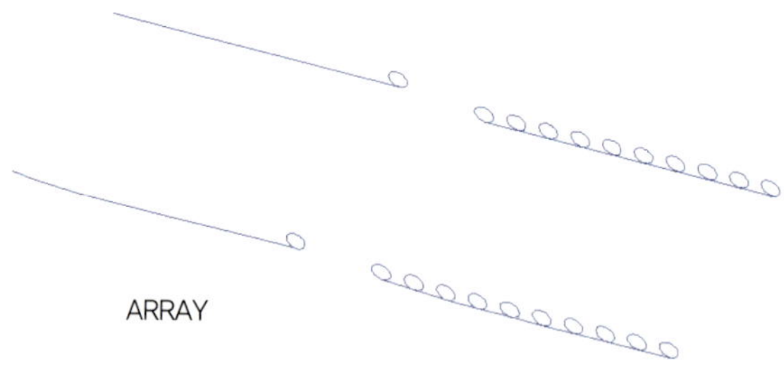

❹ 장연 솔리드를 만든다.

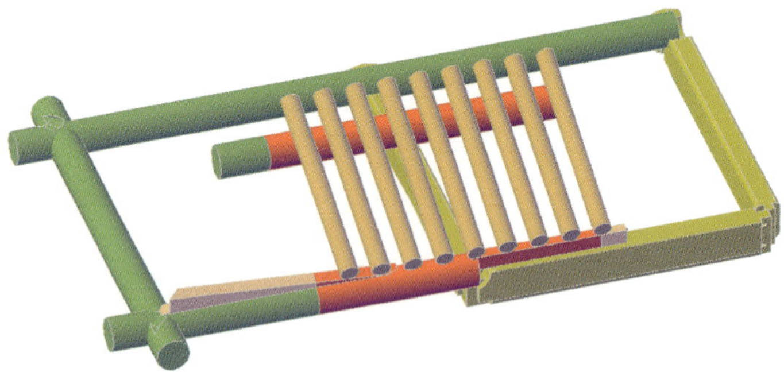

❺ 서까래의 등 위로 기준선을 옮긴다. 두 선으로 SURFACE와 두께를 갖는 솔리드를 만들어(THICKEN) 개판을 덮는다.

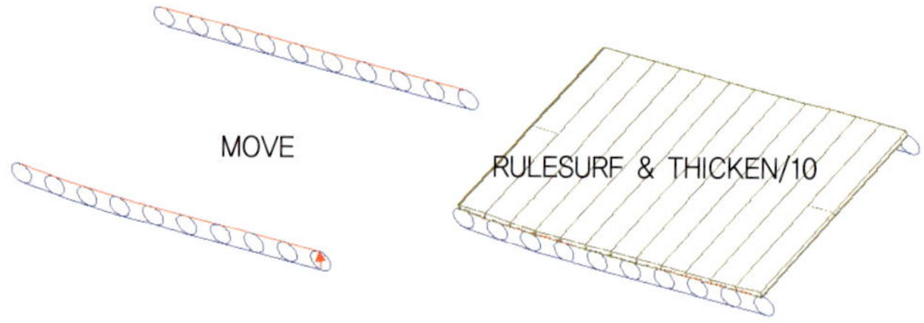

※ 개판을 미리 덮는 이유는 회첨의 본채에서 내려오는 장연을 만들기 위해서이다.

2) 본채 장연

누마루의 개판 위로 내려오는 본채의 서까래를 만들어 지붕 경사면대로 자른다.

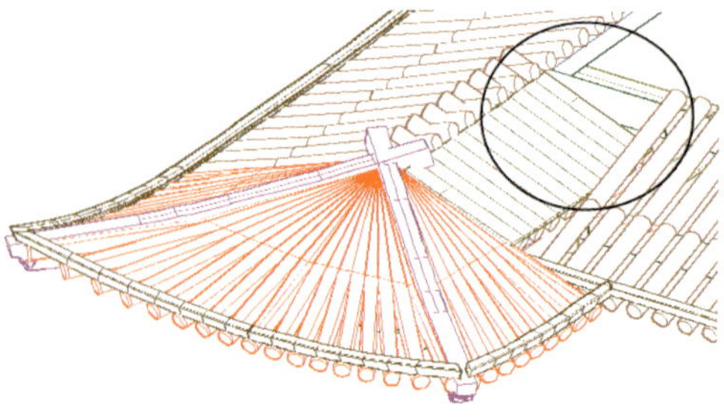

오른쪽의 장연을 서까래 간격대로 복사하여 만든다.

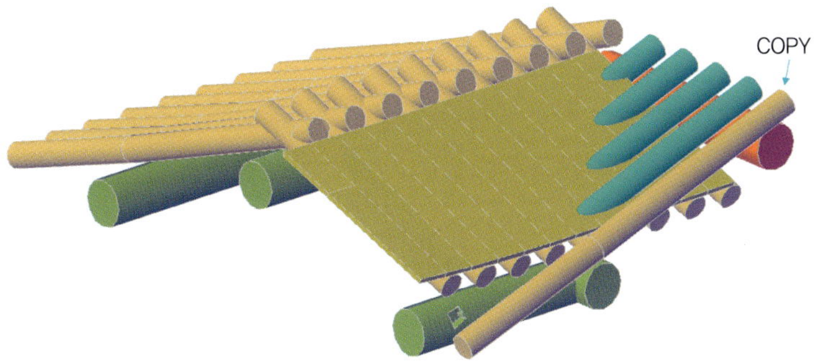

개판 아래 부분을 잘라낸다.

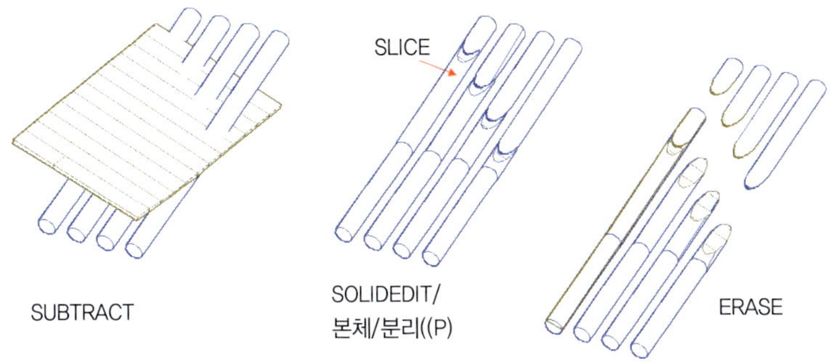

장연 걸기가 모두 완성되었다.

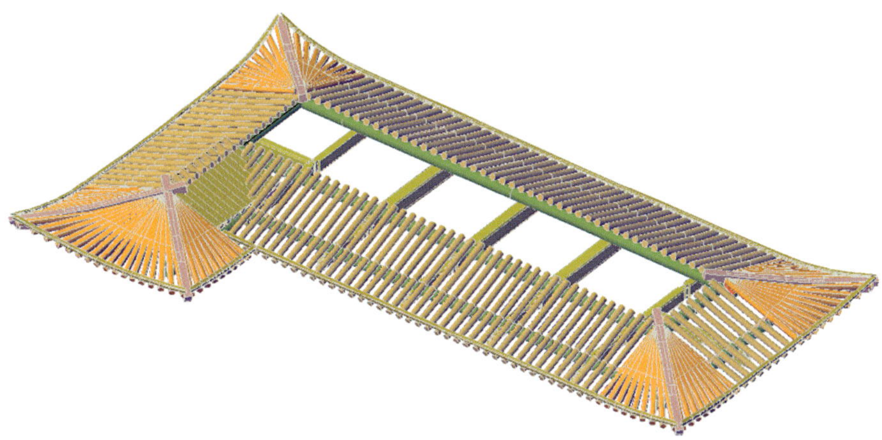

※ 서까래 굵기보다 간격이 좁은데 이는 동연에서 양쪽을 다듬는 것으로 대신하였다. 원칙대로 한다면 장연 뒤초리의 동연과 맞닿는 부분에서도 양변을 쳐내야 한다. 또한 장연의 소매걷이, 부리접기는 생략하였다.

14-5 장연 개판 붙이기

개판은 평고대에 홈을 파고 촉을 넣어 서까래 위에 못으로 고정시킨다. 두께는 10으로 하였다. 장연 간격에 맞게 한 장씩 붙여야 하지만 여기서는 간단하게 선자연과 경계까지 하나의 판으로 만들기로 한다.

평고대 홈을 5푼 깊이로 팠다면 개판 촉의 길이는 4푼으로 한다. 또한 평고대와 개판이 밑면에서 밀착될 수 있도록 약간 경사지게 다듬는다.

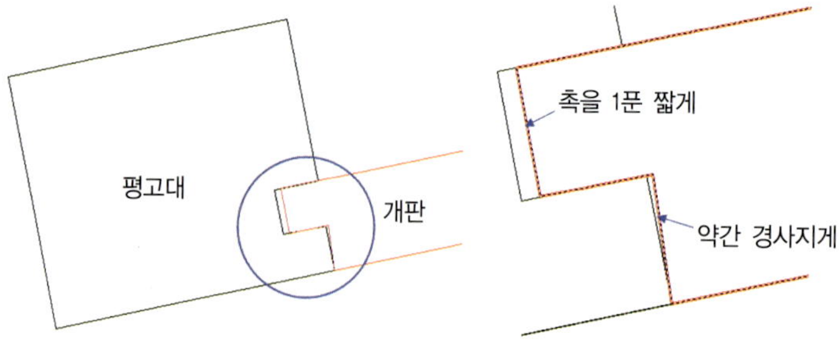

1) 누마루 선자연 개판

누마루 개판은 평고대에서 선자연의 허리까지만 덮이므로 두 개의 기준선을 그려서 만든다.

❶ 평고대 기준선을 만들기 위하여 평고대 밑면의 안쪽 선을 택하여 개판 홈 깊이만큼 옮긴다.

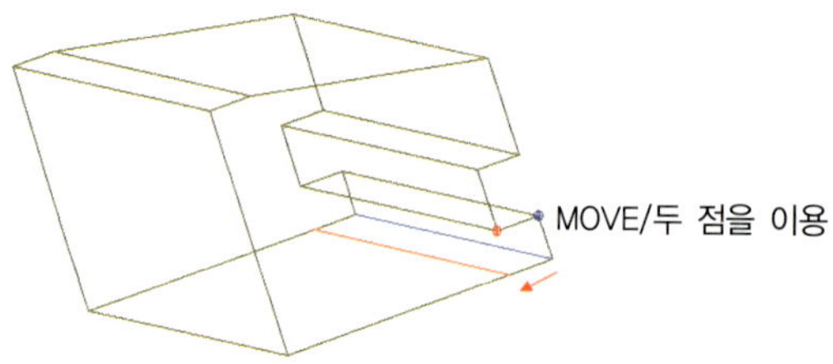

❷ 선자연 허리에서 또 하나의 기준선을 얻는다.

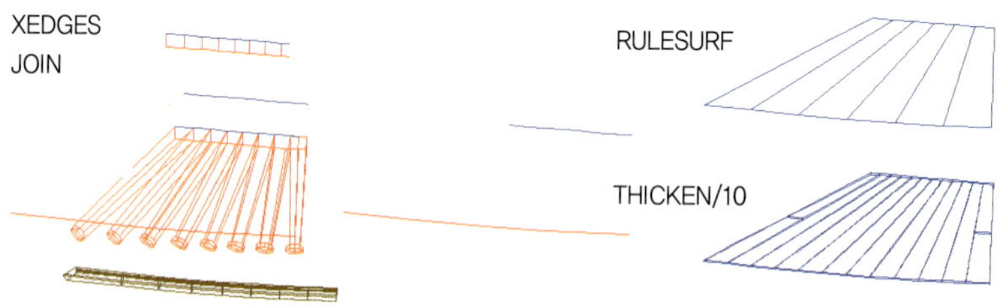

❸ 개판에 홈을 낸다.

※ 한 번에 깨끗하게 잘리지 않으므로 SLICE로 다듬어야 한다.

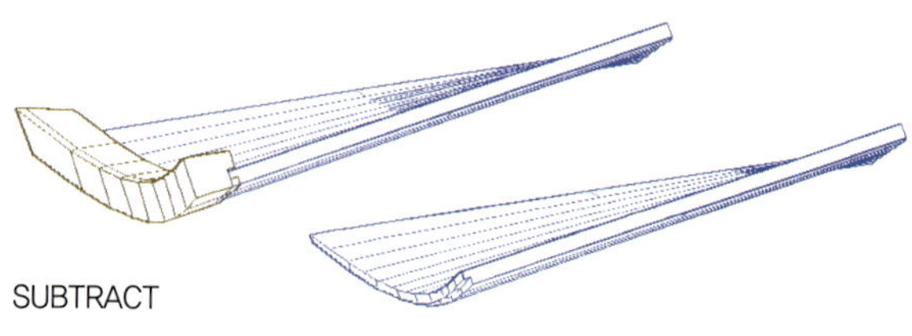

2) 좌측면 장연 개판

장연 개판은 모두 세 개의 기준선을 그려서 솔리드를 만든다.

누마루에서와 같이 평고대와 서까래의 허리에서 얻은 기준선으로 아랫판을 만들고 허리의 선과 뒤초리 선으로 윗판을 각각 만든다.

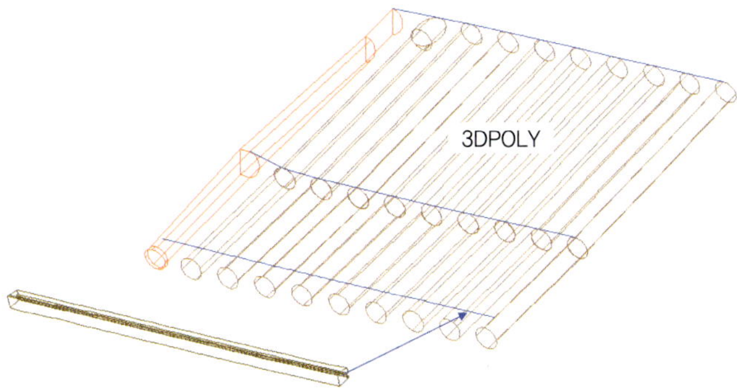

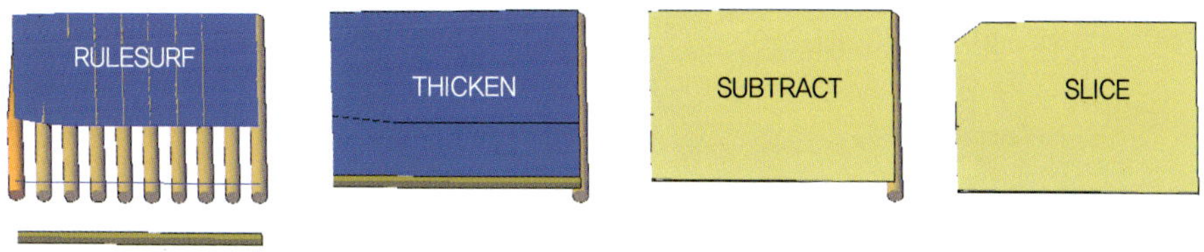

대칭복사한 뒤 왼쪽판은 추녀와 닿는 부분을 잘라주고, 우측판은 건너편의 장연 뒤초리 끝선을 기준으로 자르면 좌측면의 장연 개판이 완성된다.

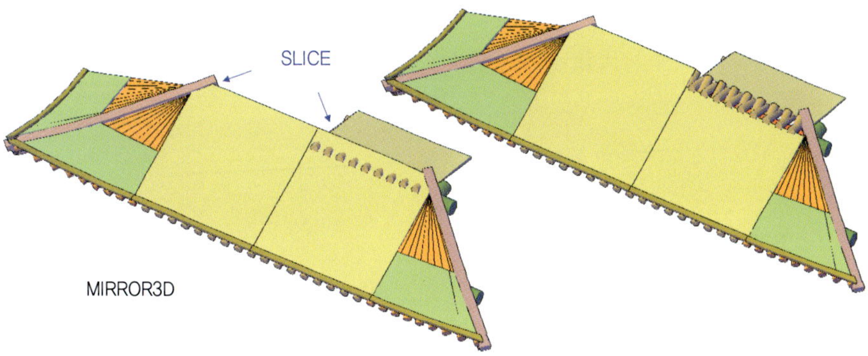

3) 전후면 장연 개판

좌측면 개판 만드는 방법으로 전후면과 우측면의 개판을 만들어 모두 덮는다.

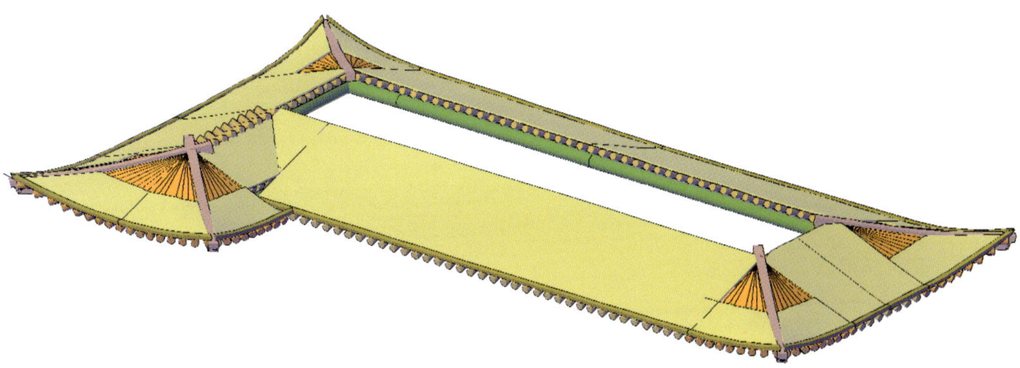

Chapter

15 사래와 고대부연

15-1 사래

사래는 부연이 있는 겹처마집에서 추녀 위에 설치하여 이매기를 받는 부재이다. 일반적으로 사래의 외목 길이는 부연 내밀기의 2배 정도로 하며 내목 길이는 외목 길이보다 충분히 길게 하는 것이 좋다.

15-2 낙선재 사래 그리기

외목 길이는 부연 내밀기(170)의 두 배 정도인 350으로 하고 이에 따라 내목 길이는 500으로 하였다. 마구리 단면은 정사각형에 밑면을 사래 높이의 1/10 정도로 둥그렇게 굴린다.

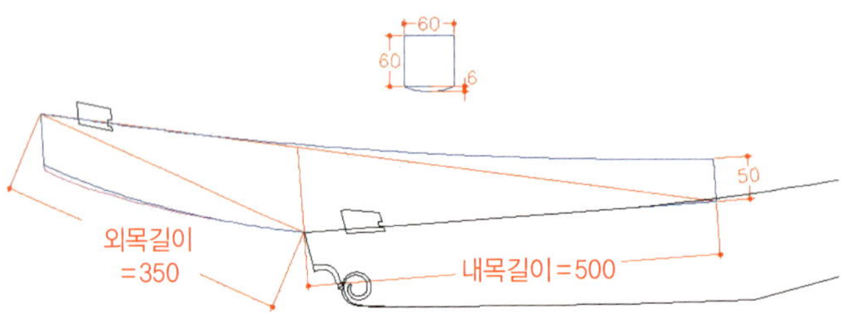

1. 몸통 만들기

❶ 두 개의 영역으로 만든다.

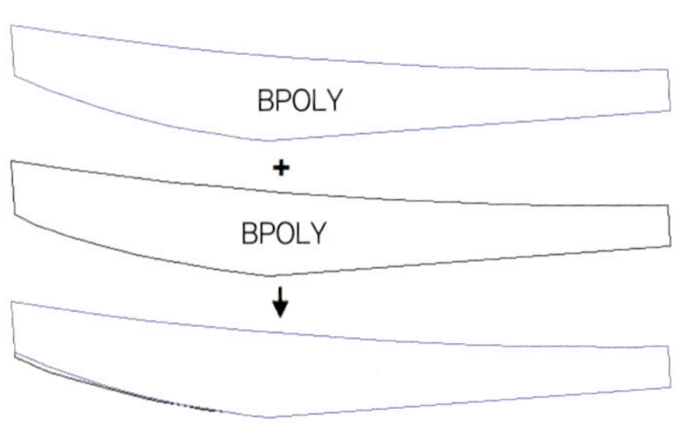

❷ 몸통 솔리드를 만든다.

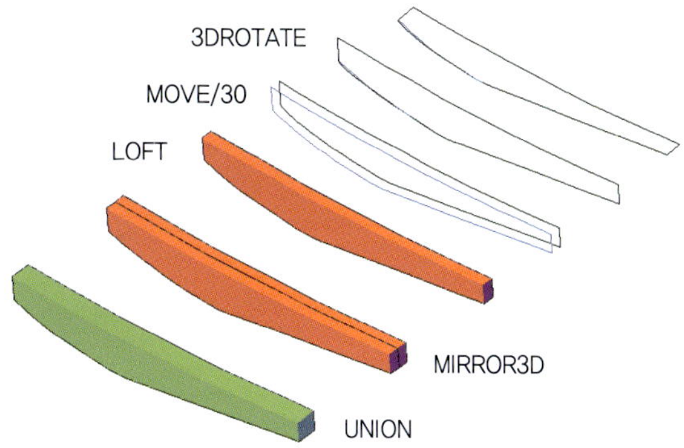

2. 배 굴리기

위에서 만든 사래는 추녀에서처럼 배의 밑면이 각이 졌다. 사래는 이와 달리 배를 둥그렇게 굴리는데 위에서 만든 꺾인 배를 수정해보자.

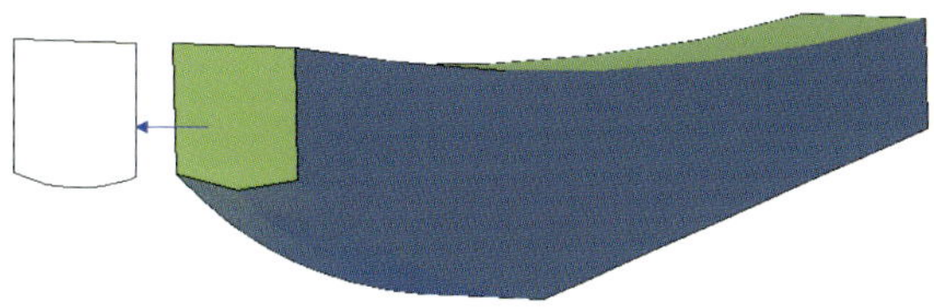

❶ 사래 내목의 밑면으로 X축이 오도록 UCS를 옮긴다.

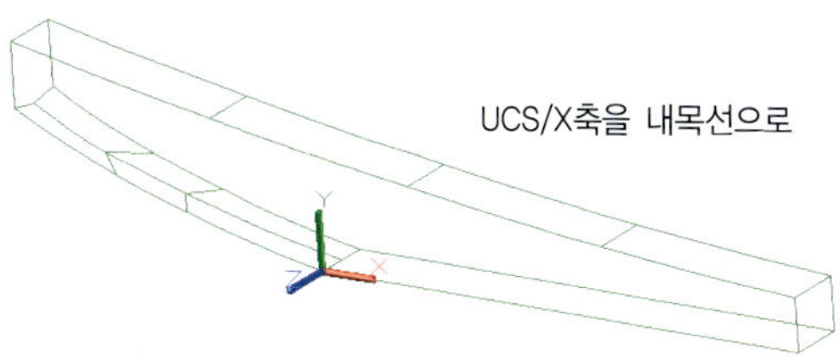

❷ 옮긴 UCS를 기준으로 사래의 외목을 분리한다.

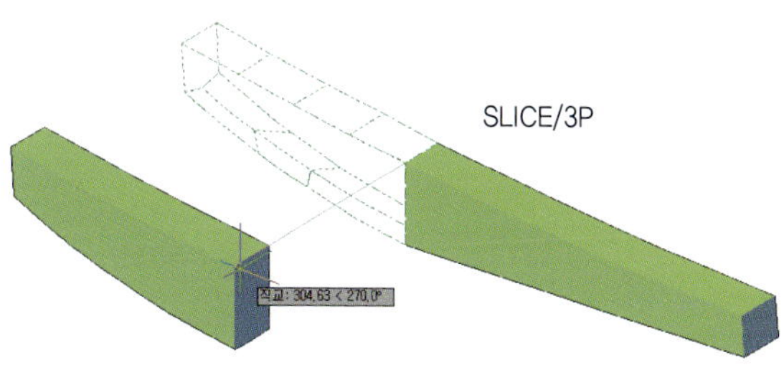

❸ 분리된 외목 솔리드를 4등분한다.(등분을 많이 할수록 곡선이 부드러워진다)

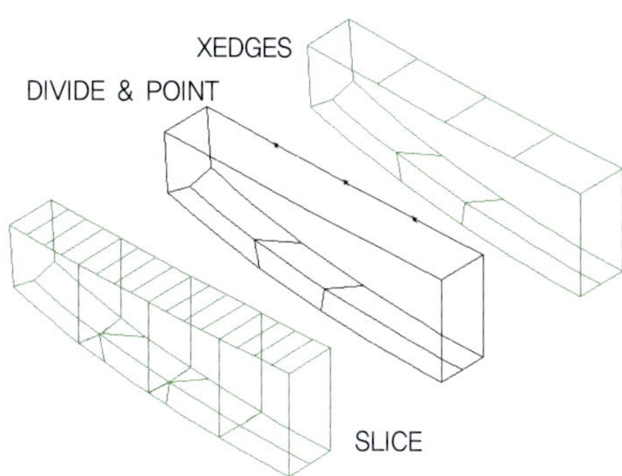

❹ UCS를 사래 마구리로 옮긴다.

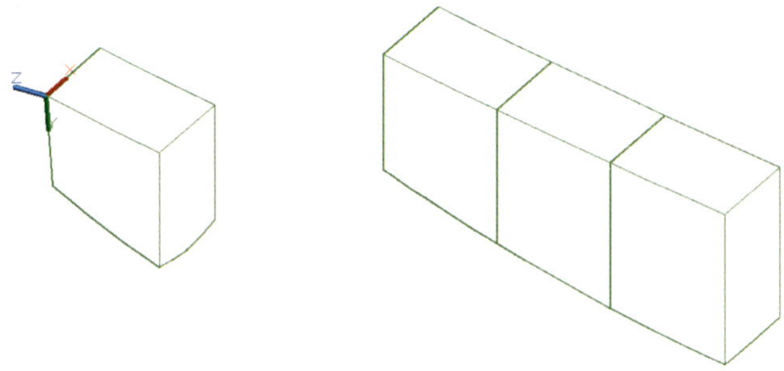

❺ 앞 뒤 마구리에 PLINE을 그린다.
(뒤의 PLINE을 그릴 때 한 번 더 UCS를 옮긴다.)

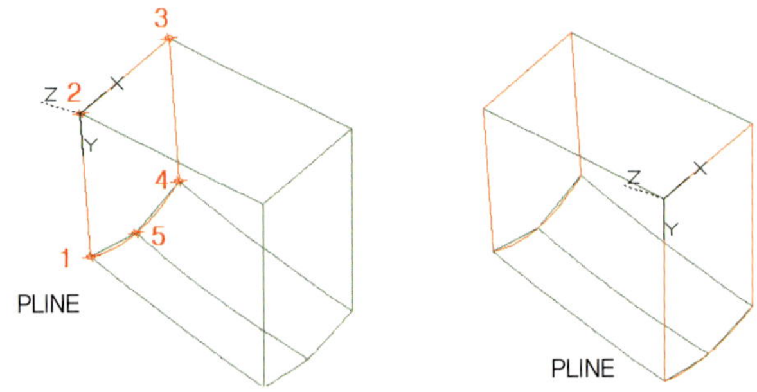

명령: PLINE

시작점 지정: 1
다음점 지정 또는 [호(A)/반폭(H)/길이(L)/명령 취소(U)/폭(W)]: 2
다음점 지정 또는 [호(A)/닫기(C)/반폭(H)/길이(L)/명령 취소(U)/폭(W)]: 3
다음점 지정 또는 [호(A)/닫기(C)/반폭(H)/길이(L)/명령 취소(U)/폭(W)]: 4
다음점 지정 또는 [호(A)/닫기(C)/반폭(H)/길이(L)/명령 취소(U)/폭(W)]: A
호의 끝점 지정 또는
[각도(A)/중심(CE)/닫기(CL)/방향(D)/반폭(H)/선(L)/반지름(R)/두 번째 점(S)/명령 취소(U)/폭(W)]: S
호 위의 두 번째 점 지정: 5
기울은, 비-균일하게 축척된 객체는 무시됨.
호의 끝점 지정: 1

❻ 두 PLINE으로 솔리드를 만든다.

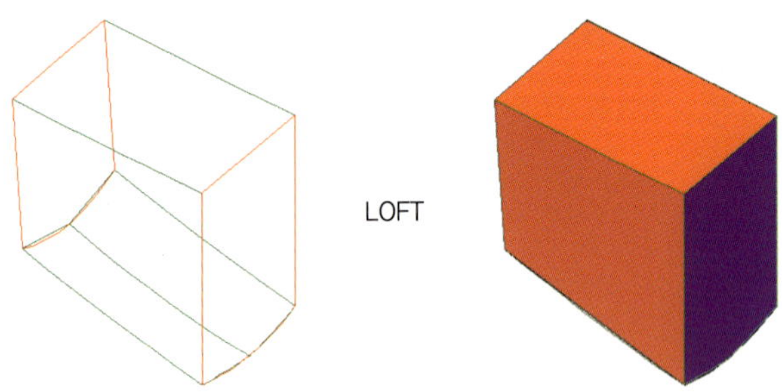

❼ 같은 방법으로 나머지 솔리드를 만들어 결합한다.

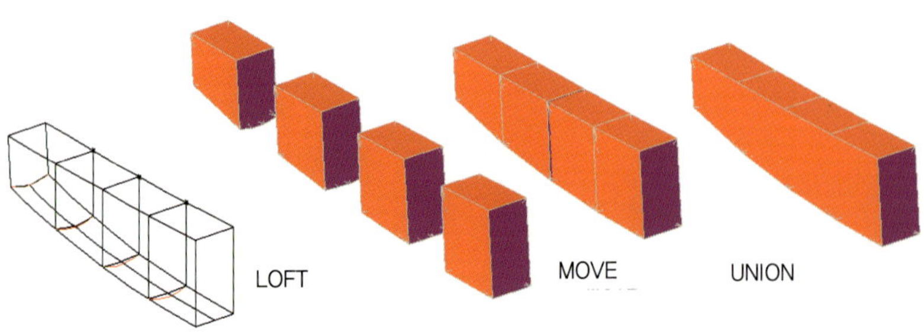

❽ 내목 솔리드와 합치면 사래가 완성된다.

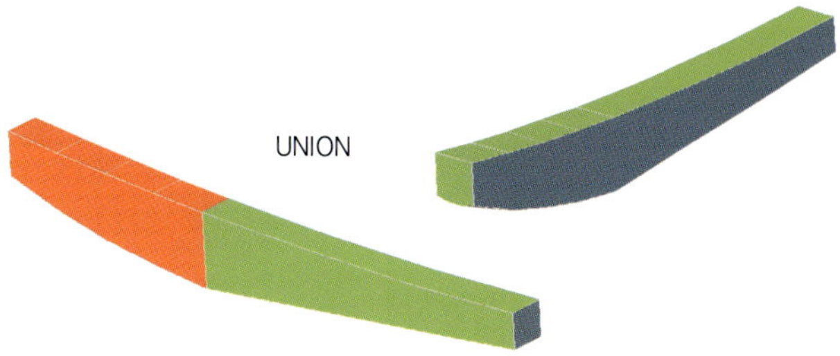

❾ 사래를 추녀 위에 올린다.

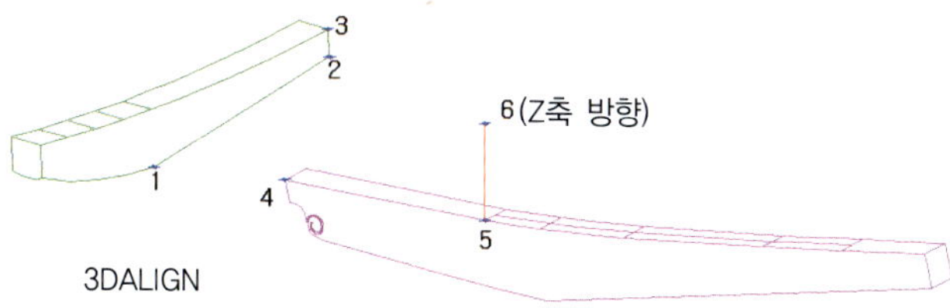

15-3 고대부연

고대부연(선자부연)은 추녀 좌우에 붙는 선자연처럼 사래 좌우에 조립되는 부재들이다.

초매기 평고대를 만들 때 윗면에 준 경사면에 부연의 바닥이 붙는다. 마치 갈모산방에서 선자서까래가 한 번 휘어져 올라가듯이 고대부연 또한 초매기 위에서 꺾인다. 부연의 뒤초리는 최대한 길게 하여 개판에 밀착시킨다.

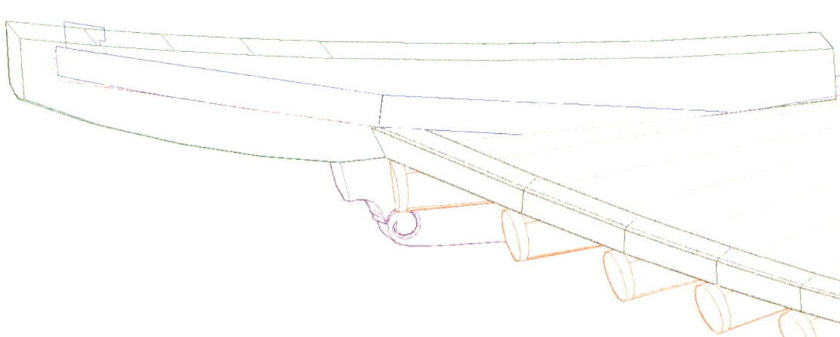

15-4 낙선재 고대부연 그리기

1. 고대부연의 크기

낙선재는 초장과 이장 사이에 가지부연을 넣었지만 여기서는 선자연과 같은 수로 하였다. 선자연에서와 마찬가지로 누마루의 선자부연을 먼저 만든다.

※ 이러한 가지부연은 궁궐 내의 거의 모든 건물에서 사용되었다.

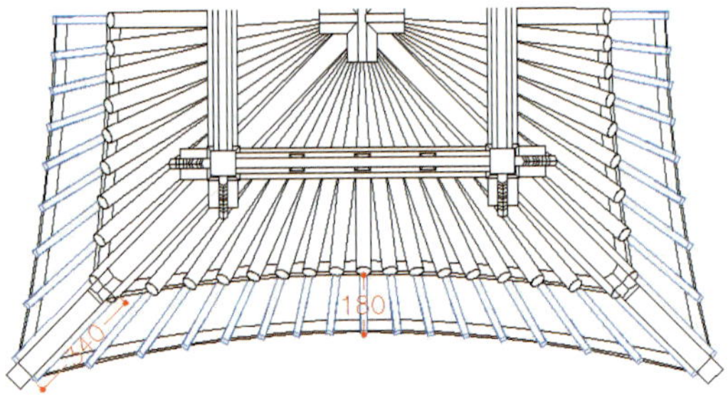

누마루에서 고대부연 외목 길이는 초장에서 340, 막장은 180이며, 단면 크기는 28×32로 하였다.

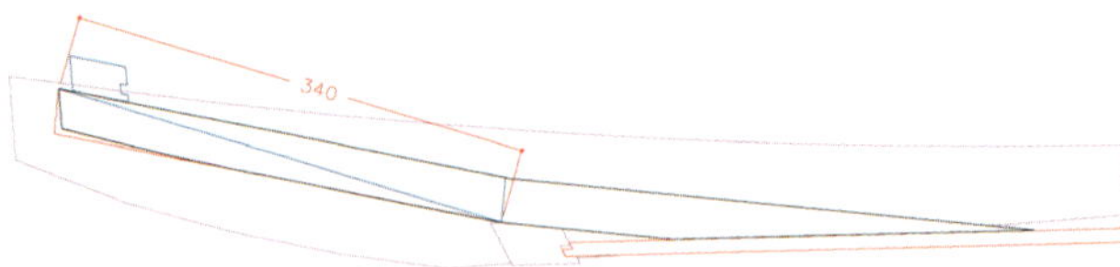

2. 기준선 그리기

고대부연은 이매기 곡선과 초매기 곡선, 그리고 뒤초리가 연장된 선 등 기준이 되는 세 선을 얻어서 그린다.

1) 이매기 곡선 그리기

❶ 고대부연의 초장 단면과 막장(벌부연) 단면을 초매기 평고대 위에 올린다.

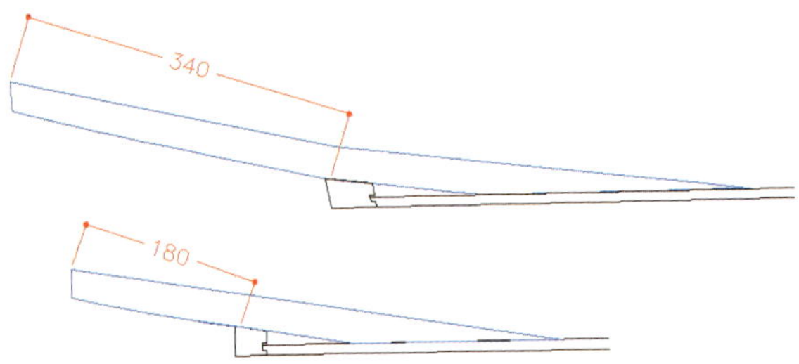

❷ 앙곡과 안허리곡을 구한다.
양쪽 고대부연 초장의 마구리 하단에 직선을 그리고, 직선의 중심점에서 고대부연 막장까지의 거리를 재서 앙곡과 안허리를 얻는다.

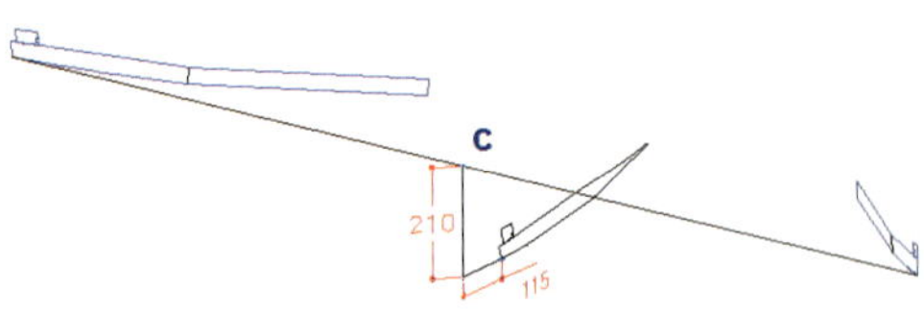

❸ 앞서 초매기 곡선을 그리는 방법으로 두 곡선을 그려 이매기 곡선을 얻는다.

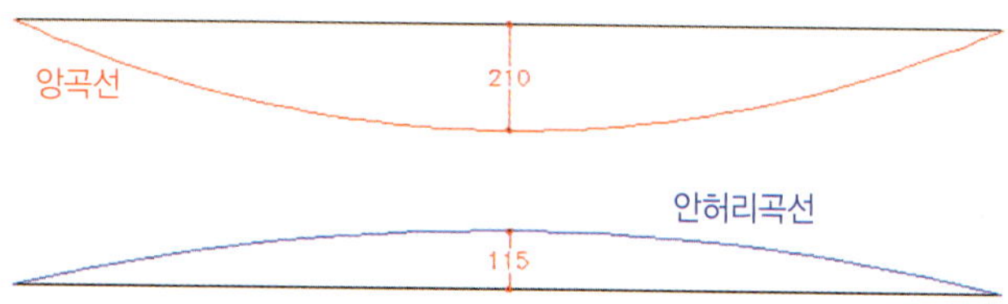

❹ 두 곡선을 합쳐서 처마곡선을 그린다.

- 3DROTATE
- MOVE
- EXTRUDE
- INTERSECT

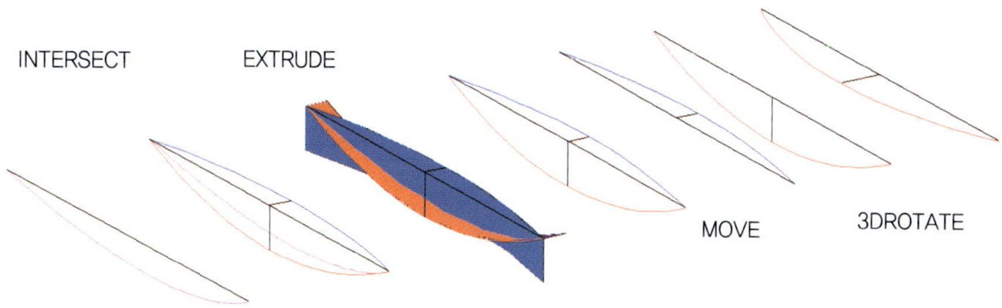

❺ 이매기 곡선을 고대부연의 마구리 끝으로 옮긴다.

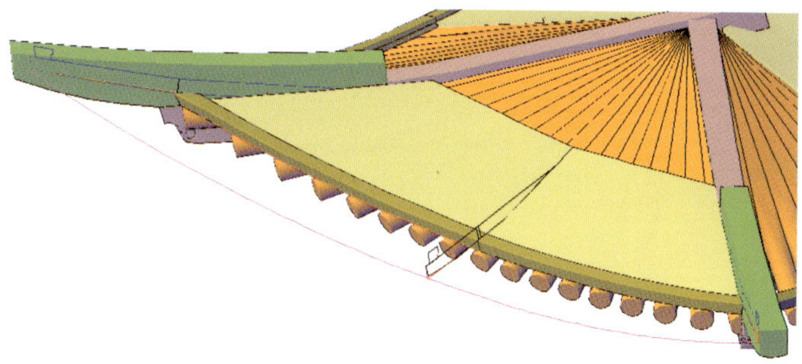

2) 초매기 곡선 그리기

이 선은 누마루의 초매기 평고대 중 절반을 가져와서 그린다.

솔리드를 외곽선으로 만들고 이 중에서 상부에 있는 선을 연결하여 얻는다.

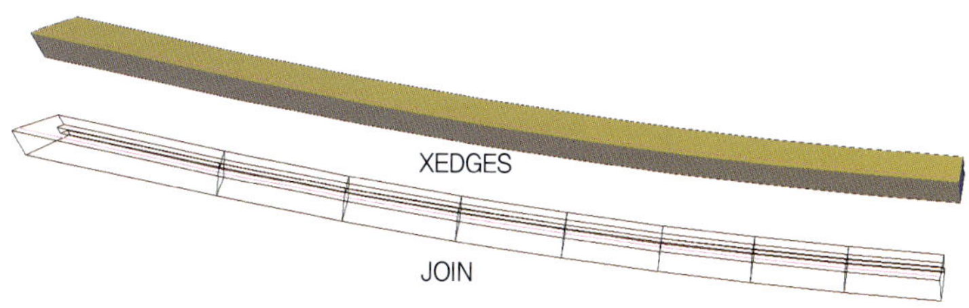

3) 뒤초리 연장선

고대부연의 뒤초리 끝을 연결하면 기준선이 모두 완성된다.

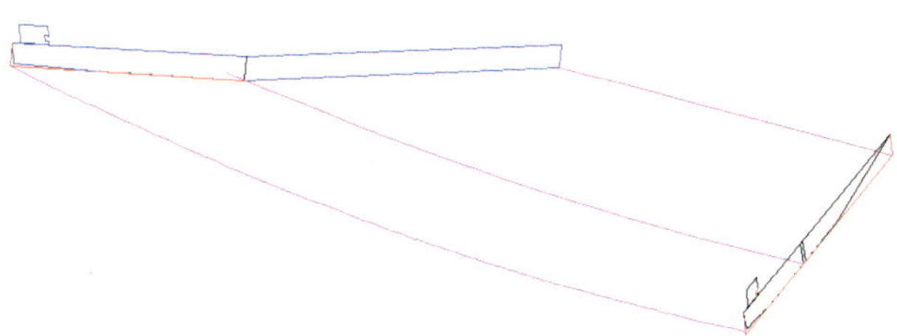

4) 기준선 연장하기

기준선을 사래 중심선까지 연장한다.

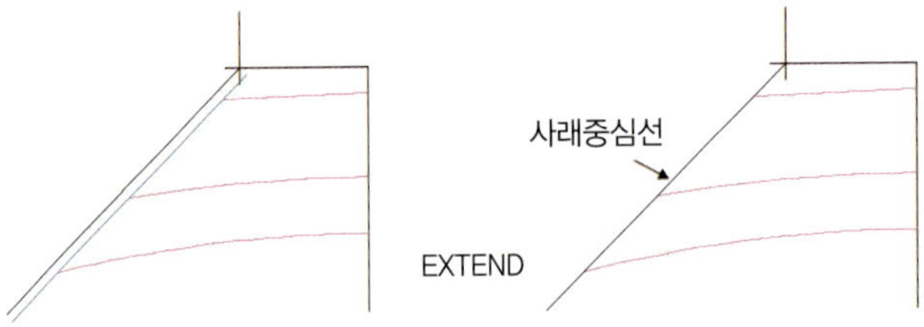

3. 고대부연판 만들기

앞서 만든 세 기준선으로 고대부연판을 만든다.

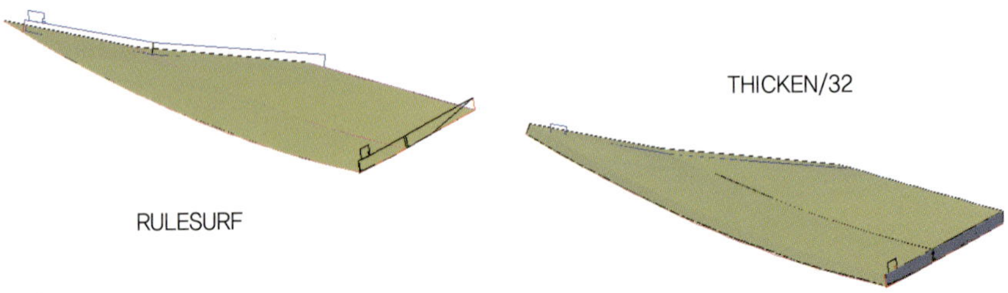

※ THICKEN 명령을 실행하기 전에 UCS를 옮길 때 부연 막장의 길이방향을 Z축으로 향하게 한다.

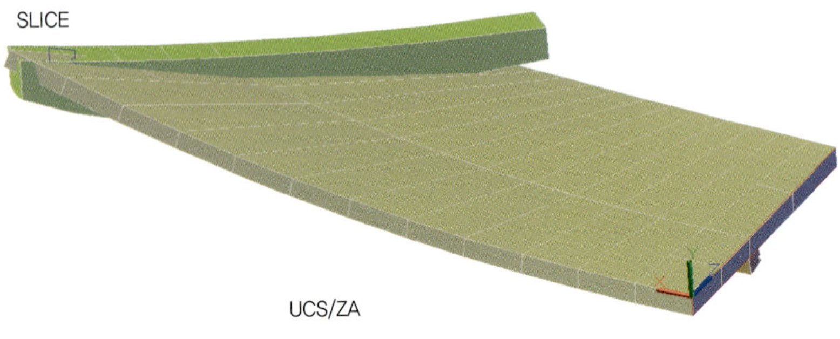

4. 외곽선 그리기

선자연에서와 같이 부연판을 잘라내기 위하여 고대부연의 외곽선을 그린다.

❶ 중심선 그리기
선자연 만들 때 사용했던 중심선을 사용한다.

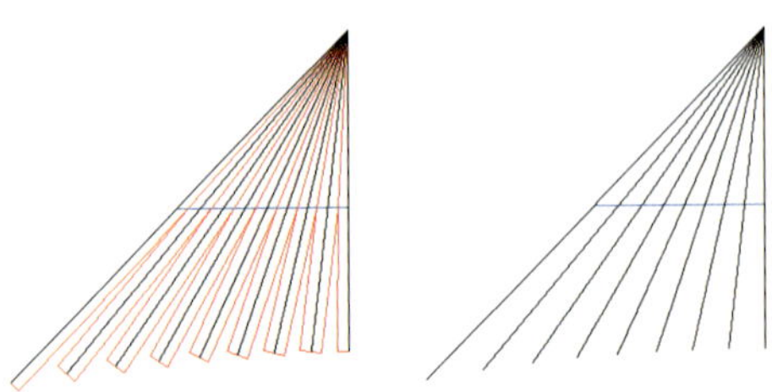

❷ 선자연의 중심선을 선자부연의 바깥선까지 연장한다.

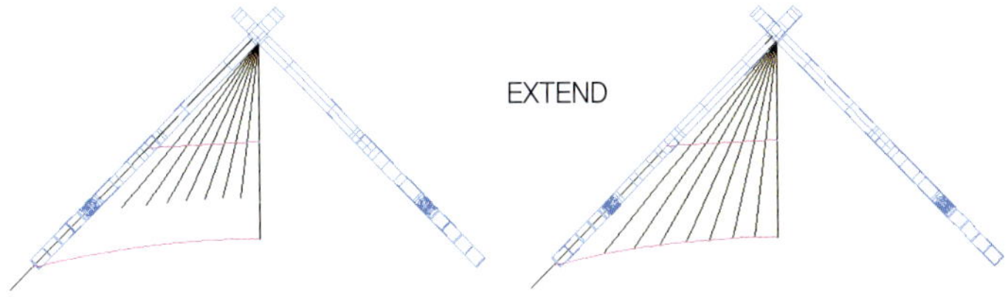

❸ 선자부연의 안쪽 기준선으로 잘라내고 외곽선을 그린다.

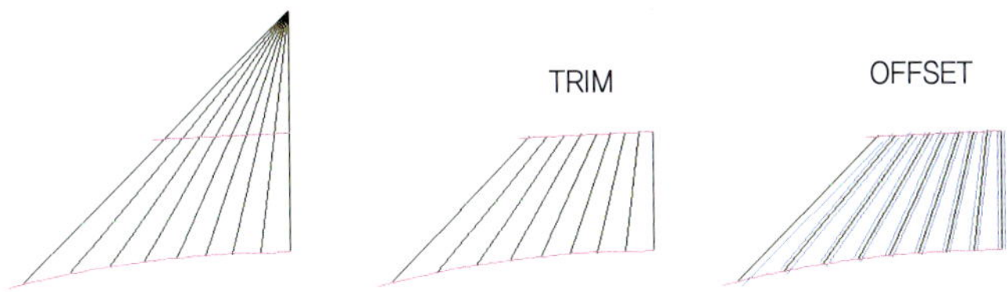

※ 고대부연 초장은 선자연과 달리 다른 선자부연의 폭(28)과 같게 한다.

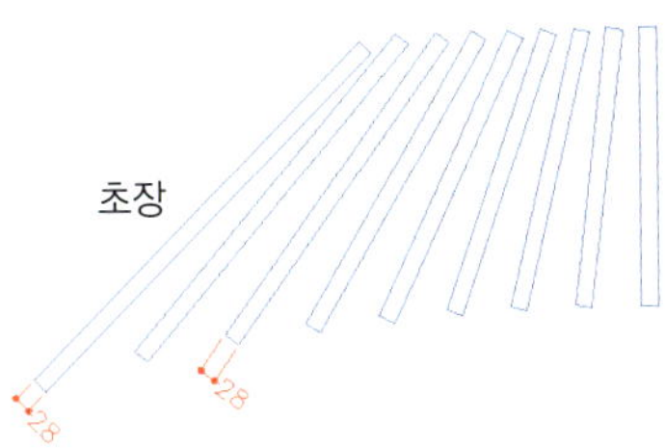

5. 고대부연판 외곽선 자르기

❶ 외곽선을 고대부연판 밑으로 가져온다.

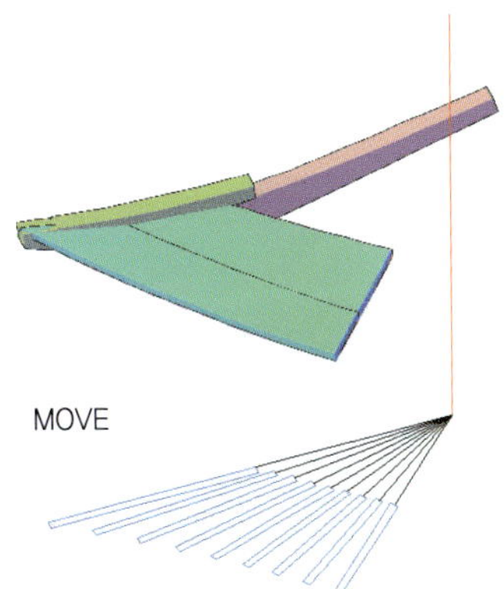

❷ 양 측면과 마구리를 각각 SLICE한다. 이때 기준선을 편의상 연직방향으로 하였는데 실제로는 각각의 선자부연이 닿는 초매기를 기준으로 하여야 한다.

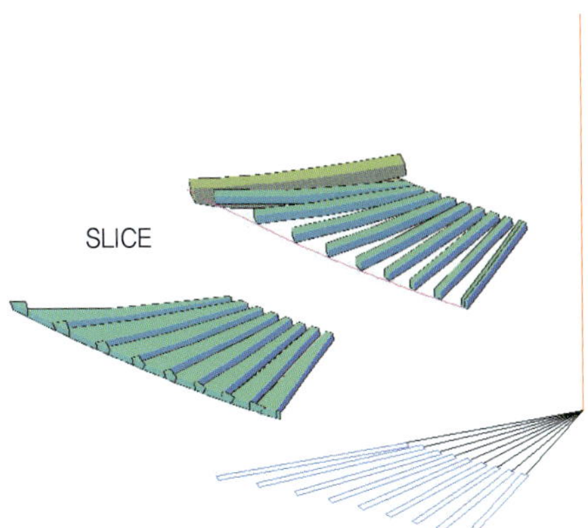

❸ 장연 개판을 이용하여 선자부연의 아랫부분을 잘라내고 막장의 절반을 대칭복사한다.

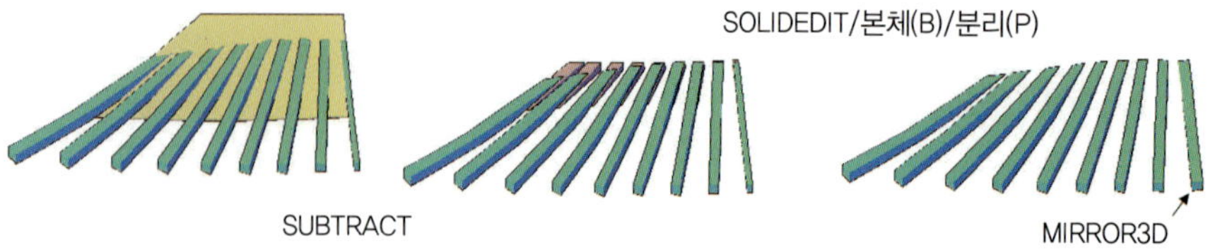

❹ 부리접기는 5푼 정도 한다.

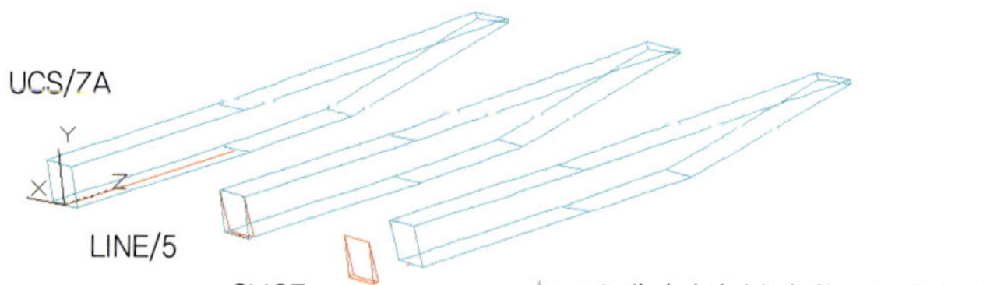

이렇게 만든 것을 대칭복사하여 누마루 고대부연을 완성한다.

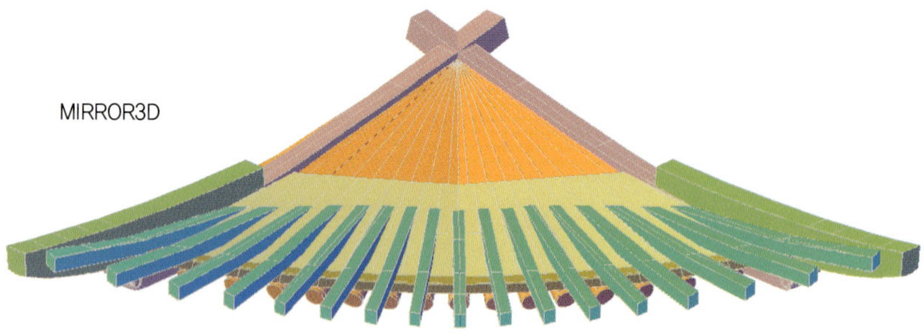

Chapter

16 이매기와 부연

16-1 낙선재 이매기 만들기

1. 누마루 이매기

❶ 고대부연 부리 끝의 중심을 연결하여 이매기 평고대의 기준선을 그린다.

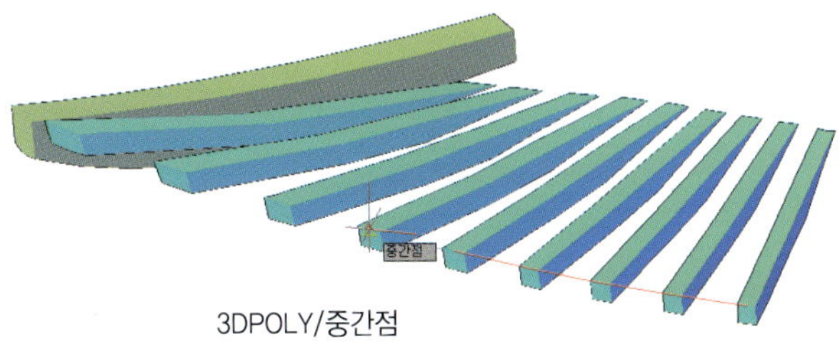

3DPOLY/중간점

❷ 이매기 기준선을 사래 바깥선까지 연장한다.

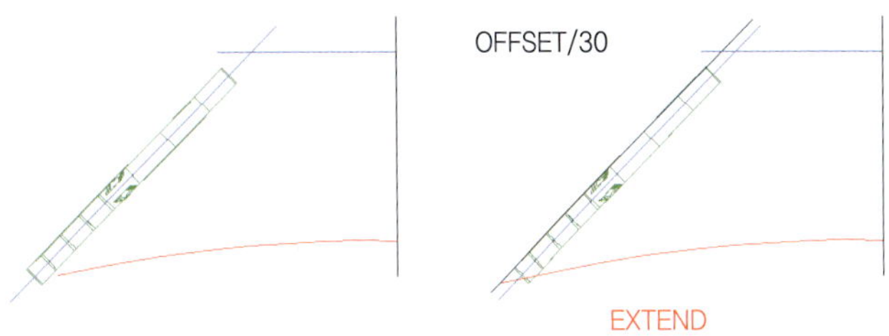

❸ 곡선을 부리 끝에서 12만큼 안쪽으로 이동시킨다.

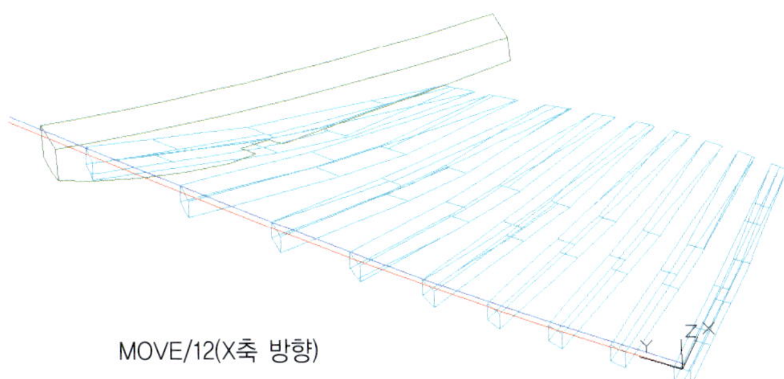

MOVE/12(X축 방향)

❹ 이매기 단면을 그려서 회전시킨다.

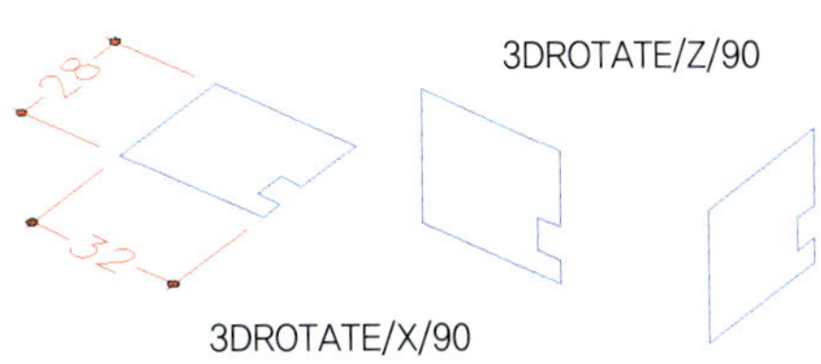

❺ 평고대 단면을 곡선 끝으로 옮긴다.

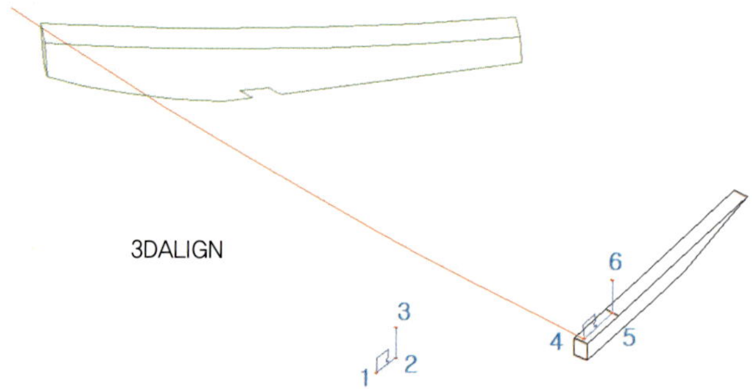

❻ 곡선을 경로로 평고대 단면을 돌출시킨다.

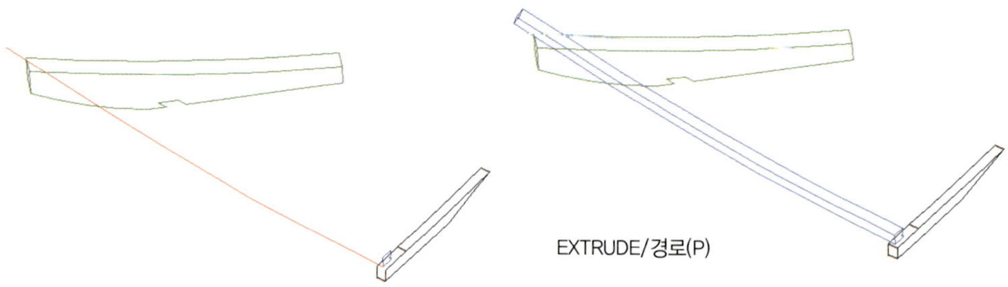

❼ 평고대를 사래 중심선을 기준으로 잘라 주고 대칭복사하면 누마루의 이매기 평고대가 완성된다.

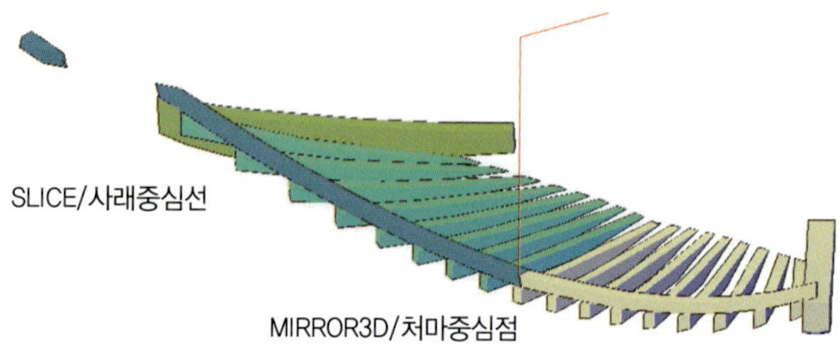

2. 본채 이매기

나머지 선자부연의 이매기는 사래 좌우 평고대를 한 묶음으로 대칭복사한다.

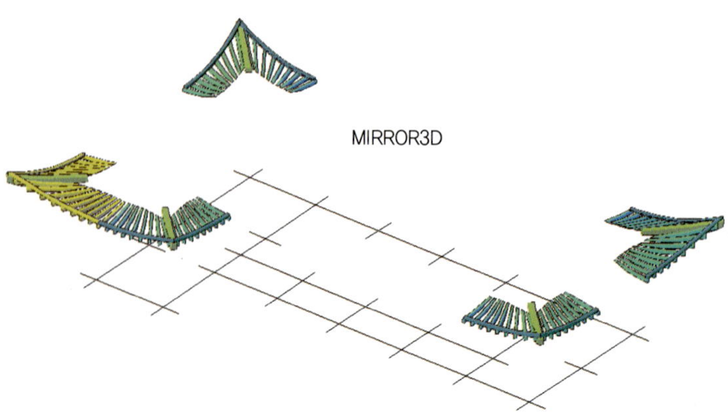

※ 이매기 평고대는 사래 위에서 대각으로 잘리고 밖으로 돌출되지 않도록 한다.

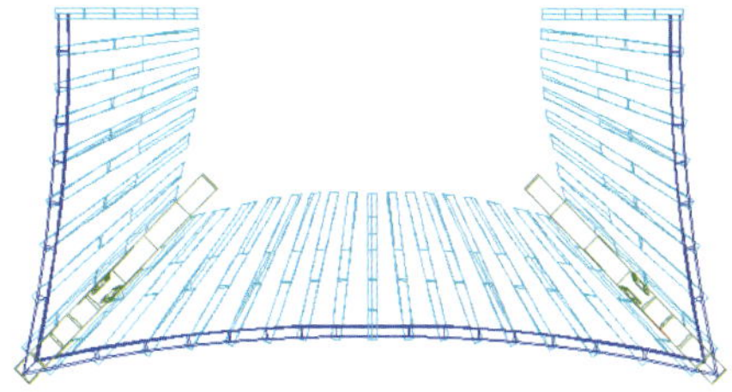

3. 벌부연 평고대

❶ 좌측면 이매기

- 벌부연 구간에 직선을 그린다.(총길이는 1650)
- 이 구간에서는 앙곡 15, 안허리곡 10을 갖는 3DPOLY선을 그리고, 곡선으로 바꾼다.(PEDIT)
- 평고대 단면을 복사하여 구간의 절반을 돌출시킨다.(SOLIDEDIT/면/복사, EXTRUDE)
- 나머지 절반을 대칭복사한다.(MIRROR3D)

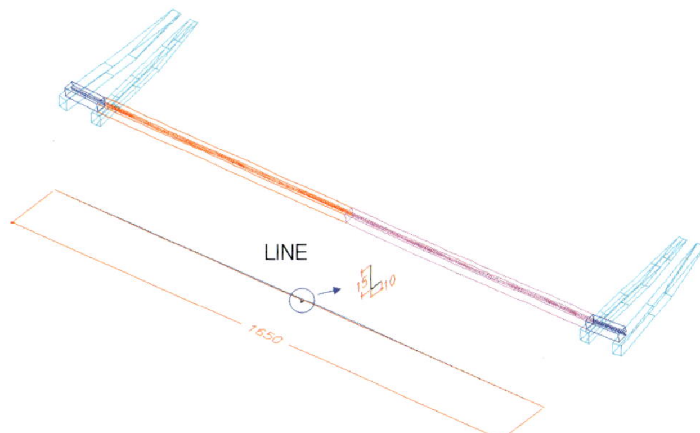

❷ 나머지도 후면과 우측면도 좌측면의 이매기와 같은 방법으로 그린다.

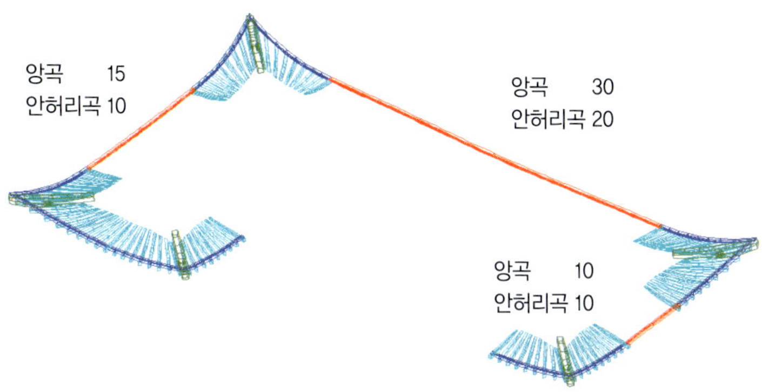

※ 여기서 앙곡, 안허리곡 숫자는 벌부연의 중심에서 고대부연 막장까지의 곡이다.

❸ 정면 이매기

초매기에서와 같이 우측 평고대의 끝점(A)을 기준으로 누마루 측면의 평고대를 자르면 이 지점이 정면의 이매기와 만나는 회첨이 된다.

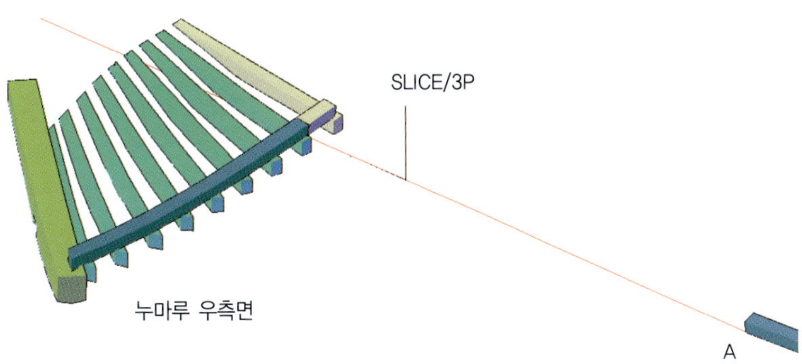

누마루 평고대의 잘린 지점과 점 A를 연결하고 앞선 방법으로 정면 평고대를 완성한다. 정면 이매기는 회첨을 지나 누마루로 연결되므로 평고대를 연장한다. (SOLIDEDIT/면/돌출/400)

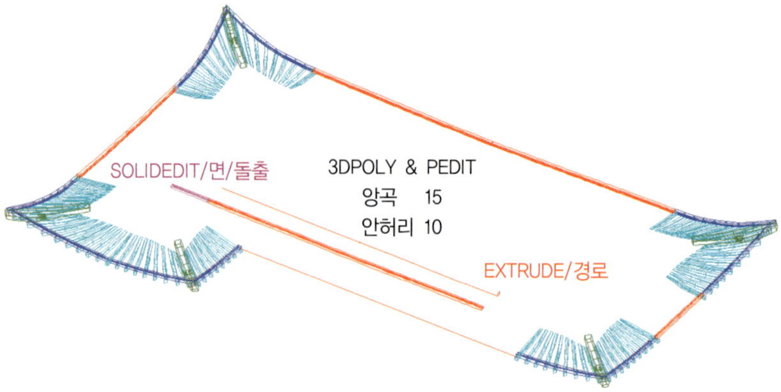

누마루의 이매기는 반턱으로 정면 평고대에 걸쳐지도록 하였다.

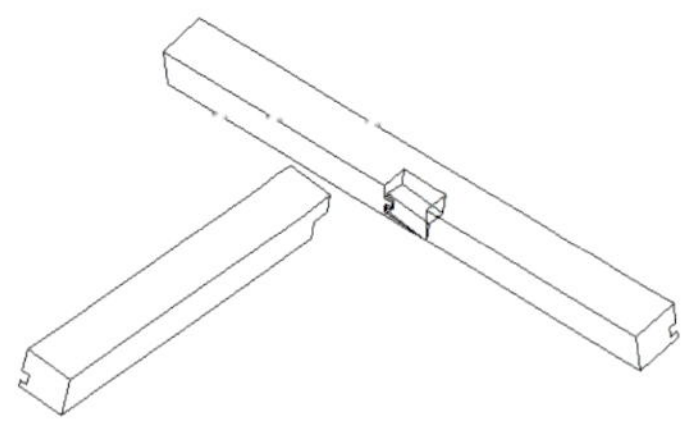

4. 고삽

고삽은 회첨골의 연함을 붙이기 위해 설치하는 삼각형 부재이다. 보통 2골의 암키와가 놓일 수 있도록 길이는 180 정도로 만든다.

❶ 삼각형을 그려서 회첨 코너로 옮긴다.

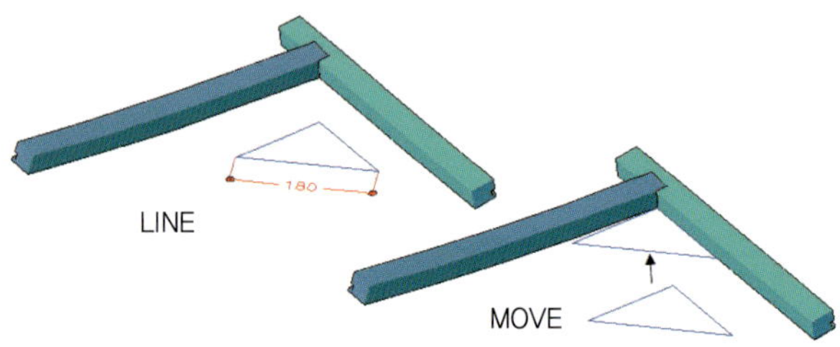

❷ 삼각형을 기준으로 평고대를 잘라 밑면에 선을 그린다.

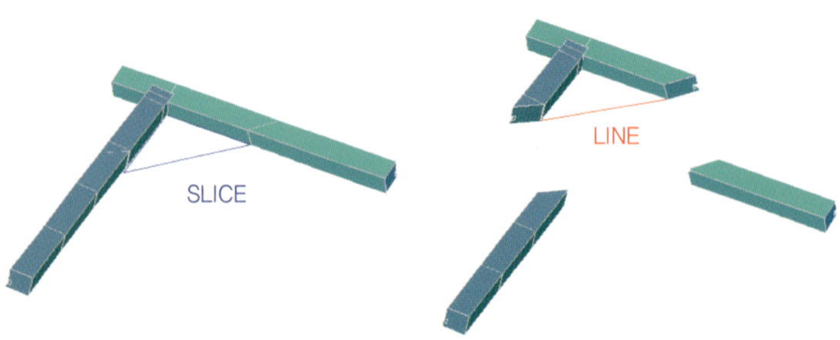

❸ 밑면에 그린 선을 연장하여 고삽 단면의 돌출(EXTRUDE) 경로로 하고 고삽의 두께는 평고대보다 조금 작게(18) 하여 고삽 솔리드를 만든다.

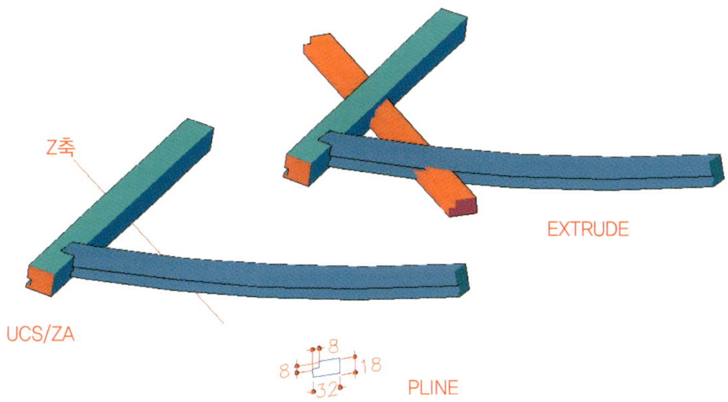

❹ 고삽 솔리드에서 평고대를 제거하면 고삽이 완성된다.

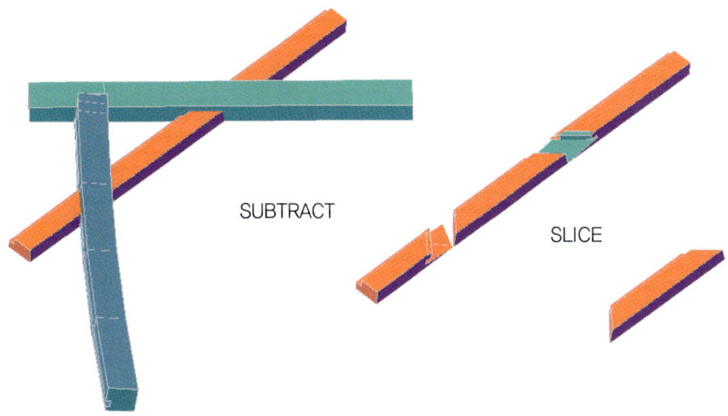

❺ 고삽널을 만든다.

사각형을 돌출시키고 고삽널만 남긴다.

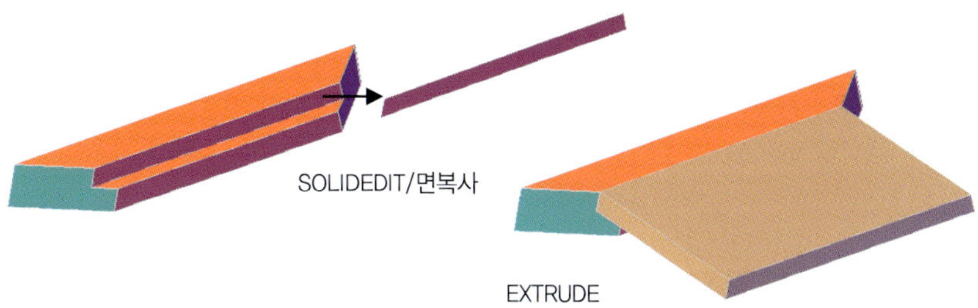

※ 평고대에 홈을 파서 고삽과 고삽널을 고정할 수도 있지만 주로 못박아 고정한다.

16-2 낙선재 부연 만들기

부연은 겹처마집에서 장연 위에 올리는 방형의 서까래이다. 긴 처마를 확보하려 할 때 장연만으로는 답답한 입면을 갖게 되는데 부연을 사용하면 날렵하고 충분한 처마를 확보할 수 있다. 부연의 물매는 장연 물매에 따라 다르지만 2치 내외가 적당하다.

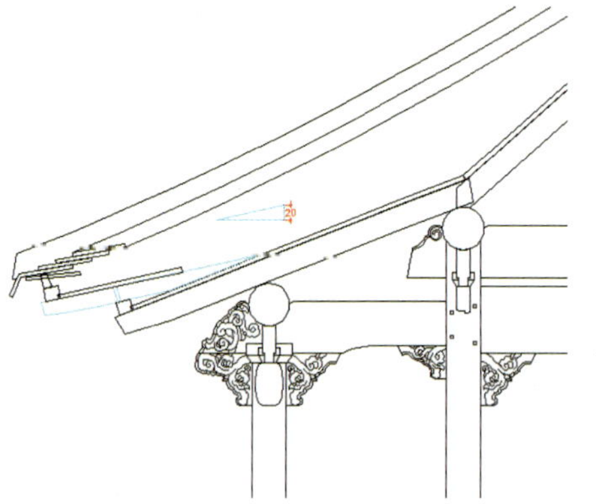

1. 부연의 크기

낙선재 부연의 폭은 수장폭과 같게 하였고 높이는 폭보다 5푼 정도 크게 하여 단면 (28×32)이 서까래의 직경(ϕ)에 비해 왜소해 보이지 않게 하였고 부리의 경사는 5푼을 주었다. 부연 내밀기인 외목길이는 처마의 가운데에서 180이고, 부연의 전체길이는 5자로 하였다. 또한 부연의 부리가 역사다리꼴이 되도록 볼을 다듬었다.

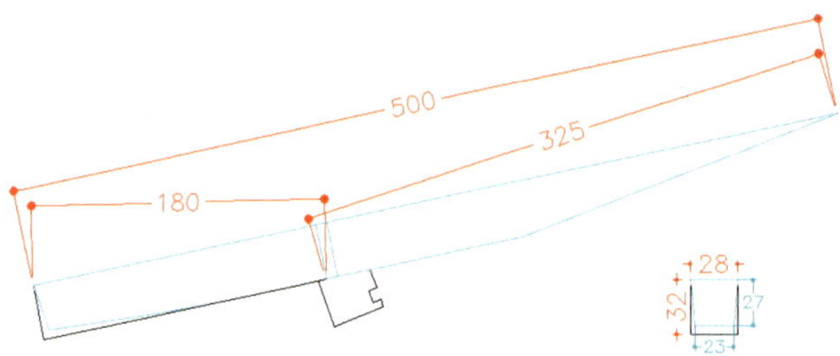

2. 부연 그리기

앞에서 그린 단면을 기준으로 이미 자리잡은 초매기와 이매기의 평고대 사이로 부연을 끼워 넣는다.

1) 좌측면 부연 그리기

❶ 이매기 단면에서 연장선을 그린다.

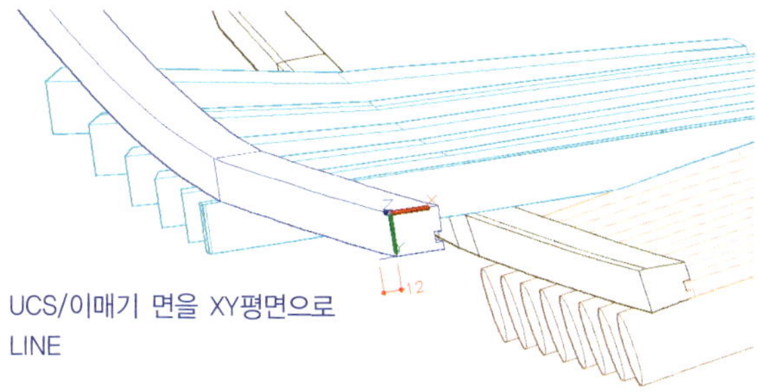

❷ 두 평고대 사이에 부연 단면을 그린다.

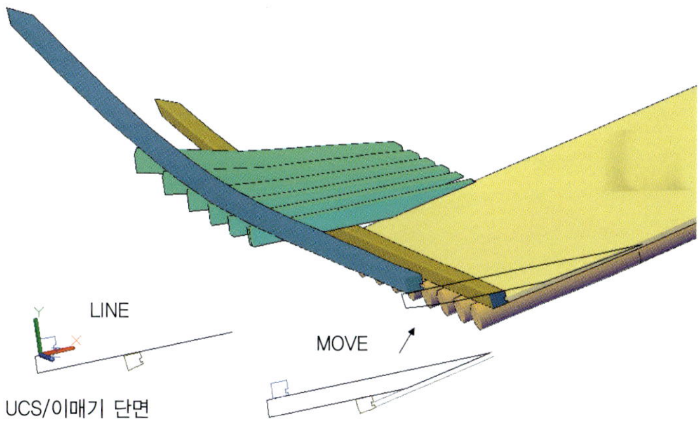

❸ 부연 솔리드를 만들고 평고대 기준선을 뽑아낸다.

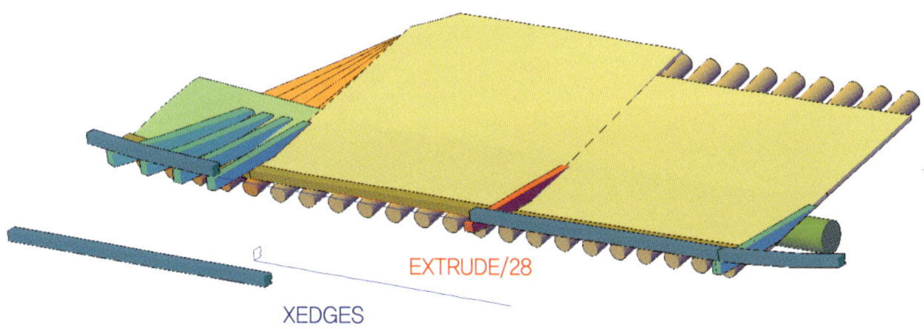

❹ 이매기 기준선을 경로로 부연을 배열한다.

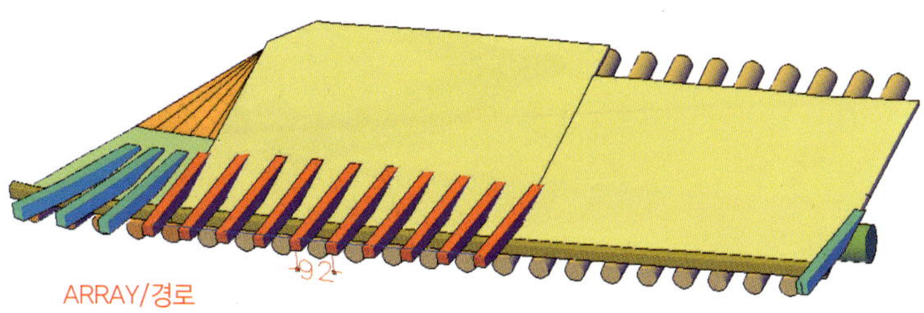

❺ 좌측면 부연을 대칭복사하여 완성하고 후면과 우측면의 부연도 같은 방법으로 그린다.

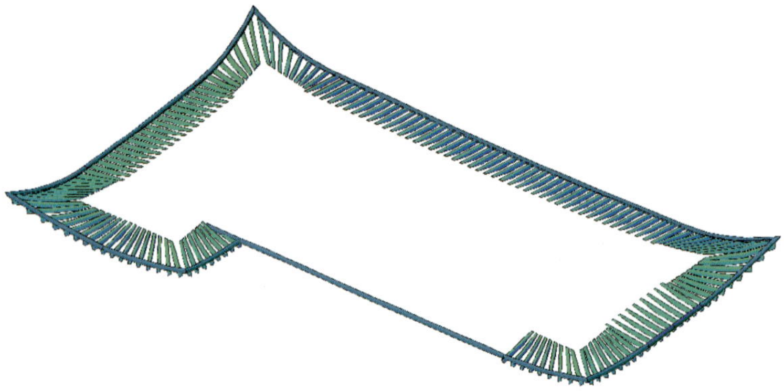

2) 정면 부연 그리기

정면의 부연은 누마루 초매기 평고대에서 우측 끝의 선자부연까지 걸린다.

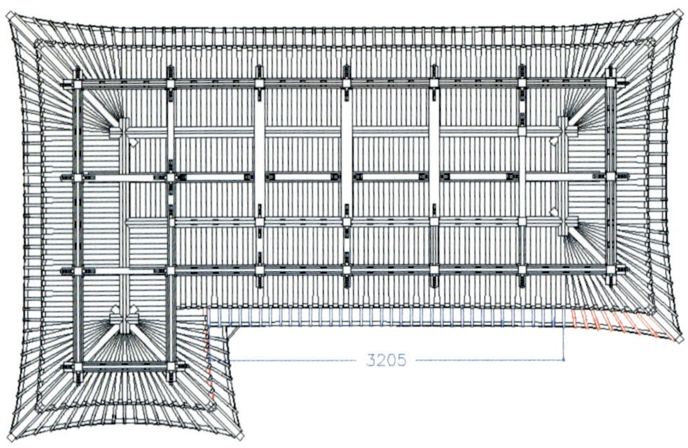

부연의 중심간 거리는 3205으로 부연의 간격을 90으로 했을 때 모두 36개의 부연이 걸린다.(3205/90=36)

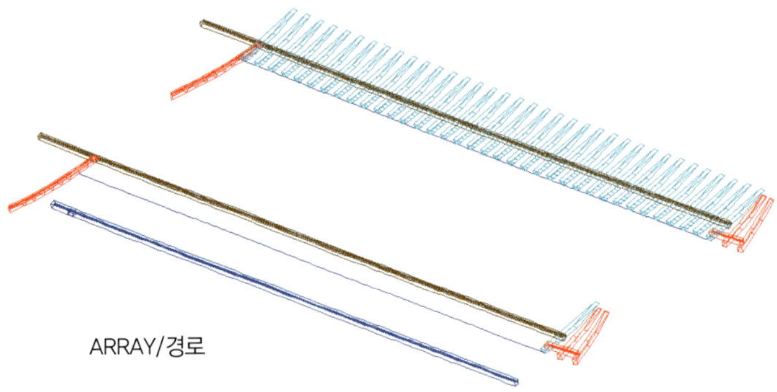

ARRAY/경로

벌부연이 모두 만들어져서 부연작업이 완성되었다.

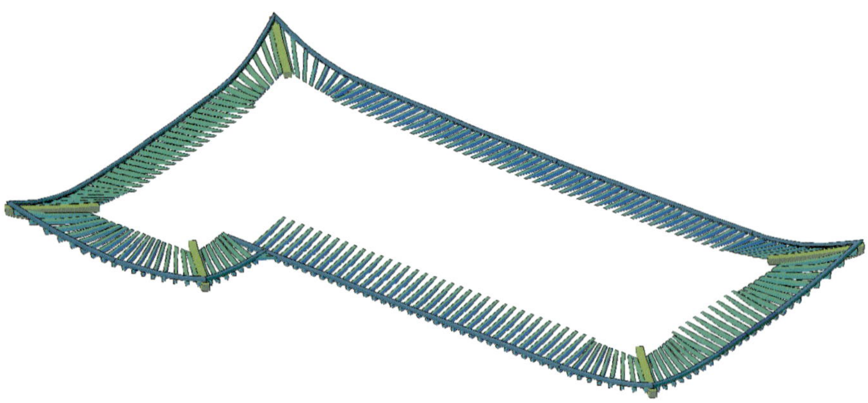

Chapter

17 동연과 집부사

17-1 낙선재 동연 그리기

오량집인 낙선재에서 동연(단연)은 중도리와 종도리 위에 걸쳐진다. 예전에는 연목끼리 겹치는 곳에서 연침을 박아 서로 잡아 주기도 하였지만 요즘에는 주로 도리에 못을 박아 고정한다.

동연이 중도리 위에 걸쳐지는 곳은 당골막이 미장마감을 고려하여 중심에서 너무 많이 나오지 않도록 한다. 또한 동연의 뒤초리도 대칭과 같이 노출되는 곳에서는 경사지게 자른다.

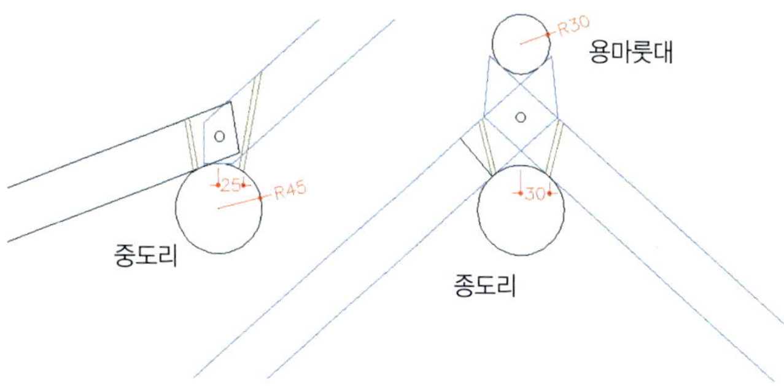

1. 동연 단면 그리기

처마도리와 중도리 단면을 이용하여 동연 단면을 그린다.

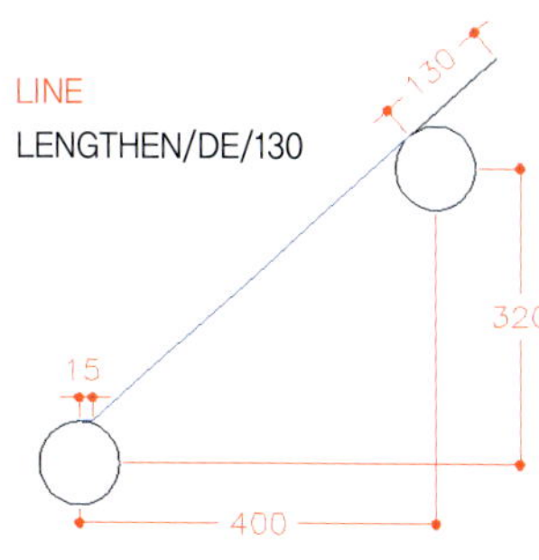

위에서 그린 동연 기준선으로 다음처럼 단면을 그린다.

- 중도리의 사분점에서 LINE(15)을 그린다.
- 기준선을 OFFSET(50)시킨다.
- 양끝에 수선을 내리고 말구 쪽에 돌출된 선을 TRIM한다.
- 선을 연장시킨다.(LENGTHEN/10)
- 선을 닫고 JOIN한다.

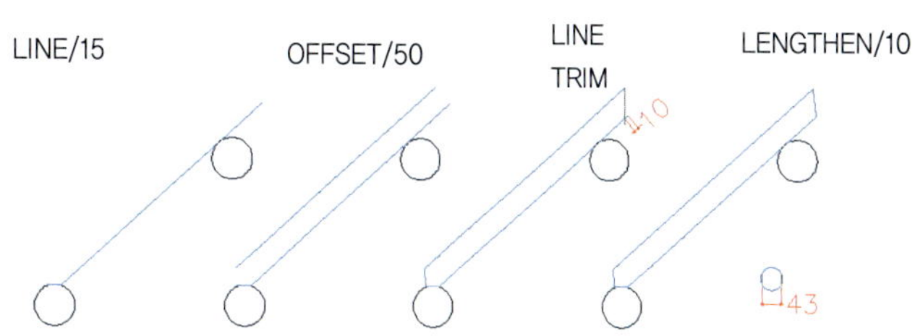

2. 동연 솔리드 만들기

서까래 굵기가 간격보다 크기 때문에 장연과 동연, 동연과 동연이 서로 교차하는 곳에서는 겹치는 만큼 잘라내야 한다. 여기서는 다음과 같이 절단 틀을 만들어 다듬는다.

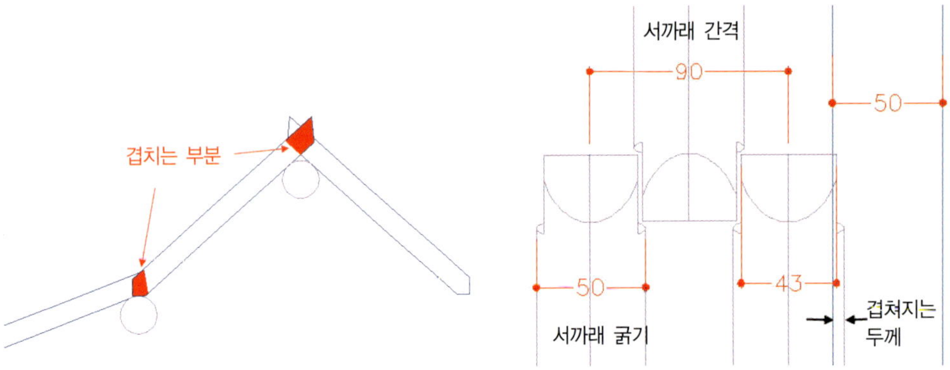

❶ 절단틀 만들기

- 겹치는 부분을 영역으로 만든다.(BPOLY)
- 두께 있는 판재로 만든다.(EXTRUDE/10)
- 간격 43이 되도록 판재를 복사하여 벌린다.
- 판재 사이에 대각선을 그린다.

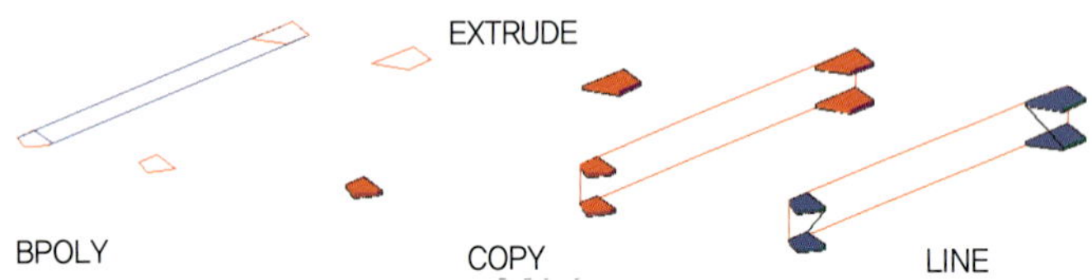

❷ 솔리드 만들기

- 대각선 중심을 지나는 선을 새로운 UCS의 Z축으로 한다.
- 대각선의 중심에서 길이 100인 직선을 그리고, 그 끝점을 중심으로 원을 그린다.
- 원을 돌출시켜 길이 700인 원통 솔리드를 만든다.
- 절단틀의 마구리를 이용하여 동연 솔리드를 자른다.(SLICE/3회)
- 절단틀을 빼준다.

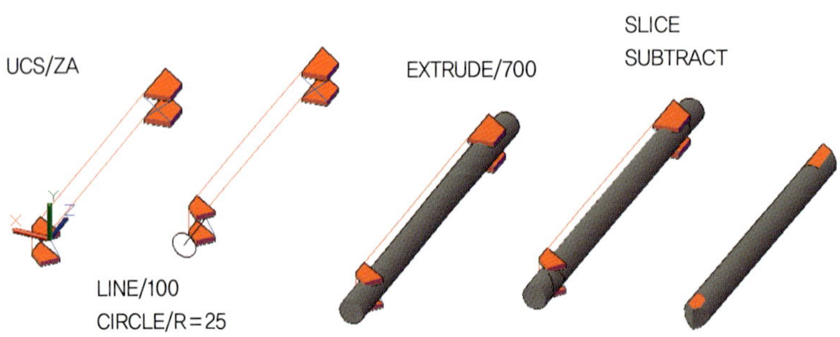

| ※ 장연이 동연과 겹치는 부분도 같은 방법으로 빼주어야 한다.

3. 동연 자리잡기

앞서 그린 동연을 도리 단면 위로 올린다.

중도리와 종도리의 절단면에 접선과 수선을 그리고, 동연 밑면의 두 점을 기준으로 솔리드를 올린다. 점 ③은 Y축 방향이고 점 ⑥은 Z축 방향이다.

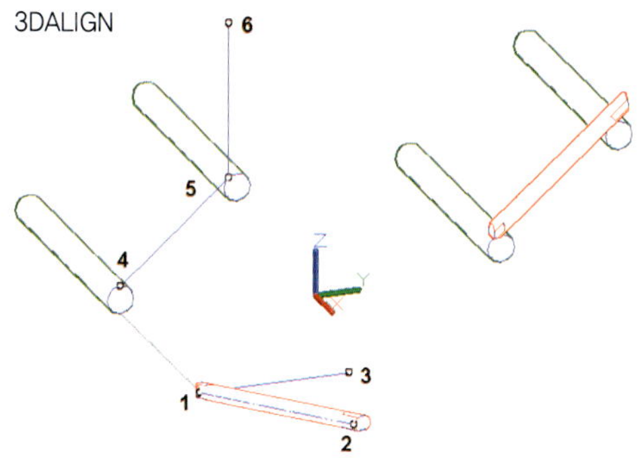

4. 동연 걸기

동연은 대공에 귀솟음을 준 칸과 가운데 칸으로 나누어 건다. 솟음칸은 도리 위에 대공을 다른 대공보다 1치 높게 올려서 생긴 결과이다.

솟음칸 중에서 양쪽 끝의 합각이 붙는 곳은 집부사가 놓이므로 솟음칸 750, 700 구간에 동연이 모두 걸리는 것은 아니다.

❶ 가운데 칸의 동연 걸기

솟음칸을 제외한 직선 구간(3200)에 앞서 만들어 올린 동연을 배열한다.

직선 구간의 동연은 37개 정도 걸린다.

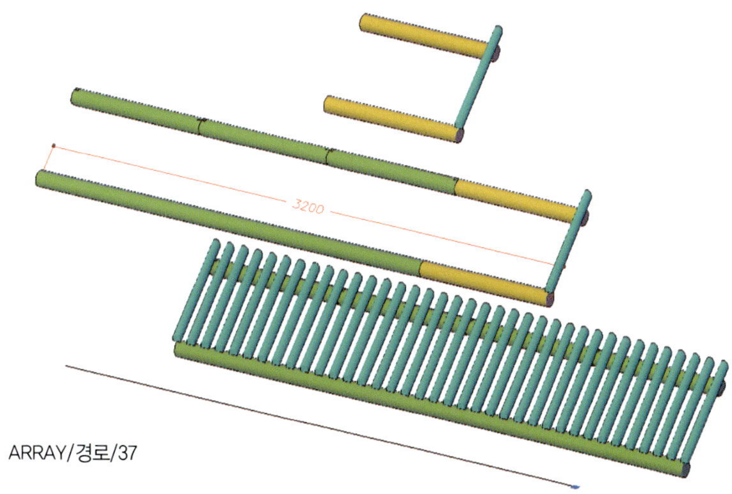

❷ 솟음칸의 동연 걸기

솟음칸의 동연은 길이와 경사가 다르므로 새로 그려야 한다.

- 중도리 사분점에서 종도리 방향으로 짧은 수평선을 그린다.(LINE/15)
- UCS의 Z축을 도리 중심축으로 옮기고, 짧은 선의 끝에서 종도리의 접점으로 선을 그린다.
- 직선을 연장(위 130, 아래 50)한다. 이 선이 동연의 밑면 기준선이 된다.

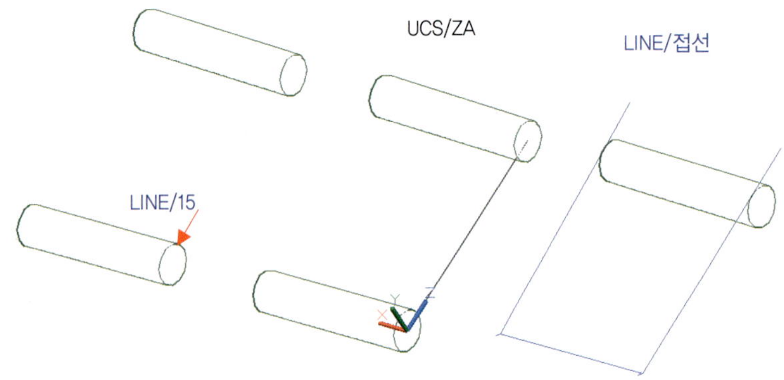

• 경사선의 양끝을 연결하고 UCS의 Z축을 이 선으로 옮긴다.
• 양쪽 끝으로 직경 25인 원을 그리고, 배열한다.(CIRCLE/25, ARRAY)
• 배열된 양쪽의 원으로 솔리드를 만든다.(LOFT)

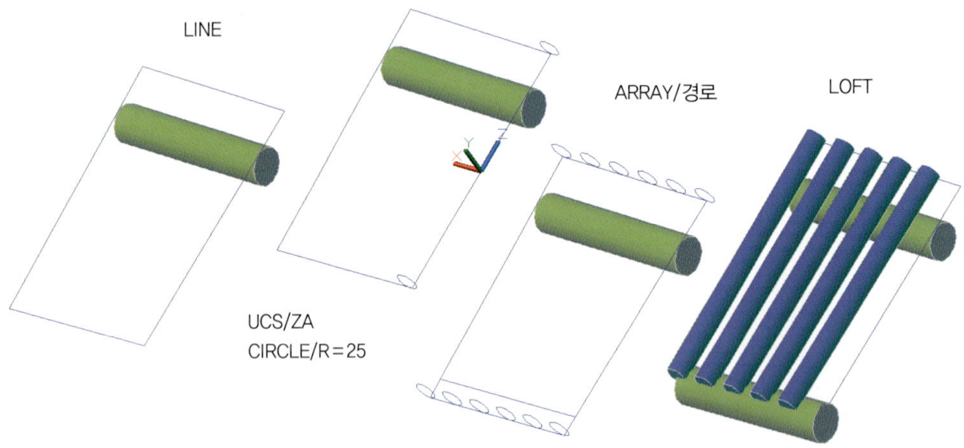

• 중도리 중심에서 15를 나와서 솔리드를 수직으로 자른다.
• 절단틀을 솔리드로 이동하여 말구를 자른다.
• 솔리드 양쪽 마구리를 절단틀로 다듬어 동연을 완성한다.

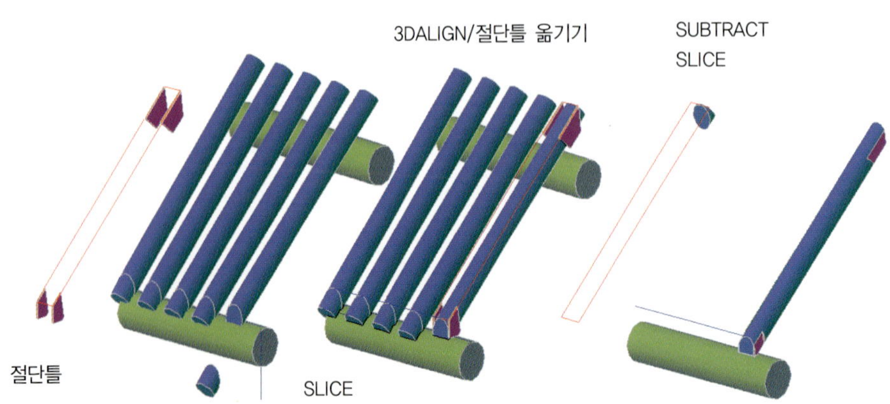

숫음칸을 대칭복사하고 전면의 동연을 후면으로 넘긴다.

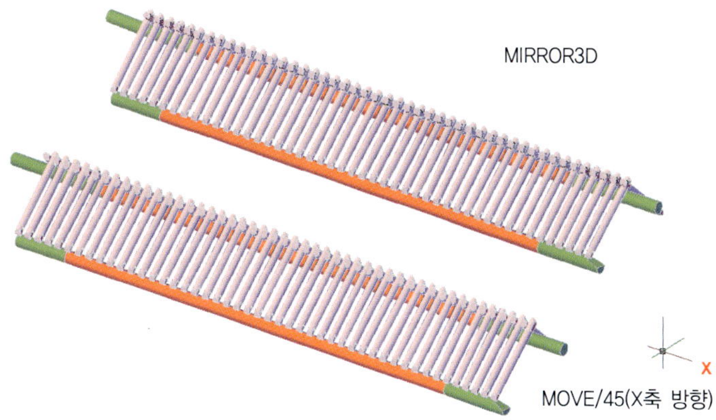

뒤로 넘긴 동연을 수평이동(MOVE/45)시켜 서로 교차시키면 동연걸기가 끝나고 이로써 낙선재 서까래가 모두 완성되었다.

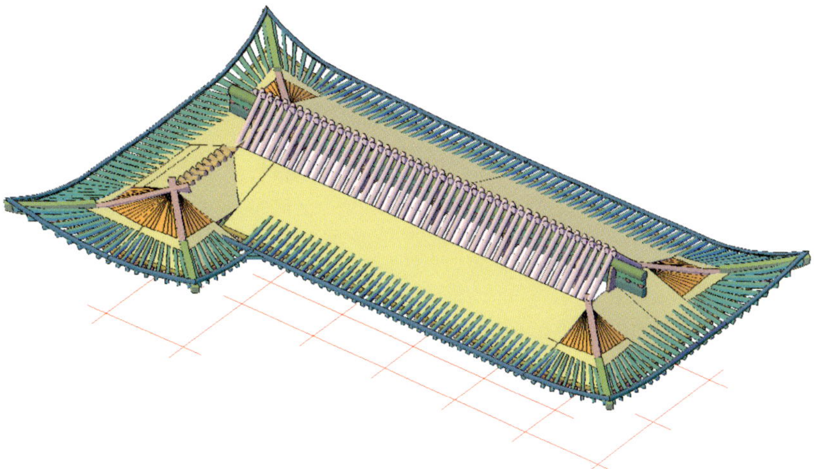

17-2 집부사

집부사는 추녀 위에서 종도리 위로 걸쳐지는 부재로 합각을 꾸미는 기본 골격이 되며, 합각과 용마루의 하중이 추녀를 눌러주는 역할도 한다. 따라서 집부사의 굵기는 일반적으로 서까래보다는 굵게 사용한다.

추녀 위에 설치되는 집부사

17-3 낙선재 집부사 만들기

1. 본채 집부사

여기서는 집부사를 사용하기 위하여 경사진 덧도리를 두어 집부사 간에 높이 차이를 두었다.

집부사의 크기는 70으로 모두 같게 하였고 단면은 팔각으로 하였다. 집부사는 앞쪽의 사진에서처럼 도리 위에서 맞대기도 하지만 여기서는 상부에서 반턱으로 맞추기로 한다.

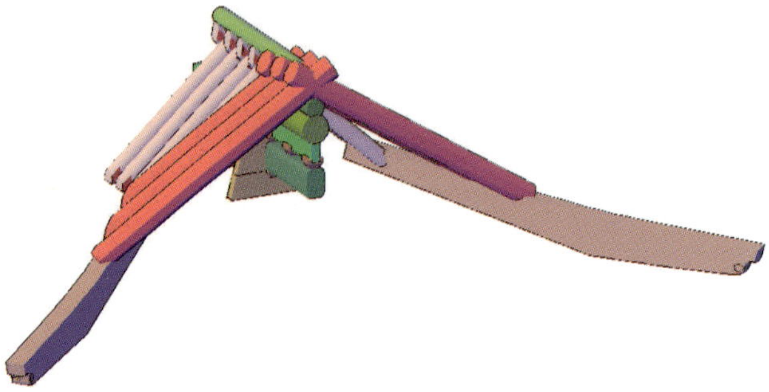

1) 덧도리 붙이기

낙선재에서는 용마루곡이 그리 크지 않아 마룻도리와 목기연의 높이 차이는 5치 정도로 하였고 덧도리의 크기는 직경 60으로 하였다.

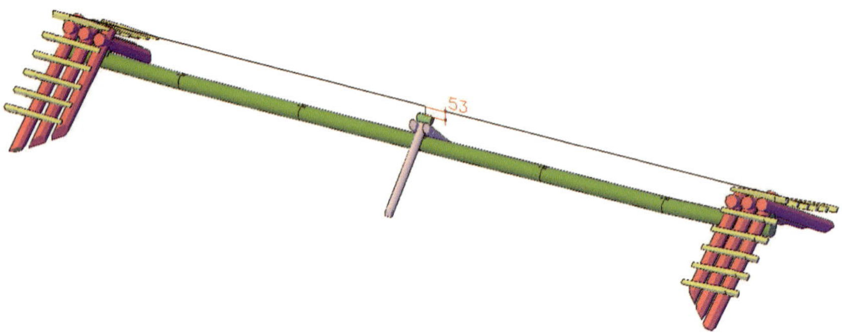

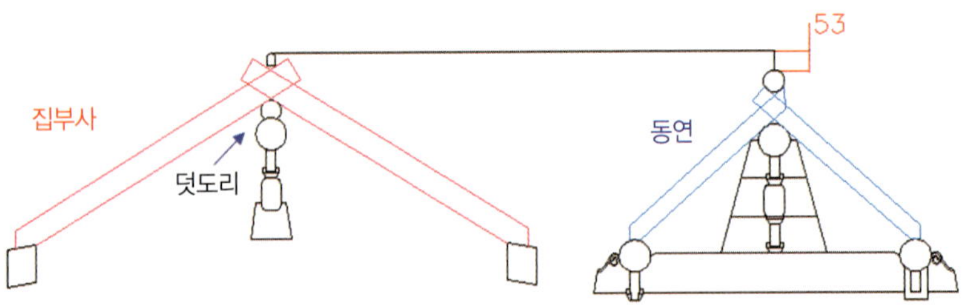

용마루곡을 고려한 합각의 솟음

덧도리는 종도리에 밀착되도록 오목하게 다듬고 경사지도록 높이를 점점 낮추었다.

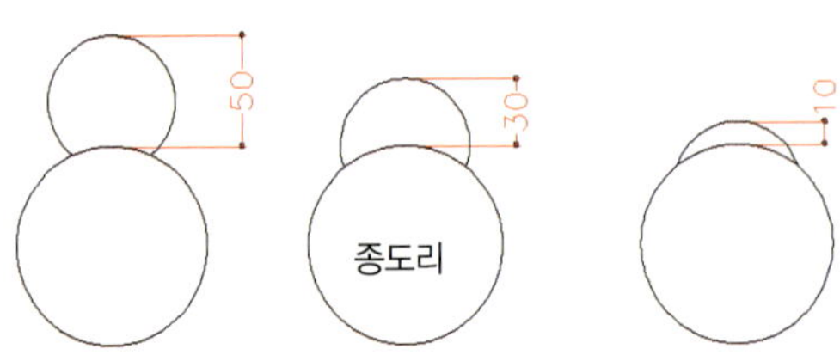

덧도리의 높이

• 솔리드 만들기

앞서 그린 덧도리의 양끝 단면을 세워서 집부사가 걸리는 구간에 놓고 솔리드를 만든다.

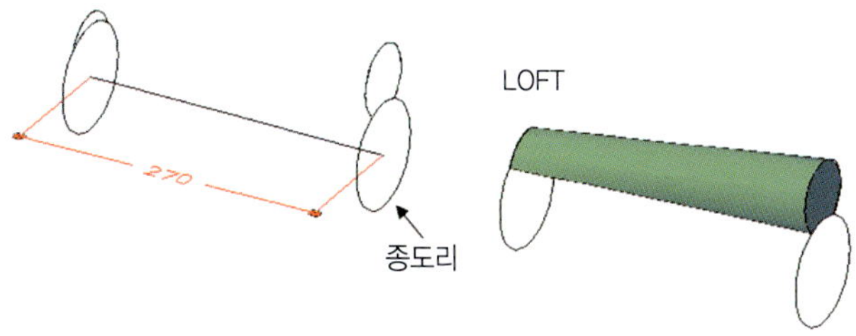

※ 도리 솟음(123쪽 참조)

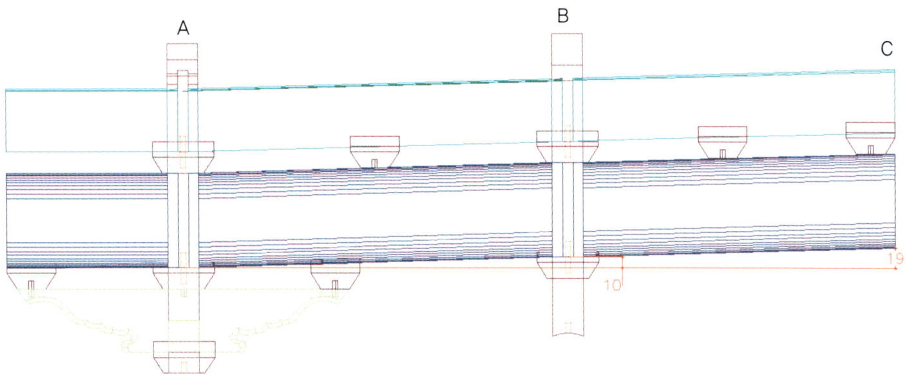

대공 A와 B의 높이 차이가 한 치이므로 A와 C 구간에 올라가는 종도리는 경사지게 설치된다. 따라서 그 위에 올리는 덧도리도 경사지게 붙는다.

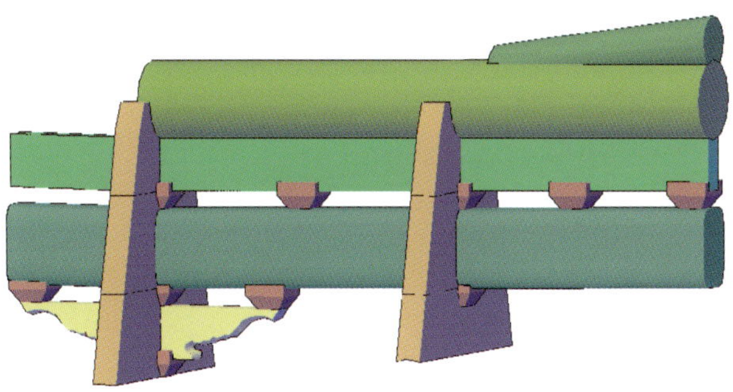

2) 집부사 만들기

집부사는 굵기 70인 팔각 단면으로 하였다.

❶ 솔리드 만들기

- 추녀와 덧도리를 박공면에서 35 들어간 지점에서 자른다.
- 잘린 솔리드를 가져와 면을 복사한다. (SOLIDEDIT)
- 추녀 단면의 모서리에서 20 내려온 점 (a)을 기준으로 덧도리에 닿는 접선을 그린다.
  이 지점(a)은 계획된 합각의 경사에 따라 임의로 정한다.

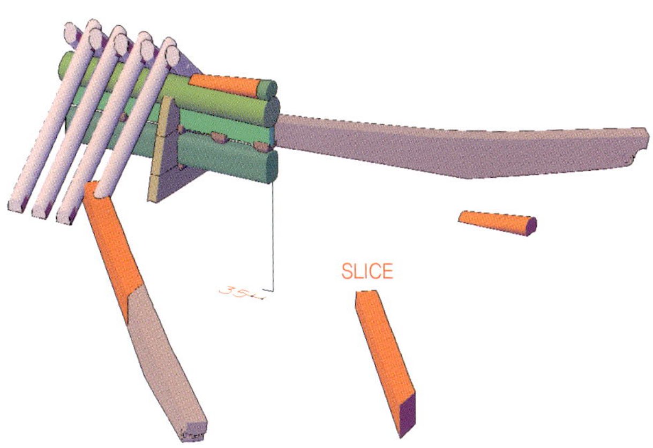

- 선을 연장(LENGTHEN/아래는 50, 위는 120)하고 이 선을 UCS의 Z축으로 한다.
- 직선의 양쪽 끝에 팔각형(반지름=35)을 그리고 솔리드를 만든다.(POLYGON, LOFT)

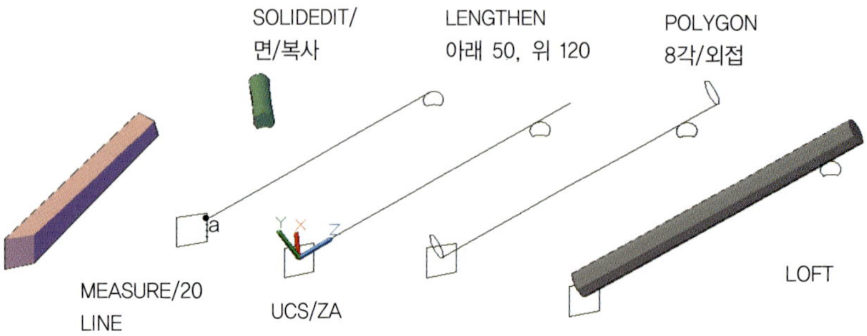

❷ 집부사 배열

집부사 솔리드를 덧도리에 걸쳐 올리고 대칭복사한다.

- 절단면을 기준으로 솔리드를 올리고 대칭복사한다.

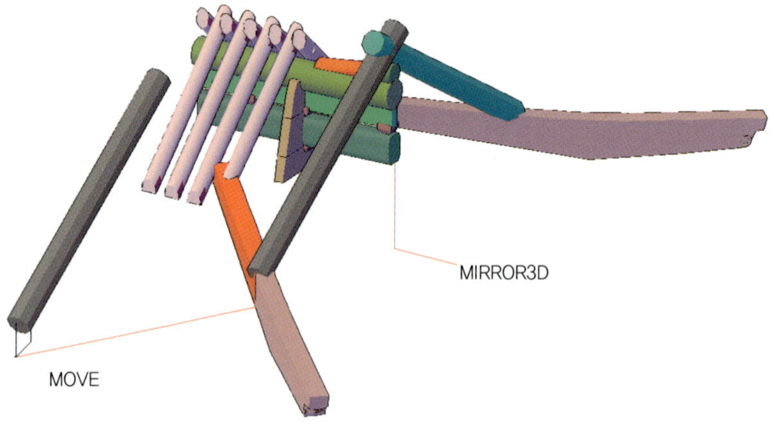

- 오른쪽 솔리드를 반으로 켠다.
- 잘린 면을 복사(SOLIDEDIT)하여 돌출시킨다.(50)
- 왼쪽 집부사를 돌출된 솔리드로 빼주면 받을장이 된다.
- 두 객체의 중심점으로 받을장을 회전시켜 업을장을 만든다.

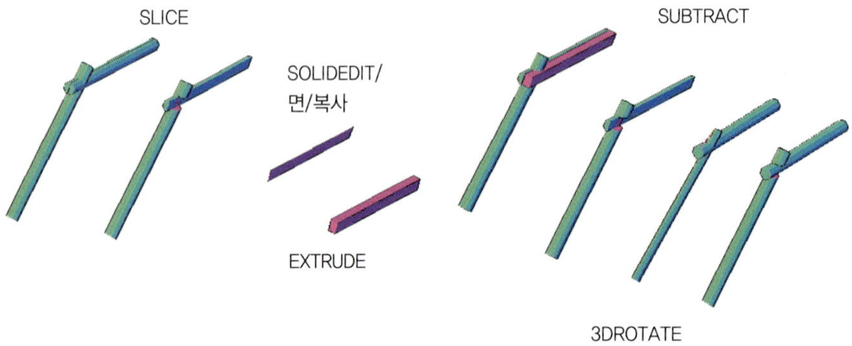

❸ 집부사 배열

나머지 집부사는 배열명령으로 만든다.

- 덧도리의 상부 중심선을 그린다.
- 전체 길이 270인 선을 200으로 줄인다.(양쪽에서 35씩)

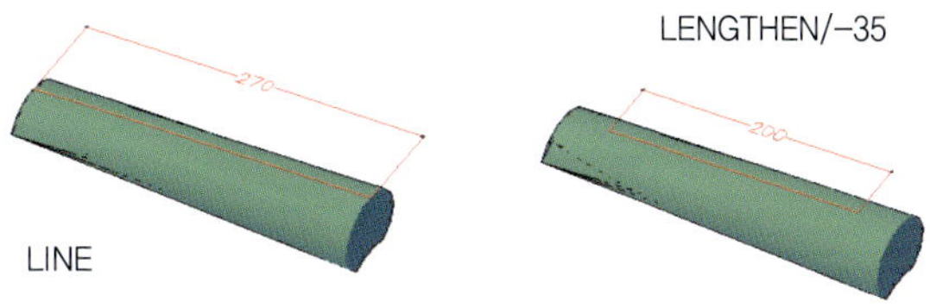

- 위에서 그린 선을 경로로 집부사를 배열한다.

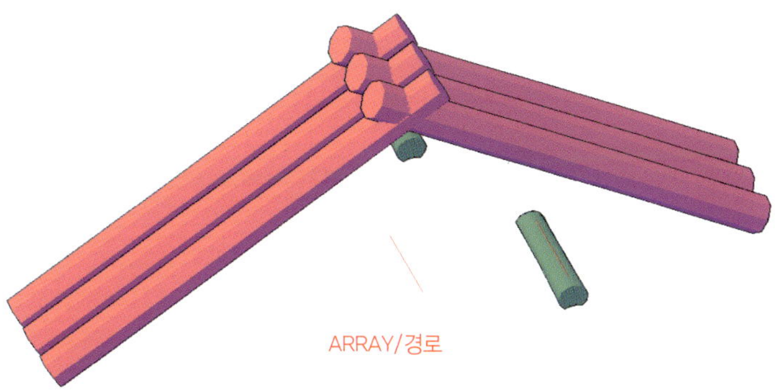

- 추녀 외곽선으로 잘라주고 추녀와 교차하는 부분을 빼주어 집부사를 완성한다.

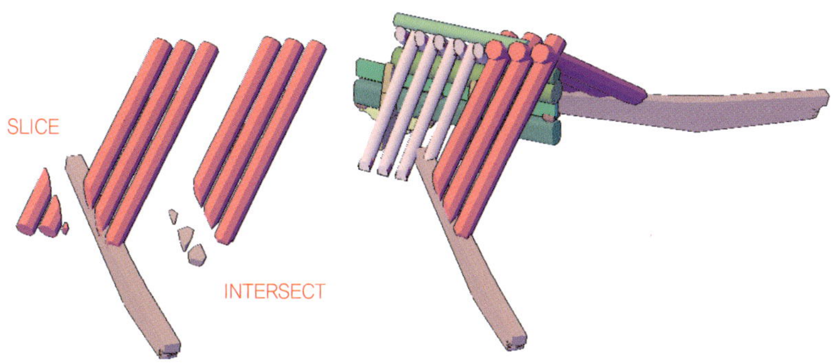

위에서 만든 집부사를 대칭복사하면 본채의 집부사가 완성된다.

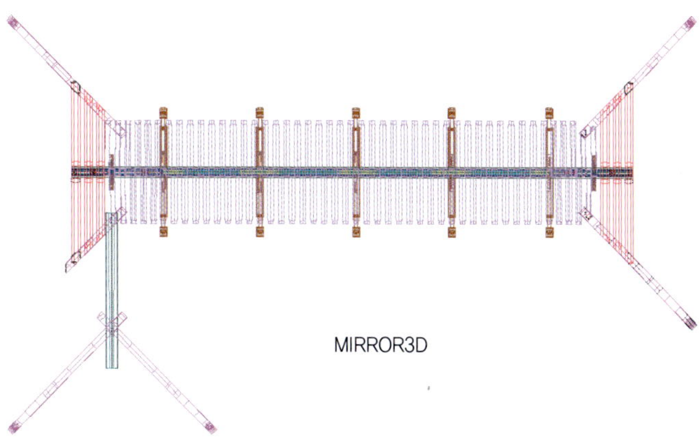

2. 누마루 집부사

3량 가구인 누마루는 서까래의 물매가 낮아서 덧서까래를 걸어 용마루를 높여야 본채의 지붕과 어우러지는 합각을 만들 수 있다. 장연 위에 덧도리를 얹고 덧서까래를 건다.

낙선재 누마루 종단면도

덧서까래의 크기는 서까래와 같이 5치로 하고 덧서까래 물매는 6치로 하였다. 누마루의 용마루곡을 위하여 덧도리 위에 경사진 덧도리를 하나 더 얹었다.

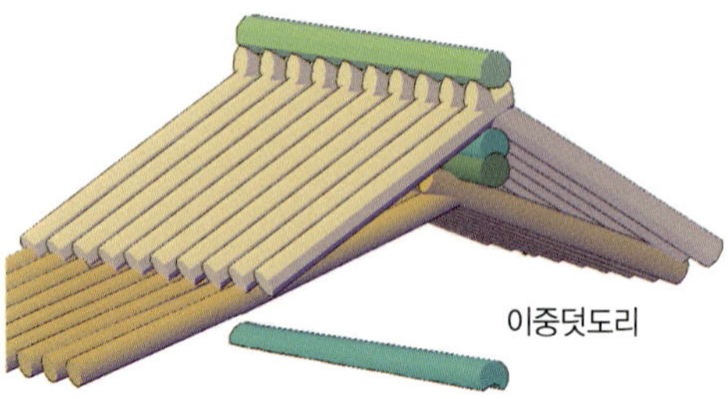

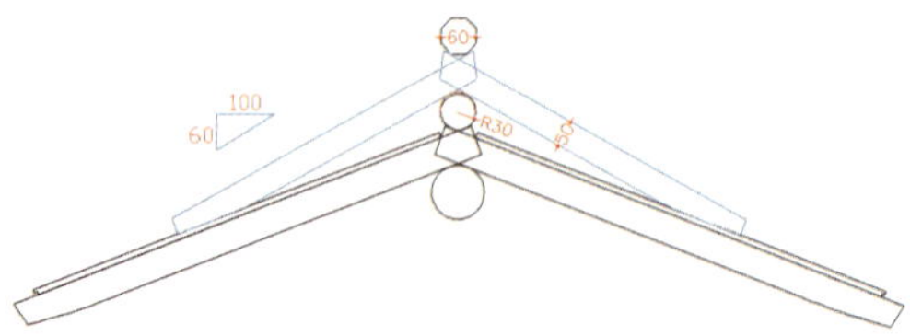

❶ 덧도리 걸기

장연 단면을 이용해 덧도리를 만든다.

- 덧도리가 걸리는 구간 양쪽의 장연을 반으로 켠다.(SLICE)
- 절단된 면을 복사한다.(SOLIDEDIT/FACE/COPY)
- 복사된 면의 외곽선을 가져온다.
- 장연의 말구에서 원이 그려지도록 UCS를 옮긴다.
- Ttr(접점, 접점, 반지름) 옵션으로 원을 그린다.(반지름=30)

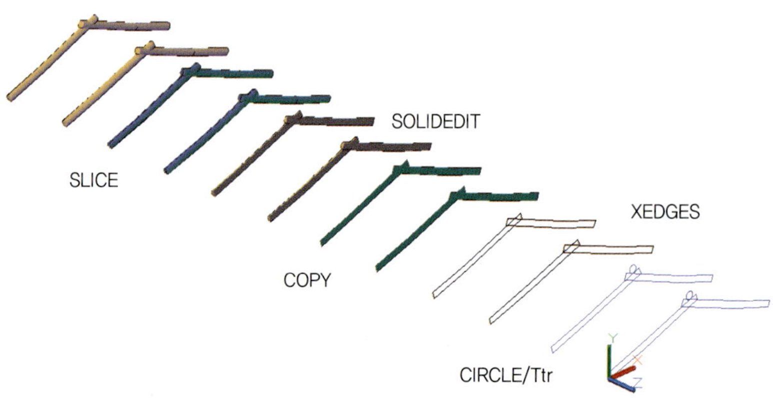

- Z축이 두 원의 중심을 지나도록 UCS를 옮긴다.
- 덧도리를 연장하기 위하여 원을 수평으로 옮긴다.(MOVE/Z축으로 600)
- 양쪽 끝의 원을 연결하여 솔리드를 만든다.(LOFT)

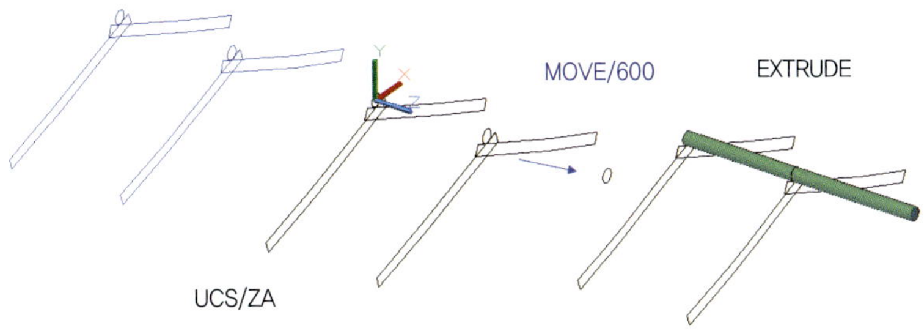

❷ 경사진 덧도리를 하나 더 만들어 올린다.

- 덧도리의 앞뒤에서 단면을 복사한다.
- 복사된 단면을 합각 쪽에는 50, 뒤에는 10을 올린다.
- 겹쳐진 단면을 TRIM하여 경사진 덧도리의 단면을 만든다.
- 영역을 만든다.(BPOLY)
- 솔리드를 만든다.(LOFT)

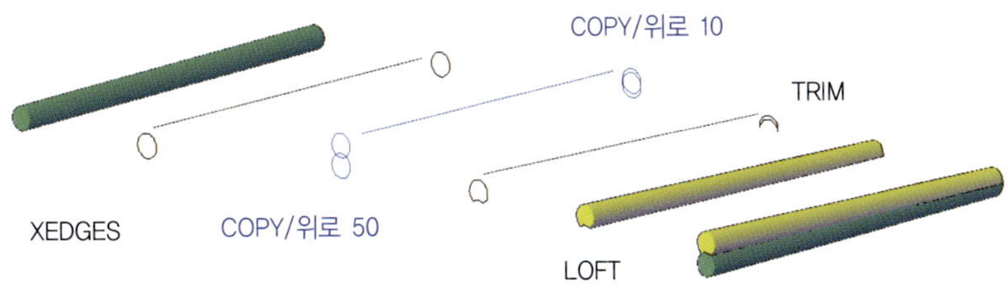

❸ 덧도리 위에 덧서까래를 건다.

앞서 그린 덧서까래 단면으로 솔리드를 만들어 덧도리 위에 올린다.

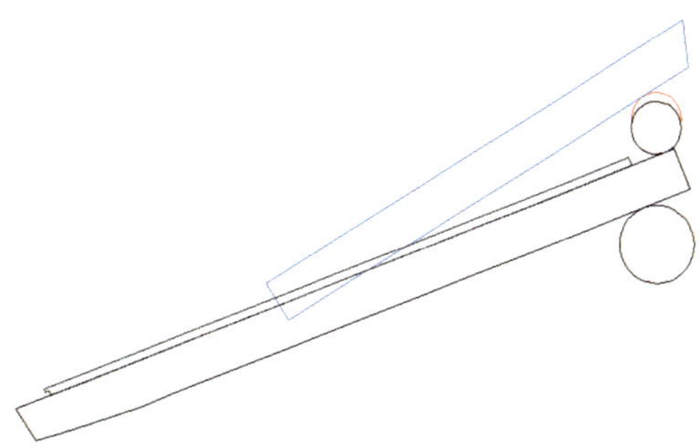

• 단면을 세워서 덧도리 끝에 가져간다.

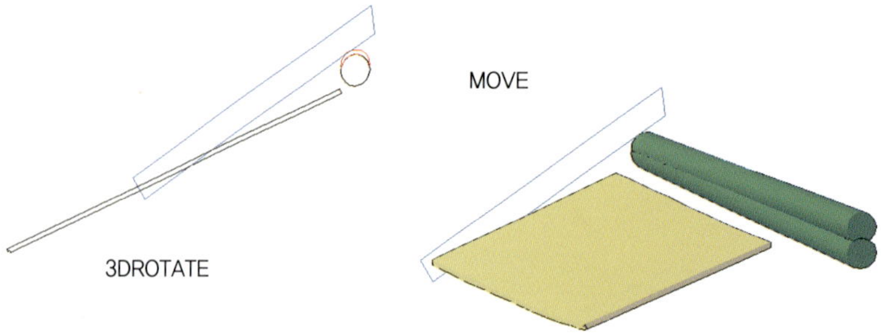

• 덧서까래 단면의 아랫선으로 UCS를 옮긴다.
• 아랫선 끝에 팔각형을 그려서 솔리드를 만든다.(POLYGON, EXTRUDE)
• 단면선의 경사대로 뒤초리를 자른다.

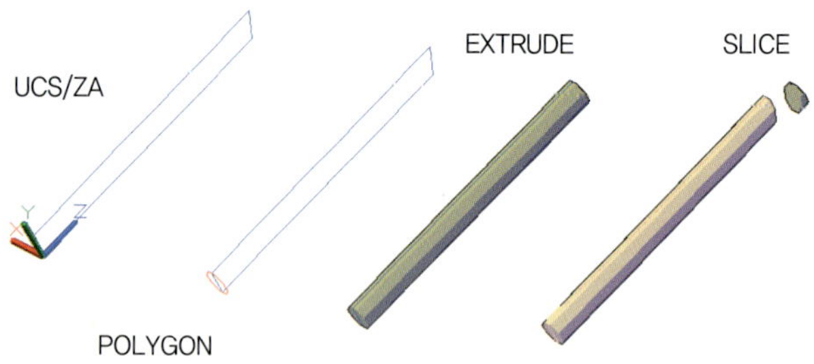

• 덧도리 윗면에 직선을 그린다.(전체 길이 1150에서 25를 빼준다.)
• 덧도리 중심선을 경로로 덧서까래를 배열한다.
• 개판으로 덧서까래의 밑둥을 정리한다.(SUBTRACT)

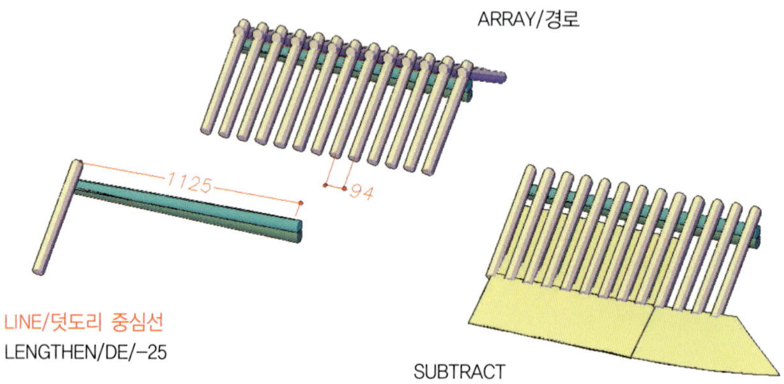

※ 여기서 만든 솔리드의 아랫부분은 개판으로 정리하고 대칭복사하면 덧서까래가 완성된다.
누마루 집부사는 덧서까래를 반턱으로 연결한다.

❹ 마룻도리 만들기

앞서 그린 덧서까래 위에 마룻도리(용마룻대)를 올린다. 마룻도리는 덧서까래와 같이 팔각 단면이고 굵기는 60으로 한다.

- 양쪽 끝의 덧서까래를 반으로 컨다.(SLICE)
- 잘린 단면을 복사한다.(SOLIDEDIT/면(F)/복사(C)/기준점 지정)
- 교차된 면에 원을 그릴 수 있도록 UCS를 옮긴다.

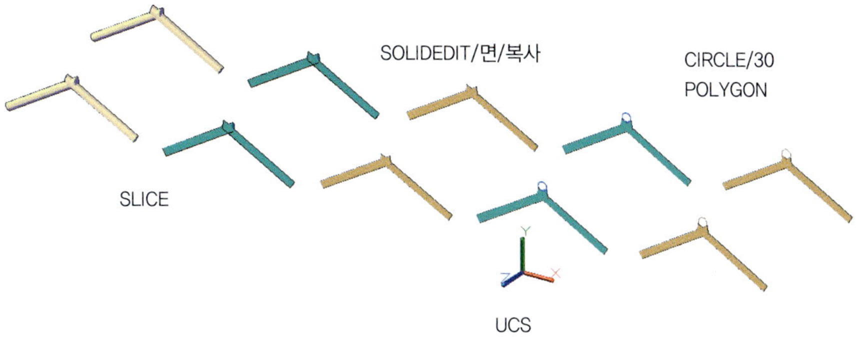

※ 동일 점을 두 번 반복 지정하여 복사한 자리에 면을 고정시키고 솔리드를 지운다.

- 원을 그린 뒤 원에 외접하는 팔각형을 그린다.

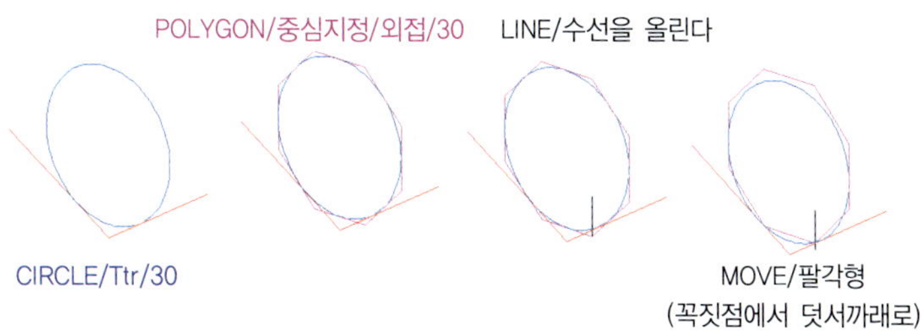

- 팔각 단면을 덧서까래 등으로 올리고 두 단면으로 마룻대를 만든다.(LOFT)

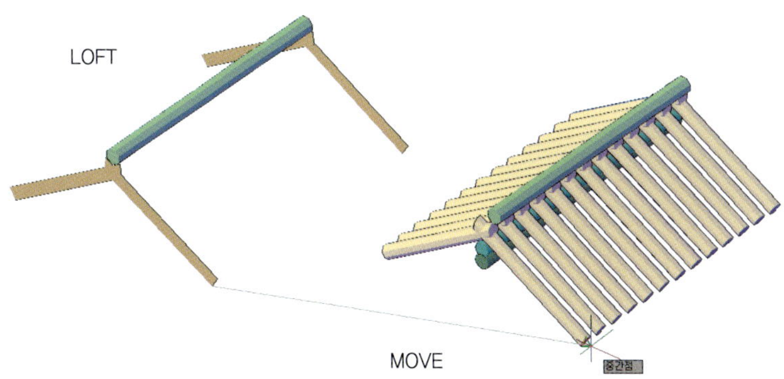

- 마룻대를 박공면까지 오도록 늘인다.

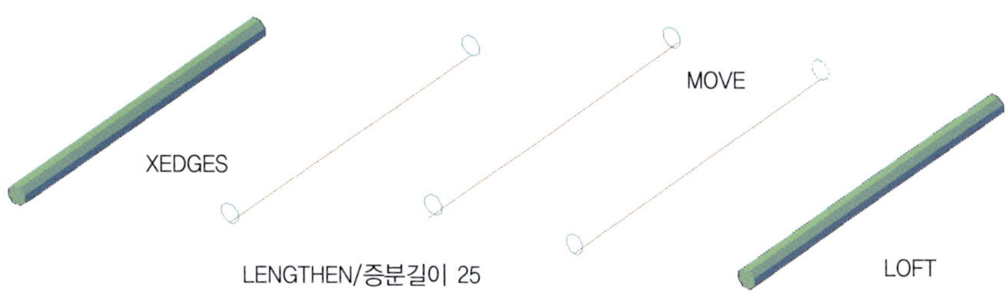

누마루의 덧도리와 덧서까래, 그리고 용마룻대가 완성되었다.

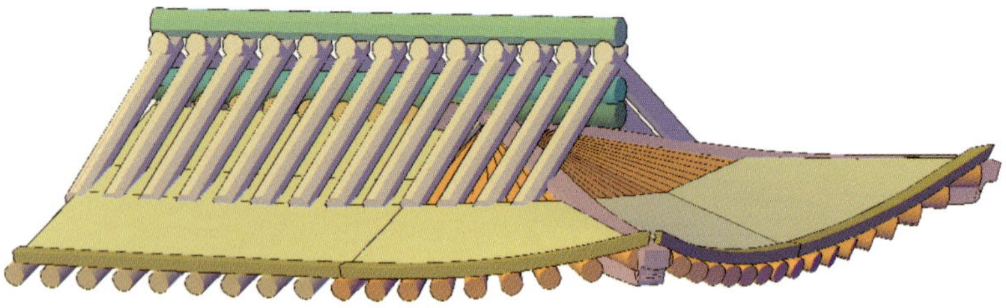

17-4 낙선재 합각 받침

합각 받침은 누리개와 집부사 받침, 그리고 합각 대공으로 구성된다.

1. 누리개(추녀누리개)

합각에서 누리개는 추녀와 추녀 사이에 길게 가로질러 추녀와 추녀 사이의 부재를 눌러준다. 부재 단면 크기는 90×70, 길이는 1500으로 하였다.

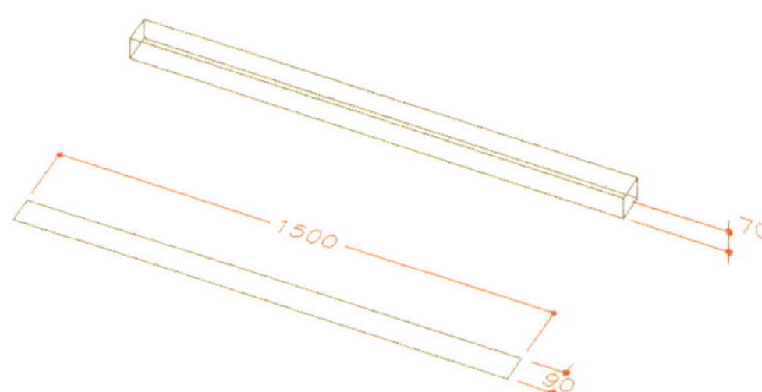

누리개는 박공 마감선보다 조금(1치 정도) 들어가서 뜬창방 아래에서 대공을 놓을 수 있는 위치로 옮긴다.

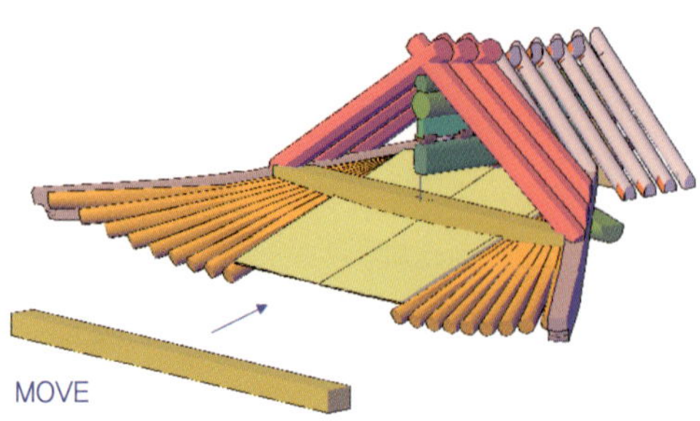

선자연과 장연 개판이 겹치는 부분은 그레질을 하고 추녀 측면선으로 양쪽 마구리를 잘라준다.

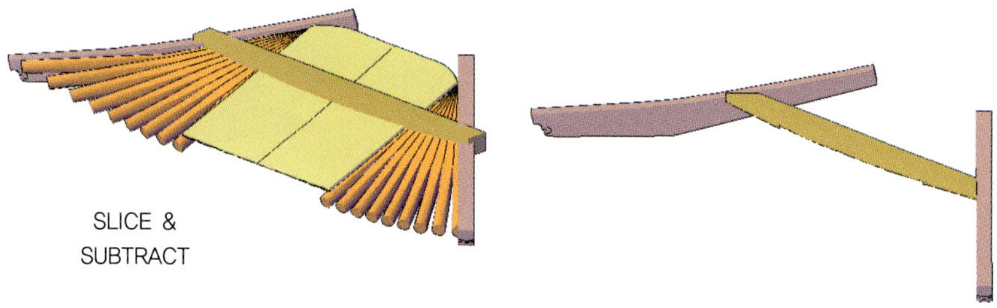

2. 집부사 받침

집부사의 길이가 긴 경우 중간에 경사진 받침목을 만들어 받쳐준다.

❶ UCS의 XY평면을 집부사 밑면으로 옮기고 가운데 팔각형을 그린다.

❷ 팔각형을 누리개까지 돌출시킨다.

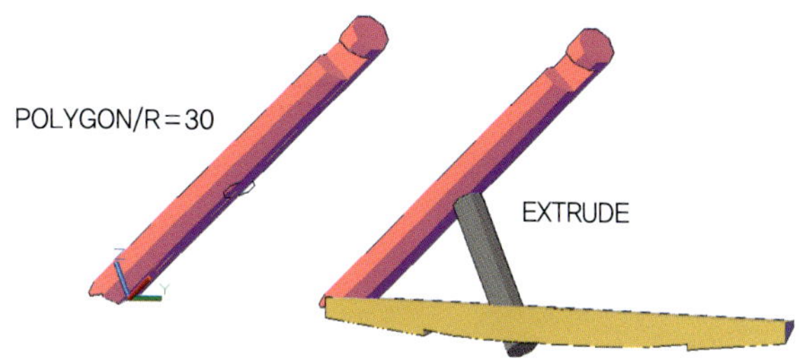

❸ 집부사와 누리개에 겹치는 부분을 빼주고 대칭복사한다.

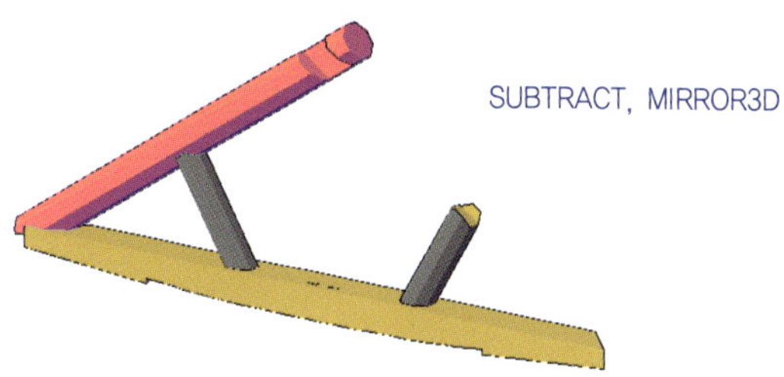

3. 합각대공

누리개 위에서 뜬창방을 받도록 합각대공을 만든다.

❶ 대공 모양으로 만드는데 크기는 다음과 같이 하였다.

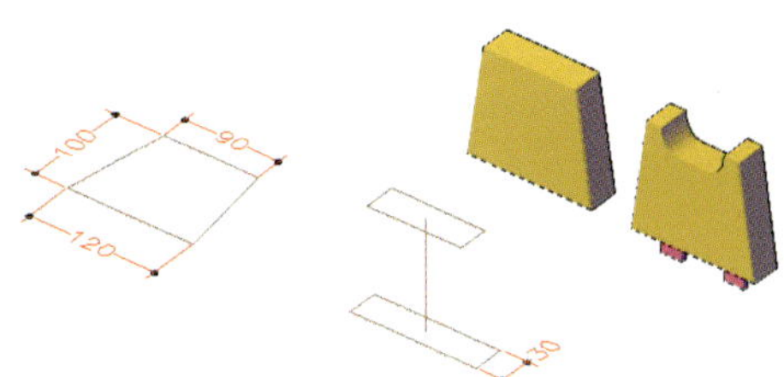

❷ 누리개에 은못을 박고 합각대공을 세운다.

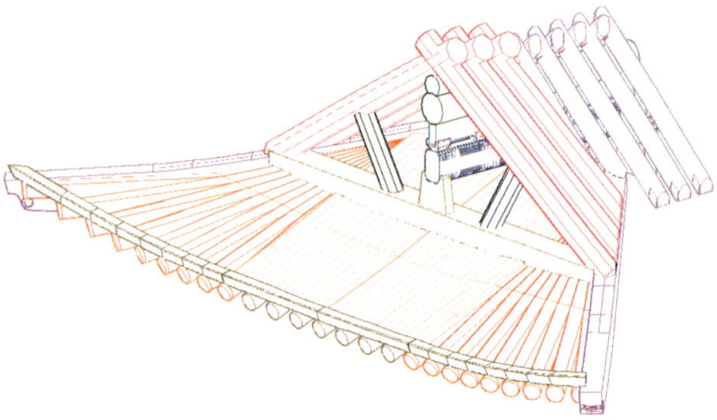

| ※ 누마루에서도 위에서 만든 대공의 높이를 줄여 만든다.

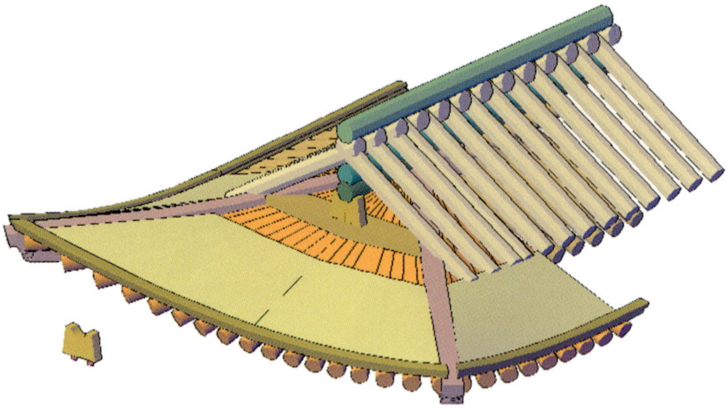

Chapter

18 합각

합각은 팔작지붕의 측면에 만드는 삼각형의 가구틀이다. 합각의 크기는 종도리 빼목이 나온 정도에 따라 결정되며 보통 측면의 기둥 중심에서 한 자(기준선을 목기연 끝선으로 하는 경우와 박공 중심으로 하는 경우가 있다) 정도 안으로 들어가도록 하는데 합각대공을 타고 내려오는 지붕의 하중이 측면 기둥 중심을 크게 벗어나지 않도록 하는 것이 좋다. 목기연이 걸리는 높이를 조절하여 지붕 전체가 조화를 이루도록 합각의 크기를 정해야 한다. 이 또한 도편수의 안목으로 결정되는 것이다.

합각 빼목과 합각

경복궁 교태전 합각

18-1 낙선재 박공 걸기

박공은 집부사에 못으로 고정하고 윗면에는 목기연이 조립된다. 내림마루의 지붕선을 만들어야 하기 때문에 곡이 있는 판재를 사용하며 부재의 폭이 모자라는 경우 나무를 거꾸로 쓰기도 한다.

낙선재 본채의 박공 폭은 2자로 두께는 2치로 만든다.

1. 박공 삼각형

박공의 외곽선을 박공 삼각형이라 하면 박공의 테두리가 되는 이 삼각형의 밑변 수평 위치와 빗변의 두 점의 위치는 다음과 같이 정한다.

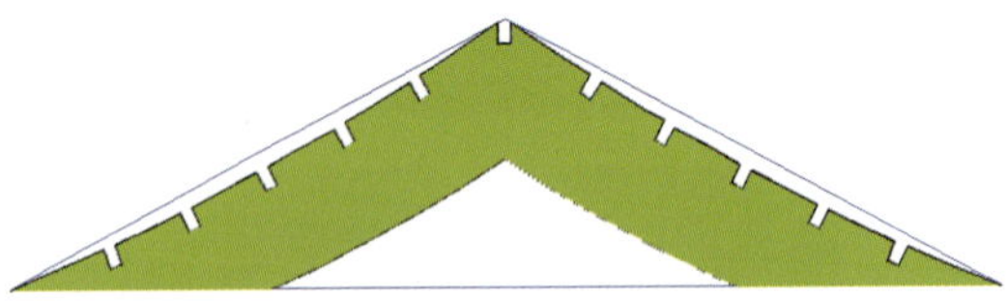

❶ 삼각형 밑변의 위치

삼각형 밑변은 측면 지붕물매에 의해 위치가 정해진다. 5치 물매인 경우 측면 길이의 절반이 지붕 높이가 되므로 박공의 밑변은 이보다 아래에 놓이게 된다.

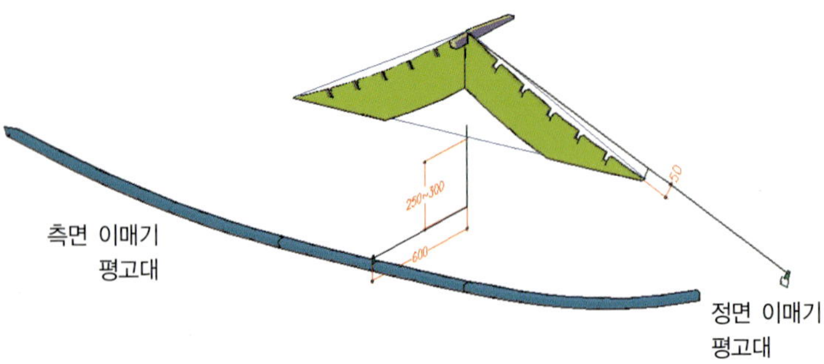

| ※ 측면 길이는 박공에서 이매기까지의 수평거리이다.

❷ 삼각형의 빗변

빗변은 정면의 지붕물매에 의해 정해진다. 연함에서 목기연까지 선을 그렸을 때 박공의 끝점은 이보다 아래에 있어야 박공곡선이 지붕곡선과 어우러진다.

❸ 삼각형의 높이

가운데 목기연의 위치는 용마루의 곡에 따라 좌우된다. 낙선재에서는 대공솟음 1치에 덧도리와 집부사 등을 고려하여 6치 가량 마룻도리보다 높게 그리기로 한다.

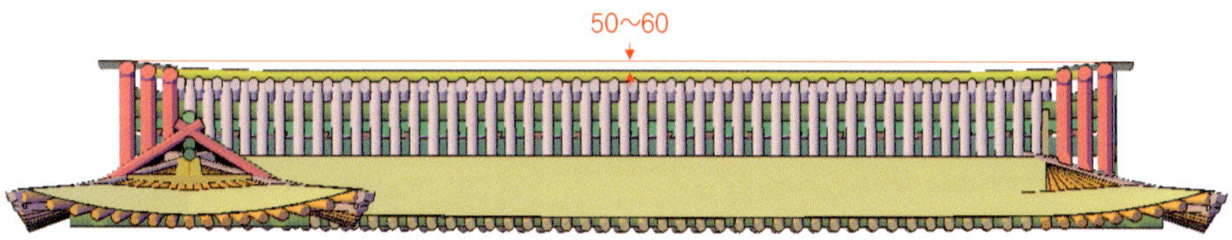

2. 박공 그리기

밑변과 높이를 각각 1500, 400 내외로 하는 삼각형의 빗변에 폭을 190, 후림은 25 정도로 곡선을 그려서 박공 단면을 완성한다.

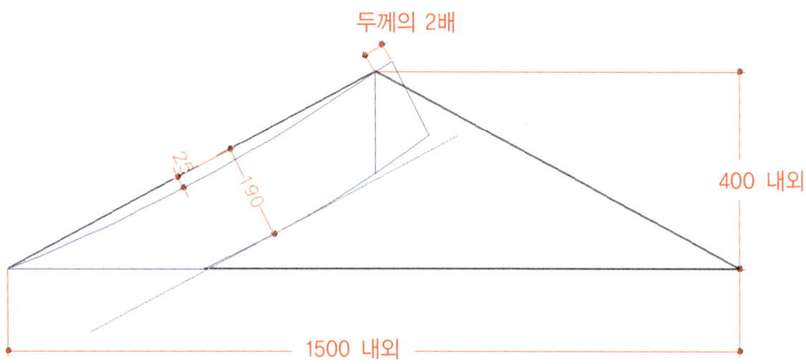

면을 폴리선으로 바꾸어 솔리드를 만든다.(BPOLY & EXTRUDE/20)

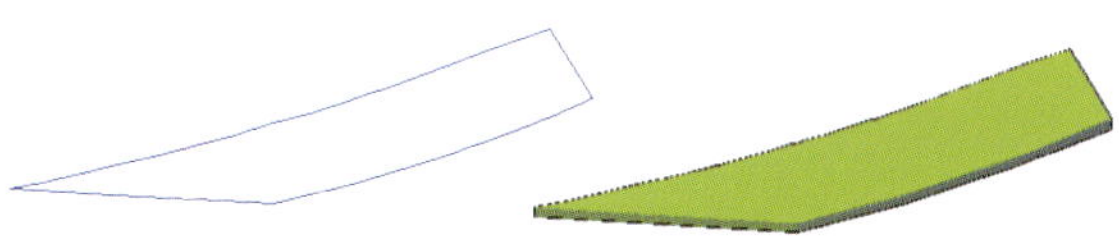

3. 박공의 이음

❶ 박공 솔리드에 경사진 원을 그려 자르기 객체를 만든다.
(원을 눕힐 때 기준점은 원의 중심으로 한다)

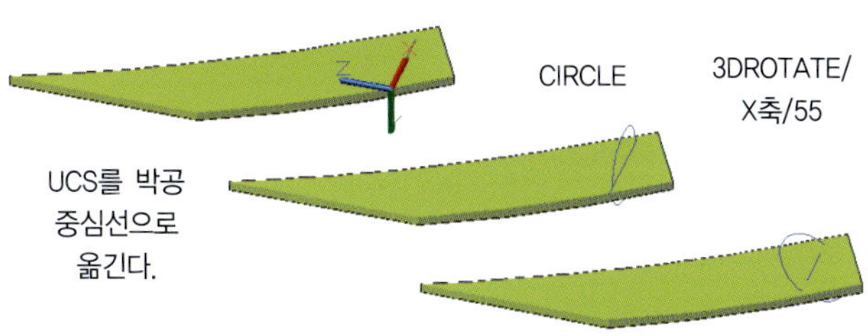

❷ 원 객체로 좌측 박공을 잘라 받을장을 만들고 SUBTRACT 명령으로 업을장도 만든다.

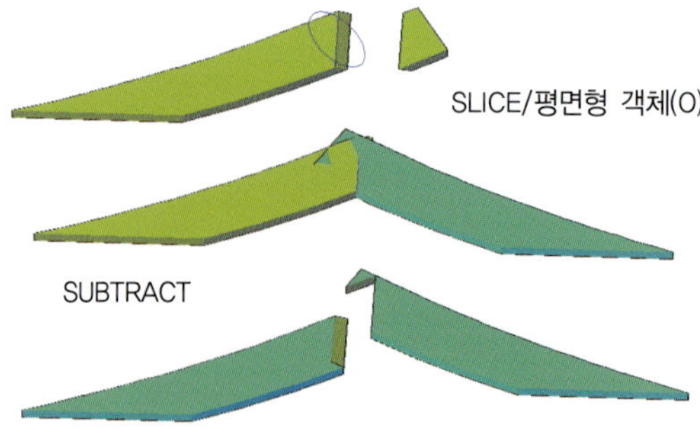

❸ 두 개의 박공을 붙인다.

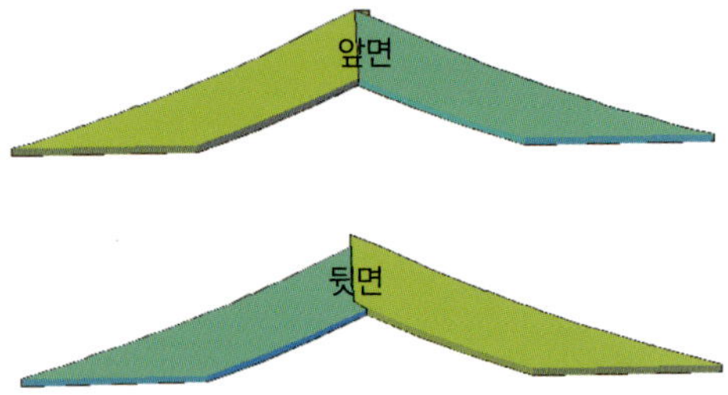

※ 누마루의 박공도 같은 방법으로 그린다.

4. 박공 붙이기

박공 삼각형을 기준선으로 박공을 옮긴다.

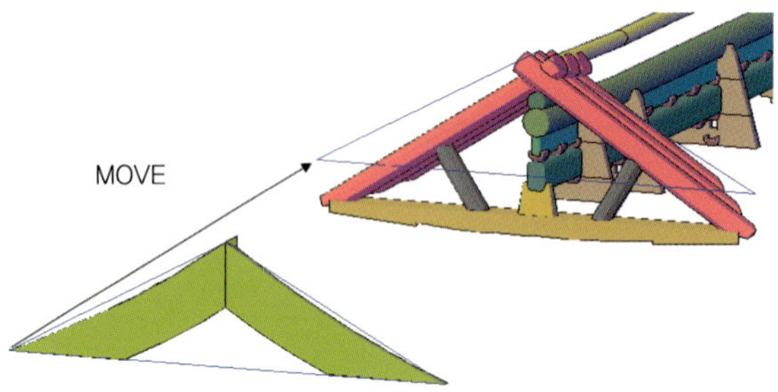

18-2 낙선재 목기연

목기연은 박공에 거는 방형 단면의 서까래이다. 뺄목의 모양은 부연과 같고 뒷뿌리는 부연과 반대로 등에 경사를 둔다. 목기연은 부연보다 조금 작거나 같게 하는데 여기서는 25×30으로 한다.

※ 낙선재 부연의 크기는 28×32로 하였다.

1. 목기연 단면 그리기

박공과의 주먹장 맞춤은 5푼을 똑같이 걸어내는 방법보다 목기연의 목이 튼튼하게 된다. 뒤초리가 집부사에 모두 걸쳐지도록 내목 길이는 270으로 한다. 마구리 높이가 35인 것은 '가운데 목기연'으로 윗면을 중간에 5푼만 남기고 박공 경사대로 다듬기 때문에 조금 크게 만든다.

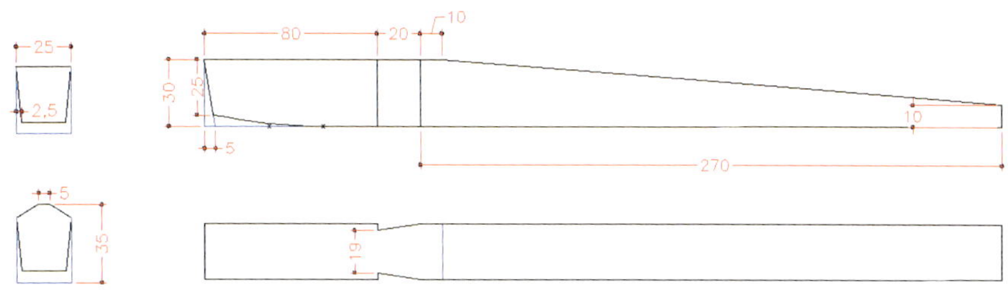

2. 솔리드 만들기

단면을 눕혀서 돌출시킨 후 회전시킨다. 주먹장 걸어내는 솔리드를 빼주어 만든다.
가운데 들어가는 목기연도 따로 만든다.

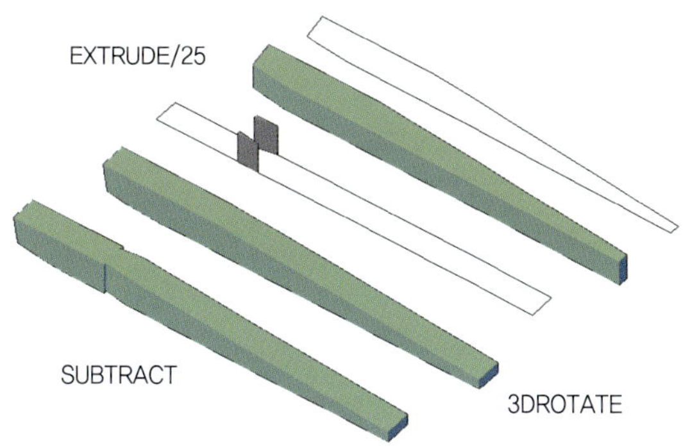

3. 목기연 나누기

박공 윗면에 들어갈 목기연의 중심점을 그린다.

❶ 박공 솔리드로 테두리선을 만든다.

❷ 이 중 박공의 외곽선만으로 폴리선을 만든다.(BPOLY)

❸ 대칭복사한다.(MIRROR3D)

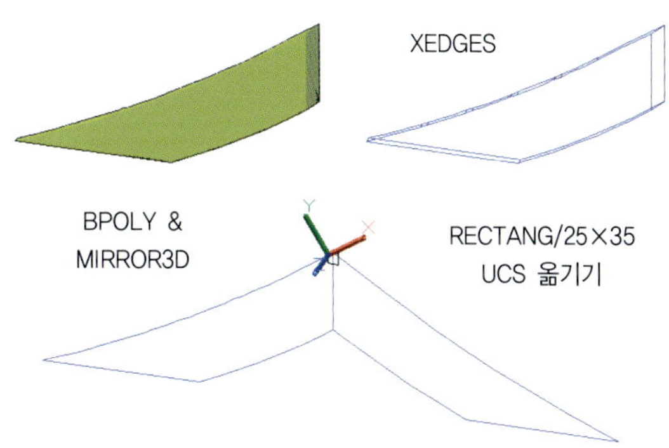

❹ 가운데 들어가는 목기연 단면을 그린다.

❺ UCS를 박공 곡선으로 가져가고 점 A에서 Y방향으로 수선을 올려 만난 점 B를 기준점으로 한다.

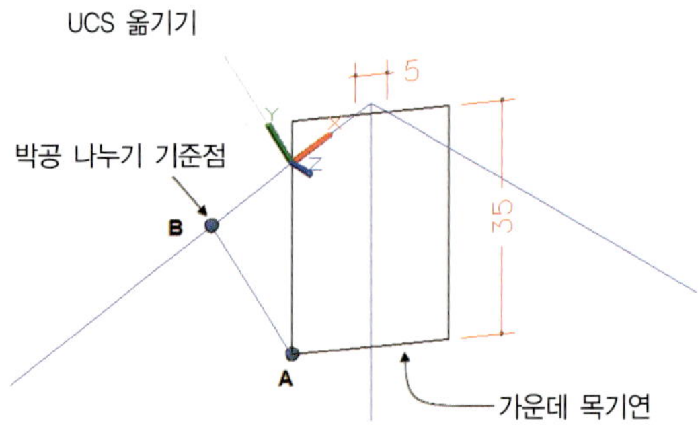

❻ 점 b를 기준으로 박공 상부 곡선을 목기연 간격 130으로 나눈다.

- 박공 곡선을 점 b에서 끊는다.(BREAK)
- 곡선 b~a 구간을 간격 130으로 나눈다.(MEASURE)

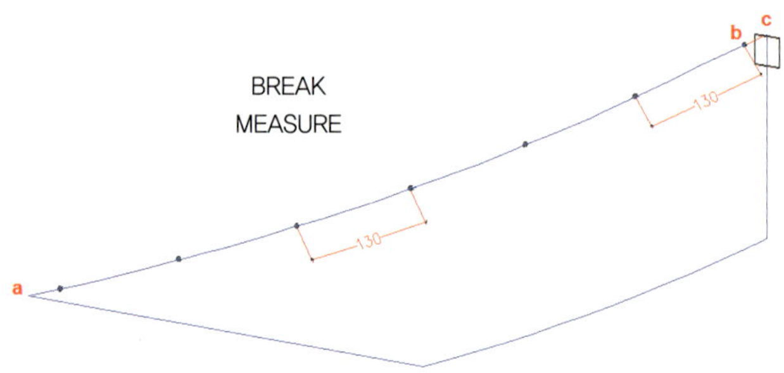

4. 목기연 조립하기

❶ 목기연 옮기기

- UCS 옮기기
  점 ①-②를 X방향으로 UCS를 옮긴다.

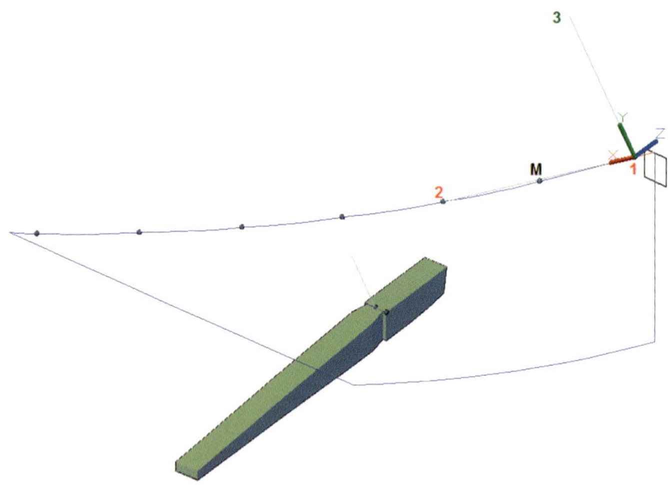

- 박공이 닿는 목기연 윗면에 기준선을 그린다.(뺄목이 시작되는 부분)
- 점 M을 기준으로 목기연을 옮긴다.(3DALIGN/점 ③과 ⑥은 Y축 방향이다.)

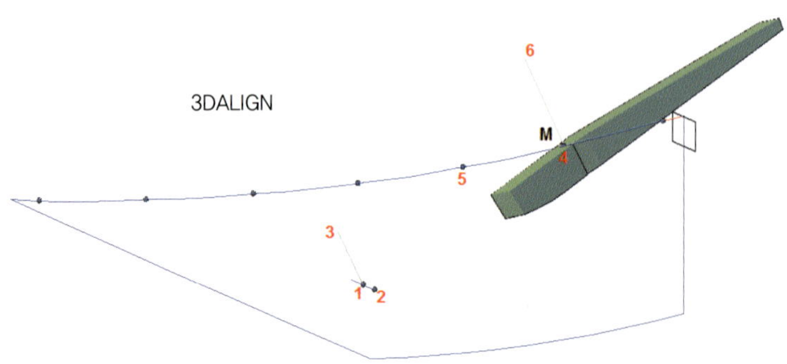

• 끝점을 기준으로 목기연을 박공으로 옮긴다.

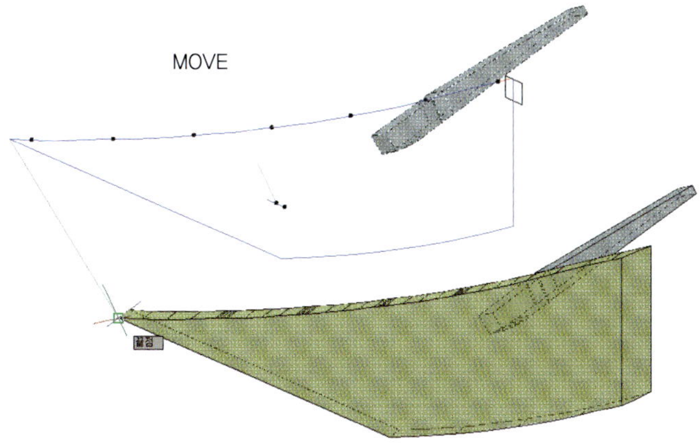

❷ 박공에 목기연 홈파기

• 옮긴 목기연을 박공에서 빼내어 주먹장 홈을 만든다.

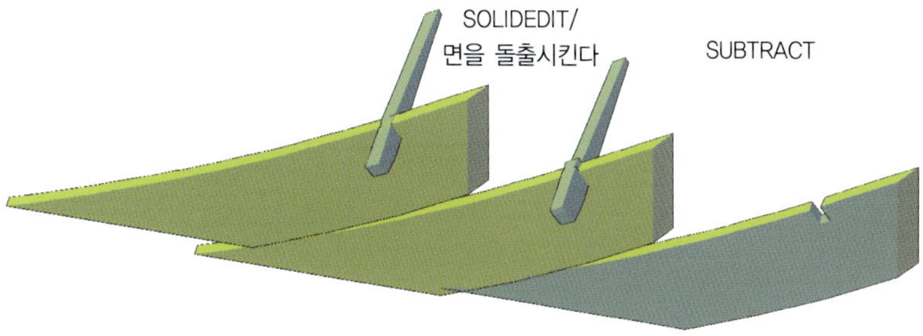

• 위와 같은 방법으로 나머지 목기연을 만들어 홈을 파고 목기연을 조립한다.

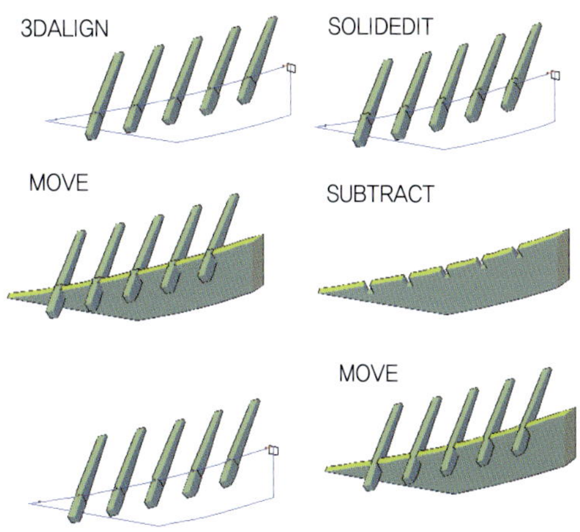

• 우측 박공에도 목기연을 대칭복사하여 조립한다.

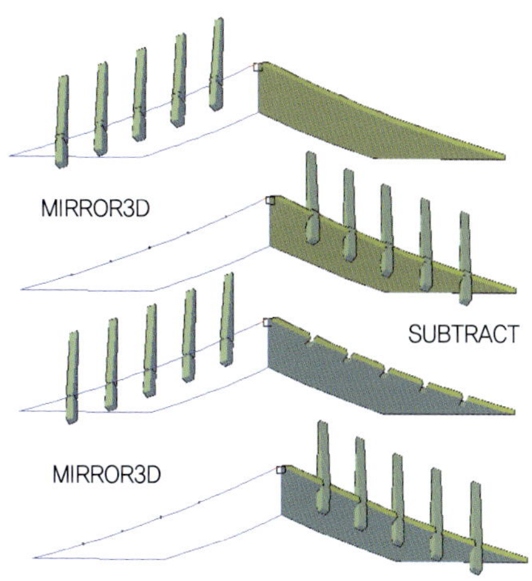

• 가운데 목기연도 만들어 조립하면 박공과 목기연이 완성된다.

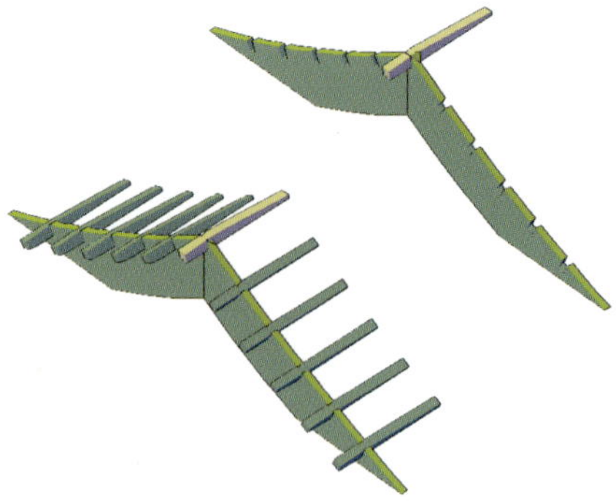

• 완성된 박공 목기연을 박공 삼각형의 기준점으로 옮긴다.

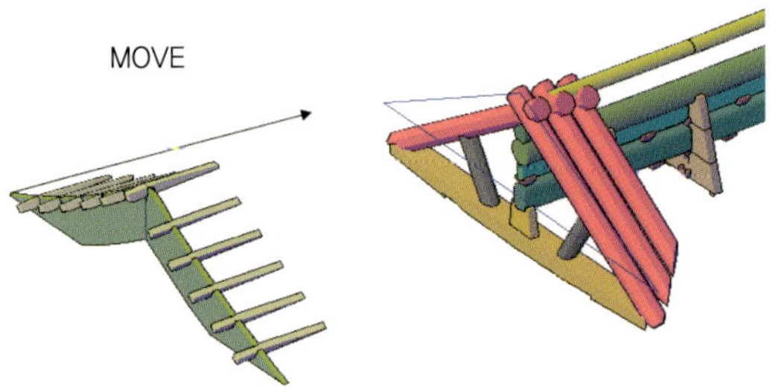

누마루의 목기연과 박공 조립도 같은 방법으로 한다.

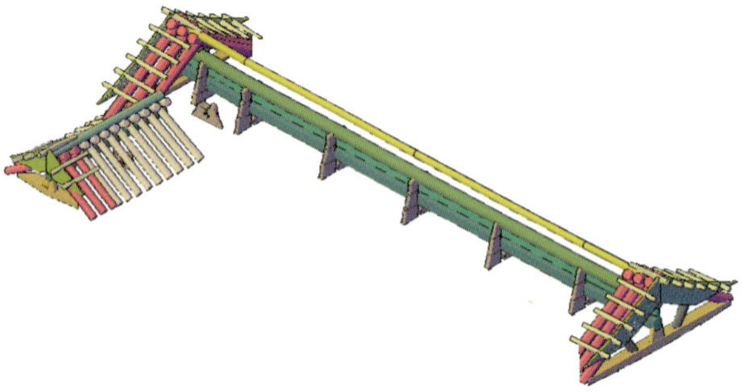

18-3 목기연 받침

목기연은 합각에 실리는 지붕하중을 받아 집부사로 전달하므로 집부사에 단단히 고정되어야 한다.

팔각 단면인 집부사의 상부 면을 이용하여 목기연 받침을 만든다.

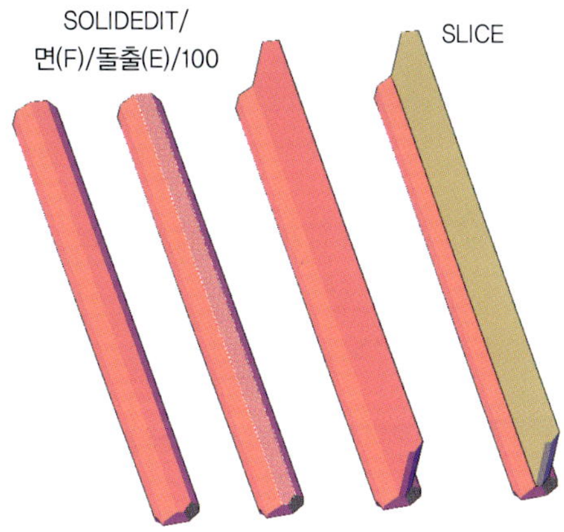

목기연보다 올라온 목기연 받침을 잘라준다.

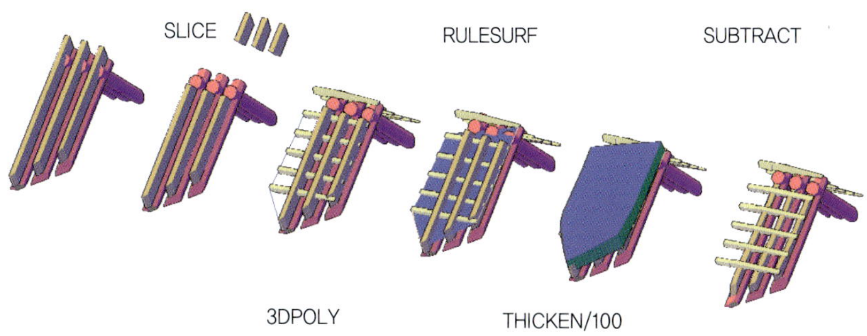

누마루의 것도 같은 방법으로 만들어 목기연 받침을 완성한다.

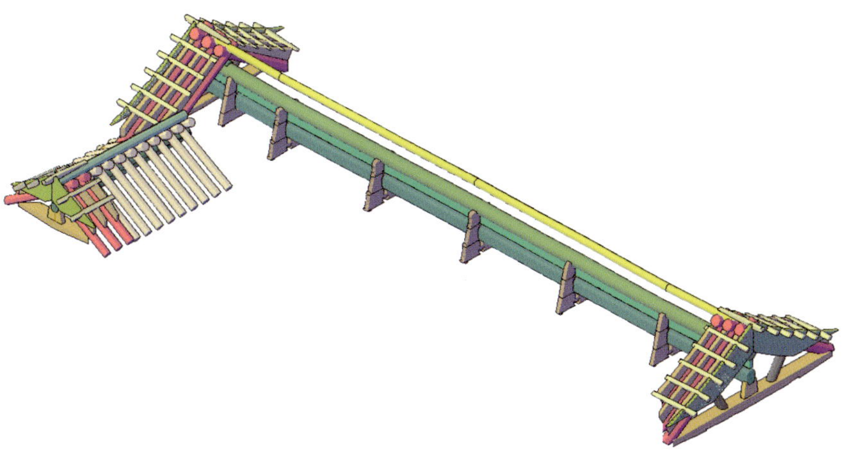

18-4 목기연 개판

개판은 목기연 부리에서 1치 들어와 붙인다. 폭은 100, 두께는 7푼으로 하였다.

❶ 박공의 상부 외곽선을 이용하여 기준선을 그린다.

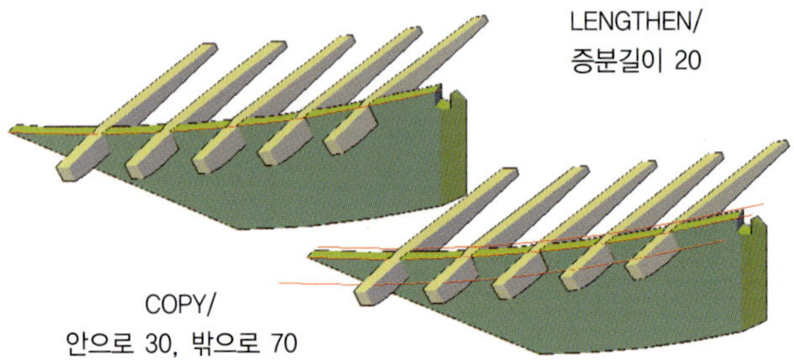

❷ 솔리드를 만든다.

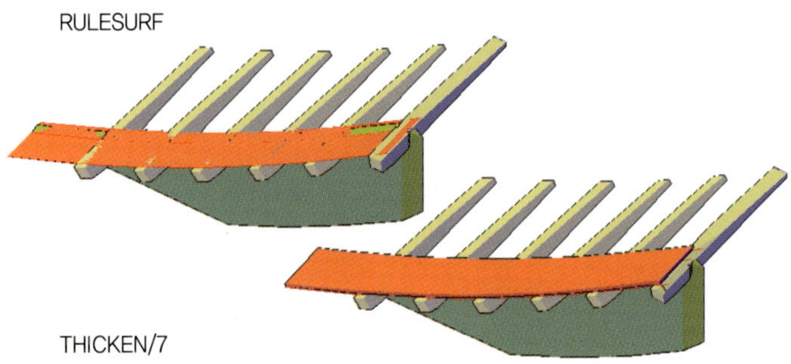

❸ 개판을 이용하여 가운데 목기연을 다듬는다.

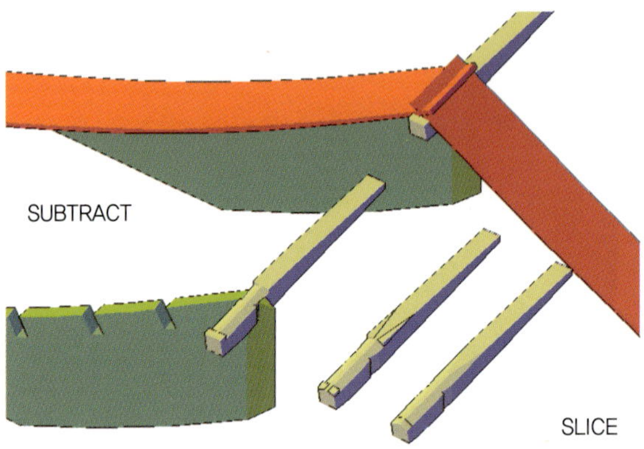

누마루 개판도 같은 방법으로 만든다.

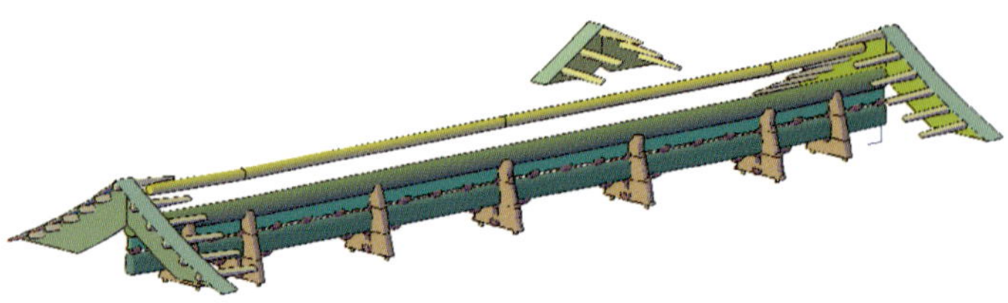

목기연 개판을 끝으로 낙선재 그리기가 모두 완료되었다.

"와우, 이제 끝났다!!!"

각 공정별 완성된 모습

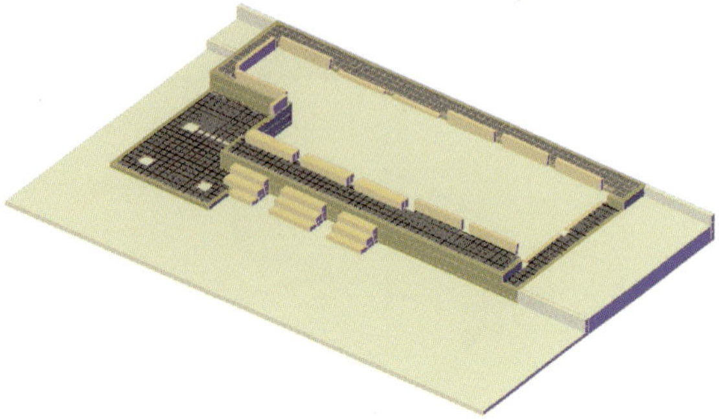

1. 기단

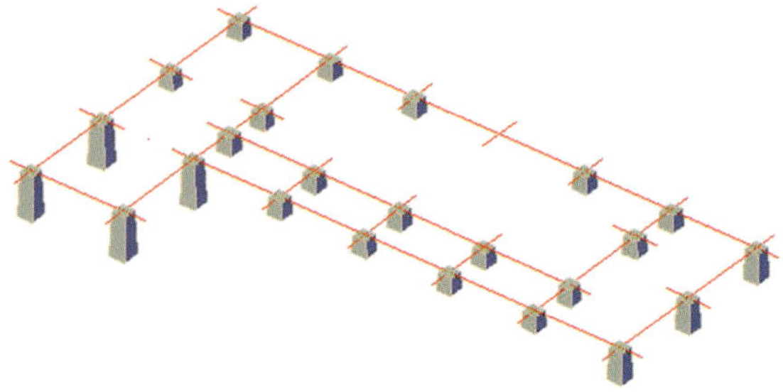

2. 초석

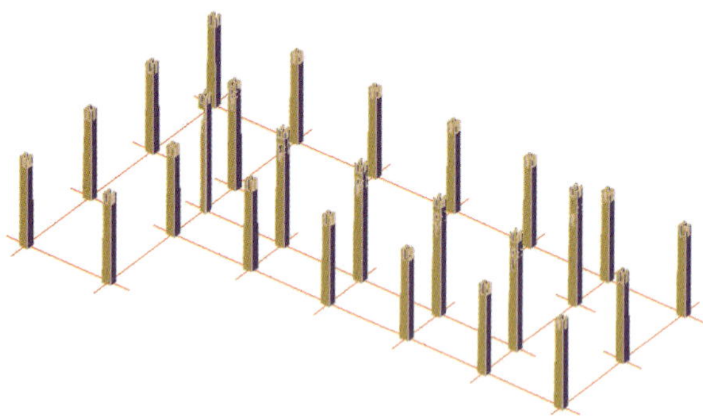

3. 기둥

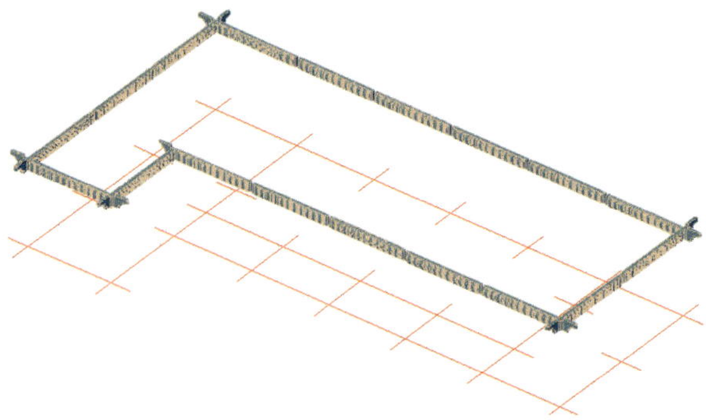

4. 창방

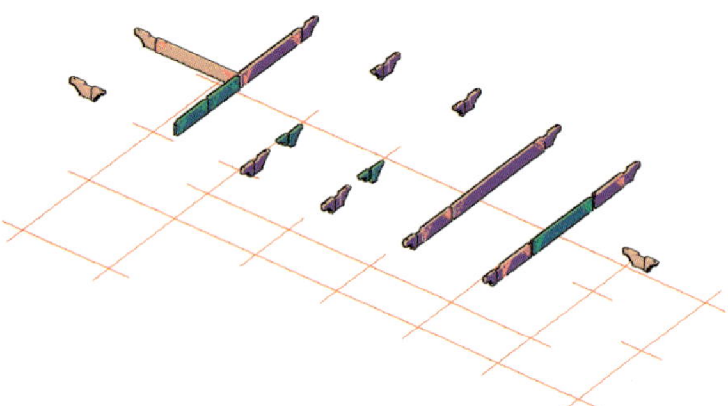

5. 익공과 보아지

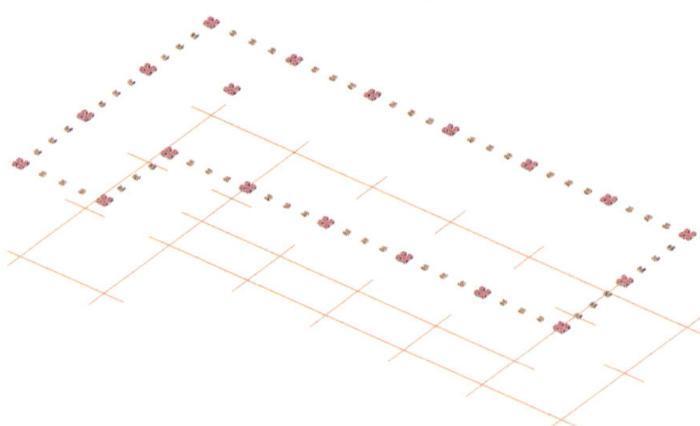

6. 주두와 소로

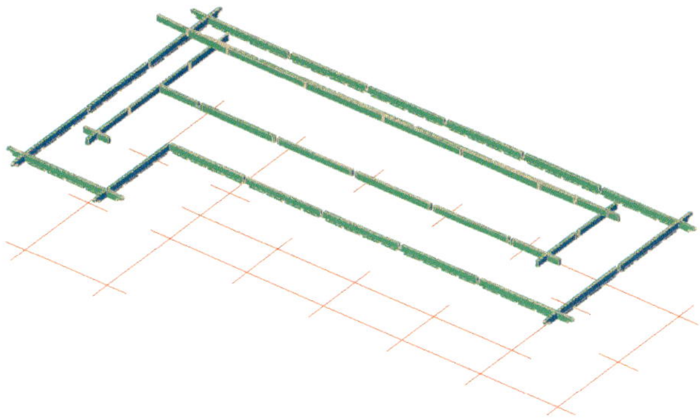

7. 장여

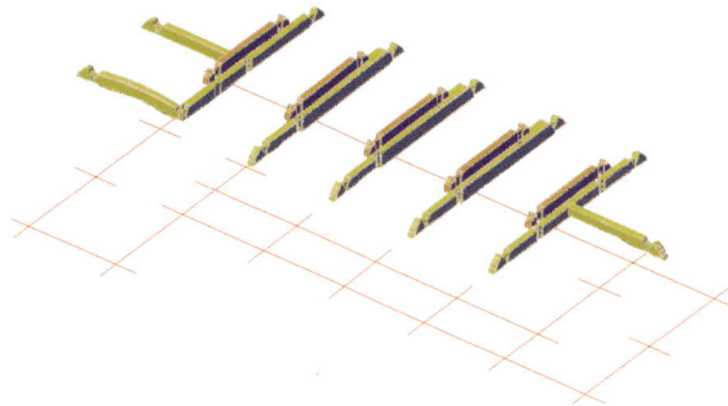

8. 보

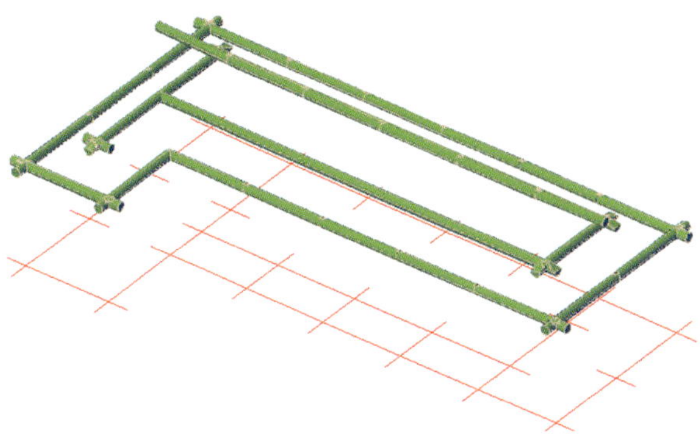

9. 도리

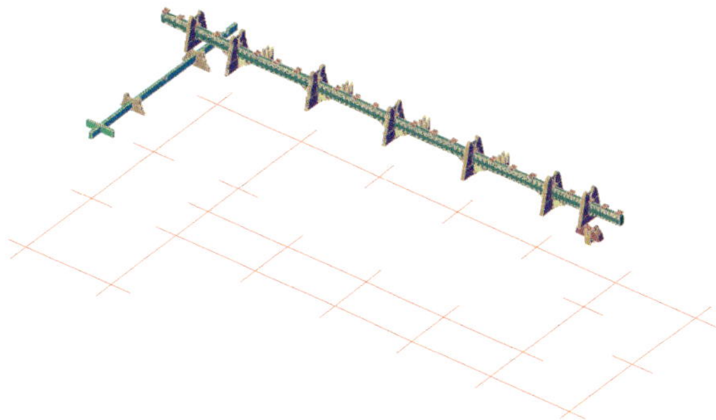

10. 동자주와 대공

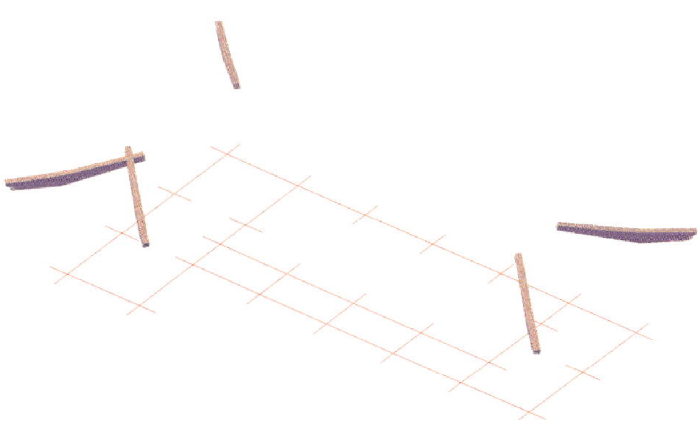

11. 추녀

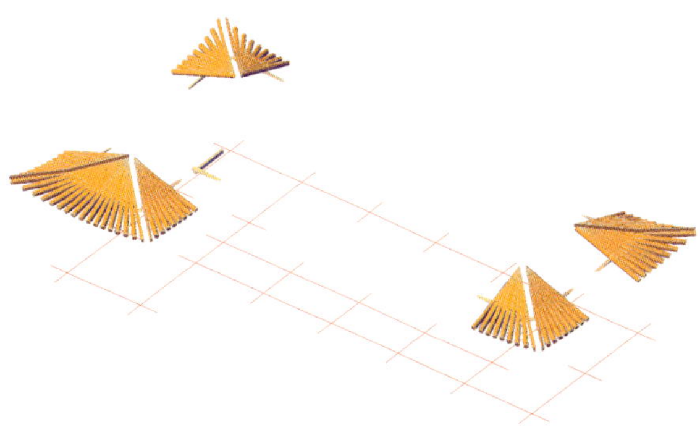

13. 갈모산방과 선자연

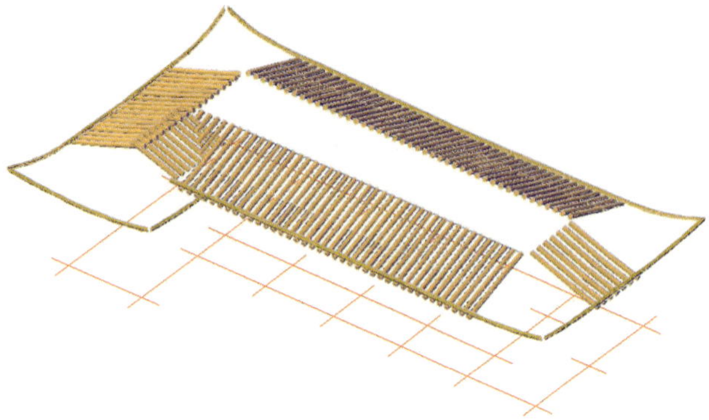

14. 초매기와 장연

15. 사래와 고대부연

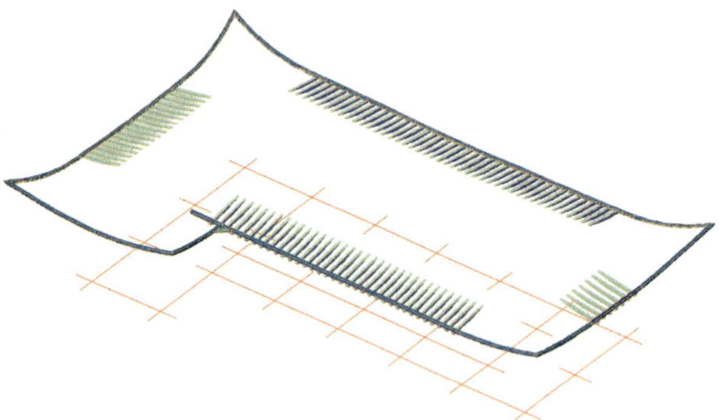

16. 부연과 이매기

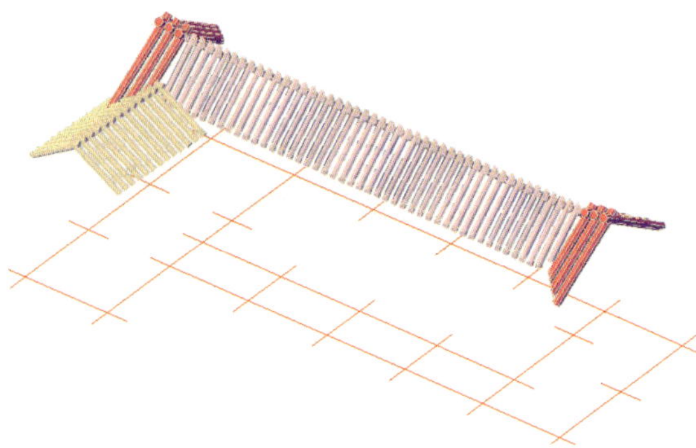

17. 동연과 집부사

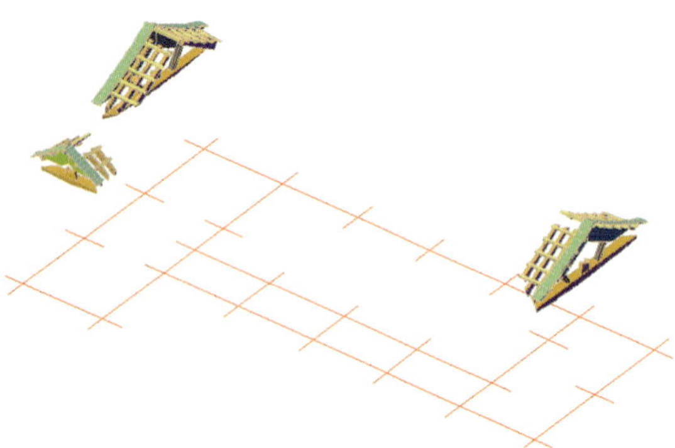

18. 합각

전체 완성된 모습

■현황 평면도

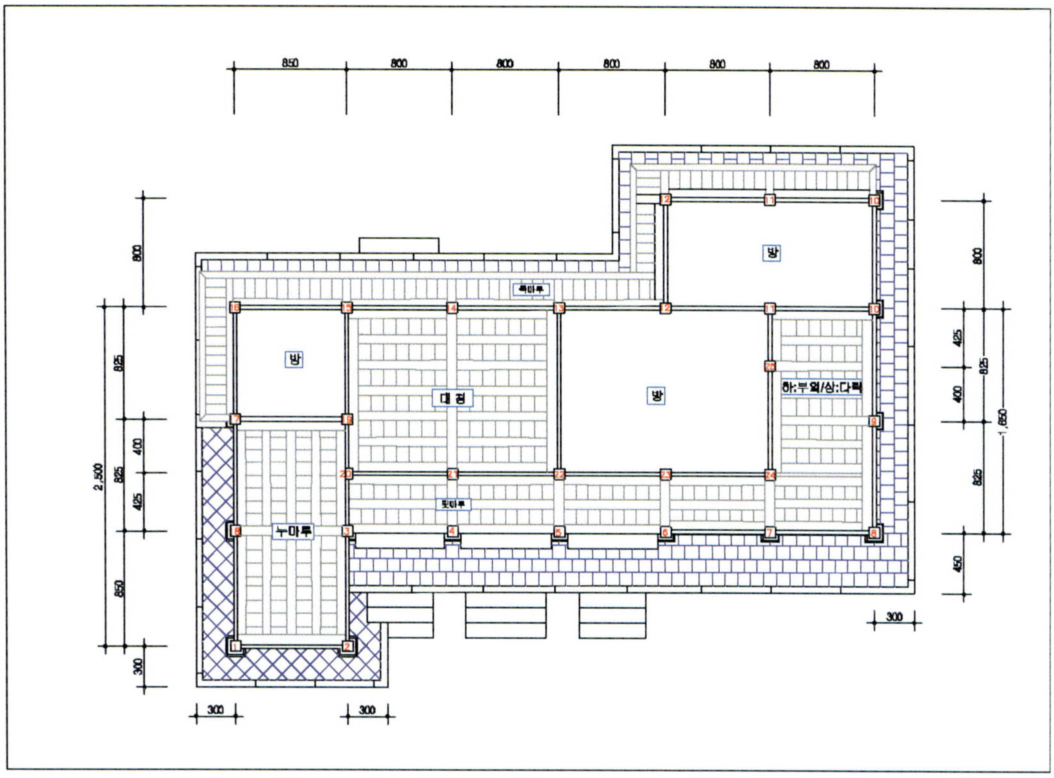
방
대청
방
하:부엌/상:다락
누마루
툇마루
850
800
300
2,500
1,650

■수정 평면도

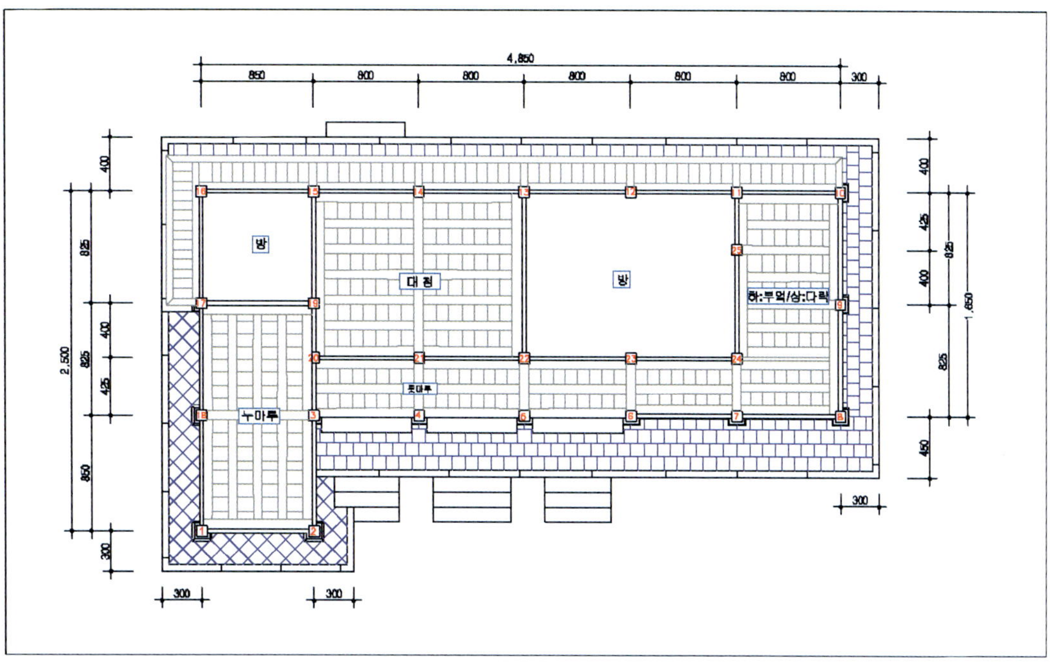
4,850
방
대청
방
하:부엌/상:다락
누마루
툇마루
850
800
300
2,500
1,650

■수정 단면도

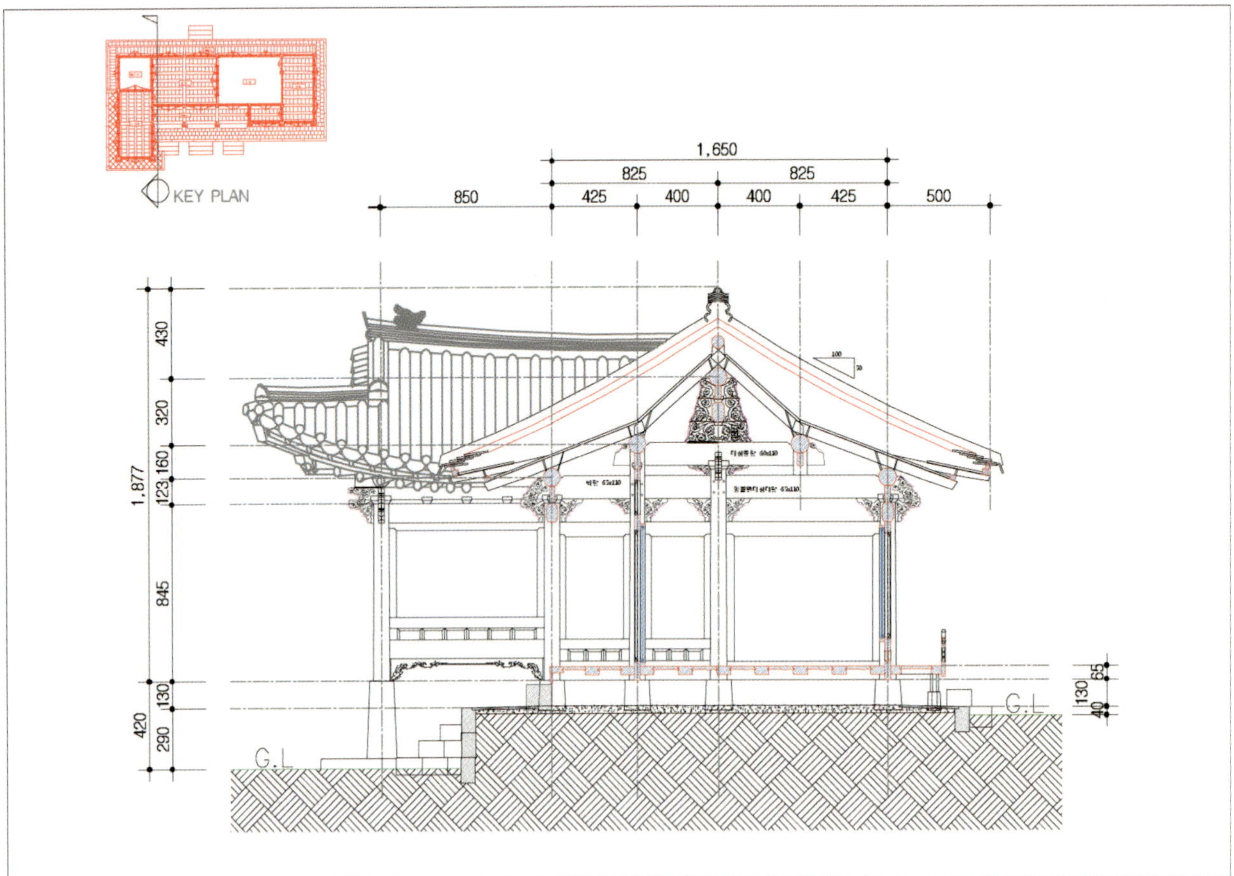
KEY PLAN
1,650
825
825
850
425
400
400
425
500
430
320
1,877
123,160
845
420
130
290
G.L
G.L
130
65
40

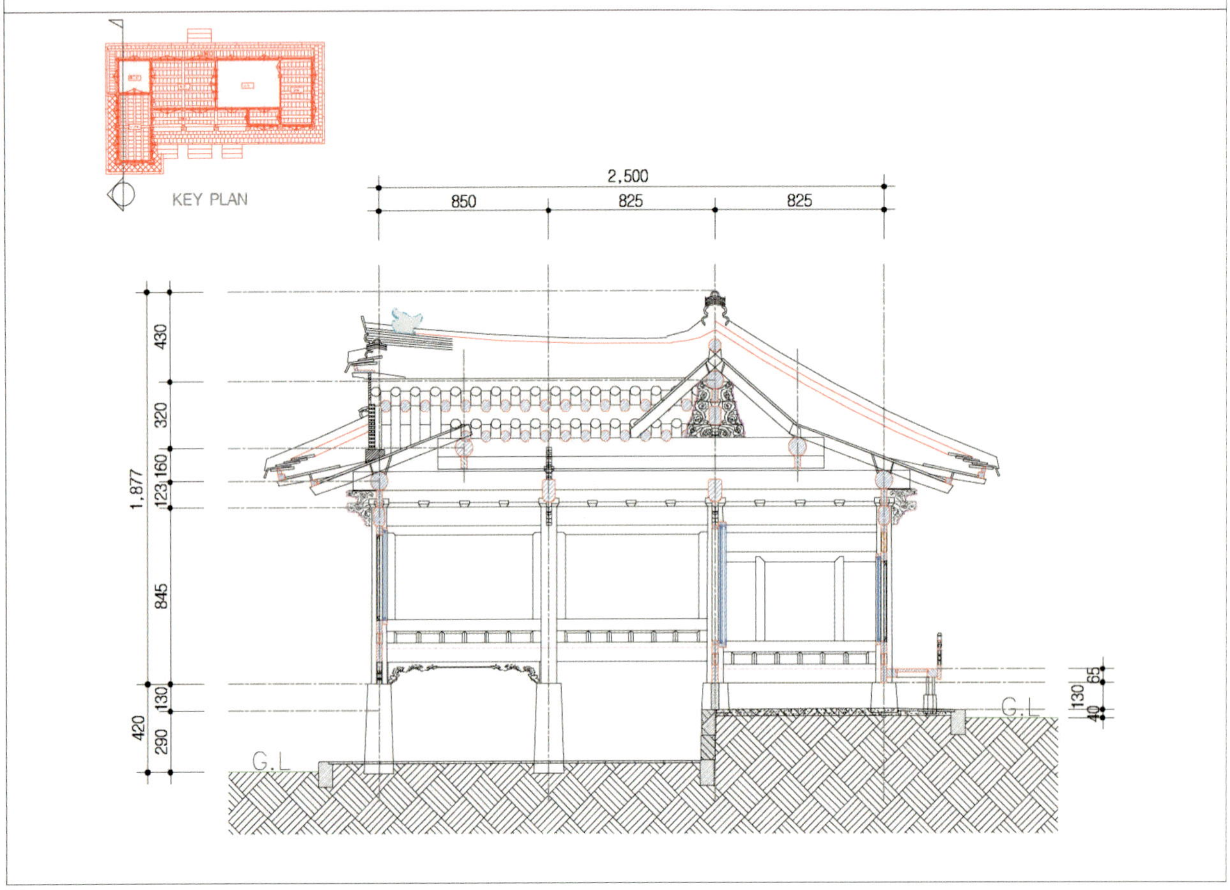
KEY PLAN
2,500
850
825
825
430
320
1,877
123,160
845
420
130
290
G.L
G.L
130
65
40

■ 횡단면도

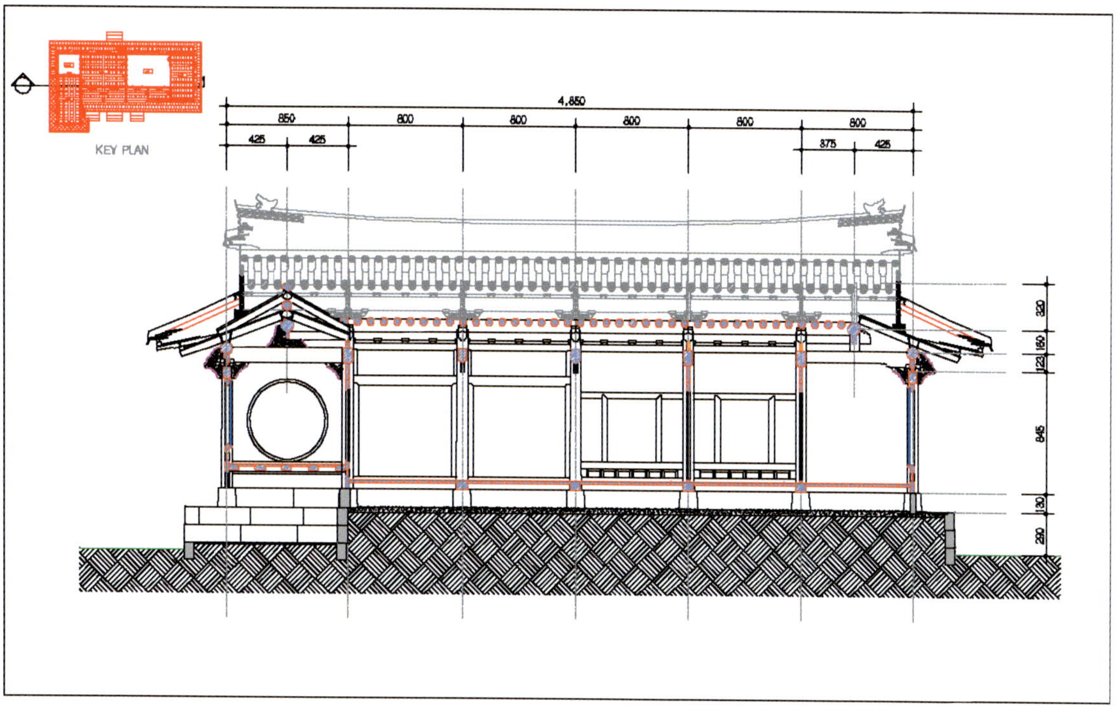
KEY PLAN
4,850
850
800
800
800
800
800
425
425
375
425
320
160
123
845
130
290

■ 앙시도

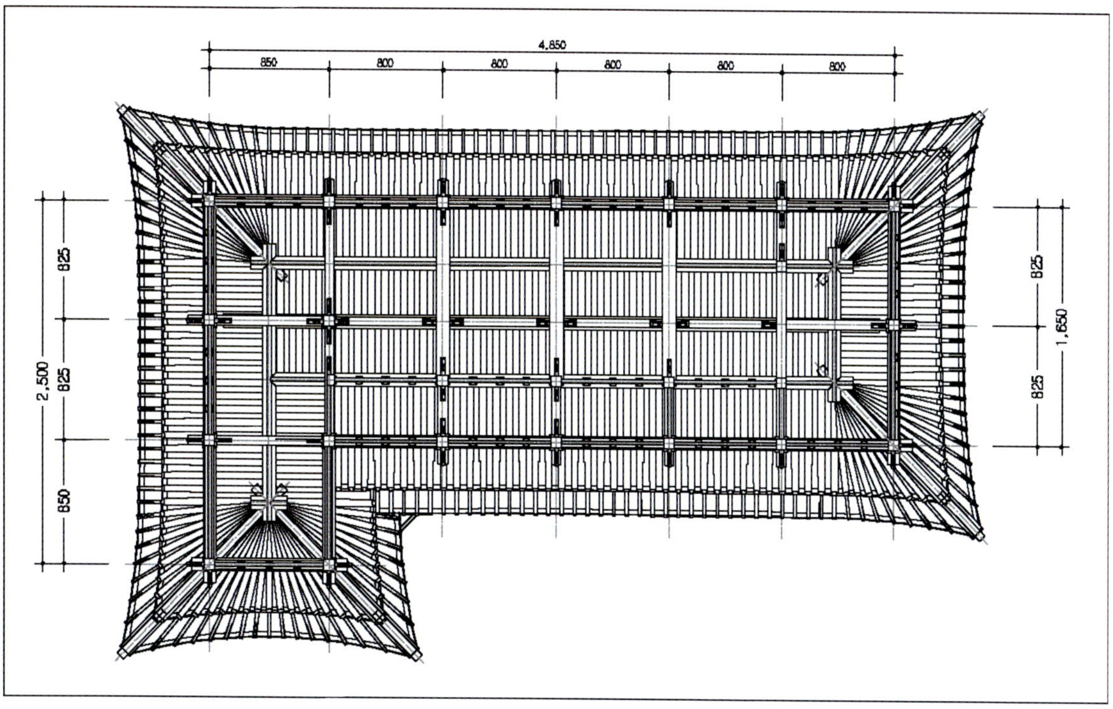
4,850
850
800
800
800
800
800
2,500
825
825
850
825
825
1,650

PART 3

낙선재를 위한
오토캐드 명령어

오토캐드는 1982년 미국의 오토데스크(Autodesk)사가 PC에서 실행할 수 있도록 만든 도면 그리는 응용 프로그램이다. 이 프로그램은 처음 발표된 이후 매년 업그레이드를 통하여 사용자의 편의에 맞게 여러 가지 기능들을 추가하여 지금에 이르고 있으며 세계적으로 이 분야에서 가장 많이 사용하는 프로그램이 되었다. 오토캐드가 우리나라에 정식으로 수입된 것은 1987년 발표된 '릴리즈 9'부터이며, '릴리즈 10'부터는 3차원으로도 도면을 그릴 수 있게 되었다. 2014년 현재 AutoCAD 2015(릴리즈 29)가 출시되어 있는 상태이며, AutoCAD 2012 이후의 제품이라면 이 책에서 다루는 명령어와 기능들을 모두 수행할 수 있다.

Chapter

01 2D 명령어

1. PLINE

하나의 객체로 연결되는 선이나 곡선을 그린다.

❶ 게눈 그리기

보머리 초각선의 일부인 게눈곡선을 그려보자.

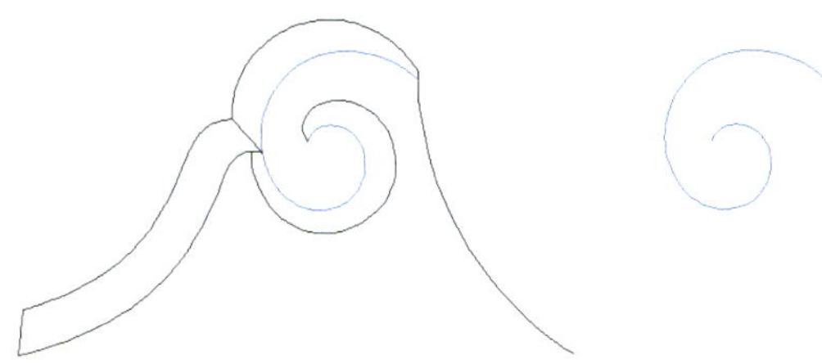

명령: PLINE

다음점 지정 또는 [**호(A)**/반폭(H)/길이(L)/명령 취소(U)/폭(W)]: A
끝점 지정 또는
[각도(A)/중심(CE)/**방향(D)**/반폭(H)/선(L)/반지름(R)/두 번째 점(S)/명령 취소(U)/폭(W)]: D
호의 시작점에 대해 접선 방향을 지정:
호의 끝점 지정:

시작점을 지정하고 [옵션/호], [옵션/방향]을 선택하여 바탕선에 따라 곡선을 그린다. 접선 방향이 곡선을 그리는데 매끄럽게 진행되도록 하고 방향이 바뀌면 [옵션/방향]을 다시 선택하여 바로 잡는다. PLINE을 매끄럽게 정리하려면 GRIP을 이동하여 조정한다.

※ 큰 그립 ■은 PLINE상에서 그립점의 위치를 변경할 수 있다.

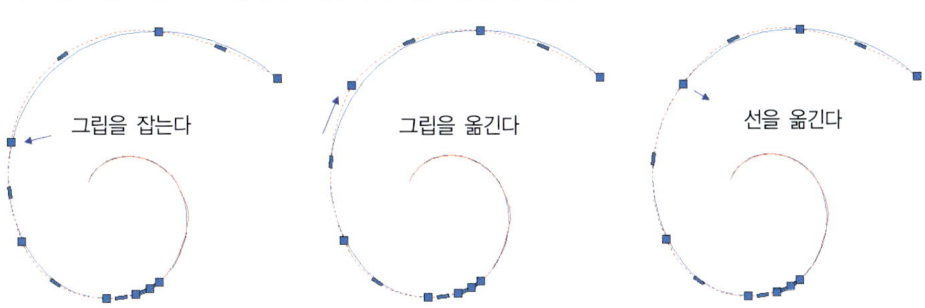

❷ 방향 바꾸기

호의 방향이 바뀌면 다시 [방향(D)] 옵션을 이용하여 곡선을 이어 그린다.

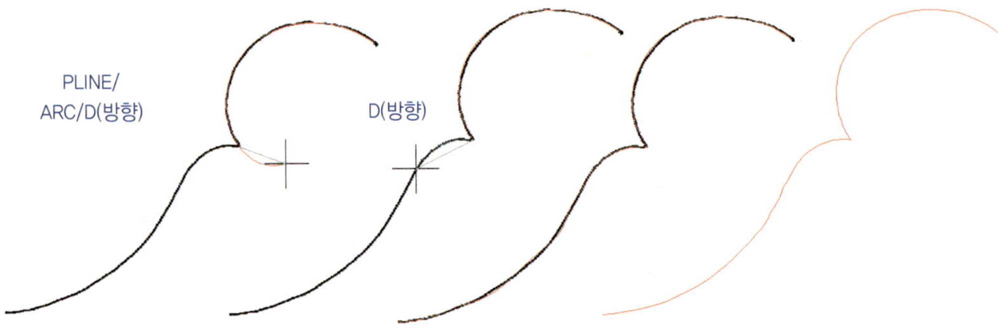

호의 끝점 지정 또는
[각도(A)/중심(CE)/닫기(CL)/**방향(D)**/반폭(H)/선(L)/반지름(R)/두 번째 점(S)/명령 취소(U)/폭(W)]: D
호의 시작점에 대해 접선 방향을 지정:
호의 끝점 지정:

2. RECTANG, EXPLODE, JOIN

❶ RECTANG 명령은 사각형 폴리선을 그린다.

❷ EXPLODE 명령은 폴리선, 영역, 솔리드, 배열된 객체 등을 분해한다.

❸ JOIN 명령은 떨어진 직선을 연결하거나 선이나 호를 PLINE으로 만든다.

3. LINE, BPOLY, REGION

❶ BPOLY와 BOUNDARY는 같은 명령이다.

❷ BPOLY 명령에서 객체 유형을 영역으로 설정하면 REGION 명령이 실행된다.

❸ REGION 명령은 단순한 POLY선이 아니라 객체의 질량이나 면적 특성을 갖는다. 또한 SUBTRACT, UNION, INTERSECT 명령으로 연산할 수 있다.

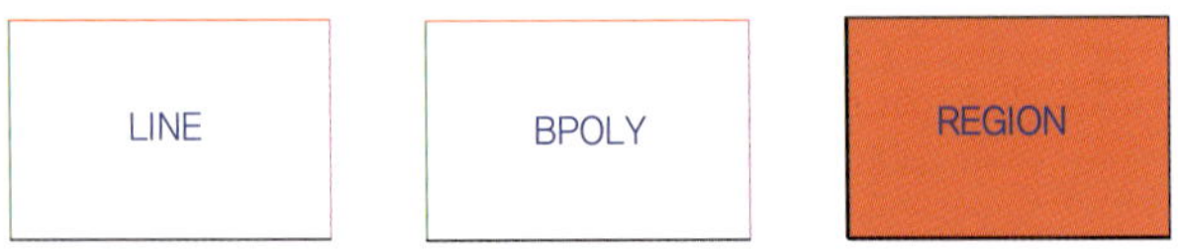

4. ARC, CIRCLE, POLYGON

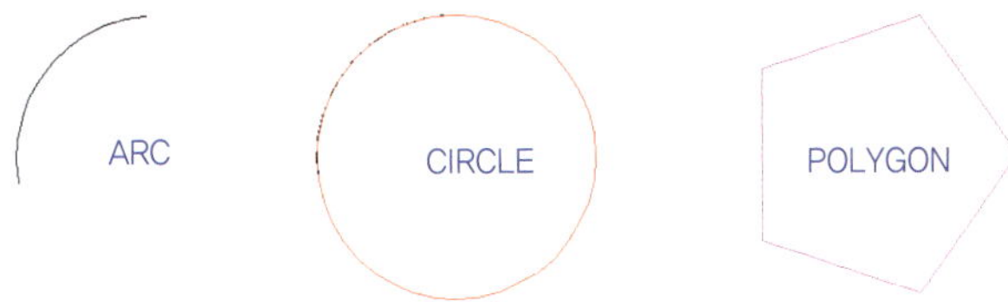

❶ ARC는 세 점으로 그리는 곡선으로 원의 일부를 그린다.

❷ 접점을 지나는 원 그리기(Ttr과
3P/TAN( ), TAN( ), TAN( ))

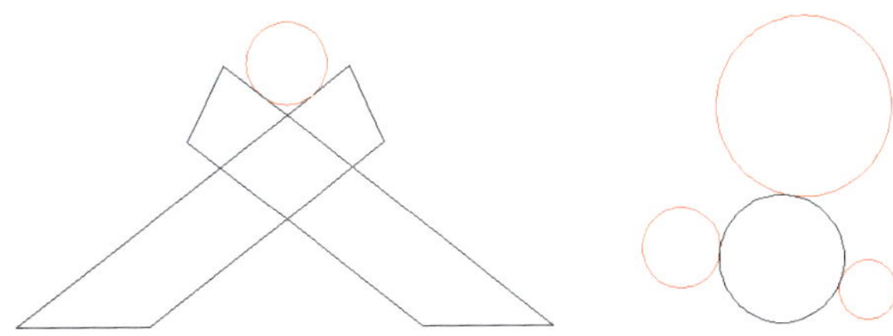

5. FILLET, CHAMFER

6. POINT

객체에 점을 표시한다.
모드 PDSIZE는 점의 크기를 조절하며 PDMODE는 점의 모양을 정한다.

DDPTYPE

0	1	2	3	4
32	33	34	35	36
64	65	66	67	68
96	97	98	99	100

7. BREAK, DVIDE, MEASURE

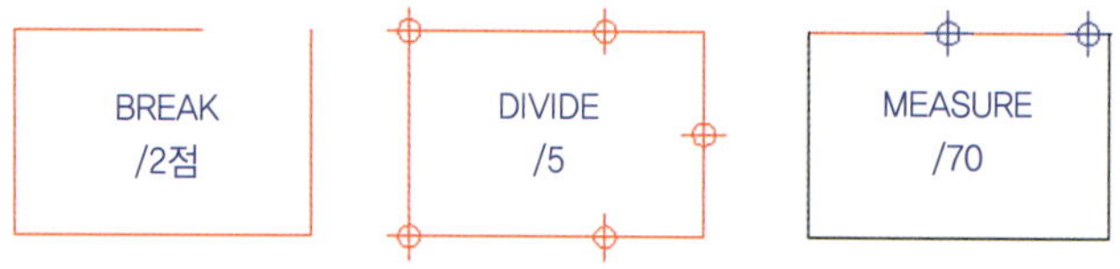

❶ 같은 점에서 BREAK 명령을 실행하면 끊어진 객체를 지우지 않는다.(옵션/F)

❷ DIVIDE 명령은 객체를 등분하여 점을 찍는다.

❸ MEASURE 명령은 처음 선택한 곳에서 가까운 끝점에서부터 객체를 나눠 점을 찍는다.

8. MIRROR, SCALE

❶ 시스템 변수 MIRRTEXT 값이 "1"일 때 글자도 MIRROR된다.

❷ SCALE 명령은 축척값을 입력하거나 참조하는(옵션/R) 길이를 지정할 수 있다.

9. ROTATE, ALIGN

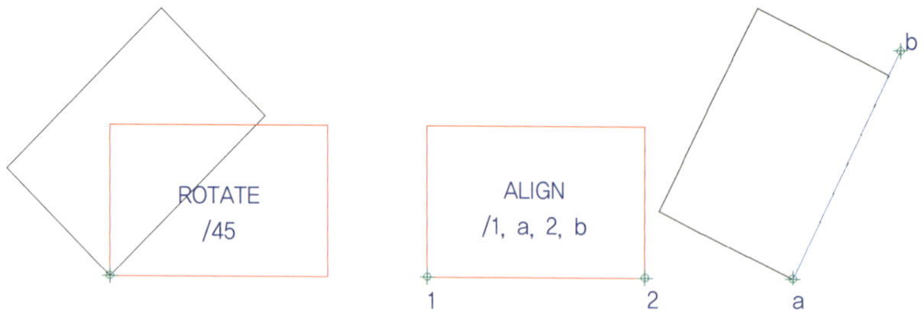

❶ ROTATE 명령은 ⌖을 기준으로 객체를 회전시킨다.

❷ ALIGN 명령은 객체를 대상의 기준점으로 정렬한다.

10. EXTEND, STRETCH, LENGTHEN

❶ EXTEND 명령은 기준선으로 객체를 연장한다.

❷ STRETCH 명령은 객체를 크로싱(CROSSING)으로 선택하여 일괄적으로 늘린다.

❸ LENGTHEN 명령은 선 객체를 여러 가지 옵션으로 늘린다.(옵션 : 증분, 퍼센트, 합계, 동적)

※ WINDOW와 CROSSING

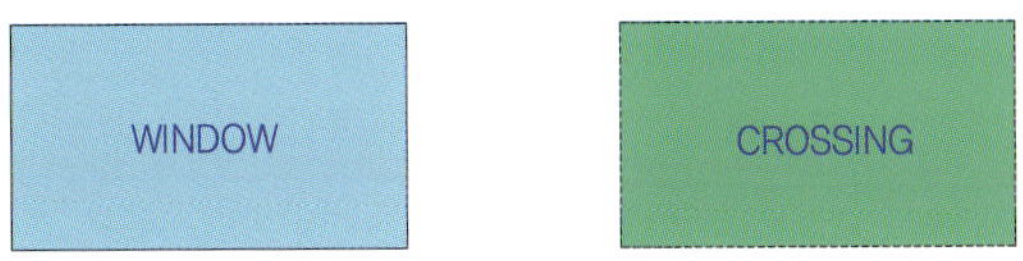

WINDOW는 선택창을 그릴 때 왼쪽에서 시작하고, CROSSING은 오른쪽에서 시작한다.

Chapter

02 3D 명령어

1. VIEW

사전 설정 뷰는 등각투영이기 때문에 선이 겹쳐지므로 사용자 뷰를 만들어 사용하는 것이 편리하다.

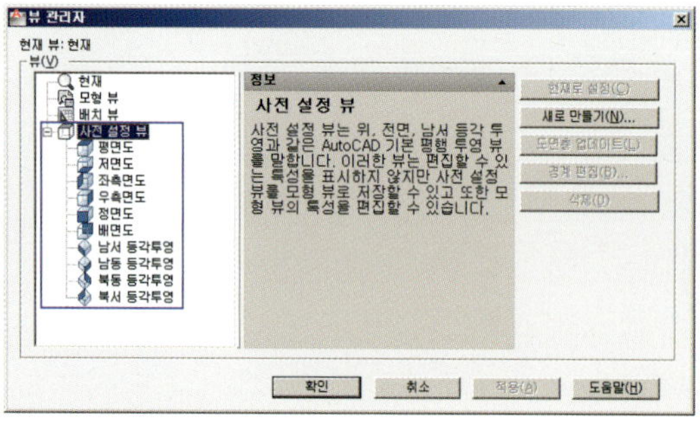

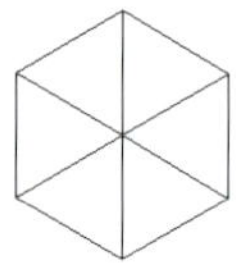

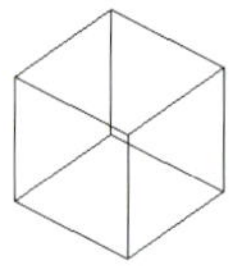

2. VPOINT

이 명령은 뷰포인트를 지정하여 객체를 볼 수 있도록 한다. 관찰하기 좋은 뷰의 포인트를 미리 정하여 LISP 명령을 만들면 뷰의 전환이 쉽다.

```
(defun c:v3()
    (command "VPOINT" "1,-1.3,1.1" )
)
```

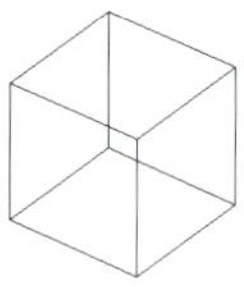

※ V3는 사용자가 임으로 정하는 것이다.

❖ LISP의 저장과 로드

❶ 위의 텍스트를 [메모장]에 입력하고 파일 확장자를 ".LSP"로 저장한다.

❷ APPLOAD 명령으로 [응용프로그램 로드] 대화상자를 연다.

❸ 위에서 저장한 파일을 불러와 [로드]한다. 오토캐드가 시작할 때마다 로드되도록 하려면 [시작하기 세트]에 넣어둔다.

3. VISUALSTYLE

2D 와이어프레임	3D 와이어프레임	개념
숨김	실제	음영처리
모서리로 음영처리됨	회색 음영처리	스케치
와이어프레임	X레이	

객체를 표현하는 방법이다.

4. UCS

원점(0,0,0)을 사용자가 임의대로 이동하면서 객체를 그릴 수 있도록 하는 좌표시스템을 UCS라고 한다. 또한 UCS는 좌표계를 이동할 수 있는 명령어이다.

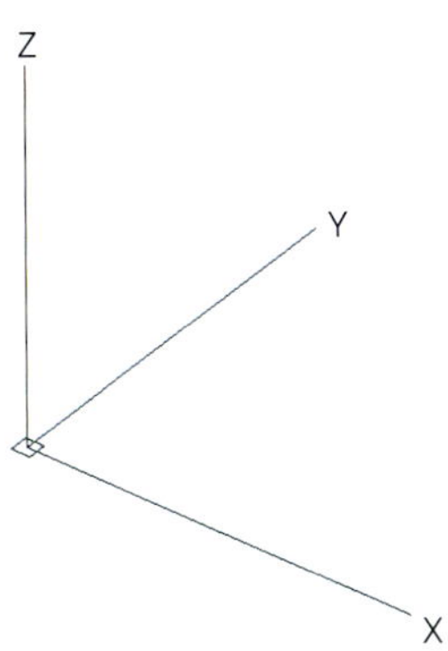

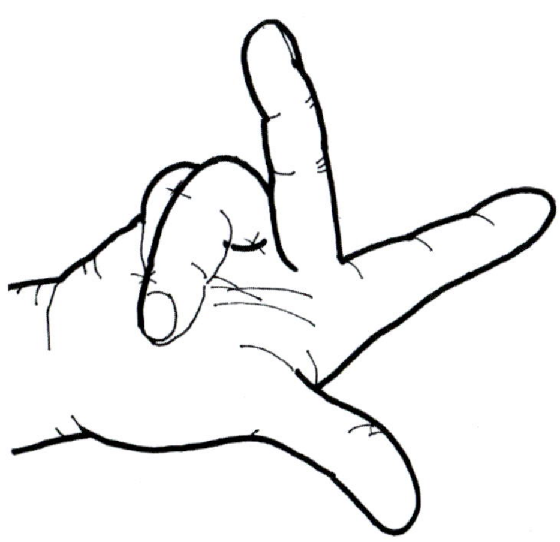

❶ UCS의 방향

오른손의 엄지가 나가는 방향을 X축의 양의 방향, 검지를 Y축의 양의 방향으로 할 때 중지 손가락이 가리키는 방향이 Z축의 양의 방향이다.

❷ UCS의 이동

다음의 옵션을 입력하여 UCS를 이동한다.

❖ 옵션

[면(F)/이름(NA)/객체(OB)/이전(P)/뷰(V)/표준(W)/X(X)/Y(Y)/Z(Z)/Z축(ZA)]

㉮ 면으로 이동 : 선택한 면에 직각방향으로 Z축이 이동한다.

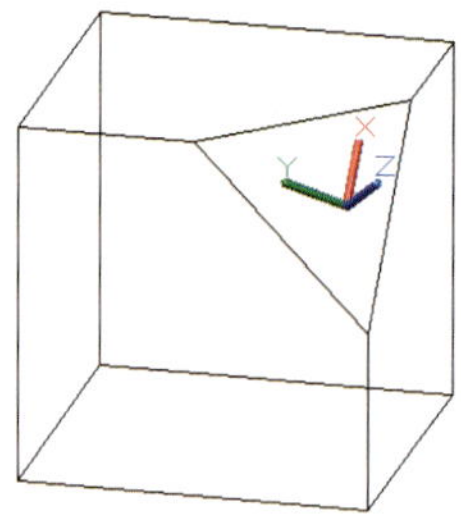

㉯ 객체로 이동 : 선택한 객체의 길이 방향으로 X축이 이동한다.

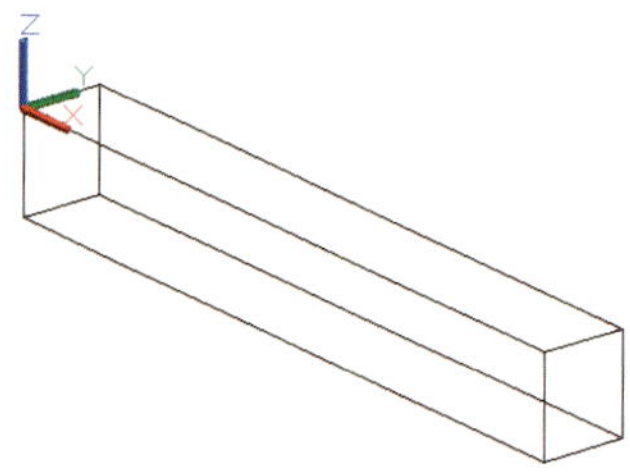

㉰ 뷰 : 현재의 화면을 XY평면으로 UCS를 이동한다. 문자를 입력할 때 주로 사용된다.

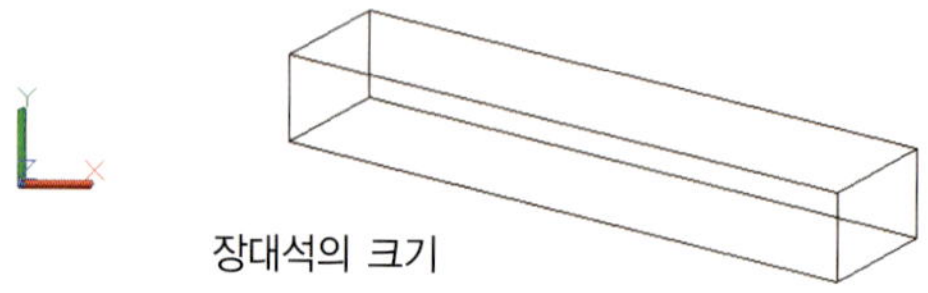

장대석의 크기
110×70×500

㉱ 표준 : 변경된 좌표를 원래의 좌표(WCS 절대좌표계)로 돌려 놓는다.

㉲ X, Y, Z : 각 축을 중심으로 UCS를 회전시킨다.

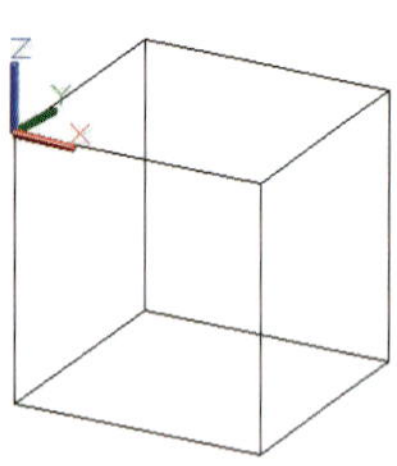

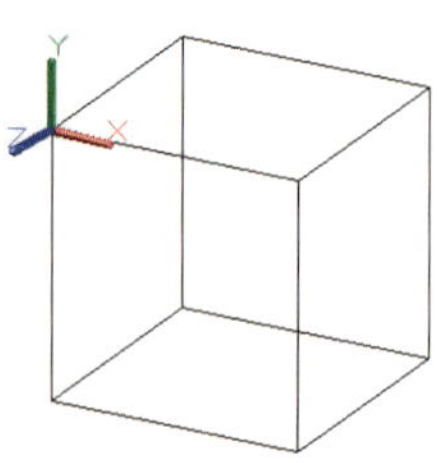

X축으로 90° 회전

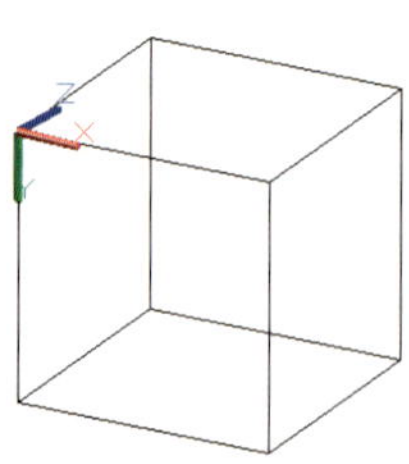

X축으로 180° 회전

㉳ ZA : 객체 내에 지정된 두 점을 Z축으로 한다.
먼저 선택한 점이 원점이 되고 나중에 선택한 방향이 Z축의 양의 방향이 된다.

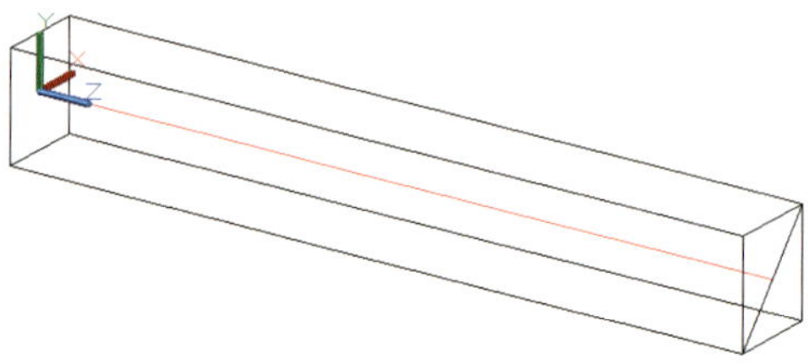

※ UCSICON
UCS 아이콘을 화면에서 켜거나 끈다.

명령: UCSICON

옵션 입력 [켜기(ON)/끄기(OFF)/전체(A)/원점없음(N)/원점(OR)/선택 가능(S)/특성(P)] 〈켜기〉:

❶ ON/OFF : UCS 아이콘을 켜거나 끈다.
❷ 전체 : 뷰포트가 여러 개일 때 모든 뷰포트에 적용한다.
❸ 원점없음 : 항상 UCS 아이콘을 왼쪽 하단에 위치시킨다.
❹ 원점 : UCS아이콘을 현재의 좌표계 원점에 놓는다.
❺ 선택가능 : 아이콘을 선택하고 그립을 조작하도록 한다.

5. POLYSOLID

높이와 폭을 정하여 벽체를 만든다.

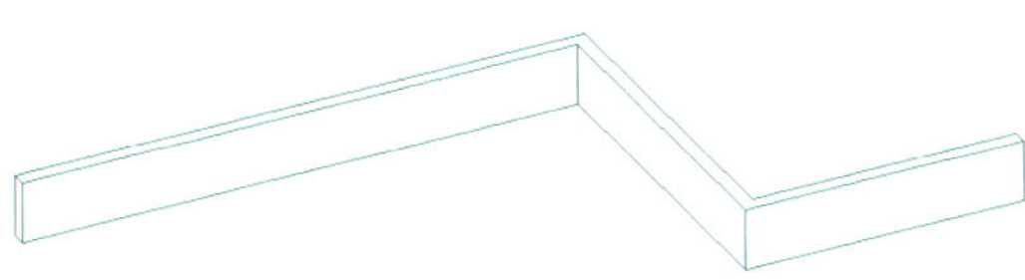

명령: POLYSOLID

높이=80.00, 폭=20.00, 자리맞추기=중심
시작점 지정 또는 [객체(O)/높이(H)/폭(W)/자리맞추기(J)]
〈객체〉: 임의점 지정
다음 점 지정 또는 [호(A)/명령 취소(U)]: 750
다음 점 지정 또는 [호(A)/명령 취소(U)]: 450
다음 점 지정 또는 [호(A)/닫기(C)/명령 취소(U)]: 350

6. PYRAMID

반지름을 지정하여 다면체를 만든다.

밑면 R=100 윗면 R=80 높이=200

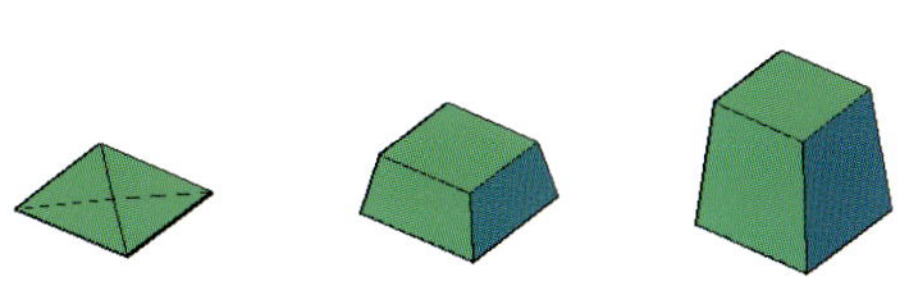

명령: PYRAMID

4 면 외접 기준 중심점 지정 또는 [모서리(E)/변(S)]:
기준 반지름 지정 또는 [내접(I)] 〈0.00〉: **100**
높이 지정 또는 [2점(2P)/축 끝점(A)/**상단 반지름(T)**]
〈0.00〉: **T**
상단 반지름 지정 〈0.00〉: **80**
높이 지정 또는 [2점(2P)/축 끝점(A)] 〈0.00〉: **200**

※ 옵션
[모서리(E)]: 밑면의 크기를 [가로×세로]로 정한다.
[변(S)]: 면의 수를 정한다.(3~32면까지 그릴 수 있다.)
[상단 반지름(T)]: 윗면의 크기를 정한다.

7. EXTRUDE

❶ 높이를 지정한 돌출

객체에 돌출되는 길이를 지정하여 솔리드를 만든다.

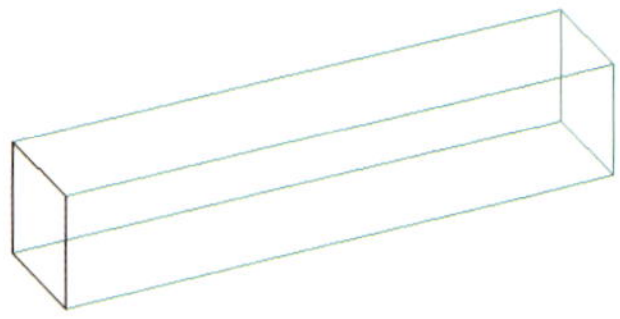

돌출 높이 지정 또는 [**방향(D)**/경로(P)/테이퍼 각도(T)/표현식(E)] 〈0.00〉: D

❷ 방향을 지정하여 돌출

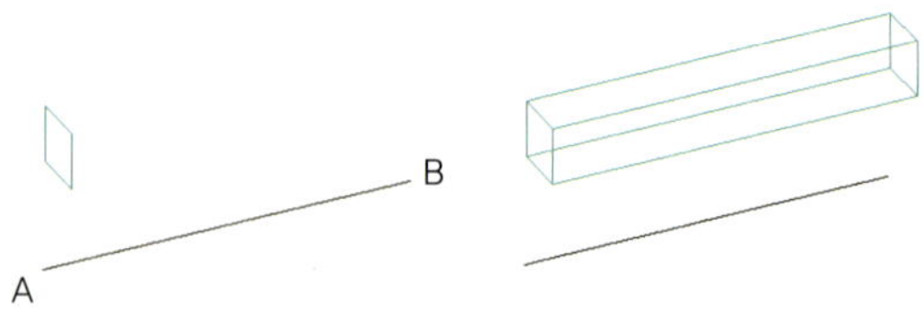

돌출 높이 지정 또는 [방향(D)/**경로(P)**/테이퍼 각도(T)/표현식(E)] 〈91.29〉: P

❸ 경로를 정하여 돌출(옵션에서 경로를 선택)

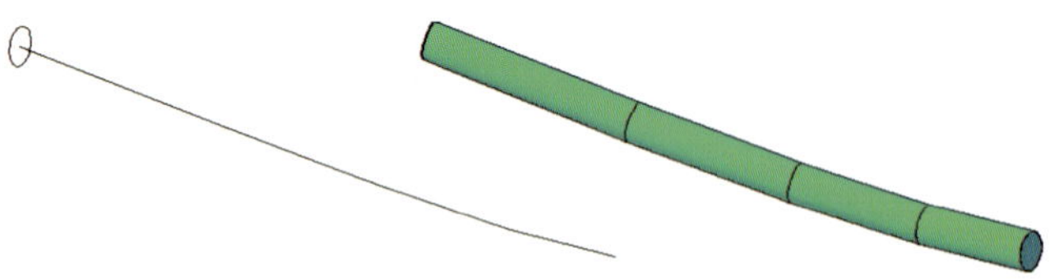

8. LOFT (흘림기둥이나 초석을 만든다)

❶ 둘 이상의 객체를 선택하여 솔리드 객체를 만든다.

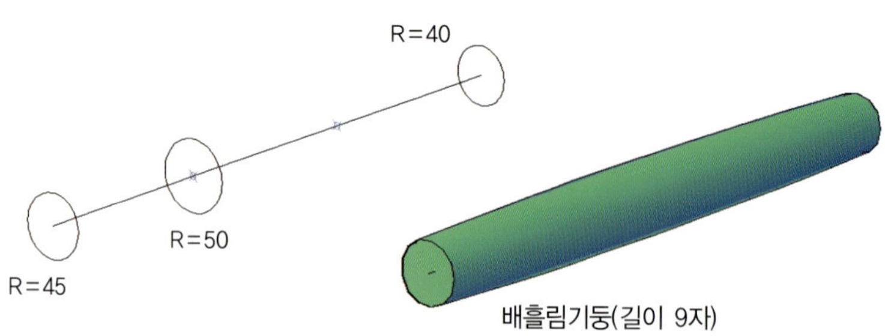

배흘림기둥(길이 9자)

❷ 객체와 경로를 함께 지정하여 만든다.

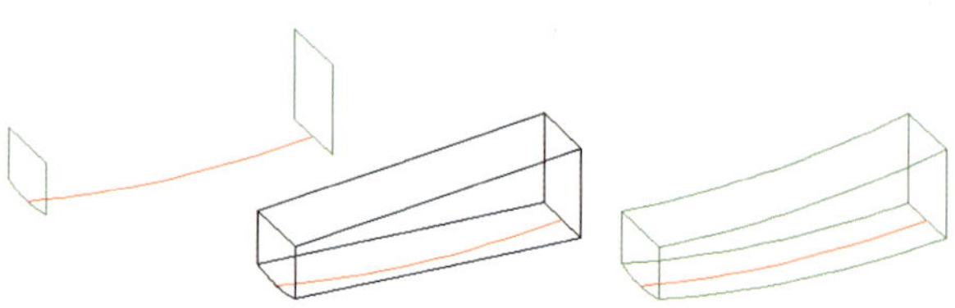

경로 선택이 없는 경우

사래의 외목 부분

※ 로프트 명령으로 솔리드를 만들 수 있는 객체와 경로

사용 가능한 객체	사용할 수 있는 경로
점	
선, 호, 타원형 호	선, 호, 타원형 호
원, 타원	원, 타원
영역	
2D 폴리선	2D, 3D 폴리선
2D 스플라인	2D, 3D 스플라인
	나선

9. UNION

선택한 객체들을 하나의 객체로 만든다. 서로 떨어져 있는 객체들도 하나의 객체가 된다.

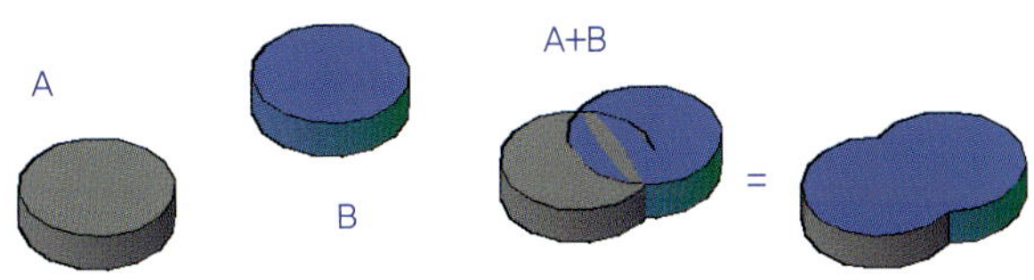

※ 최종 객체는 먼저 선택한 객체의 특성을 따라간다.

10. SUBTRACT

먼저 선택한 객체에서 나중 선택한 객체의 겹치는 부분을 빼준다.

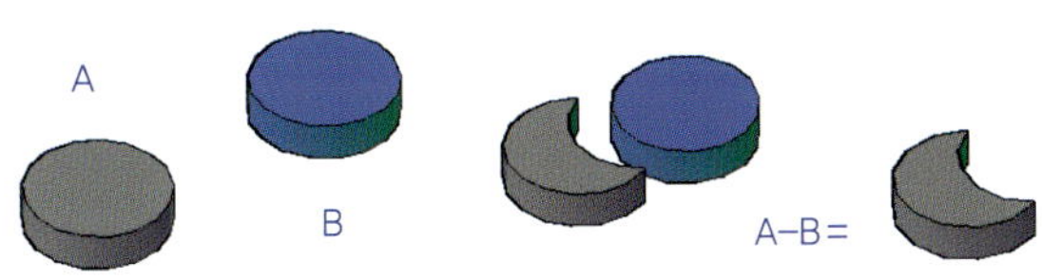

여러 객체에 걸쳐 있는 경우 빼고 난 나머지 객체들은 하나의 객체로 인식한다. 이 경우 솔리드 편집 명령(SOLIDEDIT)으로 솔리드를 분리해야 한다.

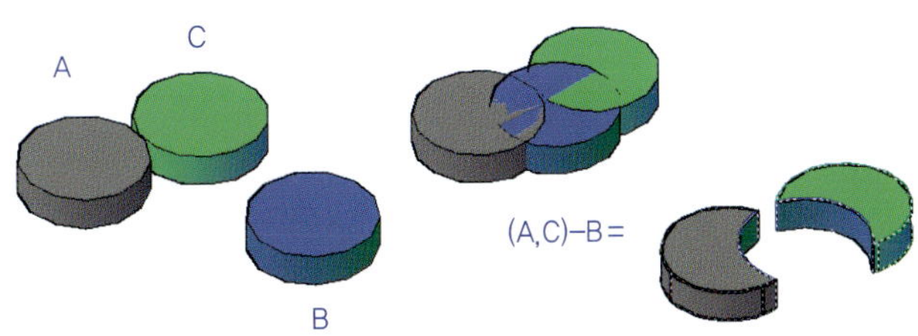

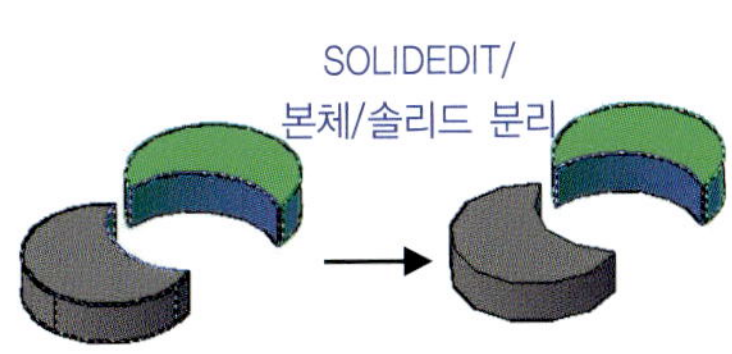

11. INTERSECT

객체들 간에 공통으로 겹치는 부분만 남긴다.

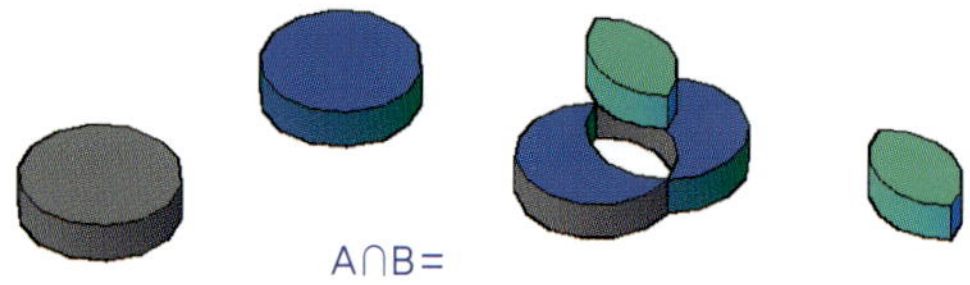

12. SOLIDEDIT

❶ SOLIDEDIT/면(F)/돌출(E)

면을 지정하여 높이를 입력하거나 경로를 선택하여 돌출시킨다.

◈ 소로 만들기

밑면이 30×30이고 윗면이 50×50, 소로굽 20인 소로를 만든다.

㉮ 소로굽 아래

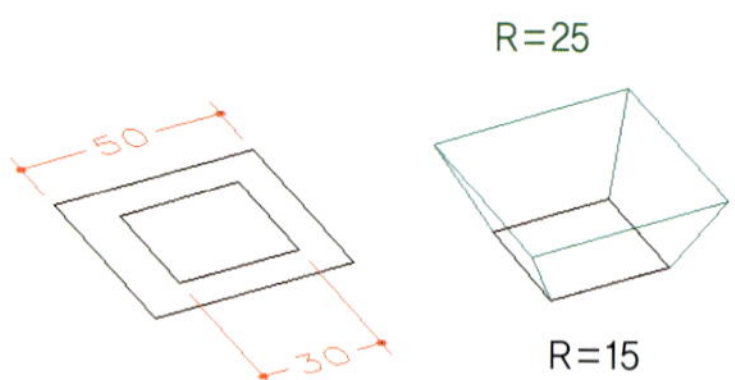

명령: PYRAMID

4 면 외접
기준 중심점 지정 또는 [모서리(E)/변(S)]:
기준 반지름 지정 또는 [내접(I)] ⟨0⟩: 15
높이 지정 또는 [2점(2P)/축 끝점(A)/**상단 반지름(T)**] ⟨0⟩: T
상단 반지름 지정 ⟨0⟩: 25
높이 지정 또는 [2점(2P)/축 끝점(A)] ⟨0⟩: 15

㉯ 소로굽 위(여기서 [SOLIDEDIT/면/돌출] 명령을 사용한다.)

명령: SOLIDEDIT

솔리드 편집 자동 점검: SOLIDCHECK=1
솔리드 편집 옵션 [**면(F)**/모서리(E)/본체(B)/명령 취소(U)/종료(X)] ⟨종료⟩: F
면 편집 옵션 입력
[**돌출(E)**/이동(M)/회전(R)/간격띄우기(O)/테이퍼(T)/삭제(D)/복사(C)/색상(L)/재료(A)/명령 취소(U)/종료(X)] ⟨종료(X)⟩: E
돌출 높이 지정 또는 [경로(P)]: 5
돌출에 대한 테이퍼 각도 지정 ⟨0.00⟩:

㉰ 소로 완성

윗면에 폭이 10인 사각형을 그려서 양 날개(갈)를 돌출시켜 굽과 결합시킨다.

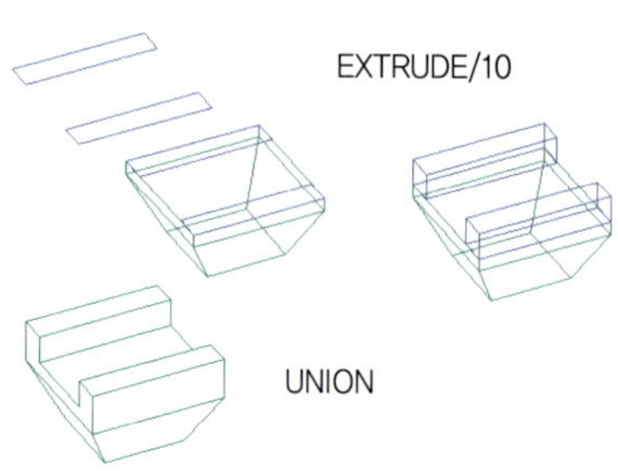

❷ SOLIDEDIT/면(F)/복사(C)

고상 솔리드 객체에서 필요한 면을 복사해보자.

기준점과 두 번째 점을 같은 곳(점A)에 지정하면 복사된 면이 그 자리에 남게 된다.

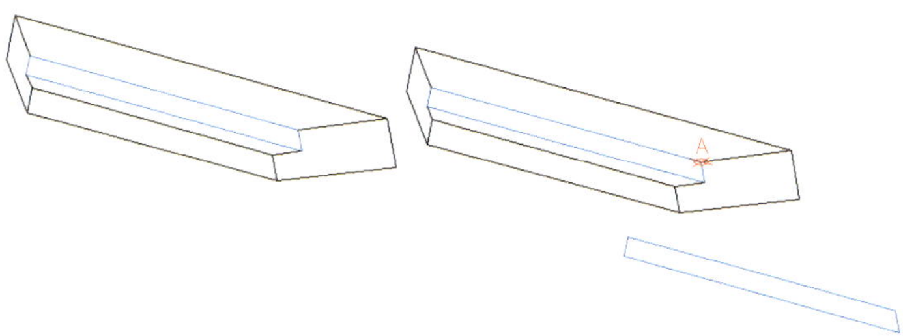

명령: SOLIDEDIT

솔리드 편집 자동 점검: SOLIDCHECK=1
솔리드 편집 옵션 [**면(F)**/모서리(E)/본체(B)/명령 취소(U)/종료(X)] 〈종료〉: F
면 편집 옵션 입력
[돌출(E)/이동(M)/회전(R)/간격띄우기(O)/테이퍼(T)/삭제(D)/**복사(C)**/색상(L)/재료(A)/명령 취소(U)/종료(X)] 〈종료(X)〉: C
면 선택 또는 [명령 취소(U)/제거(R)]: 1개의 면을 찾았습니다.

기준점 또는 변위 지정: A
변위의 두 번째 점 지정: A

❸ SOLIDEDIT/본체(B)/분리(seParate)

떨어져 있지만 하나의 객체로 인식하는 솔리드를 분리한다.

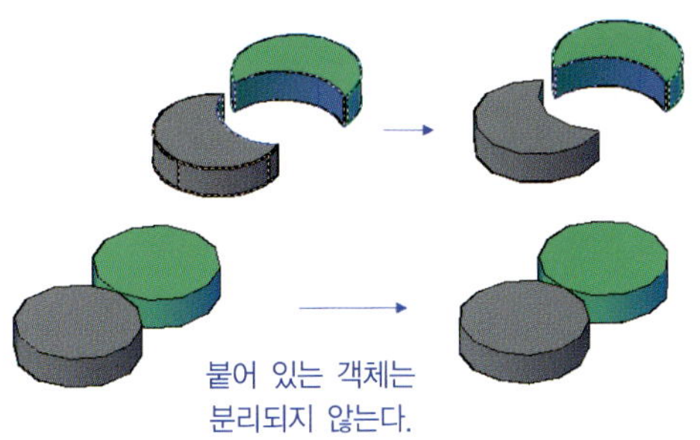

명령: SOLIDEDIT

솔리드 편집 옵션 [면(F)/모서리(E)/본체(B)/명령 취소(U)/종료(X)] 〈종료〉: B
본체 편집 옵션 입력 [각인(I)/솔리드 분리(P)/쉘(S)/비우기(L)/점검(C)/명령 취소(U)/종료(X)] 〈종료〉: P

13. THICKEN

돌출되지 않는 곡면(SURFACE)에 두께를 주어 솔리드를 만든다.

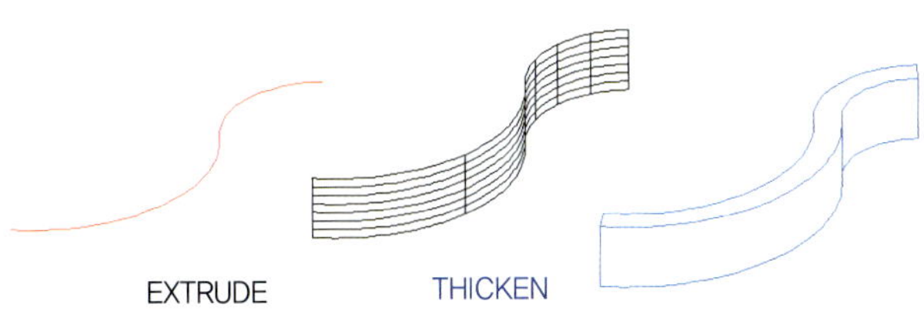

명령: THICKEN

두껍게할 표면 선택: 곡면을 선택
두껍게할 표면 선택: 두께 지정 〈00〉: 100

14. SLICE

다음 옵션을 이용하여 객체를 자른다.

옵션 [평면형 객체(O)/표면(S)/Z축(Z)/뷰(V)/XY(XY)/YZ(YZ)/ZX(ZX)/3점(3)]

◈ 샘플 객체 만들기

한 변의 길이가 100인 정육면체와 지름이 100인 구를 만들어 정육면체 속에 구를 넣고 빼주면 속이 빈 정육면체가 된다. 이것을 가지고 SLICE 명령의 여러 옵션을 알아보자.

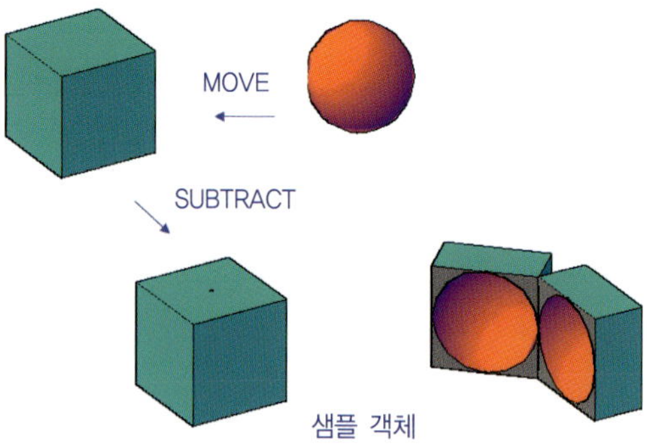

❶ 평면형 객체(O)를 이용하여 자르기

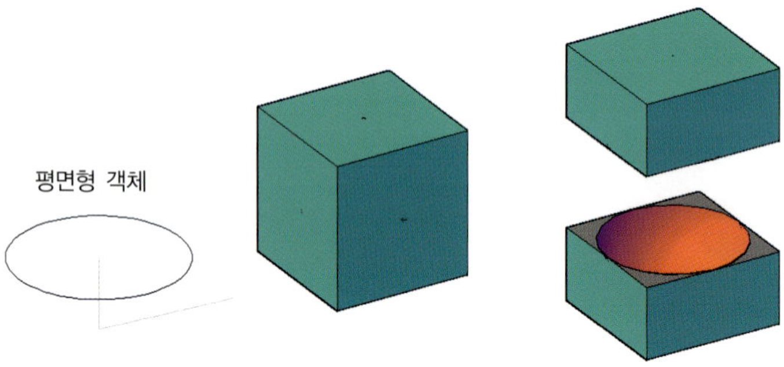

[평면형 객체(O)/표면(S)/Z축(Z)/뷰(V)/XY(XY)/YZ(YZ)/ZX(ZX)/3점(3)] O

❷ SURFACE를 이용하여 자르기

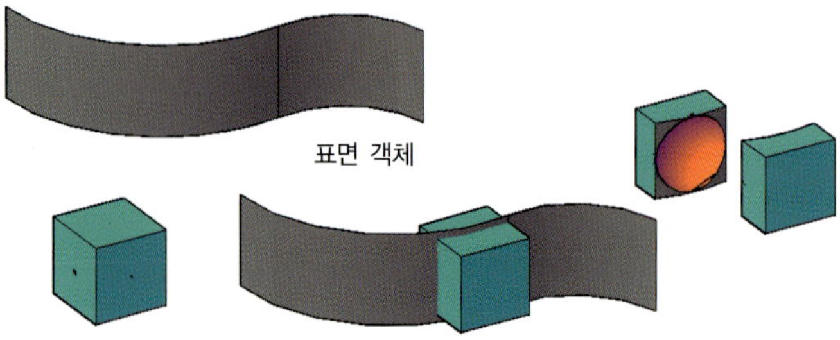

[평면형 객체(O)/표면(S)/Z축(Z)/뷰(V)/XY(XY)/YZ(YZ)/ZX(ZX)/3점(3)] S

❸ 관측 방향으로 자르기

화면을 바라보는 관측 방향을 자른다. 자르는 기준점은 A이다.

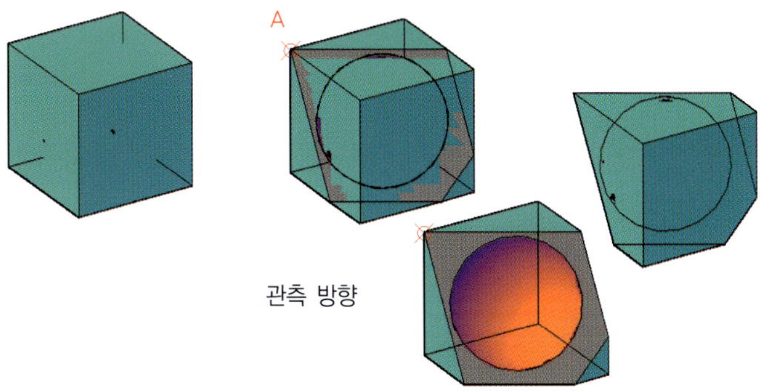

[평면형 객체(O)/표면(S)/Z축(Z)/뷰(V)/XY(XY)/
YZ(YZ)/ZX(ZX)/3점(3)] V

❹ XY평면으로 자르기

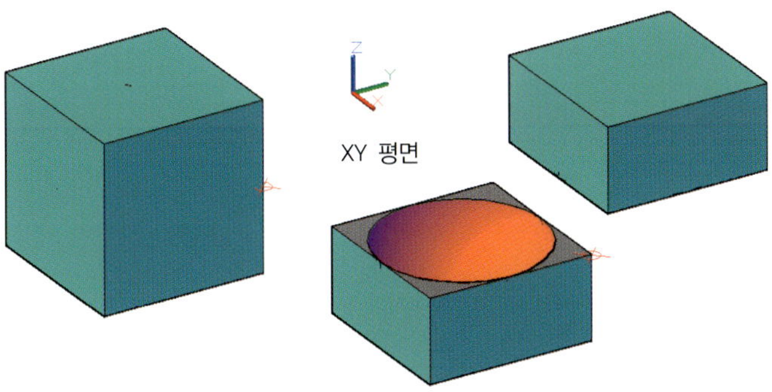

[평면형 객체(O)/표면(S)/Z축(Z)/뷰(V)/XY(XY)/
YZ(YZ)/ZX(ZX)/3점(3)] XY

❺ YZ, ZX 평면으로 자르기

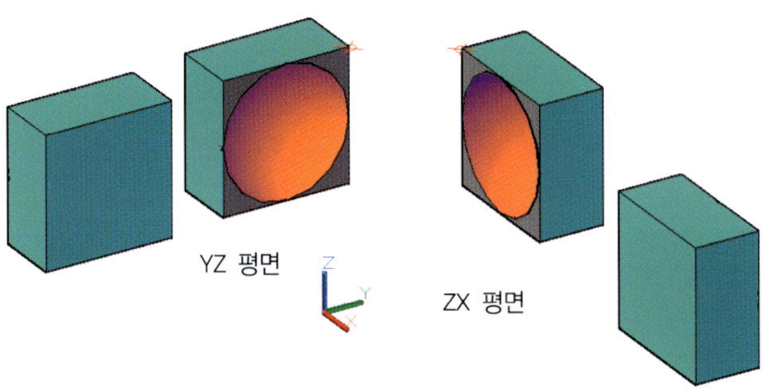

[평면형 객체(O)/표면(S)/Z축(Z)/뷰(V)/XY(XY)/
YZ(YZ)/ZX(ZX)/3점(3)] YZ

❻ 세 점으로 자르기

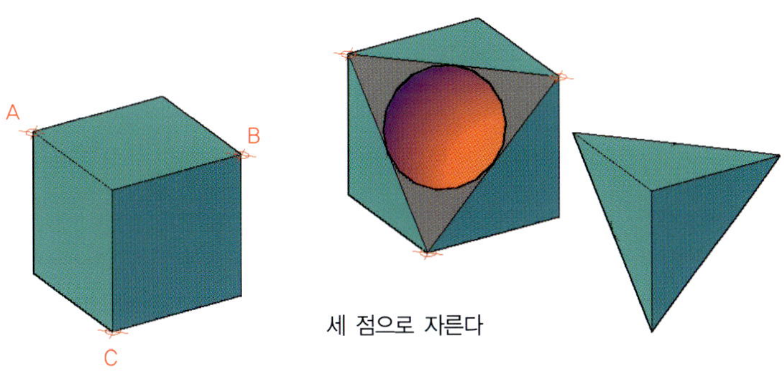

[평면형 객체(O)/표면(S)/Z축(Z)/뷰(V)/XY(XY)/
YZ(YZ)/ZX(ZX)/3점(3)] 3

15. FILLETEDGE

2D 명령어 FILLET와 같이 각진 모서리를 둥글게 접는다.

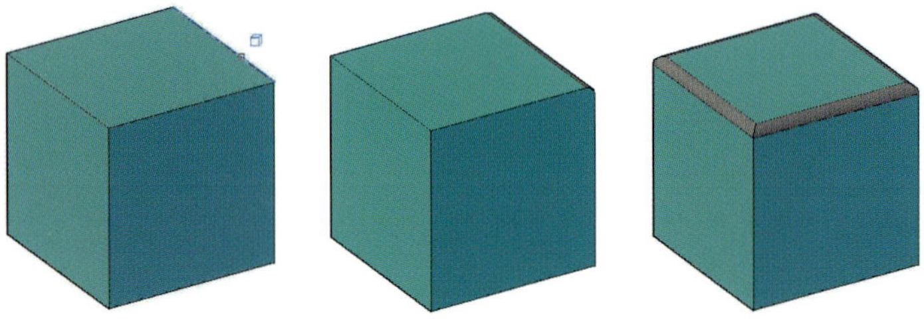

```
명령: FILLETEDGE

반지름=5
모서리 선택 또는 [체인(C)/루프(L)/반지름(R)]:


4개의 모서리들이 모깎기를 위해 선택됨.
```

❖ CHAMFER

2D 명령어가 그대로 3D에서도 적용된다.
한 변이 50인 정사각형을 그려 소로굽을 만들어 보자. 앞서 만든 것보다 더 편리하게 만들 수 있다.

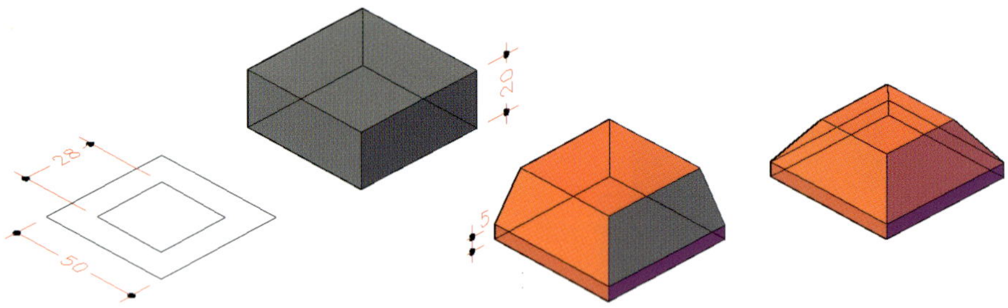


```
명령: CHAMFER

(자르기 모드) 현재 모따기 거리1=10, 거리2=15
첫 번째 선 선택 또는 [명령 취소(U)/폴리선(P)/거리(D)/각도(A)/자르기(T)/메서드(E)/다중(M)]:
기준 표면 선택... (모서리를 선택)
```

16. XEDGE

객체에서 테두리선을 추출한다.

명령 후 Ctrl키를 누르면 면만 선택할 수 있다.

모서리를 추출할 수 있는 객체는 3D 솔리드, 메쉬, SURFACE, 영역 등이다.

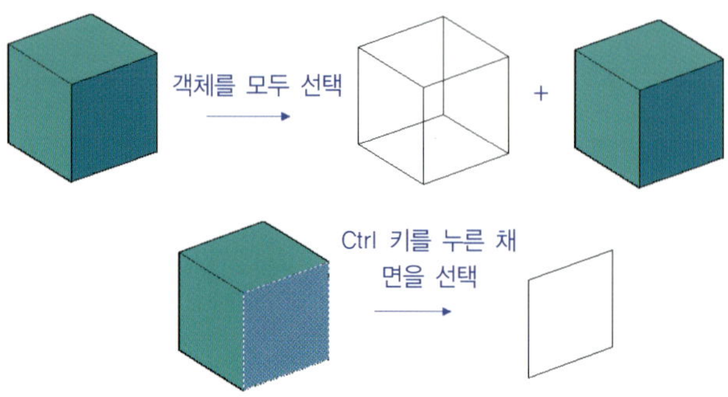

17. 3DROTATE

객체를 회전시킨다.

3DROTATE 명령이 실행되고 객체가 선택되면 기즈모(GIZMO) 도구가 생긴다.

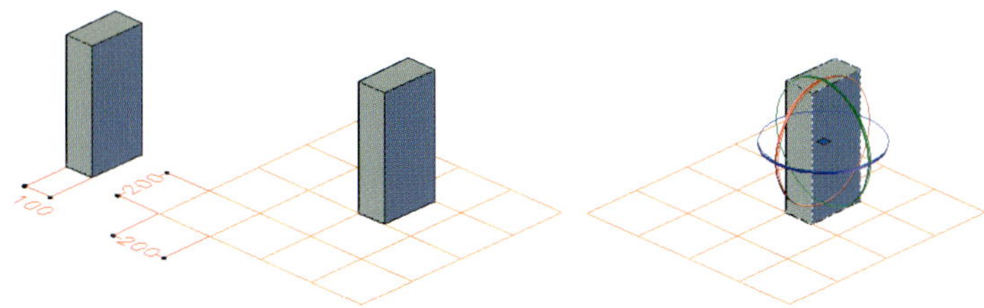

◈ 회전 도구(기즈모 도구)

회전축을 알기 쉽게 보여주는 도구로 UCS의 축방향과 회전원의 색깔이 같다. 회전원을 선택하면 활성화되어 노란색으로 바뀐다.

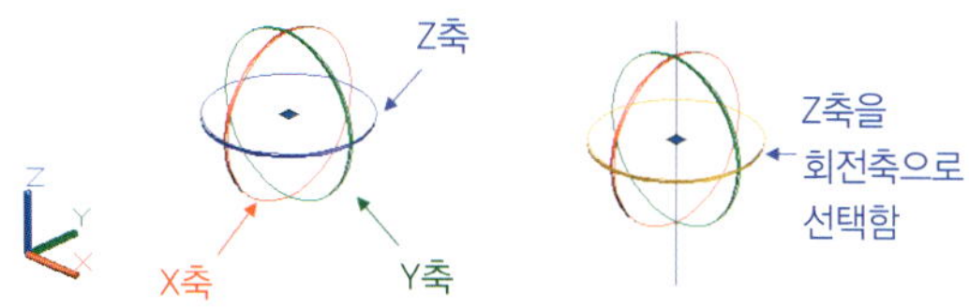

❶ 객체를 X축을 중심으로 90도 회전시킨다.

A. 기준점 지정

B. 기즈모 도구의 중심이 기준점으로 이동

C. 회전축 선택

D. 회전각도 입력하여 객체 회전

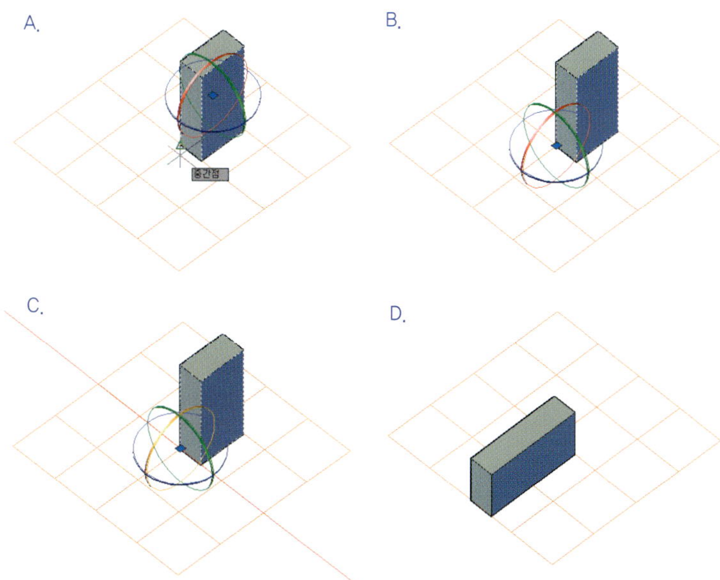

❷ Y축으로 90도 회전시킨다.

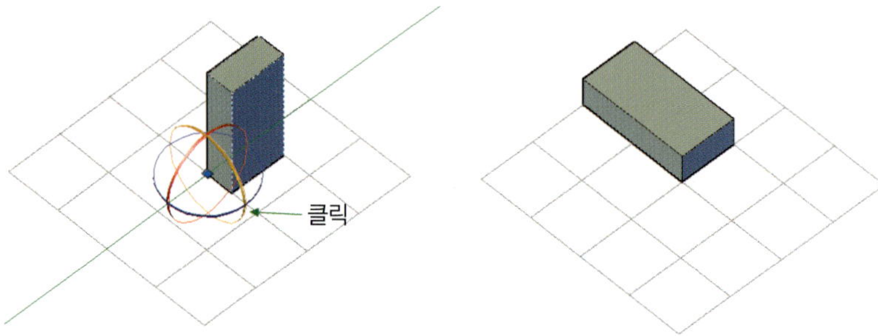

❸ Z축으로 90도 회전시킨다.

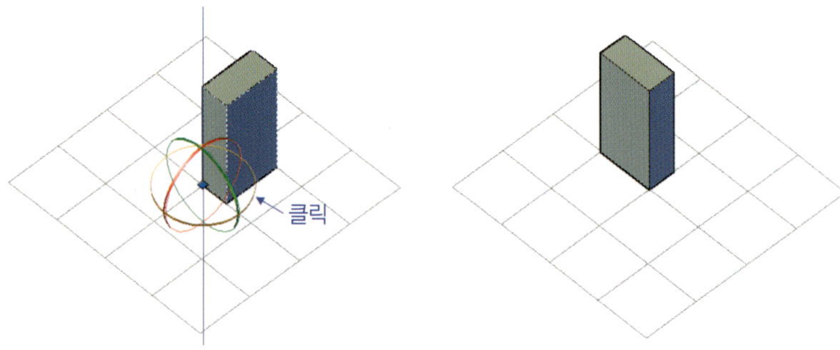

18. MIRROR3D

3D 객체를 대칭복사한다.

❶ 세 점을 기준으로 대칭복사

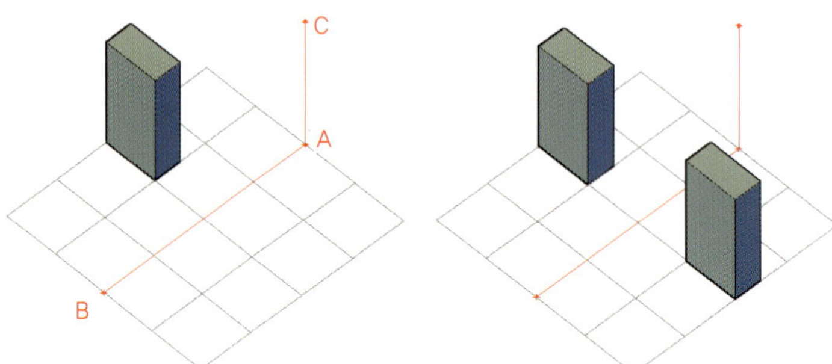

❷ 객체를 중심으로 대칭복사

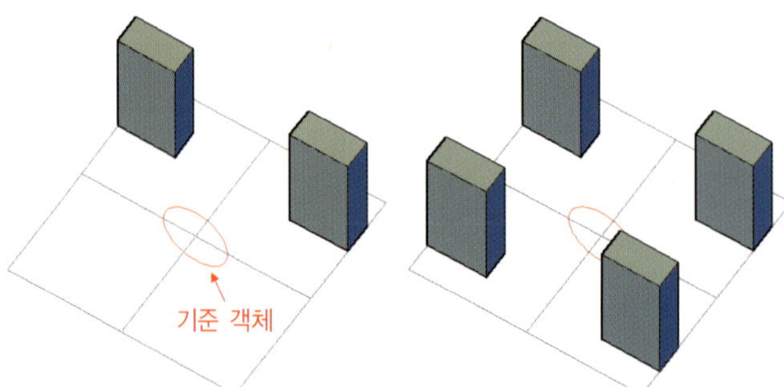

19. 3DALIGN

❶ 세 점을 지정하여 객체를 옮긴다.
점 A와 점 D가 한 점에서 만나도록 오른쪽 객체의 경사면으로 정렬한다.

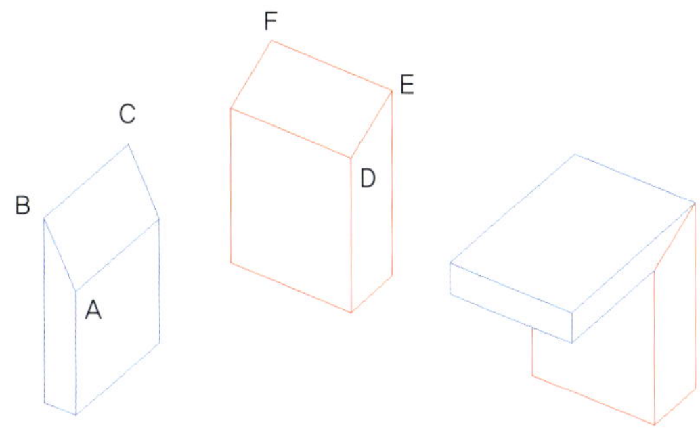

❷ 세 번째 점 대신 축을 지정하여 정렬한다.

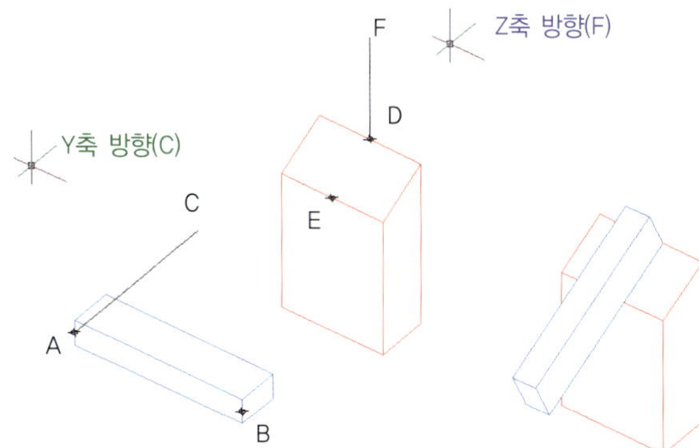

20. RULESURF

두 개의 선이나 곡선을 이용하여 곡면을 만든다.
갈모산방 상부선과 평고대 곡선을 연결하여 곡면을 만들 수 있다.

1) 이 명령에서 사용되는 경로들은 다음과 같은 제한이 있다.

❶ 연결하는 경로들은 같은 종류이어야 한다.

A	B
열린 경로	열린 경로
닫힌 경로	닫힌 경로
점	열린 경로 닫힌 경로

❷ 첫 번째 지정한 점에서 두 번째로 지정하는 점은 최대한 가까운 점으로 한다.

❸ 경로로 사용되는 객체들은 다음과 같다.

경로로 사용되는 객체
점, LINE, PLINE, SPLINE
원, 타원, 곡선이나 직선으로 연결된 닫힌 객체
3D폴리라인, 3D 스플라인

2) 꺾인 직선 PLINE으로 만들기

갈모산방의 꺾인 직선을 곡선으로 만들어보자.

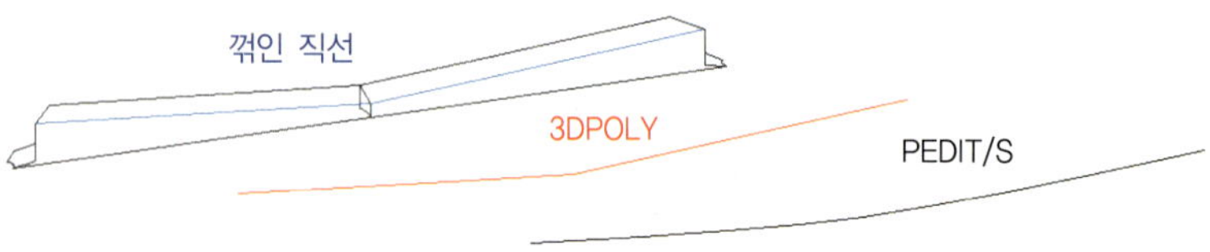

❶ 3DPOLY 명령어는 3D상에서 점과 점을 연결하여 폴리선을 만든다.

❷ 이 폴리선은 PEDIT(폴리선 편집) 명령으로 곡선을 만든다.

```
명령: PEDIT

폴리선 선택 또는 [다중(M)]:
옵션 입력 [닫기(C)/결합(J)/정점 편집(E)/스플라인 곡선(S)/비곡선화(D)/반전(R)/명령 취소(U)]: S
```

참고문헌

1. 단행본

한국 주거문화의 역사, 강영환, 2013, 기문당
한국건축의 역사, 김동욱, 2013, 기문당
한국건축사강론, 박언곤, 1993, 문운당
목수, 신응수, 2005, 열림원
천년을 이어온 궁궐목수의 삶과 지혜, 마츠우라쇼우지(윤재철 역), 2003, 제이앤씨
18세기 건축사상과 실천-수원성, 김동욱, 1996, 발언
조선대목 고택영의 조선집짓기 한평생 얘기, 김란기, 2001, 한길
일본전통기술의 이해, 무라타 겐이치, 2009, 한국학술정보
한국의 살림집(상)(하), 신영훈, 1991, 열화당
이제 이 조선톱에도 녹이 슬었네, 배희한, 1981, 뿌리깊은나무
노방자 복건민거(상)(하), 강소미술출판사
한국의 옛 조형의 미, 송민구, 1990, 기문당
목조, 장기인, 1991, 보성문화사
오토캐드2009 그대로 따라하기, 이진천, 2008, 혜지원
실무에 강한 오토캐드2013, 이진천, 2012, 혜지원
오토캐드2012 3D바이블, 박석용, 2011, 청담북스
한옥과 한국주택의 역사, 전봉희 · 권용찬, 2012, 동녘
한옥의 이해:도편수와 함께 집짓기, 박장재, 2012, 황금알
사진과 도면으로 보는 한옥짓기, 문기현, 2005, 한국문화재보호재단
한국미술의 탄생, 강우방, 2009, 솔출판
조선후기 불교장인 인명사전(건축과 석조미술), 최선일 · 안귀숙, 2010, 양사재
의궤속 조선의 장인(1)(2), 장경희, 2013, 솔과학
천년궁궐을 짓다, 신응수, 2002, 김영사
목조건축기법, 신응수, 2012, 눌와
오래된 궁궐, 새로운 궁실, 신응수, 2008, 한국전통문화재단
한국건축사전, 장기인, 1991, 보성문화사
산림과 임업기술, 산림청, 2000
알기쉬운 목조 고건축 구조, 국립문화재연구소, 2007
건축구조역학, 김근덕外, 2008, 기문당
한국건축사, 윤장섭, 1992, 동명사

2. 학위 및 학회논문

주심포 · 다포라는 용어는 언제부터 쓰였을까?, 김동욱, 2008, 건축역사연구
조선전기 주택사
고구려벽화의 영기문과 고려 · 조선 공포의 형태적 상징적 기원, 강우방, 2004, 국립중앙박물관
이조척도에 관한 연구, 1967, 박흥수, 대동문화연구
전통한옥계획에 나타난 장인기법 연구(석사논문), 김종훈, 2011, 명지대학교
익공에 관한 고찰, 주남철, 1992, 대한건축학회논문집48
익공계 공포의 발생과 변천과정 연구(박사논문), 이달훈, 1989, 충남대학교
전통한옥 '칸'의 계획과 구성에 관한 연구, 김종훈, 2012, 한국주거학회
삼국사기에 보이는 '옥사조'와 민가, 신영훈, 1969, 사학지 제3집
한국, 중국, 일본 두공의 헛첨차에 관한 연구(석사논문), 최고은, 2000, 부산대학교
조선후기 한성부 상류주택의 규모와 영역별 실구성에 관한 연구, 홍승재 · 강인선, 2011, 한국주거학회논문집
우리나라 목조건축에 보이는 소위 쌍S자문 조각에 대하여, 김동현
한국주심포계 공포의 첨차에 나타나는 초각의 기원 재고, 이우종 · 전봉희, 2006, 대한건축학회논문집
봉정사대웅전의 구재와 묵서명, 임천
변작법에 따른 전통한옥의 건축적 특성에 관한 연구, 김학래, 2012, 한국생태환경건축학회논문집
한국전통목조건축구조의 기본응력에 관한 고찰(석사논문), 박용주, 1995, 영남대학교
장인기법, 김동현, 1986, 대한건축학회지30
연경당, 낙선재, 운현궁의 건축특성 연구, 배한선, 2003, 이화여자대학교
낙선재 일곽의 조영배경과 건축특성(석사논문), 노진하, 1995, 성균관대학교
조선후기 한양의 상류주택과 비교를 통한 낙선재의 건축특성 연구, 조규형, 2012, 건축역사학회
낙선재 일곽의 건축 공간 분석, 이경준 · 김진균, 1997, 대한건축학회 학술발표논문집

3. 삽화를 인용한 도서

도설 일본건축의 견해, 미야모토 겐지, 학예출판사, 2001.
알기쉬운 목조 고건축 구조, 김덕문 외, 노현호(삽화), 국립문화재연구소, 2007.
중국고대건축사, 중국건위건축과학연구원, 1978.
AutoCAD 3D BOOK, 조지 헤드, 크라운출판사, 1990.

한국의 대목명단

ㄱ
가봉
가지금
가훈
각기
각심1
각심2
각심3
각윤
각천
각총
각해
각현
각혜1
각혜2
각희
갈삼철
갈춘식
감용득
강가음불
강개불이
강개천
강경문
강경석
강계손
강계축
강계홍
강구봉
강근정
강금
강금득
강기운
강난봉
강노미
강달욱
강대립
강대복
강대영
강대유
강대춘
강덕실
강덕해
강도성
강도여
강독음쇠
강돌이
강두춘
강득선
강득성
강득주
강막남
강만대
강만석
강말룡
강말지
강명구
강명복
강명석
강명세
강명운
강목
강무생
강무쇠
강무암
강문운
강문익
강민
강병룡
강복문
강복선
강사남
강사놈
강삼손
강상복
강석
강석구
강석득
강섬이
강성규
강성대
강성립
강성복
강성억
강성운
강성적
강성주
강성철
강세번
강세보
강세창
강소말용
강소증
강수명
강순남
강순득
강순옥
강순이
강순학
강순황
강승선
강시태
강신
강신민
강신이
강신흥
강아지노미
강엇돌
강엇지
강연
강영
강영립
강영손
강영춘
강우문
강우택
강원명
강원옥
강위지
강유명
강윤남
강윤명
강응복
강응택
강의생
강의정
강이석
강이점
강익주
강인립
강인석
강인선
강인손
강인흥
강일록
강일립
강일복
강잉질지
강자봉
강재문
강점금
강주회
강준성
강준이
강중석
강지상
강창석
강창성
강천복
강천손
강천수
강춘일
강치수
강태길
강태봉
강토놈
강팽이
강필선
강한강
강향
강호성
강흥대
강희준
거감
거상
거웅
건초
견성
견학
경묵
경문
경섭
경순
경신1
경신2
경언
경오
경원
경학
경해
경훈
계명
계묵
계선
계섬
계심1
계심2
계연
계엽
계오
계원
계윤
계은
계익
계인
계주1
계주2
계징
계찬
계한
계행
계화
계환
계훈
계흘
고갑생
고경묵
고경일
고계운
고고지
고광식
고국진
고귀동
고금갑
고금동
고금이충
고기헌
고대충
고도순
고도은
고도의
고도익
고도창
고도홍
고도흥
고득남
고막연
고백용
고범길
고삼재
고선재
고성지
고세갑
고세휘
고수범
고수인
고시흥
고양대
고여천
고운선
고원신
고윤
고이삼
고인대
고인범
고인흥
고일영
고일행
고잘미
고재손
고주삼
고처흥
고춘금
고춘성
고치홍
고태백
고학규
고학룡
고한유
고홍
고홍인
고희재
공노미
공만영
공성휘
공실
공우
공의금
공준
공택선
공포이
곽경서
곽계남
곽기자
곽기종
곽득운
곽발남
곽방한
곽사심
곽성록
곽안남
곽업신
곽응수
곽이종
곽장술
곽장춘
곽중석
곽태인
곽필남
곽해운
관식
관예
관옥
관인
관조
관종
관천
관청
관평
관하
광륵
광수
굉흡
교일
구계남
구성룡
구승석
구승우
구용의
구용희
구윤
구진석
구철주
구춘삼
구평
구화
국O
국신
국응민
권O이
권갑
권경순
권계득
권계종
권계중
권구질금
권난복
권덕겸
권덕량
권덕룡
권덕이
권두상
권득겸
권득량
권득렴
권득암
권득양
권만성
권명대
권명순
권명식
권명신
권복O
권복금
권복섬
권산
권상운
권상해
권석만
권성만
권성문
권성운
권세복
권소회
권순길
권신오
권신호
권암
권애남
권여원
권연금
권오동
권오룡
권오선
권용업
권육선
권윤이
권응상
권이봉
권일1
권일2
권재갑
권재흥
권종익
권주혁
권준혁
권진호
권찬기
권찬이
권한경
권호서
권흥록
궤명
궤민
궤상
궤학
궤활
극교
극근
극률1
극률2
극정
극행
극호
근계
근교
근운
근유
근일
근혜
금명돈
금상옥
금초
금평
긍계
긍년
긍률
긍매
긍화
긍휘
기대남
기동원
기성
기종이
길복이
길세득
길영근
길완근
길인성
길점석
김O
김O금
김O남
김O백
김O삼
김가구금
김가길
김가세
김가외
김가질금
김갑손
김갑신
김강치
김개놈
김개동질
김개똥
김개불이
김개산
김개주
김개중
김개질동
김거무송
김거복
김거어송
김건신
김건을약
김검검수
김검솔
김검송이
김검어지
김견
김겸옥
김경남
김경득
김경립
김경문
김경민
김경복
김경서
김경석
김경선
김경수
김경신
김경운
김경인
김경일
김경천
김경철
김경택
김경현
김경호
김계갑
김계길
김계남
김계룡
김계문
김계백
김계복
김계상
김계성
김계손
김계수
김계술
김계식
김계운
김계원
김계은
김계일
김계종
김계중
김계진
김계철
김계해
김계현
김계흥
김관여
김관옥
김관이
김관철
김광국
김광득
김광복
김광생
김광서
김광세
김광수
김광신
김광옥
김광우
김광운
김광월
김광적
김광진
김광질선
김광철
김광택
김광필
김광한
김광현
김광협
김광희
김구성
김구정
김구지
김국생
김국재
김국지
김귀강
김귀대
김귀동
김귀득
김귀만
김귀범
김귀복
김귀봉
김귀상
김귀생
김귀성
김귀손
김귀영
김귀인
김귀재
김귀정
김귀철
김극상
김극해
김근신
김근화
김금돌
김금득
김금몽
김금석
김금선
김금손
김금이
김금이복
김금철
김기린
김기만
김기민
김기술
김기용
김기준
김기지
김기질
김기창
김기축
김기특
김기화
김길
김길현
김낙수
김난복
김남
김남철
김내경쇠
김노미
김노송
김논금
김다밀
김다불리
김단
김대광
김대금
김대길
김대놈
김대득
김대복
김대석
김대선
김대성
김대수
김대순
김대운
김대일
김대집
김대현
김대홍
김대희
김덕견
김덕겸
김덕관
김덕기
김덕길
김덕남
김덕룡
김덕륜
김덕보
김덕복
김덕삼
김덕세
김덕손
김덕수
김덕숭
김덕신
김덕용
김덕원
김덕유
김덕윤
김덕인
김덕진
김덕창
김덕천
김덕화
김덕환
김도리
김도성
김도항
김도현
김도홍
김돈이
김돌만
김돌시
김돌이
김동수
김동순
김동식
김동이
김동자
김동질이
김동현
김동흡
김두리
김두명
김두백
김두삼
김두성
김두손
김두영
김두평
김두허미
김두홍
김득귀
김득기
김득대
김득량
김득룡
김득만
김득문
김득보
김득복
김득생
김득선
김득성
김득세
김득신
김득심
김득원
김득이
김득인
김득일
김득종
김득천
김득철
김득추
김득현
김득흥
김란춘
김래권
김량대
김량이
김려휘
김룡
김룡손
김리사
김립
김마불
김막남
김막돌이
김막동
김막세
김막송
김막실
김만기
김만길
김만대
김만보
김만복
김만빈
김만석
김만성
김만손
김만수
김만이
김만익
김만일
김만재
김만적
김만종
김만필
김만흥
김말금
김말남
김말동
김말룡
김말생
김말선
김말쇠
김말질찬
김말찬
김말치
김명갑
김명건
김명관
김명기
김명길
김명남
김명대
김명덕
김명득
김명록
김명립
김명보
김명복
김명산
김명생
김명석
김명성
김명세
김명신
김명언
김명운
김명원
김명찬
김명철
김명환
김명희
김모도
김모독지
김모질독
김무남
김무산
김무응
김무작
김무작지
김무현
김묵손
김문백
김문욱
김문창
김문태
김미문
김민성
김민이
김박마적
김방개적
김배포
김백
김백일
김병일
김병찬
김복기
김복길
김복남
김복대
김복동
김복래
김복량
김복립
김복만
김복삼
김복상
김복선
김복이
김복지
김복천
김복흥
김복희
김봉근
김봉대
김봉득
김봉룡
김봉립
김봉생
김봉선
김봉손
김봉이
김봉인
김봉한
김부O비
김부업
김부허박
김북실
김사경
김사남
김사득
김사룡
김사립
김사만
김사명
김사봉
김사성
김사지
김사청
김사학
김사행
김사현
김사홍
김산
김산독
김삼길
김삼돌
김삼동
김삼량
김삼룡
김삼립
김삼봉
김삼손
김삼수
김삼십금
김삼이
김삼진
김삽사리
김상건
김상기
김상대
김상득
김상민
김상번
김상빈
김상신
김상운
김상원
김상준
김상흥
김새립
김생민
김생이
김서남
김서을금
김서을남
김석강
김석록
김석린
김석만
김석봉
김석시
김석이
김석재
김석정
김석주
김석진
김석한
김석홍
김선남
김선득
김선립
김선문
김선봉
김선생
김선용
김선이
김선재
김선종
김성O
김성갑
김성건
김성관
김성교
김성기
김성길
김성년
김성대
김성덕
김성득
김성록
김성립
김성만
김성복
김성삼
김성서
김성손
김성순
김성업
김성옥
김성옥1
김성옥2
김성원
김성윤
김성인
김성일
김성재
김성점
김성진
김성찬
김성창
김성천
김성철
김성첨
김성태
김성택
김성필
김성현
김성호
김세강
김세건
김세걸
김세광
김세득
김세위
김세응
김세재
김세징
김세창
김세태
김세휘
김세흥
김소득
김소질지
김소회
김손이
김수
김수강
김수견
김수길
김수남
김수대
김수득
김수린
김수만
김수명
김수복
김수연
김수영
김수원
김수일
김수장
김수천
김수철
김수함
김수해
김숙이
김순강
김순건
김순관
김순길
김순남
김순노미
김순놈
김순대
김순돌
김순동
김순득
김순매
김순복
김순봉
김순선

김순성
김순세
김순억
김순업
김순이
김순일
김순재
김순철
김순환
김순흥
김순희
김승거
김승건
김승귀
김승남
김승룡
김승복
김승선
김승오
김승운
김승진
김승춘
김승현
김시겸
김시굴
김시기
김시열
김시오금
김시이
김시창
김시철
김신건
김신남
김신달
김신이
김신재
김신종
김신충
김신흥
김악선
김안성
김암회
김애경
김애금
김애운
김앵개
김약대
김양대
김양수
김양이
김어둔금
김어량
김어복
김어영
김억
김억량
김억산
김억새
김억세
김억이
김억진
김언개
김언국
김언남
김언묵
김언복
김언춘
김업
김업동
김업이
김엇건
김엇금
김엇복
김엇출
김여경
김여득
김여백
김여정
김여지
김여택
김여휘
김연득
김연식
김열학
김영규
김영기
김영득
김영립
김영만
김영복
김영산
김영삼
김영상
김영석
김영성
김영쇠
김영순
김영시
김영일
김영진
김영찬
김영후
김예금
김예순
김예일
김오십동
김오을미
김오작
김오준
김옥남
김옥봉
김옥인
김완돌
김완석
김완철
김왜득
김용
김용
김용갑
김용규
김용득
김용범
김용보
김용복
김용서
김용석
김용세
김용손
김용식
김용운
김용이
김용철
김우신
김운개
김운경
김운기
김운득
김운세
김운종
김원
김원길
김원복
김원선
김원식
김원이
김원일
김원철
김월작
김유○
김유돌
김유득
김유산
김유성
김유실
김유을남
김유천
김유체
김유포
김육득
김육봉
김육부리
김윤보
김윤석
김윤성
김윤식
김윤종
김윤철
김윤호
김율
김은기
김은남
김은수
김은철
김을민
김응규
김응길
김응동
김응려
김응룡
김응립
김응만
김응상
김응선
김응춘
김응현
김의
김의근
김의길
김의량
김의생
김의선
김의손
김의순
김의영
김의점
김의진
김의철
김의현
김이건
김이남
김이동
김이득
김이룡
김이명
김이산
김이석
김이선
김이순
김이업
김이원
김이준
김이찬
김이철
김이홍
김익견
김익남
김익련
김익삼
김익상
김익수
김익종
김익주
김익지
김익회
김인관
김인귀
김인남
김인대
김인돌
김인동
김인득
김인방
김인복
김인성
김인손
김인수
김인용
김인찬
김인철
김인첨
김인환
김일금
김일남
김일득
김일룡
김일만
김일몽
김일봉
김일생
김일성
김일손
김일요금
김일해
김일회
김임신
김입이
김자근남
김자근선
김자룡
김자질동
김장금
김장돌
김장복
김장성
김장수
김재근
김재득
김재록
김재명
김재문
김재민
김재복
김재봉
김재석
김재손
김재윤
김재일
김재종
김재흥
김점돌
김점동
김점백
김점복
김점산
김점손
김정
김정관
김정구
김정기
김정남
김정득
김정복
김정욱
김정일
김정찬
김정필
김정환
김조마금
김종구
김종국
김종득
김종민
김종사리
김종성
김종신
김종옥
김종완
김종찬
김종택
김종하
김종한
김종혁
김준남
김준석
김준세
김준한
김준환
김중대
김중득
김중립
김중석
김중선
김중영
김중오
김중옥
김중일
김중철
김중태
김중행
김지목
김지성
김지언
김진경
김진광
김진구
김진기
김진백
김진성
김진원
김진익
김진주
김진채
김진철
김진춘
김진하
김진학
김진호
김질동이
김질이
김집행
김차건
김차동
김차명
김차분
김차선
김차정
김차주
김찬이
김창규
김창기
김창길
김창득
김창려
김창룡
김창복
김창석
김창손
김창숙
김창순
김창여
김창연
김창운
김창이
김창인
김창한
김창현
김천
김천기
김천득
김천만
김천복
김천사
김천생
김천석
김천손
김천어숭
김천오
김천옥
김천우
김천이
김천흥
김철돌
김철동
김철득
김철량
김철손
김철행
김최순
김축길
김춘경
김춘기
김춘단
김춘득
김춘립
김춘만
김춘복
김춘생
김춘서
김춘성
김춘손
김춘식
김충
김충령
김충백
김충일
김치덕
김치륜
김치삼
김치성
김치영
김치운
김치원
김치한
김치형
김쾌득
김쾌복
김타관
김태건
김태관
김태길
김태룡
김태명
김태봉
김태산
김태선
김태성
김태술
김태영
김태운
김태윤
김태인
김태일
김태종
김태흥
김택길
김택순
김택인
김평석
김포룡
김풍립
김필남
김필득
김필량
김필선
김학룡
김학성
김학신
김학주
김학준
김학진
김한규
김한근
김한년
김한명
김한석
김한성
김한수
김한영
김한옥
김한일
김한주
김한진
김한철
김한홍
김항옥
김해룡
김해만
김해운
김해진
김해철
김행갑
김허약
김험금
김험립
김험이
김혁
김형관
김형근
김호득
김호손
김호철
김홍
김홍이
김화덕
김화성
김환
김황룡
김획동
김효남
김효득
김효신
김효재
김후봉
김후삼
김후세
김후익
김후창
김흔업
김흥
김흥갑
김흥길
김흥대
김흥록
김흥립
김흥석
김흥세
김흥손
김흥엽
김흥원
김흥이
김흥준
김흥찬
김흥창
김흥철
김흥택
김희룡
김희봉
김희선
김희연
김희영
김희옥
김희용
김희원
김희준

ㄴ

나경복
나경삼
나경환
나계위
나길이
나복상
나선립
나섬
나수영
나식
나운
나인성
나입선
나창길
나창손
나천길
나흥근
남경선
남경창
남궁경
남궁담
남기성
남복○
남복대
남성득
남세운
남수철
남시만
남익대
남인구
남인귀
남장금
남진원
남진지
남충선
남학선
남해운
남희철
낭초
낭흡
노경천
노구령
노구명
노금이
노대진
노동석
노득금
노득한
노망태
노복동
노복흥
노사동
노삼룡
노상옥
노성대
노성진
노승신
노악태
노언진
노영립
노영신
노원진
노원춘
노윤립
노의준
노이원
노익지
노인립
노인적
노재인
노차득
노천의
노충보
노충일
노학정
노해생
노흥득
노흥룡
뇌원
능연
능오
능윤

ㄷ

단명인
단변
단섬
단윤실
달첨
담경
담성
담의
담진
담회
담휘
대기
대언
대윤
대인
대징
대훈
더찬
덕눌
덕문
덕성
덕순
덕숭
덕안
덕윤
덕인
덕한
덕홍
덕흥
도감
도막남
도순
도영
도오
도우
도운
도유
도응
도이
도인
도준
도학1
도학2
도한
도홍
도화
돈화
돌만
두성
두안1
두안2
두인
두징
득관
득영
득운
득천
득추
득한
등성
등열
등익

ㅁ

만겸
만수
만순
만열
만웅
만정
만춘식
맹숙
맹식
맹철
맹훈
명심
명윤
명인
몽영
묘담
묘심
묘운
묘윤
묘응
묘제
묘홍
무훈
묵화진
문경생
문덕삼
문도삼
문막동
문명삼
문명석
문보현
문생근
문석찬
문선
문성기
문성삼
문성이
문성휘
문수삼
문습
문신
문언
문영노
문영손
문옥
문의채
문이재
문장갑
문정남
문준이
문찬세
문치도
문태일
문학
문흥록
문희손
미유체
미준
민견
민경문
민계길
민계생
민계세
민귀남
민귀만
민귀영
민득철
민막길
민백록
민보민
민보성
민삼손
민상
민세익
민순득
민승영
민안선
민열
민오동
민오장
민원
민유체
민장손
민조흥
민중겸
민창현
민필선
민필신
민현

ㅂ

박1
박2
박3
박가외손
박갑손
박갑이
박개동
박개원
박거복
박건이
박걸
박검동
박검산
박검산노익지
박검상
박검손
박경룡
박경신
박경운
박경의
박경이
박경인
박계상
박계손
박계순
박계운
박계인
박계창
박계철
박계홍
박계흥
박관석
박관옥
박관욱
박광운
박광철
박귀
박귀남
박귀성
박귀손
박귀업
박귀이
박근선
박근엽
박근원
박근춘
박금남
박금득
박금복
박금술
박기석
박기선
박기성
박기영
박기준
박남
박녹이
박대갑
박대관
박대근
박대길
박대립
박대만
박대손
박대신
박대운
박대원
박대인
박덕길
박덕춘
박도성
박돌쇠
박돌이
박동근
박동량
박동식
박동이
박동주
박두경
박두미
박두한
박득길
박득대
박득복
박득이
박득재
박란
박록이
박막금
박막남
박막내
박막동
박막불
박막산
박막석
박만근
박만기
박만산
박만손
박만수
박만억
박만용
박만재
박만회
박말금
박말립
박말양
박말천
박말춘
박명금
박명길
박명보
박명복
박명선
박명손
박명운
박명헌
박명현
박모을노리
박목번
박몽토
박무만
박무성
박무송
박무응토리
박묵홍
박문경
박문명
박문재
박배포
박백록
박보원
박복남
박복동
박복득
박복문
박복실
박복이
박복종
박봉남
박봉선
박봉순
박봉한
박북실
박사룡
박사성
박사심
박사준
박산립
박삼
박삼동
박삼석
박삼손
박삼이
박삼준
박삼진
박상동
박상득
박상만
박상명
박상백
박상운
박상위
박상전
박상준
박상태
박상후
박생
박생소
박석삼
박선동
박선립
박선칠
박성근
박성기
박성대
박성복
박성빈
박성순
박성술
박성업
박성욱
박성운
박성은
박성춘
박성태
박성학
박세강
박세건
박세동
박세만
박세복
박세태
박세흥
박소득
박송득
박수
박수강
박수검
박수근
박수길
박수남
박수돌
박수명
박수민
박수복
박수성
박수용
박수일
박수쾌
박수태
박수해
박숙지
박순길
박순남
박순룡
박순봉
박순선
박순신
박순용
박순적
박순철
박순항
박순흥
박술이
박승영
박승진
박시동
박신겸
박신생
박신의
박신점
박십월금

박애립
박양오
박어남
박억손
박엄남
박업
박업동
박엇건
박엇금
박엇립
박여강
박영
박영관
박영길
박영득
박영립
박영백
박영복
박영빈
박영손
박영수
박영식
박영완
박영진
박영춘
박영회
박예남
박오륜
박오삼
박오석
박완석
박완철
박완흥
박용갑
박용대
박용복
박용이
박용인
박용진
박용학
박운성
박원근
박원석
박원식
박운집
박유강
박유공
박유봉
박유송
박유중
박유택
박윤손
박윤수
박윤항
박윤흥
박율손
박은조
박을민
박응선
박응천
박응팔
박응호
박이성
박이징
박이춘
박익종
박인대
박인백
박인손
박인순
박인식
박일립
박잉동
박자근남
박자금
박자현
박작금
박재기
박재길
박재석
박재철
박재호
박점
박점돌
박점백
박점치
박정
박정득
박정민
박제호
박종
박종득
박종림
박종망
박종수
박종연
박종원
박종철
박종하
박주질쇠
박준근
박준길
박준동
박준영
박중근
박중도
박중옥
박지건
박지근
박지성
박지심
박진성
박진영
박진우
박진욱
박진운
박진웅
박진흥
박차선
박창근
박창기
박창룡
박창민
박창복
박창빈
박창식
박창운
박창환
박천득
박천석
박천운
박철손
박추득
박춘근
박춘금
박춘남
박춘대
박춘득
박춘서
박춘영
박춘유
박춘흥
박출산
박출생
박충업
박충일
박치대
박치문
박치영
박치원
박쾌득
박쾌룡
박태강
박태근
박태립
박태산
박태서
박태식
박태우
박태원
박풍실
박필강
박필문
박필선
박필성
박필신
박필언
박필연
박필종
박필하
박한근
박해
박해룡
박해수
박향란
박허미
박헌거적
박헌거치
박혁이
박호득
박효득
박후동
박흥겸
박흥근
박흥대
박흥돌
박흥민
박흥세
박흥손
박흥이
박흥인
박흥철
박흥태
박희성
반춘남
반화수
방귀재
방노적
방담
방마적
방무응토리
방선철
방성급
방애봉
방업손
방용손
방응길
방의복
방이만
방중국
방춘
방춘방
배갑복
배계행
배관수
배귀동
배금이
배남산
배덕인
배덕필
배덕흥
배덕희
배도흥
배돌시
배득수
배등
배복연
배삼성
배상운
배성난
배성빈
배순이
배순화
배운경
배유재
배일정
배차남
배춘이
배후시
백계창
백계행
백계홍
백광신
백남설
백대성
백동수
백동이
백득복
백득중
백련
백막금
백막동
백만흥
백명복
백몽선
백선문
백성재
백성휘
백세경
백수영
백수항
백수행
백순
백영룡
백영세
백용문
백운대
백원준
백원진
백재금
백천석
백환
백훈
범옥
법
법기
법령
법선
법영
법준
법천
법총1
법총2
법해
법혜룡
법휘
법희
벽총
벽해
변계득
변광원
변금길
변상복
변선
변운학
변정신
변창성
변치대
변태점
변확산
보명
보순
보안
보열
보엽
보운
보은
보의
보전
보한
보행
보환
보흡
복탄
본각
본연
본학
봉경기
봉경이
봉수
봉엇금
봉영
봉오
봉운
봉인
봉지영
봉학
부윤
붕신

ㅅ

사동
사선
사원
사을배
사의
사인
사종국
사학
사헌
삼유
삼은
삼인
삼해
삼현
상○
상능
상문
상언
상옥
상우
상운
상윤
상익
상진
상청
상행
상환
상훈
상휘
새영
서○
서개질지
서경득
서계복
서계원
서귀득
서규백
서기매
서기운
서대운
서대천
서대흥
서두금
서만복
서말남
서명
서명길
서명득
서명복
서명원
서명현
서명화
서민
서병승
서봉이
서삼흥
서상근
서상묵
서생
서선일
서성록
서성복
서성위
서성인
서수견
서순기
서암
서영
서영수
서옥
서원
서원명
서윤랑
서응길
서이운
서익
서인기
서인주
서정만
서존동
서죽
서철위
서춘복
서치옥
서태주
서태흥
서필민
서필선
서필성
서해운
서행
서행검
서행겸
서홍범
서홍식
서효신
서훈
서흥준
석개산
석경린
석균
석논동
석대운
석돌쇠
석련
석림
석막금
석명환
석보천
석산이
석수건
석순정
석의
석찬
석치문
석한1
석한2
석해
석호
선계손
선기
선만석
선민
선밀
선성록
선심
선열
선인
선일
선일1
선일2
선찬
선택
선화
선흘
설령
설성복
설은
설인
설잠
설정
설죽
설준
설찬
설헌
성가응이
성강
성경
성계풍
성내경세
성눌
성단
성립
성막금
성성칠
성수
성수복
성심
성안
성오
성오봉
성용갑
성욱
성원1
성원2
성윤
성인득
성인철
성잠
성재후
성정
성종
성주
성준
성질응이
성징
성찬1
성찬2
성찬3
성초
성탄
성혜
성홍
성환1
성환2
성훈
세연
세일
세준
세홍
세휘
소길명
소대성
소세빈
소유복
소진귀
소치성
손귀남
손길완
손덕중
손동현
손득신
손득의
손막남
손만이
손명규
손복이
손삼득
손석국
손석호
손선창
손수강
손승원
손엇동
손영식
손영인
손영철
손원길
손유천
손이국
손일삼
손창식
손춘학
손태빈
손흥대
손흥철
송가을파리
송가팔리
송거복
송건이
송계문
송계성
송계창
송광식
송광엽
송광협
송귀재
송기진
송노겸
송노득
송노렴
송덕재
송도일
송득복
송막진
송만석
송만영
송만의
송만이
송모진
송민
송복
송복
송복동
송복룡
송복이
송복인
송봉선
송사녀
송사립
송삼득
송상득
송상복
송성대
송세준
송수복
송순대
송승현
송시대
송시복
송시흥
송신
송암회
송애량
송영건
송영세
송영수
송오룡
송용이
송운봉
송읍
송이
송이금
송이복
송이종
송인국
송인득
송임생
송재성
송정순
송중길
송지네
송진
송진영
송차발
송천대
송천득
송춘강
송춘광
송춘봉
송충구
송충국
송탁이
송탑
송파회
송필건
송홍철
송후필
송흥복
송흥석
송흥운
송흥인
송흥철
송희명
수남
수종
수징
수천
숙경
순경
순관
순기
순성
순원
순인
순화
승군3020
승륜
승수
승원
승인
승일
승잠
승찬
승철
시담
시민
시학
시헌
식천
신개송
신갯동
신겸
신경립
신경화
신계성
신계완
신계운
신곤
신광득
신광복
신광오
신광옥
신광한
신귀삼
신귀석
신금
신금손
신기
신기영
신기현
신노미
신대길
신대복
신대신
신덕남
신덕순
신덕휘
신돌이
신득생
신득승
신득표
신록복
신막연
신만복
신만주
신말남
신명갑
신명순
신무
신복
신복금
신복돌
신복득
신복상
신복수
신복추
신부업
신사립
신상
신상희
신석돌
신선
신선경
신선생
신성갑
신성돌
신성운
신성종
신세갑
신세복
신세주
신소내
신수
신수강
신수몽
신수봉
신수철
신순기
신승남
신안
신언립
신언문
신업복
신업선
신영두
신옥
신옥룡
신완흥
신욱
신욱이
신운
신운길
신원
신유골
신윤
신윤철
신응남
신의
신의철
신이재
신이현
신인재
신인철
신일
신일선
신임생
신잉기
신잉상
신장손
신재견
신재문
신재석
신재손
신재흥
신정
신제복
신종남
신중보
신중세
신찰
신창득
신창복
신촉재
신칠금
신탄
신필주
신학
신한박
신행
신화
신효원
신휘
신흥대
신흥복
신흥인
실평
심○
심각
심관
심기룡
심복돌
심성복
심세립
심수봉
심순건
심업○
심업룡
심용이
심응생
심종
심춘생
심평이
심홍복
쌍륜
쌍순
쌍헌

ㅇ

안강송
안강흡
안개동
안개질동
안거복
안경상
안계축
안계학
안광길
안광득
안광복
안구금
안국진
안국환
안귀득
안귀발
안귀산
안귀손
안귀우
안귀재
안귀철
안금돌
안금태
안길이
안노득
안능
안대금
안대득
안대영
안대철
안대현
안대흥
안덕녀
안덕상
안덕인
안덕흥
안동근
안두내
안두만
안득룡
안득상
안득이
안득인
안득재
안득표
안막남
안만득
안만석
안만흥
안명복
안모진
안민업
안벌금
안복문
안복인
안봉선
안봉우
안봉위
안봉의
안사녀
안삼철
안석량
안선룡
안성대
안성득
안성류
안성배
안성운
안세운
안소길
안쇠곶치
안수동
안수본
안수봉
안수재
안순길
안순대
안순이
안승업
안시동
안시룡
안시태
안애립
안애인
안애현
안연길
안연생
안영길
안영손
안예운
안오득
안옥
안완길
안완복
안완석
안용이
안운성
안원길
안유득
안유문
안윤문
안윤흥
안응민
안의선
안이남
안이득
안이룡
안이종
안인득
안인룡
안인문
안인성
안일금
안일봉
안일상
안재근
안재득
안재철
안정상
안조지
안창길
안창득
안창원
안천경
안춘발
안춘봉
안태귀
안필선
안필성
안해운
안홍철
안화성
안흥민
안흥욱
안희석
안희영
안희준
안희현
약해
양가팔리
양계택
양국재
양남
양덕재
양동수
양득중
양명근
양명복
양명춘
양무남
양복기
양복길
양복만
양산이
양삼건
양성기
양성득
양세득
양수동
양순
양순만
양순화
양신
양언진
양영립
양운이
양유연
양이만
양인백
양점봉
양주만
양주한
양지득
양지흥
양진
양찬이
양철
양초완
양태운
양태원
양호삼
양효신
양희진
어명하
어식
언진
언화
엄귀생

엄노미
엄덕기
엄덕문
엄동이
엄득기
엄명길
엄선봉
엄성대
엄성득
엄세익
엄순룡
엄자근득
엄점동
엄준강
엄준모
엄춘국
엄충국
엄흥복
여O1
여O2
여대복
여상
여식
여오
여우
여인
여일1
여일2
여찰
여탄
여한
여홍
연안
연옥
연찰
연해
연화
연황우
염가질동
염거복
염검상
염기경
염기성
염덕기
염덕이
염삼명
염수만
염수명
염시경
염옥룡
염원손
염이성
염일
염점쇠
염진영
염진일
염진철
염진흥
염치성
염태홍
염희득
영기
영난
영담
영민
영수
영신
영심
영오
영오1
영오2
영운
영은
영일
영찰
영학
영화
영휘
영희
예운
예진
오갑득
오거복
오검선
오검현
오경복
오경붕
오덕성
오덕철
오동수
오동이
오동필
오룡
오마취
오만추
오말남
오명수
오문영
오범근
오복룡
오복수
오복현
오봉학
오사일
오사준
오상득
오성문
오성익
오세공
오세태
오수산
오수원
오시상
오시성
오악쇠
오엇남
오연학
오영남
오영립
오영문
오오준
오옥남
오용득
오용복
오원주
오윤금
오응천
오이금
오종선
오준영
오지화
오찬징
오천귀
오철금
오철성
오철수
오초
오춘립
오충광
오충선
오치경
오치홍
오태강
오태극
오태위
오필동
오필현
오호철
오흥범
오흥복
옥경
옥남
옥능
옥담
옥명
옥추상
옥쾌성
옥한
옥홍
옥환
온원채
완윤
왈진
왕순봉
왕윤손
왕인손
왕정간
왕정건
왕정근
왕정달
왕종질손
왕철돌
왕철명
왕취상
왕한철
용대복
용봉린
우견
우경
우계노미
우계운
우광택
우금석
우기명
우남산
우대연
우돌쇠
우막남
우막산
우말만
우명득
우무쇠
우사천
우사철
우석민
우성련
우성인
우성철
우신
우악수
우열
우재문
우정
우총
우필성
우홍식
우화
우흥민
욱천
운담
운명
운민
운수
운열
웅현
원규
원두한
원명
원백돌
원백룡
원상명
원석두
원성1
원성2
원신1
원신2
원안
원오
원응
원응박
원응복
원의영
원인득
원준영
원중령
원중명
원치선
원한
원호
원휘
월명
월영
월원
월인
위관
위명
위성1
위성2
위심
위일
위정
위진
유O
유감
유건
유경득
유경천
유경철
유경호
유계홍
유관
유광식
유광적
유광택
유권
유귀재
유귀철
유근택
유기목
유기홍
유남
유남산
유대득
유대중
유대흥
유덕문
유덕철
유동기
유동현
유득수
유만재
유몽량
유범이
유변
유복금
유복기
유복득
유복순
유봉금
유봉이
유상호
유선
유성
유성돌
유성운
유성응
유성일
유성흥
유손이
유수고리
유순득
유순립
유순발
유순이
유순철
유승점
유승현
유시남
유신1
유신2
유심통
유안
유억이
유영만
유영희
유오동
유완길
유완성
유완철
유용이
유유신
유윤도
유윤식
유을생
유익신
유인목
유인손
유인식
유일
유재득
유재룡
유재용
유점순
유종길
유종운
유주질동
유중생
유진
유진기
유진영
유징
유찬
유창길
유천봉
유춘립
유춘복
유춘신
유칠봉
유팔금
유필동
유학범
유학선
유학춘
유한기
유한문
유한복
유한성
유형
유형원
유혜
유흥돌
유흥득
육O
육담
육두남
육성
육풍진
육혜
육희
윤갑이
윤개천
윤경렬
윤경립
윤경완
윤계성
윤계손
윤계수
윤계철
윤광원
윤광익
윤귀립
윤기상
윤기성
윤내복
윤대길
윤대명
윤대복
윤대종
윤대중
윤덕록
윤덕봉
윤덕수
윤덕심
윤덕제
윤돌쇠
윤동주
윤두빈
윤득남
윤득상
윤득성
윤득신
윤득이
윤득천
윤득화
윤막복
윤만손
윤명길
윤명서
윤명운
윤명준
윤무진
윤복
윤복금
윤복상
윤복중
윤봉금
윤사남
윤사범
윤상
윤생남
윤석신
윤성남
윤성대
윤성운
윤수길
윤순득
윤애인
윤억복
윤영건
윤영국
윤영남
윤영달
윤영석
윤영수
윤오토
윤옥
윤우년
윤유골
윤윤신
윤의석
윤의영
윤인건
윤인걸
윤인천
윤일룡
윤점돌
윤정
윤정대
윤정량
윤정이
윤종진
윤중옥
윤진
윤창대
윤춘복
윤치량
윤치억
윤태복
윤태봉
윤태산
윤태성
윤평국
윤학
윤흥이
윤흥진
은해
은희
응난
응심
응진
응휘
의간
의경신
의남
의명1
의명2
의민
의섭
의신1
의신2
의욱
의운
의윤
의인
의일
의정
의정1
의정2
의청
의한
의홍
의훈
의희
이O
이가응복
이가응손
이가팔리
이감송
이갑쇠
이갑수
이갑이
이강상
이강질선
이개귀
이거복
이건이
이검동
이검선
이검정
이경구
이경길
이경노
이경득
이경래
이경록
이경립
이경복
이경삼
이경생
이경선
이경손
이경수
이경식
이경심
이경의
이경철
이경춘
이경학
이계근
이계남
이계능
이계득
이계봉
이계섬
이계성
이계종
이계창
이계천
이계철
이계첨
이계현
이계흥
이고자근남
이고치
이관손
이광국
이광돌
이광록
이광복
이광석
이광선
이광신
이광실
이광우
이광욱
이광이
이광인
이광준
이광진
이광질선
이광학
이광휘
이광희
이구년
이국
이국신
이국지
이귀남
이귀돌
이귀동
이귀득
이귀만
이귀복
이귀봉
이귀선
이귀성
이귀일
이귀재
이근식
이근철
이근후
이금
이금길
이금남
이금돌
이금득
이금붕
이금석
이금선
이금실
이금이
이금준
이금철
이금포
이기리금
이기봉
이기산
이기선
이기오동
이기춘
이길
이길남
이길선
이낙여
이난걸
이난생
이남이
이내경복
이노랑
이노랑금
이노미
이논금
이논생
이단세
이대근
이대길
이대복
이대영
이대용
이대춘
이대흥
이대희
이덕군
이덕남
이덕룡
이덕립
이덕명
이덕세
이덕순
이덕춘
이덕행
이덕형
이덕흥
이도금
이도춘
이도행
이돌돌
이돌성
이돌쇠
이돌이
이동금
이동량
이동백
이동복
이동빈
이동석
이동욱
이동운
이동은
이동이
이동지
이동채
이동춘
이두만
이두적
이두진
이득견
이득근
이득남
이득녀
이득룡
이득림
이득삼
이득상
이득손
이득수
이득여
이득위
이득의
이득이
이득인
이득철
이득춘
이등걸이
이립
이마귀
이막금
이막남
이막동
이만근
이만길
이만대
이만동
이만룡
이만상
이만석
이만선
이만성
이만세
이만손
이만진
이만철
이만취
이만흥
이말난
이말만
이말선
이말쇠
이말용
이말진
이망응토리
이명겸
이명대
이명득
이명록
이명보
이명복
이명이
이명주
이명철
이명춘
이명한
이명흥
이무길
이무남
이무생
이무응남
이무작지
이문리쇠
이문섭
이문성
이문오
이문호
이뭉남
이백룡
이백봉
이범철
이보금
이복
이복금
이복남
이복대
이복동
이복득
이복록
이복립
이복만
이복발
이복삼
이복상
이복성
이복순
이복영
이복이
이복흥
이봉길
이봉록
이봉벽
이봉성
이봉이
이봉일
이봉철
이봉필
이사남
이사룡
이사립
이삼립
이삼봉
이삼손
이삼욱
이삼종
이삼진
이삼철
이삼흥
이삽사리
이상구
이상립
이상설
이상운
이상종
이상춘
이석신
이석완
이석진
이선
이선남
이선유
이선의
이선이
이선회
이성관
이성국
이성귀
이성근
이성대
이성득
이성록
이성복
이성생
이성손
이성숙
이성언
이성옥
이성완
이성인
이성재
이성준
이성철
이성칠
이성휘
이세
이세광
이세근
이세대
이세만
이세주
이세준
이세한
이세해
이소득
이소선
이소정
이소지
이소질지
이손이
이쇠돌
이수
이수나
이수남
이수득
이수명
이수민
이수복
이수재
이수후
이숙석
이숙선
이숙후
이순건
이순근
이순길
이순달
이순명
이순발
이순방
이순봉
이순석
이순이
이순재
이순창
이순철
이순흥
이술이
이승길
이승남
이승룡
이승립
이승선
이시룡
이시익
이신기
이신언
이신이
이아기
이앙봉
이애준
이애중
이억만
이억복
이억이
이언춘
이업선
이업이
이업일
이엇산
이여출이
이연희
이영남
이영발
이영복
이영손
이영수
이영순
이영식
이영원
이영응
이영준
이영창
이영춘
이영포
이예숙
이오득
이옥남
이옥룡
이옥용목
이완길
이완득
이완복
이완석
이완성
이완손
이완우
이완좌
이요금
이용
이용득
이용록
이용보
이용석
이용성
이용세
이용손
이용신
이용옥
이용이
이용철
이우경
이우교
이우봉
이우순
이우음남
이우자남
이우재
이우춘
이운석
이운성
이운순
이운중
이원
이원규
이원로
이원묵
이원백
이원석
이원식
이원여
이원주
이원철
이원희
이유건
이유경
이유성
이육만
이윤복
이윤서
이은홍
이을리
이응남
이응부
이응식
이응완
이응천
이의길
이의선
이의일
이의현
이이동
이이리쇠
이이립
이이민
이이복
이이봉
이이삼
이이현
이익
이익거비
이익검
이익업
이인계
이인광
이인길
이인남
이인득
이인립
이인만
이인발
이인손
이인철
이인황
이일경금
이일기
이일남
이일득
이일룡
이일봉
이일산
이일재
이잉선
이잉질선
이잉출
이자근금
이장록
이재복
이재업
이재열
이재완
이재욱
이재춘
이재하
이점동
이점득
이점삼
이점이
이정남
이정노
이정득
이정로
이정민
이정삼
이정실
이정운
이정은
이정진
이정춘
이정흥
이조은쇠
이종운
이종이

이종찬 이종학 이준 이준근 이준발 이준복 이준석 이준성 이준세 이준이 이중근 이중삼 이중업 이중영 이지번 이지창 이지평 이지풍 이지현 이진개 이진경 이진관 이진국 이진백 이진복 이진선 이진성 이진영 이진철 이진흥 이차명 이차영 이찬세 이찬종 이창근 이창득 이창복 이창손 이창옥 이창욱 이창운 이창일 이천귀 이천금 이천득 이천만 이천세 이천음남 이천이 이천재 이철 이철득 이철봉 이철이 이춘광 이춘근 이춘기 이춘길 이춘노 이춘담 이춘대 이춘득 이춘문 이춘보 이춘복 이춘봉 이춘산 이춘삼 이춘서 이춘석 이춘성 이춘세

이춘손 이춘실 이춘양 이춘욱 이춘이 이춘학 이춘향 이춘화 이춘흥 이충근 이충길 이충선 이충원 이취인 이치경 이치문 이치선 이칠동 이쾌득 이태근 이태백 이태복 이태봉 이태상 이태선 이태영 이태운 이태준 이태진 이파 이파회 이풍산 이풍숙 이필동 이필운 이학석 이학손 이학운 이학인 이학준 이학철 이한고 이한복 이한상 이한영 이한흥 이해운 이해일 이향 이호득 이호랑 이호만 이호성 이호재 이홍기 이화목 이화서 이화진 이화춘 이회 이효만 이효선 이효손 이효신 이후근 이후남 이후돌 이휘흥득 이흔복 이흥득 이흥록 이흥복

이흥손 이흥신 이흥이 이흥주 이흥철 이희 이희경 이희남 이희대 이희목 이희성 이희영 이희직 익성 인관1 인관2 인관3 인규 인균 인기 인담 인득구 인득귀 인득수 인득추 인성 인숙 인완명 인완손 인인대 인잠 인정1 인정2 인종 인주 인철 인치성 인하 인한 인한손 인협 인호 인환 일귀 일균 일륜 일안 일연O 일영 일욱 일웅 일원 일준 임갑돌 임갑득 임경보 임경수 임계업 임구생 임귀만 임금남 임기만 임기발 임기선 임기영 임기탈 임기풍 임난돌 임덕관 임덕수 임덕승 임덕철

임덕형 임도순 임도행 임도휘 임돌이 임동이 임두상 임룡 임만엽 임말생 임명춘 임무금 임복이 임봉룡 임봉삼 임봉학 임사선 임상대 임상운 임상원 임상훈 임선 임선진 임성복 임성휘 임세만 임승수 임승준 임승진 임영돌 임영선 임영춘 임오민 임오철 임완삼 임완손 임용수 임용학 임유재 임유제 임을생 임이만 임이징 임인손 임일남 임일선 임장 임정 임정남 임정만 임정백 임정수 임정최 임제건 임종백 임중석 임질토리산 임창수 임춘대 임춘복 임춘하 임춘흥 임충남 임치준 임칠만 임팔선 임해명 임흥석

ㅈ

자건 자연

장가파 장가팔리 장개야지 장개천 장거복 장견 장경득 장경손 장경수 장경운 장계남 장계인 장군오 장귀남 장귀만 장귀선 장노미 장눌실 장대길 장대득 장덕득 장덕보 장덕복 장덕선 장덕술 장덕여 장덕재 장덕주 장덕중 장독금 장돌몽 장돌생 장동현 장두을충 장득경 장득광 장득대 장득복 장득신 장득재 장란 장막금 장막선 장만귀 장만추 장만춘 장말생 장명 장명귀 장명복 장문선 장백원 장별창 장복득 장복립 장복현 장봉득 장사경 장사길 장사량 장사봉 장사석 장산봉 장삼재 장상 장석범 장석재 장성길 장성운 장성일 장성채 장세복

장세홍 장송학 장수 장수명 장숙길 장순철 장승룡 장승민 장승선 장승오 장승의 장승진 장승현 장악발 장애생 장여홍 장영민 장영서 장영식 장오선 장완길 장완득 장완철 장용근 장용운 장우문 장운 장운철 장원기 장원백 장원식 장원준 장유득 장유실 장유연 장윤남 장은대 장은천 장은철 장을생 장응서 장이상 장익구 장익우 장익조 장익후 장인복 장인상 장인죽 장일연 장재두 장정흥 장종국 장종질남 장주연 장준성 장준일 장준철 장지현 장진걸 장진성 장차금 장차돌 장차동 장천세 장철재 장춘상 장춘성 장춘재 장춘학 장춘흥 장충이

장치복 장태귀 장토석 장학선 장학인 장한세 장한위 장한익 장해 장현익 장화중 장흥대 재관 재해 저금 전갑신 전거복 전검생 전경식 전경운 전귀손 전기금 전기엽 전길의 전길현 전덕견 전덕룡 전덕범 전돌쇠 전득보 전득이 전룡 전명득 전복성 전복인 전봉이 전봉인 전사지 전상준 전선재 전성여 전성완 전성운 전성원 전성윤 전세광 전수언 전수원 전순득 전억량 전억상 전영석 전영수 전영이 전옥봉 전용재 전원명 전유추 전윤 전응길 전응신 전일상 전일성 전중선 전초 전충백 전치균 전치영 전태산 전파금 전평1 전평2

전필아 전후민 전후창 전흔업 정가팔리 정갑갑 정갑금 정갑신 정검동 정경남 정경록 정경립 정경은 정경춘 정계인 정고공이 정고송 정곡사리 정공고리 정관 정관득 정관복 정광운 정교길 정국신 정국영 정귀득 정귀만 정귀발 정귀복 정귀상 정귀새 정귀세 정극명 정금 정금득 정기종 정나온 정남 정노미 정대문 정대복 정대숙 정대연 정덕생 정덕서 정덕승 정덕준 정덕중 정덕필 정덕현 정도원 정돌석 정돌이 정동언 정두성 정두원 정득순 정득심 정득이 정득추 정록이 정륵 정막난 정만득 정만석 정만재 정명동 정명득 정명의 정몽남 정무생

정문익 정민 정박룡 정복돌 정복룡 정복사리 정복상 정복세 정복재 정복주 정복춘 정복하 정봉현 정부설 정부열 정사남 정삼동 정삼복 정삼성 정상립 정상위 정상택 정석희 정선이 정성득 정성묵 정성손 정성심 정세연 정세인 정세창 정소회 정수녕 정수영 정순남 정순득 정순옥 정시금 정시동 정시욱 정식 정신 정실 정암 정암회 정언명 정언새 정엄 정업동 정엇박 정여윤 정열 정영동 정예남 정오동 정완성 정완철 정용득 정용업 정용철 정용환 정우진 정운립 정원 정원득 정원명 정원복 정윤 정윤갑 정은득 정응룡 정의생

정의손 정의철 정이금 정이준 정익흥 정인금 정인남 정인득 정인의 정일 정일남 정일득 정일산 정자근새 정자봉 정재손 정전만 정점 정점동 정정주 정준 정준룡 정준삼 정차강 정찬명 정창도 정창명 정창윤 정천명 정천이 정천창 정초 정총 정축 정춘경 정춘성 정춘영 정충립 정치성 정치홍 정탄 정태명 정풍남 정필석 정필선 정학정 정한주 정헌 정화제 정화주 정황선 정효명 정후삼 정후징 정흥기 정흥대 정흥세 정흥재 정흥진 정희 정희인 제명철 제석돌 제영 제준 조OO 조개복 조거복 조검은돌 조경문 조경서 조경완

조구을금 조귀O 조귀복 조귀종 조기석 조기쇠 조기종 조내음동 조노미 조대희 조덕구 조덕보 조돌시 조동협 조득O 조득록 조득복 조룡 조만갑 조만득 조만복 조만흥 조말개 조명복 조무생 조민식 조배덕 조백복 조복득 조복상 조복이 조복지 조본남 조봉신 조분남 조상룡 조상만 조석만 조석복 조성 조성건 조성국 조성길 조성대 조성득 조성래 조세주 조손 조수득 조수창 조순석 조순원 조순철 조승진 조신상 조실문 조안이 조언기 조언담 조언복 조언상 조언이 조언진 조연 조연걸 조영순 조영준 조영진 조영철 조영춘 조오정 조완철

조용이 조운석 조운혁 조원기 조원이 조원진 조유채 조육이 조육일 조육지 조윤 조윤복 조은석 조을민 조응세 조의손 조의현 조의호 조이창 조인손 조일금이 조일남 조일득 조일학 조자근매 조장성 조장세 조재돌 조재웅 조정집 조종갑 조종길 조중삼 조중태 조지리 조진주 조창복 조창성 조천길 조천명 조철갑 조철손 조춘길 조춘복 조춘석 조충 조충립 조충석 조태경 조태복 조태세 조피리 조필이 조필흥 조학손 조한익 조해금 조헌 조호노미 조홍득 조홍제 조후순 조흥이 조흥준 조희성 조희손 조희순 조희일 조희제 졸연 졸휘 종신

종인 종일 종택 종해1 종해2 종희 죄정만 주경득 주대원 주도일 주만영 주만철 주봉의 주봉현 주상립 주선생 주수길 주영식 주인길 주장말 주정득 주중벽 주채득 주천수 주철의 주철이 주쾌룡 준간 준보 준영 준익 준인 준한 중연 증익 증평 지갑술 지경련 지경린 지계현 지귀손 지금동 지금석 지기룡 지담 지대복 지덕량 지동 지득 지막산 지무쇠 지묵 지복록 지복룡 지봉록 지붕 지삼 지석감 지선생 지성 지수장 지승운 지영 지영수 지영식 지용운 지운 지지태 지충길 지태근 지한1 지한2

지행 지향 지헌 지형 지홍범 지효건 지흥득 지흥복 지희 직심 직원 직한 진O 진갑손 진광득 진구정 진국필 진대성 진덕복 진덕재 진동욱 진득성 진득추 진복 진붕 진성복 진성의 진성희 진승립 진연 진운철 진진노 진창이 진철득 진철이 진총 진춘해 진파회 진폐 진한 진한경 진환 진후 진희

ㅊ

차경대 차광운 차기춘 차기현 차덕문 차도현 차만철 차명길 차명운 차명유 차명인 차무작금 차복만 차복재 차상 차서돌 차성택 차세적 차순행 차애립 차웅이 차인중 차인현 차점웅 차정남 차종만

차중남 차진건 차진달 차천돌 차철손 차철현 차칠석 차필주 차흡 차흥세 차흥창 찬겸1 찬겸2 찬문 찬암 찬열 찰순 찰훈 창률 창신 창연 창인 창헌 채국재 채득성 채명 채석돌 채성인 채연 채원 채윤1 채윤2 채인 책오 책윤 처규 처명 처상 처연 처유 처익 처일 처잠 처준 처학 척운 척정 척혜 천감 천귀상 천대일 천만복 천만우 천명 천보천 천사화 천석용 천심 천옥 천우1 천우2 천우3 천운하 천웅 천의현

천정 천진 천찬 천향손 철영 철원 철환 청려 청봉 청순 청습 청윤 청일 청해 체점 체현 초읍 초한 촉명 최강상 최개질지 최개천 최거복 최검립 최경보 최경삼 최경석 최경순 최경홍 최계선 최계수 최계원 최계인 최계축 최광덕 최광록 최광섭 최광수 최광옥 최광운 최광철 최구생 최구지 최국현 최군선 최귀노미 최귀대 최귀돌 최귀돌시 최귀득 최귀일 최귀철 최금 최금련 최금손 최기남 최기달 최기선 최기현 최길이 최남 최남창 최노 최노량 최달문

최대겸 최대길 최대득 최대성 최대손 최대진 최대해 최대흥 최덕산 최덕순 최덕숭 최덕항 최도란쇠 최도리 최도원 최돌무금 최돌시 최동규 최동량 최두선 최득 최득성 최득신 최득영 최득이 최로 최룡 최륜 최립 최만기 최만수 최만이 최만창 최만흥 최말남 최말노미 최명길 최명돌 최명득 최명린 최명선 최명식 최명신 최명운 최명인 최명철 최명학 최모노동 최모진 최무선 최무쇠 최반석 최백연 최번재 최범생 최벽송 최보음금 최복귀 최복득 최복섬 최복이 최봉문 최봉손 최봉순 최봉이

최봉인 최사건 최삼손 최상건 최상룡 최상명 최상용 최상운 최상주 최석돌 최석룡 최석송 최선망 최선명 최선오 최선이 최선익 최성길 최성대 최성득 최성룡 최성립 최성복 최성삼 최성욱 최성인 최성일 최성준 최성창 최성철 최성휘 최세강 최세광 최세선 최손 최수길 최수명 최수복 최수산 최수상 최수선 최수일 최수정 최수함 최수현 최수흥 최순룡 최순행 최순흥 최승민 최승휘 최시동 최암회 최어둔 최어린노미 최억수 최언향 최영근 최영대 최영선 최영수 최영식 최영휘 최옥주 최완영

최완옥 최용 최용만 최용보 최용손 최용운 최운대 최운상 최운선 최운성 최원상 최원장 최유돌 최유목 최유복 최윤 최윤득 최윤생 최의득 최이선 최이찬 최인 최인남 최인묵 최인석 최인성 최인철 최일립 최일선 최일재 최자근금 최작지 최장복 최장성 최장손 최재길 최재손 최재완 최재전 최점 최정남 최정만 최정민 최정선 최정월 최종록 최준 최준평 최중갑 최중겸 최중석 최즉을복 최지석 최지팽 최진열 최차금 최차돌 최차돌시 최창공 최창대 최창민 최창복 최창수 최창적 최창혁

최처기 최천계 최천관 최천명 최천복 최천순 최철 최철이 최춘립 최춘산 최치대 최치량 최치문 최치봉 최치서 최치성 최치양 최치중 최칠량 최태기 최태길 최태륜 최태석 최태영 최태운 최태이 최태준 최태창 최태항 최태흥 최판득 최팔손 최팽석 최팽재 최필동 최필제 최하석 최학길 최한경 최한성 최한식 최한옥 최현이 최호금 최호랑 최회문 최후명 최흥대 최흥동 최흥복 최흥상 최흥운 최흥창 최흥철 추애남 추유건 추후건 축민 축연 축읍 축잠 축찰 축활 출준 충심

충언 충인 충일 충해 충흡 취O 취견 취겸 취문 취성 취연 취익 취장 취준 취징 취한 취헌 치관 치백 치상 치선 치성1 치성2 치수 치순 치안1 치안2 치홍

ㅋ

쾌문 쾌성 쾌연 쾌영 쾌유 쾌인 쾌철 쾌행

ㅌ

탁영립 탄민 탄영 탄욱 탄은 탄인손 태구 태목동 태성 태수 태숙 태순 태신 태언 태웅 태윤 태일 태학 태헌 태현

ㅍ

파총 팔운 편고송 편고운 편도리 편돌이 편막산 편모질 편언묵 편흥돌 평찬 포근 포성 포안 포연1 포연2 포인 포한 표남산 표막남 표상현 표석기 표성근 표성기 표성길 표성복 표암회 표엄회 표엇지 표영록 표영손 표완길 표한길 표흥록 필화

ㅎ

하걸이 하경도 하경생 하귀실 하귀포 하상정 하석무 하성득 하슬매 하애기 하용세 하윤성 하윤정 하이점 하인금 하인보 하인점 하일 하일점 하차명 하철건 하춘만 하춘성 하한명 하현남 학경 학련 학명 학묵 학민 학밀

학삼 학성1 학성2 학성3 학연 학잠 학정 학종 학훈 한거송이 한건을금 한경남 한경문 한경의 한경진 한계상 한광일 한광진 한귀선 한규 한금 한기남 한길이 한논세 한대순 한대창 한덕량 한덕민 한덕술 한덕숭 한덕진 한두연 한득대 한득복 한득성 한득운 한득천 한득훈 한막쇠 한명길 한명득 한명록 한명서 한명손 한묘근 한문경 한민 한박수 한복기 한복득 한복수 한봉 한봉산 한봉인 한사돌 한사룡 한사일 한상억 한상철 한석인 한석종 한선업 한선원 한성득 한성복

한성원 한성인 한세관 한세권 한세도 한세웅 한세태 한세흥 한수근 한수량 한수명 한수복 한수장 한수준 한수진 한순기 한순남 한순립 한순옥 한순이 한순일 한순흔 한순흥 한시대 한시재 한신현 한언국 한업손 한엇동 한영선 한영손 한영숙 한영조 한영준 한영철 한오세 한용대 한용석 한용식 한용진 한우진 한운이 한원갑 한유건 한유득 한유진 한응렬 한이세 한익량 한익령 한인량 한일만 한장관 한장백 한적 한종림 한준이 한진욱 한차만 한천만 한천석 한천세 한춘백 한춘일 한충신

한치복 한치욱 한칠봉 한칠손 한태순 한효룡 한후만 한흥보 한흥복 한흥손 한흥운 한흥원 한흥창 한흥철 한흥현 한희 함가응이 함갑신 함경신 함대민 함대흥 함덕현 함득수 함득현 함말난 함성득 함악동 함원 함윤장 함이흥 함인득 함임선 함임신 함창운 함태흥 해관 해명1 해명2 해전 해징 행O 행각 행묵 행민 행습 행심 행연 행엽 행운 행위 행일 행준 행징 행필 향산 허귀성 허도경 허동 허복선 허석 허순길 허순이 허순희 허신 허실남

허용일 허윤 허윤이 허정 허정익 허진 허춘당 허태우 허흡 현경신 현계룡 현계손 현광보 현두벽 현두적 현만석 현묵 현수흥 현업동 현응영 현의영 현익무 현익문 현인무 현장복 현정 현준1 현준2 현진승 현천명 현철 현희영 협첨 형가응이 혜겸 혜림 혜보 혜안1 혜안2 혜암 혜연 혜영 혜익 혜준 혜찬 혜해 혜현 혜휘 호연 호인 호자관 호필선 홍남 홍내규 홍노득 홍덕철 홍도리 홍두창 홍만금 홍만동 홍명길 홍명복 홍몽치 홍묘득 홍봉득

홍상보 홍세만 홍순길 홍순모 홍순원 홍순일 홍승환 홍신 홍언진 홍운세 홍원주 홍윤 홍윤대 홍인 홍인갑 홍인종 홍종구 홍종귀 홍진태 홍창득 홍척 홍쾌득 홍하종 홍혜 홍화종 홍효백 홍효현 홍후일 홍희진 화선 화신 화심 환응 환주 황가위손 황개득 황거복 황경진 황금돌 황금동 황금손 황금이동 황기옥 황긴수 황대연 황두개 황두익 황득중 황룡길 황만수1 황만수2 황말남 황말용 황모독 황무득 황묵세 황보원 황봉원 황사봉 황삼이 황삼찬 황상엽 황석건 황석근 황석재

황선 황선업 황성천 황순 황순길 황시돌 황언신 황여의 황여휘 황영립 황영선 황영지 황영태 황용길 황용운 황운손 황유득 황윤립 황윤형 황이남 황익량 황인득 황인성 황인철 황정수 황종손 황종운 황준백 황처빈 황천록 황천손 황춘립 황치성 황치영 황칠복 회붕 회세원 회원윤 회인1 회인2 회정 회진 회총 휘익 휘인 휴상 희선 희열 희운 희원 희인 희흥

※ 1. 이 명단은 '조선후기 불교장인 인명사전'과 '의궤속의 장인 上, 下'에서 목수들만 따로 정리한 것이다. 이들의 활동기간은 임진왜란 이후 조선조 말까지 약 300년 간이다.

2. 한자로 된 이름을 한글로 옮기는 과정에서 '乭金'를 '돌쇠'로 표기하는 등 임의적인 해석이 포함되었다.

3. '라'나 '류'의 성씨는 '나'와 '유'에 포함시켰다.

4. 붉은색으로 되어 있는 이름들은 낙선재를 영건할 당시에 활동한 목수들이다.

저자약력

전종우 (한식목공 3675호)

1965년 서울생
1992년 김천 청암사 세심당 신축공사 목수 입문
(도편수 조희환)
1994년 공주 공산성 임류각 복원공사 참여
1995년 송광사 대지전, 법성료 보수공사 참여
1997년 창덕궁 인정전 외행각 복원공사 참여
(도편수 신응수)
1997년 경복궁 동궁 권역 복원공사 참여
1998년 경복궁 흥례문 권역 복원공사 참여
2000년 가구공방 '소나무' 운영
2005년 경복궁 태원전 권역 복원공사 참여
2005년 하동 쌍계사 대웅전 해체 보수공사 참여
2006년 파주 고려통일대전 신축공사 참여
2008년 포천 배상면주가 산사원 신축공사 참여
(도편수 정태도)
2009년 일본 한국문화원 사랑방 신축공사 참여
2009년 가회동 한옥 신축공사(부편수)
2010년 베니스 건축비엔날레 참여목수
2011년 안국동 한옥 신축공사(부편수)
2014년 현재 이태원 한옥 신축공사 참여

정태도 (한식목공 2505호)

1972년 경남 합천생
1988년 목수 입문
1996년 경복궁 동궁 권역 복원공사 참여
(도편수 신응수 문하입문)
1997년 창덕궁 돈화문 보수공사 참여
1998년 경복궁 흥례문 권역 복원공사 참여
1999년 경복궁 경회루, 덕수궁 중화전 보수공사 참여
2000년 경복궁 근정전 보수공사 참여
2001년 창덕궁 규장각 권역 복원공사 참여(부편수)
2002년 강릉 객사문 보수공사 참여(부편수)
2004년 경복궁 태원전 권역 복원공사 참여(부편수)
2005년 중요무형문화재 74호 대목장 전수이수자 등록
2005년 하동 쌍계사 대웅전 해체 보수공사(부편수)
2006년 경주 한옥호텔 라궁 신축공사(도편수)
2007년 하동 쌍계사 금강문 해체 보수공사(도편수)
2008년 포천 배상면주가 산사원 신축공사(도편수)
2009년 일본 한국문화원 사랑방 신축공사(도편수)
2010년 베니스 건축비엔날레 공동작가로 참여
2011년 가회동 디자인하우스 한옥신축공사(도편수)
2012년~현재 한옥보수 및 신축공사에 도편수로 활동
2013년 한국건축협회 선정 한국건축명장등록
2014년 참우리협동조합 대표이사

거울에 비친 한옥

오토캐드 낙선재를 만나다 1

2014년 7월 25일 1판 1쇄 인쇄
2014년 7월 30일 1판 1쇄 발행

저자	전종우 · 정태도
일러스트	임 은 경
발행인	강 해 작
발행처	기 문 당
주소	서울시 성동구 무학봉 28길 4-1
전화	02)2295-6171(代)~5
팩스	02)2296-8188
출판등록	1976.10.7(1976-2)
홈페이지	http://기문당
	http://www.kimoondang.com
ISBN	978-89-6225-601-7 13000
정가	28,000원

이 도서의 국립중앙도서관 출판시도서목록(CIP)은
서지정보유통지원시스템 홈페이지(http://seoji.nl.go.kr)와
국가자료공동목록시스템(http://www.nl.go.kr/kolisnet)에서
이용하실 수 있습니다.(CIP제어번호:2014021413)

〈검인생략〉